Wolfgang Makatsch
Strand- und Sumpfvögel
Europas

Dr. Wolfgang Makatsch

Strand- und Sumpfvögel Europas

einschließlich Nordafrikas
und des Nahen Ostens

Gondrom

Die Farbtafeln malte Alfred Lippert, Meißen.
Die Schwarz-Weiß-Zeichnungen fertigte ebenfalls Alfred Lippert an.
Die Verbreitungskarten zeichnete der Autor.

Sonderausgabe des Titels
„Die Limikolen Europas
einschließlich Nordafrikas
und des Nahen Ostens"
für den Gondrom Verlag, Bindlach
3., durchgesehene Auflage

DDR – 1040 Berlin, Reinhardtstraße 14
Printed in the GDR
Gesamtgestaltung: Erhard Bellot, Berlin
ISBN 3-8112-0461-0

Inhalt

Aus dem Vorwort des Verfassers

Der Gedanke, dieses Buch zu schreiben, kam mir schon vor mehreren Jahren, weil mir selbst ein Buch fehlte, mit dessen Hilfe ich mich schnell und zuverlässig über alle in Europa, Nordafrika und im Nahen Osten vorkommenden Limikolen-Arten hätte informieren können.

Für die der Vogelkunde ferner Stehenden sei gesagt, daß zu den Limikolen die Austernfischer, Kiebitze, Regenpfeifer, Schnepfen, Brachvögel, Wasserläufer, Strandläufer, Säbelschnäbler, Stelzenläufer, Wassertreter, Triele und Brachschwalben zählen, um nur einige der zahlreichen Familien und Gattungen zu nennen.

Limikolen heißt, wörtlich übersetzt, die Sumpfbewohner. Nun bewohnen durchaus nicht alle Limikolen Sümpfe, im Gegenteil; wir finden manche Arten an Stränden und Lagunen, an See- und Flußufern, auf Mooren und feuchten Wiesen, in der Tundra, ja sogar in Steppen und Wüsten sowie auf kurzgrasigen, geröllbedeckten Matten im Hochgebirge oberhalb der Baumgrenze.

In meiner Oberlausitzer Heimat und auf meinen vielen Reisen, die mich in die meisten Länder Europas, in den Nahen Osten und in das nordwestliche Afrika führten, bin ich der Mehrzahl der in diesem Buch besprochenen Limikolen entweder am Brutplatz, auf dem Durchzug oder in ihren Überwinterungsgebieten begegnet. So konnte ich der Besprechung vieler Arten einige einleitende Worte, die vielfach auf persönlichen Erlebnissen beruhen, voranstellen.

Die Beschreibung der einzelnen Arten habe ich so knapp wie möglich gefaßt, zumal fast jede Art farbig abgebildet ist, wenn nötig außer im Brutkleid auch im Ruhe- und Jugendkleid. Wichtiger erschien es mir, auf die besonders charakteristischen feldornithologischen Kennzeichen hinzuweisen. Die Angaben über die Brutgebiete der einzelnen Arten werden durch die beigegebenen Karten anschaulich gemacht. Aus den Angaben über den Biotop ersieht man, wo wir der Art vor allem zur Brutzeit begegnen können. Da die Fortpflanzungsperiode im Leben eines jeden Vogels den wohl wichtigsten Abschnitt im Jahresablauf darstellt, so wurde sie etwas eingehender behandelt. Anschließend folgen noch Angaben über den Zug und die Überwinterungsgebiete sowie über die Ernährung der einzelnen Arten.

Die vorliegende Arbeit ist ein Buch über Limikolen, erhebt jedoch nicht den Anspruch, ein „Handbuch der Limikolen" zu sein, ganz abgesehen davon, daß dann alle auf der Erde vorkommenden Limikolen-Arten behandelt werden müßten.

Der aufmerksame Leser wird manche Lücke finden, die es zu schließen gilt. Noch sind wir längst nicht völlig über alle Einzelheiten der Brutbiologie der in Europa brütenden Limikolen-Arten unterrichtet, ganz zu schweigen von den in der Arktis brütenden Arten. Auch über das Zuggeschehen sind noch viele Fragen offen. So sehr unser Wissen auf dem Gesamtgebiet der Ornithologie in den letzten Jahrzehnten zugenommen hat, wir sind noch weit davon entfernt, über jede Art ausreichend unterrichtet zu sein.

Und noch etwas anderes wird der Benutzer aus diesem Buch herauslesen: Unsere große Sorge um den Fortbestand so mancher Limikolen-Art in Europa. Keine Vogelgruppe hat wohl unter der immer stärker werdenden Umweltbelastung, der Verschmutzung der Gewässer und der Luft, der weiträumigen und intensiven Anwendung von Insektiziden und Herbiziden und anderem so zu leiden wie gerade die Limikolen. Wie sah es vor 100 Jahren aus, wie sieht es heute aus, und wie wird es nach weiteren 100 Jahren aussehen? Ich bezweifle, ob dann in Europa noch die gleichen Arten in etwa den heutigen Größenordnungen brüten werden, abgesehen vielleicht in einigen wenigen abseits gelegenen Gegenden. Ich kenne jedenfalls keine Limikolen-Art, die in den vergangenen 50 Jahren in Europa häufiger geworden wäre. Das gilt für die Brutvögel ebenso wie für fast alle Durchzügler und Wintergäste.

Noch nie hat man so viel vom Vogelschutz gesprochen und geschrieben wie heute, und – leider muß es gesagt werden – noch nie sind die Bestände vieler Vogelarten so zurückgegangen wie in den letzten 25 Jahren, besonders gilt das für fast alle Limikolen. So soll denn das vorliegende Buch gleichzeitig ein Appell sein und alle, die es angeht, dazu aufrufen, sich für den Schutz dieser Vogelgruppe einzusetzen, wo es nur immer möglich ist.

Wie bei meinen früheren Veröffentlichungen wurde ich auch bei dieser Arbeit von Fachkollegen im In- und Ausland in vielfältiger Weise unterstützt. Für diese uneigennützige Hilfe danke ich Dr. Irene Neufeldt sowie den Herren Peter Becker, Klaus Bräuer, Dr. Volker Bräuer, Dr. Bertel Bruun, Peter Conradty, Stanley Cramp, Pieter C. Dwarshuis, Prof. Dr. Wladimir Flint, Dr. Karsten Gärtner, Dr. Holger Holgersen, Dr. Helmut Jaschhof, Dr. Albrecht Klose, Dr. Manfred Kraus, Dr. Rudolf Kuhk, Holger Kuschert, Prof. Dr. A. A. Kusnezow, Dr. Heinz Lehmann, Dr. Wladimir Leonowitsch, Dr. Bernd-Ulrich Meyburg, Dr. David F. Parmelee, Lennart Raner, Dr. Franz Robiller, Dr. Per Olof Swanberg, Dr. Hans Edmund Wolters, Dr. Walter Wüst und Dr. Klaus Wunderlich.

Zu besonderem Dank bin ich Herrn Alfred Lippert in Meißen verpflichtet, in dessen Händen die Illustration dieses Buches lag. Mit größter Sorgfalt und viel Liebe, fast möchte ich sagen mit Begeisterung, malte er die 24 Tafeln, auf denen die in diesem Buch besprochenen Limikolen dargestellt wurden. Auch die in diesem Text eingestreuten Strichzeichnungen stammen von seiner Hand.

Wolfgang Makatsch
Bautzen, am 16. Februar 1981

Die »Limikolen Europas einschließlich Nordafrikas und des Nahen Ostens« waren das dreißigste und letzte Buch meines Vaters Dr. Wolfgang Makatsch. Er hat in einem großen Teil seiner Werke zahlreichen Naturfreunden den Weg zur Vogelkunde gewiesen. Auf Wunsch des Gondrom-Verlages erscheint die durchgesehene Nachauflage dieses Buches unter einem veränderten Titel. Es liegt das Bemühen zu Grunde, dem Buch auch den Weg zu Naturfreunden zu ebnen, für die Fragen der Nomenklatur der Vögel nicht wesentlich sein können.

Sabine Schnabel geb. Makatsch
Leipzig, den 16. Februar 1986

Einleitung

Es gibt viele Ornithologen, die gerade für die Watvögel oder Limikolen eine gewisse Vorliebe haben, und ich muß gestehen, auch ich gehöre zu ihnen. Was macht diese Vogelgruppe so reizvoll? Es ist schon ein ästhetischer Genuß, einer Limikolen-Art draußen im Gelände zu begegnen, sei es einem Kiebitz beim Balzflug, einem Flug von Alpenstrandläufern, der wie auf ein geheimes Kommando hin über dem Watt exakte Schwenkungen ausführt, oder einem Mornellregenpfeifer beim Brüten zuzusehen. Hinzu kommt, daß diese Vogelgruppe der Hauch des Geheimnisvollen umgibt. Viele Arten führen weltweite Wanderungen aus und ziehen von Nordamerika über den Stillen Ozean bis zu den Hawaii-Inseln, wie der Kleine Goldregenpfeifer, oder sie wandern von Grönland quer über die Kontinente bis nach Australien, wie etwa der Küstenstrandläufer.

In schier verwirrender Fülle treten zur Brutzeit besonders im Norden Europas oder zu den Zugzeiten, vor allem an den Küsten, die verschiedenen Formen dieser artenreichen Ordnung auf; graziös und anmutig, bunt gefiedert oder im schlichten Federkleid, laut flötend oder sanft trillernd, winzig wie Singvögel oder von imponierender Größe, mit kurzen geraden oder großen und gebogenen Schnäbeln, zutraulich und dem Menschen ohne Argwohn begegnend oder scheu und flüchtig, das sind die Regenpfeifer, Wasserläufer, Steinwälzer, Strandläufer, Brachvögel, Austernfischer, Wassertreter und wie sie sonst noch heißen mögen.

Die Limikolen sind mit 12 Familien, die insgesamt 203 Arten aufweisen, über die ganze Erde verbreitet. In Europa treffen wir Vertreter von sieben Familien als Brutvögel an, und zwar folgende: Austernfischer *(Haematopodidae)*, Regenpfeifer *(Charadriidae)*, Schnepfen *(Scolopacidae)*, Säbelschnäbler *(Recurvirostridae)*, Wassertreter *(Phalaropodidae)*, Triele *(Burhinidae)* und Brachschwalben *(Glareolidae)*. Zum Teil sind es wie die Austernfischer und Säbelschnäbler bekannte Arten, teilweise sind sie aber selbst manchen Ornithologen weniger vertraut, weil sie in Europa ein nur kleines Verbreitungsgebiet haben wie etwa die beiden Wassertreter.

In der Größe bestehen beträchtliche Unterschiede zwischen den einzelnen Arten: Mit 57 cm (die Maße gelten jeweils von der Schnabel- bis zur Schwanzspitze) ist der Große Brachvogel die größte Limikolen-Art, die kleinste der Sippe ist der Temminck-Strandläufer, er mißt nur 14 cm, ist also nur so groß wie ein Rotkehlchen!

Bei der Mehrzahl der Arten besteht kein Geschlechtsdimorphismus, das heißt, die Weibchen gleichen in ihrer Gefiederfärbung völlig den Männchen. In einigen Fällen sind die Männchen von den Weibchen unterschieden, am auffallendsten wohl beim Kampfläufer, dessen Männchen zur Brutzeit einen bunten Kragen und eine ebenso bunte Halskrause tragen, im übrigen sind sie deutlich größer als die Weibchen. Bei den Wassertretern hingegen sind die Weibchen größer als die Männchen und außerdem lebhafter gefärbt.

Während einige Arten – genannt seien nur Austernfischer, Spornkiebitz, Kiebitz, Steinwälzer, Kampfläufer-Männchen, Säbelschnäbler, Stelzenläufer und Brachschwalbe – auf den ersten Blick an ihrer Gestalt und an ihrem auffälligen Gefieder zu erkennen sind, macht bei vielen anderen Arten die Bestimmung auch dem erfahrenen Feldornithologen bisweilen Schwierigkeiten, da sich manche Arten sehr ähnlich sehen, oder weil wir sie im Ruhekleid vor uns haben, und außerdem müssen wir gerade bei den Limikolen stets darauf gefaßt sein, einmal Irrgästen zu begegnen. Hinzu kommt, daß wir dann diesen kleinen Wanderer weit entfernt von seiner Brutheimat und oft im durchaus nicht artgemäßem Biotop antreffen. Ich werde deshalb bei der Besprechung der einzelnen Arten auf die feinen Unterschiede sich einander ähnlich sehender Arten besonders hinweisen.

Die Limikolen sind wie nur wenige andere Vogelgruppen weltweit verbreitet und kommen in allen Erdteilen vor; sie bewohnen alle Klimazonen unserer Erde, die arktischen ebenso wie die antarktischen Gebiete, die subarktischen und gemäßigten Zonen ebenso wie die Tropen und Subtropen.

Das Wort „Limikolen“ bedeutet „Sumpfbewohner“, und tatsächlich finden wir die Mehrzahl der Arten wenn auch nicht gerade in Sümpfen, so doch zumindest in feuchtem Gelände, seien dies nun Flachküsten, Ufer von Strömen, Flüssen und Seen, Tundren, Moore, feuchte Wälder oder auch nur nasse Wiesen. Einige Arten haben sich in ihrer Lebensweise auch den subarktischen Fjälls, kurzrasigen Bergrücken, Steppen und Halbwüsten angepaßt, man kann also feststellen: Limikolen kann man so ziemlich in allen Biotopen antreffen.

Bis auf wenige Ausnahmen sind alle Limikolen Bodenbrüter; nur der Waldwasserläufer, bisweilen auch der Bruchwasserläufer, der in Nordamerika brütende Einsame Wasserläufer und der in Sibirien beheimatete Graubürzelwasserläufer legen ihre Eier in verlassene Nester von Drosseln und anderen Vögeln, gelegentlich auch in Eichhörnchenkobel. Mit dem Nestbau geben sich die Limikolen keine allzu große Mühe; ein paar Gräser, Stengelchen, Moos, Flechten oder trockene Blätter dienen zur Auskleidung der flachen Nestmulde. Die Gelege des Austernfischers und Sandregenpfeifers liegen oft auf einer Unterlage von Muschelschalen-

Bruchstückchen oder kleinen Schneckengehäusen. Manche Arten, wie der Seeregenpfeifer, schützen ihr ohnehin der Umgebung recht gut angepaßtes Gelege zusätzlich noch dadurch, daß sie die Eier in das die Nestmulde ausfüllende Material sozusagen „einbuddeln"; dann ragen die Eier, die in einem Winkel von etwa 45° in diesem Nest liegen, nur eben noch mit dem stumpfen Pol heraus. Dieses „Einbuddeln" ist nur dann möglich, wenn der Untergrund locker ist; andernfalls liegen die Eier in einer sehr flachen Nistmulde, die bisweilen mit Steinchen, Muschelschalen-Bruchstückchen oder ein paar Stengelchen ausgelegt ist.

Oft ist auch der Nestbaubetrieb bei einer Art verschieden stark entwickelt; ich fand Säbelschnäbler-Gelege auf dem bloßen Boden liegend, und nicht weit davon hatte ein anderes Paar ein recht umfangreiches Nest aus Halmen und Stengeln gebaut.

Austernfischer-Gelege fallen wenig auf, wenn sie auf einer Unterlage von Muschelschalen auf dem Sandstrand liegen; manche Paare brüten aber auch etwas weiter vom Strand entfernt auf Grünland, tragen aber auch dorthin Muschelschalen als Unterlage für ihr Gelege, das dann natürlich weithin als weißer Fleck inmitten des grünen Grases zu sehen ist.

Bei vielen Arten wird jedoch nur eine kleine Mulde gedreht und auf den Bau eines Nestes verzichtet; die Eier werden dann auf die bereits vorhandene Unterlage abgelegt. Sie fallen dann viel weniger auf, als wenn der Vogel ein „ordentliches" Nest gebaut hätte, und jeder, der schon einmal vor dem Gelege etwa eines Mornellregenpfeifers gestanden hat, wird das bestätigen.

Eine Ausnahme macht nur der Reiherläufer: Als einzige Limikolen-Art legt er sein einziges, relativ großes Ei (es wiegt 25 Prozent des Weibchens) nicht etwa auf dem Boden ab, sondern am erweiterten Ende eines schräg in den Ufersand vorgetriebenen 100 bis 120 cm langen und 50 cm tiefen Ganges. Durch die extremen hohen Temperaturen in seinen Brutgebieten, die teilweise in den heißesten Zonen der Erde liegen, wird der Reiherläufer gezwungen, unter der Erdoberfläche zu brüten; hier bedarf sein Ei natürlich keiner schützenden Anpassung an die Umgebung.

Die Mehrzahl der hier besprochenen Limikolen-Arten legt jeweils vier Eier. Ausnahmsweise kann es auch einmal vorkommen, daß ein Weibchen fünf Eier legt; noch umfangreichere Gelege sind zweifellos durch das Zusammenlegen von zwei Weibchen in ein Nest entstanden. Einige wenige Arten wie der Mornell- und Seeregenpfeifer sowie die Brachschwalben legen stets nur drei Eier, der Triel immer nur zwei Eier. Beim Austernfischer schwankt die Anzahl der Eier im Gelege zwischen drei und vier Eiern.

Limikolen brüten meist einmal im Jahr, es sei denn, sie verlieren ihr Gelege durch irgendwelche Umstände, dann legen sie in kurzer Zeit nach. Doch auch hier gibt es Ausnahmen: Die in ihrem Brutverhalten ohnehin von ihren Verwandten etwas abweichende Waldschnepfe brütet regelmäßig zweimal im Jahr. Möglicherweise ziehen auch Bekassine und Zwergschnepfe zwei Bruten im Jahre groß. Auch der Triel gleicht seine geringe Gelegezahl durch ein zweimaliges Brüten im Jahr aus. Um die durch Witterungseinflüsse und den Zug bedingten Verluste einigermaßen auszugleichen, brüten auch einige hocharktische Arten wie der Sanderling und der Zwergstrandläufer zweimal jährlich. Mit Rücksicht auf den kurzen arktischen Sommer werden die Gelege jedoch nicht nach einer mehr oder weniger großen Pause abgelegt, sondern unmittelbar nacheinander. Diese Gelege von jeweils vier Eiern werden dann gleichzeitig von den Männchen und Weibchen bebrütet.

Die Eier der Limikolen sind relativ groß, und zwar gilt auch hier die Regel, daß kleinere Arten relativ größere und damit auch schwerere Eier legen als die größeren Arten. Als Beispiel sei nur der Große Brachvogel und der Flußuferläufer angeführt; die Weibchen beider Arten wiegen 900 g bzw. 45 g, das einzelne Ei im Durchschnitt 72 g bzw. 12 g, das sind einmal beim Großen Brachvogel nur 8 Prozent der mütterlichen Körpermasse, beim Flußuferläufer hingegen 26,7 Prozent.

Alle Limikolen-Eier sind bis auf das erwähnte reinweiße Ei des Reiherläufers auf sandfarbenem, lehmbraunem, olivbraunem oder -grünlichem Grund dunkler gefleckt und meist ihrer Umgebung so hervorragend angepaßt, daß sie nur schwer zu entdecken sind. Eingehende Angaben über das Aussehen, die Größe und die Masse der Eier sind bei den einzelnen Arten nachzulesen. Meist liegen die vier Eier in Kreuzform im Nest, sie nehmen also den geringsten Raum ein und können vom brütenden Vogel so am besten bedeckt werden. Um noch mehr Platz zu sparen, liegen die Eier nicht, wie man vielfach annimmt, mit ihren Längsachsen parallel zum Boden, vielmehr zeigen sie schräg nach unten.

In der Regel brüten Männchen und Weibchen und lösen sich regelmäßig bei der Bebrütung ihres Geleges ab; es gibt aber wie überall, so auch hier Ausnahmen: Bei manchen Arten brüten nur die Männchen, und nur sie kümmern sich anschließend um die Führung der Jungen, so ist es beispielsweise beim Mornellregenpfeifer und den Wassertretern. Bei anderen Arten wieder, wie zum Beispiel beim Kampfläufer und bei der Waldschnepfe, wird die gesamte Brutpflege, also die Bebrütung des Geleges und die Führung der Jungen nur vom Weibchen ausgeübt.

Alle Limikolen sind ausgesprochene Nestflüchter, das heißt, die Jungen verlassen, bald nachdem sie trocken geworden sind, die Nestmulde und begeben sich mit den Altvögeln ins Gelände. Unter der Anleitung der Eltern lernen sie bald die selbständige Nahrungsaufnahme. Eine Ausnahme sind hier lediglich die Brachschwalben und bilden damit gewissermaßen einen Übergang zu den weniger hochentwickelten Nestflüchtern. Da die Brachschwalben ihre Nahrung vorzugsweise im Flug erbeuten – was die Jungen natürlich bis zu ihrer Flugfähigkeit noch nicht können – werden die Jungen zunächst noch von den Eltern gefüttert, wie das auch bei den Möwen und Seeschwalben geschieht.

Die Dunenjungen der Limikolen sind wohl die entzückendsten Vogelkinder, die es gibt. Vom ersten Tag an sind es quicklebendige, buntgescheckte Dunenbällchen mit einem unverhältnismäßig großen Kopf, munteren Augen und kräftigen Füßen. Naht irgendeine Gefahr, warnen die Eltern, und bei manchen Arten, wie etwa bei den Regenpfeifern, versuchen sie den Feind durch „Verleiten" von ihren Jungen wegzulocken. Mit herabhängenden ausgebreiteten Flügeln und gespreizten Steuerfedern rutschen sie scheinbar verwundet über den Boden hin und locken den Feind so vom Nest oder später von den Jungen weg. Diese sind unterdessen vom Erdboden verschwunden, als ob sie eine Tarnkappe trügen, und es gehört schon ein gutes Auge dazu, dann einen nur wenige Tage alten Seeregenpfeifer zu entdecken. Eng an den Boden gedrückt und bewegungslos wird bis zur „Entwarnung" gewartet.

Viele Limikolen haben lange Schnäbel, zumindest sind sie so lang wie der Kopf, vielfach auch wesentlich länger und nur selten kürzer. Meist ist der Schnabel gerade, bei manchen Arten wie bei den Brachvögeln und beim Sichelstrandläufer mehr oder weniger stark nach unten, beim Säbelschnäbler hingegen nach oben gebogen. Gestalt und Länge des Schnabels stehen in engem Zusammenhang mit der Nahrungssuche der einzelnen Arten. Diese Schnäbel sind wie geschaffen, weiche Böden auf Nahrung hin zu durchsuchen; wie mit einer Sonde werden die versteckt im Sand, Schlamm oder Schlick verborgenen Kleinlebewesen – Krebstierchen, Schnecken, Würmer, Insekten, deren Larven und anderes – mit der von feinsten Nervenendigungen durchzogenen Schnabelspitze aufgespürt und ans Tageslicht befördert. Wer schon einmal Limikolen, etwa Alpenstrandläufer, bei der Nahrungssuche auf dem Watt beobachtet hat, wird gesehen haben, mit welcher Schnelligkeit der Schnabel bald hier, bald da in den Schlamm gesteckt wird. Das Einstechen in den weichen Untergrund wird noch dadurch erleichtert, daß die Spitze des Oberschnabels die des Unterschnabels leicht überdeckt. Bei einigen Arten ist dieses vielseitige Instrument noch mehr vervollkommnet: Der Schnabel dient nicht nur als Sonde, sondern auch noch als feinfühlige Greifzange. Bei der Waldschnepfe erhält der Schnabel durch ein leichtes Anheben des vordersten Teiles des Oberschnabels gleichzeitig noch die Funktion einer Greifzange, mit der die Beute ergriffen werden kann, ohne daß die enge Öffnung im Boden erweitert werden muß.

Wegen dieser Art und Weise der Nahrungssuche und -aufnahme sind viele Limikolen nicht unbedingt auf das Tageslicht angewiesen, sondern können auch in der Dämmerung der Nahrungssuche nachgehen. Von besonderer Bedeutung ist die nächtliche Nahrungsaktivität für die an den Küsten zur Rast einfallenden Limikolen-Scharen aus dem Norden Eurasiens. Sie sind nicht so sehr auf den Rhythmus von Tag und Nacht eingestellt, sondern vielmehr von dem Gezeitenwechsel abhängig. Zweimal innerhalb von 25 Stunden tritt der Wechsel von Flut und Ebbe ein, zweimal werden in dieser Zeit die weiten Schlickflächen des Watts überflutet, und die Vögel müssen sich auf den höher gelegenen Strand zurückziehen oder weiterwandern.

Andere Arten wieder suchen ihre Nahrung auf andere Weise: Der Steinwälzer dreht mit seinem Schnabel geschickt kleine Steine, Muschelschalen und Tangbüschel um und findet so die Beutetiere, die sich darunter versteckt hatten. „Steinwälzer" und „Turnstone" sind also recht zutreffende Namen für diesen Vogel.

Wie nimmt aber nun ein Säbelschnäbler mit seinem nach oben gebogenen Schnabel die Nahrung auf, wird mancher fragen, der diese wahrhaft eleganten Vögel noch nicht beobachtet hat? Säbelschnäbler habe ich an der Nordseeküste, in der ungarischen Pußta und an den Lagunen Griechenlands beobachtet, und immer wieder hatte ich das gleiche Bild vor mir: Die langbeinigen Säbelschnäbler wateten rasch vorwärtsschreitend durchs seichte Wasser und „wischten" gewissermaßen mit raschem Hin- und Herwenden des Kopfes die Wasseroberfläche ab und nahmen die dabei auf dem Wasser befindlichen Insekten und anderes auf.

Ganz zutreffend ist weder der deutsche noch der englische Name für den Austernfischer, der im Englischen „Oystercatcher" heißt. Zunächst: Der Austernfischer ernährt sich keineswegs ausschließlich von Muscheln und schon gar nicht von Austern, sondern auch von kleineren Krebstieren,

Würmern und Insekten, und wenn es schon Muscheln sind, dann Platt- und vor allem Miesmuscheln. Mit seinem kräftigen Schnabel bricht er die Muschelschalen auf, indem er ihn in den schmalen Spalt zwischen die beiden Schalen zwängt und diese durch eine Drehung seines hohen, seitlich abgeplatteten Schnabels auseinanderbricht. An den Küsten Großbritanniens sucht der Austernfischer besonders gern bei Niedrigwasser Miesmuschelbänke auf, da die Muscheln dann ihre Schalenhälften leicht geöffnet haben.

Bei den kurzschnäbligen Arten wie beispielsweise den Regenpfeifern ist die Nahrungsaufnahme wieder anders, denn sie können nicht im Schlamm herumstochern. Dafür können sie aber etwas anderes ganz hervorragend: In kürzester Zeit ein Gebiet nach Nahrung absuchen, oder richtiger gesagt, abrennen. Wie ein Federbällchen rollt so ein Seeregenpfeifer über den Strand hin, so schnell, daß es völlig unmöglich ist, etwa die einzelnen Schrittchen zählen zu wollen. Dann hält er plötzlich inne, betrachtet seine nähere Umgebung mit seinen großen Augen, und schon hat er in schnellem Zugriff ein kleines Beutetier aufgenommen und rennt weiter. Typisch für die Regenpfeifer ist dabei eine fast starre und waagerechte Körperhaltung, die nur in der Erregung geändert wird, wenn die Regenpfeifer ihr Köpfchen sehr schnell anheben und senken. Andere Arten wieder, wie etwa der Flußuferläufer, wippen in der Erregung nervös mit ihrem Schwanz.

Doch noch eine andere, recht eigenartige Verhaltensweise steht mit der Nahrungssuche in engstem Zusammenhang, nämlich das sogenannte „Fußtrillern". Der Sandregenpfeifer oder der Kiebitz, bei dem man das besonders gut beobachten kann, setzt dabei den einen Fuß etwas vor und versetzt ihn in zitternde Bewegung, ohne aber dabei die Zehen dieses Fußes vom Boden abzuheben. Dabei blickt er leicht nach vorn geneigt auf den Boden, um dann plötzlich den Schnabel in die Erde zu bohren und dann fast stets einen Wurm oder ein anderes kleines Beutetier herauszuziehen. Inwieweit hier vielleicht auch das Gehör des Vogels eine Rolle spielt, weiß man noch nicht sicher. Offensichtlich wird der Wurm durch diese, wenn auch sehr leichten Erschütterungen des Bodens zum Verlassen seines Verstecks veranlaßt und so eine Beute des Kiebitz. Am Strande gelangen die Regenpfeifer auf die gleiche Weise zu ihrer Beute.

Auch über die Stimmen der Limikolen sollen noch einige Worte gesagt werden. Ich kenne keine Art, deren Stimme unschön klänge, und so mancher Wasserläufer könnte es in gesanglicher Hinsicht durchaus mit einem Singvogel aufnehmen, wenn er seine Balzstrophen hören läßt. Bald sind die Rufe laut gellend wie beim Austernfischer, wenn er sein lautes „qui qui quit quit quit" hören läßt, bald sind es wieder melodische Triller wie beim Sandregenpfeifer oder flötende Pfiffe wie beim Goldregenpfeifer. Klangvoll und laut klingen die tiefen „tlaüh, traüih"-Rufe des Großen Brachvogels übers Moor, das klagende „trie-il" des Triels paßt so recht zur Abendstimmung, und selbst nachts werden die Rotschenkel am Brutplatz nicht ruhig, immer wieder hört man ihre schönen, etwas wehmütig klingenden Pfiffe.

Alle diese Laute spielen bei der Balz eine hervorragende Rolle; sie gehören zur Verständigung unter den Partnern eines Paares oder zwischen Eltern und ihren Jungen. Zur Stimmfühlung auf den Wanderungen sind sie ebenfalls von besonderer Bedeutung, da Limikolen vorwiegend nachts ziehen.

Eine Art schließlich erkennt man an einem sehr charakteristischen Geräusch, das allerdings nicht mit der Stimme hervorgebracht wird. Im April klingt auf einmal ein merkwürdiger Ton an mein Ohr, als ich über eine moorige Wiese gehe: „wwwwwwb" klingt es, und nach einer kleinen Pause wieder derselbe Ton, der von irgendwoher aus der Höhe zu kommen scheint. Da entdecke ich auch den Urheber dieses eigentümlichen Geräusches: Eine Bekassine fliegt mit schnellen, hastigen Flügelschlägen schräg nach oben und kippt dann plötzlich in einem Winkel von etwa 40° ab, und jedesmal höre ich wieder diesen eigenartigen, knapp zwei Sekunden anhaltenden Ton. Früher nahm man an, daß die Bekassine diese Töne mit der Stimme hervorbrächte, doch es ist seit langem erwiesen, daß dieses „Meckern" dadurch entsteht, daß die Luft durch die beim Absturz abgespreizten äußeren Steuerfedern streicht und diese in Vibration versetzt. Und während das Männchen einen Absturz nach dem anderen vollführt, sitzt das Weibchen irgendwo versteckt am Boden und läßt ein gleichförmiges „ticke ticke ticke" hören.

In Europa sind fast alle Limikolen Zugvögel, die sich nach der Brutzeit zu teilweise riesigen Scharen zusammenschließen und dann den Zug in ihre Überwinterungsgebiete antreten. An günstigen Plätzen werden dann je nach den Wetterbedingungen und nach dem Nahrungsangebot kürzere oder auch längere Rasten eingeschaltet. Einige Arten versuchen auch schon in Westeuropa zu überwintern oder ziehen nur bis in die Mittelmeerländer. Die Mehrzahl aber unternimmt weitere Wanderungen bis nach Afrika, das südliche Asien, ja sogar nach Australien und Neuseeland. Demzufolge sind die Limikolen ausdauernde und sehr gute Flieger, denn manche Arten legen, um ihre auf ozeanischen Inselgruppen liegenden Winterquartiere zu erreichen, Non-stop-Flüge von mehreren tausend Kilometern zurück.

Bisweilen trifft man zur Brutzeit in Mitteleuropa Arten an, die im hohen Norden Europas oder auch Asiens brüten; es sind die sogenannten „Übersommerer", teilweise vorjährige Jungvögel, die noch nicht brüten, oder aber auch Altvögel, die mit der Brut aussetzen.

Im Vergleich zu anderen Vogelgruppen ist gerade bei den Limikolen der Anteil an Irrgästen im Vergleich zu den Brutvögeln sehr hoch: In Europa sind 82 Limikolen-Arten nachgewiesen worden,davon sind 44 Arten Brutvögel in Europa, weitere neun Arten brüten in Nordafrika und im Nahen Osten, zwei Arten (Dünnschnabel-Brachvogel und Sichelstrandläufer) sind nur Durchzügler bzw. Wintergäste; ein Teil der in Europa brütenden Limikolen gehört gleichfalls zu den Durchzüglern und hier überwinternden Arten. 27 zum größten Teil aus Nordamerika und dem nördlichen Asien stammende Arten schließlich sind ausgesprochene Irrgäste. Das ist ein sehr hoher Anteil, nämlich 55 Prozent! Die Mehrzahl dieser Irrgäste kommt aus Nordamerika und muß den Atlantik überflogen haben; irgendwo wird dann dieser Irrgast von einem Ornithologen entdeckt, sei es an den Küsten der Britischen Inseln, an der französischen Atlantikküste oder vielleicht auch einmal im Binnenland. Einige wenige Arten kommen auch aus Sibirien, Vorderasien oder Nordafrika nach Europa.

In den letzten Jahrzehnten sind verhältnismäßig viele Irrgäste in Europa nachgewiesen worden, was jedoch nicht heißen soll, daß dieselben Arten nicht schon früher dann und wann an den europäischen Küsten auftauchten oder sich bis ins Binnenland verflogen. Nur hat die Anzahl der Feldornithologen in den letzten Jahrzehnten erheblich zugenommen, ihre optische Ausrüstung ist verbessert worden, und schließlich haben die Feldornithologen heute die Möglichkeit, sich an einer Anzahl von hervorragenden Bestimmungsbüchern schnell und zuverlässig zu orientieren.

So soll denn das vorliegende Buch gleichzeitig auch Bestimmungsbuch sein, allerdings nicht ein Bestimmungsbuch im üblichen Sinn – dazu ist es viel zu umfangreich – wohl aber soll es dem Feldornithologen helfen, sich über alle in Europa vorkommenden Limikolen-Arten eingehend zu orientieren, und es soll ihm die Möglichkeit geben, seine im freien Feld gemachten Beobachtungen an Hand des Textes, der Farbtafeln und Strichzeichnungen zu überprüfen und seine Kenntnisse über diese wirklich liebenswerte Vogelgruppe zu vertiefen.

Allgemeine Übersicht über die Ordnung Charadriiformes Unterordnung Charadrii

Allgemeine Übersicht über die Ordnung Charadriiformes, Unterordnung Charadrii*

Familie	Anzahl der auf der Erde vorkommenden Arten	Anzahl der besprochenen Arten	In Europa, Nordafrika u. Nahost brütende Arten
Jacanidae, Jacanas	7	–	–
Rostratulidae, Goldschnepfen	2	1	1
Haematopodidae, Austernfischer	6	1	1
Charadriidae, Regenpfeifer	63	19	15
Scolopacidae, Schnepfen	82	49	25
Recurvirostridae, Säbelschnäbler	7	2	2
Phalaropodidae, Wassertreter	3	3	2
Dromadidae, Reiherläufer	1	1	1
Burhinidae, Triele	9	2	2
Glareolidae, Brachschwalben	17	4	4
Thinocoridae, Höhenläufer	4	–	–
Chionididae, Scheidenschnäbel	2	–	–

** Die Charadriiformes werden allgemein als Laro-Limikolen bezeichnet; diese artenreiche Ordnung umfaßt die hier teilweise behandelte Unterordnung Charadrii (Limikolen) und die Unterordnungen Lari (Raubmöwen, Möwen und Seeschwalben) und Alcae (Alken und Lummen).*

Übersicht
über die in Europa, Nordafrika
und im Nahen Osten
vorkommenden Familien
der Limikolen

Familie Rostratulidae
Goldschnepfen

Ägypten, Afrika südlich der Sahara, Süd-, Südost- und Ostasien, Philippinen sowie Australien.

Zwei Arten, von denen eine in unserem Gebiet brütet.

Goldschnepfe

Brutgebiet der Goldschnepfen

Familie Haematopodidae
Austernfischer

An den meisten Küsten der gemäßigten, subtropischen und tropischen Gebiete; im Norden bis Island und bis zu den Alëuten, im Süden bis zum südlichen Argentinien und Tasmanien.
In Europa und Asien teilweise auch im Binnenland.

Sechs Arten, von denen eine in unserem Gebiet brütet.

Austernfischer

Brutgebiet der Austernfischer

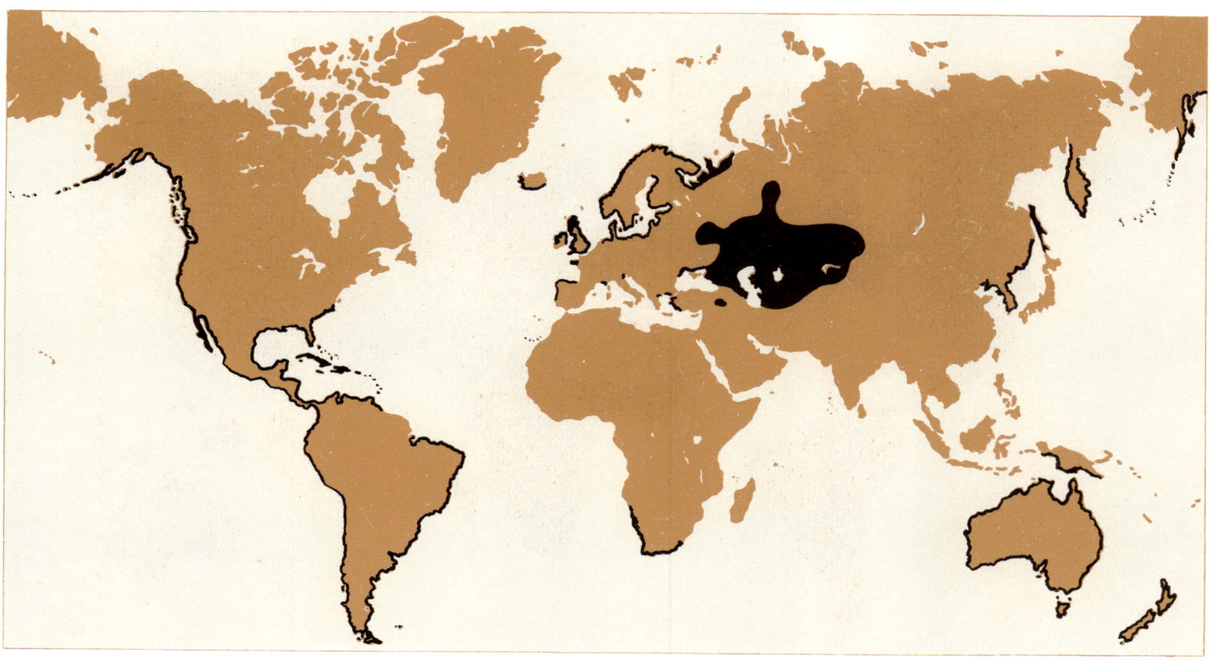

Familie Charadriidae
Regenpfeifer

Weltweit verbreitet.

63 Arten, von denen 19 besprochen werden, und 15 in unserem Gebiet brüten.

Sandregenpfeifer

Brutgebiet der Regenpfeifer

Familie Scolopacidae
Schnepfen

Weltweit verbreitet.

82 Arten, von denen 49 besprochen werden, und 25 in unserem Gebiet brüten.

Waldschnepfe

Brutgebiet der Schnepfen

Familie Recurvirostridae
Säbelschnäbler

Mittel- und Südeuropa, Afrika und Madagaskar, Mittel-, Süd- und Südostasien, Philippinen, Australien, Neuseeland, Hawaii-Inseln, westliches und südliches Nordamerika, Mittel- und Südamerika, Galapagos-Inseln.

Sieben Arten, von denen zwei in unserem Gebiet brüten.

Säbelschnäbler

Brutgebiet der Säbelschnäbler

Familie Phalaropodidae
Wassertreter

Arktische und subarktische Gebiete Europas, Asiens und Nordamerikas.

Drei Arten, von denen zwei in unserem Gebiet brüten, werden besprochen.

Halsbandwassertreter

Brutgebiet der Wassertreter

Familie Dromadidae
Reiherläufer

Flachküsten des Festlandes und der Inseln des Indischen Ozeans vom südlichen Moçambique und Madagaskar bis Sri Lanka; Küsten des südlichen Roten Meeres.

Eine Art, die teilweise auch in unserem Gebiet brütet.

Reiherläufer

Brutgebiet des Reiherläufers

Familie Burhinidae
Triele

Gemäßigtes Europa und Asien, Afrika, tropisches Amerika vom südlichen Mexiko bis Brasilien und Peru sowie Australien.

Neun Arten, von denen zwei in unserem Gebiet brüten.

Triel

Brutgebiet der Triele

Familie Glareolidae
Brachschwalben

Mittelmeerländer, Afrika, mittleres und südliches Asien sowie Australien.

17 Arten, von denen vier in unserem Gebiet brüten.

Rotflügel-Brachschwalbe

Brutgebiet der Brachschwalben

Systematisches Verzeichnis der Limikolen Europas einschließlich Nordafrikas und des Nahen Ostens

Ordnung Charadriiformes

Familie Rostratulidae	**Gattung Rostratula Vieillot**	Rostratula benghalensis (Linné) *Goldschnepfe*
Familie Haematopodidae	**Gattung Haematopus Linné**	Haematopus ostralegus Linné *Austernfischer*
Familie Charadriidae	**Gattung Chettusia Bonaparte**	Chettusia leucura Lichtenstein *Weißschwanzkiebitz* Chettusia gregaria (Pallas) *Steppenkiebitz*
	Gattung Vanellus Brisson	Vanellus vanellus (Linné) *Kiebitz*
	Gattung Lobivanellus G. R. Gray	Lobivanellus indicus (Boddaert) *Rotlappenkiebitz*
	Gattung Hoplopterus Bonaparte	Hoplopterus spinosus (Linné) *Spornkiebitz*
	Gattung Charadrius Linné	Charadrius hiaticula Linné *Sandregenpfeifer* Charadrius semipalmatus Bonaparte *Kleiner Sandregenpfeifer* Charadrius dubius Scopoli *Flußregenpfeifer* Charadrius alexandrinus Linné *Seeregenpfeifer* Charadrius pecuarius Temminck *Hirtenregenpfeifer* Charadrius vociferus Linné *Keilschwanzregenpfeifer* Charadrius mongolus Pallas *Mongolenregenpfeifer* Charadrius leschenaultii Lesson *Wüstenregenpfeifer* Charadrius asiaticus Pallas *Wermutregenpfeifer*
	Gattung Pluvialis Brisson	Pluvialis squatarola (Linné) *Kiebitzregenpfeifer* Pluvialis apricaria (Linné) *Goldregenpfeifer* Pluvialis dominica (Müller) *Kleiner Goldregenpfeifer*

	Gattung Eudromias C. L. Brehm	Eudromias morinellus (Linné) *Mornellregenpfeifer*
	Gattung Arenaria Brisson	Arenaria interpres (Linné) *Steinwälzer*
Familie Scolopacidae	**Gattung Limnodromus Wied**	Limnodromus griseus (Gmelin) *Kurzschnabel-Schlammläufer* Limnodromus scolopaceus (Say) *Langschnabel-Schlammläufer*
	Gattung Gallinago Brisson	Gallinago stenura (Bonaparte) *Stiftbekassine* Gallinago gallinago (Linné) *Bekassine* Gallinago media (Latham) *Doppelschnepfe*
	Gattung Lymnocryptes Boie	Lymnocryptes minimus (Brünnich) *Zwergschnepfe*
	Gattung Scolopax Linné	Scolopax rusticola Linné *Waldschnepfe*
	Gattung Numenius Brisson	Numenius arquata (Linné) *Großer Brachvogel* Numenius phaeopus (Linné) *Regenbrachvogel* Numenius tenuirostris Vieillot *Dünnschnabel-Brachvogel* Numenius madagascariensis (Linné) *Langschnabel-Brachvogel* Numenius minutus Gould *Zwergbrachvogel*
	Gattung Limosa Brisson	Limosa limosa (Linné) *Uferschnepfe* Limosa lapponica (Linné) *Pfuhlschnepfe*
	Gattung Catoptrophorus Bonaparte	Catoptrophorus semipalmatus (Gmelin) *Grauer Schlammtreter*
	Gattung Tringa Linné	Tringa erythropus (Pallas) *Dunkler Wasserläufer* Tringa totanus (Linné) *Rotschenkel* Tringa flavipes (Gmelin) *Gelbschenkel* Tringa stagnatilis (Bechstein) *Teichwasserläufer*

Tringa nebularia (Gunnerus)
Grünschenkel
Tringa ochropus Linné
Waldwasserläufer
Tringa solitaria Wilson
Einsamer Wasserläufer
Tringa glareola Linné
Bruchwasserläufer
Tringa brevipes (Vieillot)
Graubürzelwasserläufer
Tringa melanoleuca (Gmelin)
Großer Gelbschenkel
Tringa terek (Latham)
Terek-Wasserläufer
Tringa hypoleucos (Linné)
Flußuferläufer
Tringa macularia (Linné)
Drosseluferläufer

Gattung Bartramia Lesson

Bartramia longicauda (Bechstein)
Prärieläufer

Gattung Calidris Merrem

Calidris canutus (Linné)
Küstenstrandläufer
Calidris pusilla (Linné)
Sandstrandläufer
Calidris mauri (Cabanis)
Alaska-Strandläufer
Calidris minuta (Leisler)
Zwergstrandläufer
Calidris ruficollis (Pallas)
Rotkehlstrandläufer
Calidris temminckii (Leisler)
Temminck-Strandläufer
Calidris minutilla (Vieillot)
Amerikanischer Zwergstrandläufer
Calidris subminuta (Middendorff)
Langzehenstrandläufer
Calidris fuscicollis (Vieillot)
Weißbürzelstrandläufer
Calidris bairdii (Coues)
Baird-Strandläufer
Calidris melanotos (Vieillot)
Graubruststrandläufer
Calidris acuminata (Horsfield)
Spitzschwanzstrandläufer
Calidris maritima (Brünnich)
Meerstrandläufer
Calidris alpina (Linné)
Alpenstrandläufer
Calidris ferruginea (Pontoppidan)
Sichelstrandläufer
Calidris alba (Pallas)
Sanderling

	Gattung Limicola Koch	Limicola falcinellus (Pontoppidan) *Sumpfläufer*
	Gattung Micropalama Baird	Micropalama himantopus (Bonaparte) *Bindenstrandläufer*
	Gattung Tryngites Cabanis	Tryngites subruficollis (Vieillot) *Grasläufer*
	Gattung Philomachus Merrem	Philomachus pugnax (Linné) *Kampfläufer*
Familie Recurvirostridae	**Gattung Recurvirostra Linné**	Recurvirostra avosetta Linné *Säbelschnäbler*
	Gattung Himantopus Brisson	Himantopus himantopus (Linné) *Stelzenläufer*
Familie Phalaropodidae	**Gattung Phalaropus Brisson**	Phalaropus fulicarius (Linné) *Rostroter Wassertreter* Phalaropus lobatus (Linné) *Halsbandwassertreter* Phalaropus tricolor (Vieillot) *Weißbürzelwassertreter*
Familie Dromadidae	**Gattung Dromas Paykull**	Dromas ardeola Paykull *Reiherläufer*
Familie Burhinidae	**Gattung Burhinus Illiger**	Burhinus oedicnemus (Linné) *Triel* Burhinus senegalensis (Swainson) *Senegal-Triel*
Familie Glareolidae	**Gattung Pluvianus Vieillot**	Pluvianus aegyptius (Linné) *Krokodilwächter*
	Gattung Cursorius Latham	Cursorius cursor (Latham) *Rennvogel*
	Gattung Glareola Brisson	Glareola pratincola (Linné) *Rotflügel-Brachschwalbe* Glareola nordmanni Nordmann *Schwarzflügel-Brachschwalbe*

Beschreibung der Limikolen Europas einschließlich Nordafrikas und des Nahen Ostens

Bemerkungen zu den Tafeln

Aus technischen Gründen konnte auf den 24 Farbtafeln die systematische Reihenfolge nicht eingehalten werden.

Vier Irrgäste, und zwar der Kleine Sandregenpfeifer, der Mongolen-Regenpfeifer, der Graubürzelwasserläufer und der Langzehenstrandläufer, konnten nicht farbig abgebildet werden, da mir ihre Nachweise in Europa erst bekannt wurden, als die Tafeln bereits fertig oder in Arbeit waren.

Bei der Mehrzahl der hier besprochenen Arten besteht kein Geschlechtsdimorphismus, das heißt, Männchen und Weibchen gleichen sich äußerlich im Brut- wie im Ruhekleid vollkommen oder fast vollkommen. Einen ausgeprägten Geschlechtsdimorphismus finden wir bei der Goldschnepfe, den Wassertretern und dem Kampfläufer. Bei einigen wenigen anderen Arten ist er nur gering wie beispielsweise bei Kiebitz, Seeregenpfeifer, Steinwälzer, Uferschnepfe, Stelzenläufer und den Brachschwalben.
Die Zeichen bedeuten:
♂ = Männchen
♀ = Weibchen

Familie Rostratulidae

Gattung Rostratula Vieillot

Rostratula benghalensis (Linné)

Goldschnepfe (Tafel 1)

Die Familie der Schnepfenrallen (Rostratulidae) ist mit zwei Gattungen (Rostratula und Nycticryphes) und je einer Art über große Teile der Welt verbreitet. Rostratula bewohnt große Teile der Tropen und Subtropen Afrikas und Asiens, eine Unterart (Rostratula benghalensis australis (Gould)) kommt in Australien und Tasmanien vor; Nycticryphes ist auf Südamerika beschränkt.

Im Deutschen wird die Familie „Schnepfenrallen" und im Englischen „Painted Snipes" genannt, wodurch schon zum Ausdruck kommt, daß Rostratula ein Bindeglied zwischen den Rallen und Schnepfen bildet. Der deutsche und der englische Artenname sind jedoch nicht zutreffend, da Rostratula keine Schnepfe ist, und sich in ihren Lebensäußerungen beträchtlich von diesen unterscheidet. Sie erinnert tatsächlich mehr an die Rallen, obschon sie zu den Limikolen gehört. Auch die Mauser verläuft bei der Goldschnepfe wie bei den Limikolen und nicht wie bei den Rallen, die bei ihrer alljährlichen Mauser die Schwungfedern alle auf einmal verlieren. Im System stehen die Schnepfenrallen hinter den Jacanas (Jacanidae).

Beschreibung Mit einer Körperlänge von 25 cm entspricht die Goldschnepfe in der Größe etwa einer Bekassine, das Weibchen ist etwas größer als das Männchen. Sollte ein europäischer Ornithologe das Glück haben, der Goldschnepfe einmal irgendwo in ihrem Brutgebiet zu begegnen, so wird er sie sofort als solche erkennen und mit keiner anderen Art verwechseln können, denn die Gefiederfärbung und -zeichnung ist viel zu auffällig, vor allem bei dem lebhafter gefärbten Weibchen. Beide Geschlechter haben einen auffallenden ockergelblichen (Männchen) oder weißen (Weibchen) Augenring, der sich zum Hinterkopf als schmaler Streifen fortsetzt. Der Oberkopf ist dunkelbraun mit einem von der Schnabelwurzel zum Hinterkopf verlaufenden breiten sandfarbenen Scheitelstreifen. Die Kopfseiten und der Hals sind beim Weibchen rotbraun, ein schwarzes Brustband hebt sich kontrastreich gegen die übrige, auch beim Männchen weiße Unterseite ab; die Oberseite ist überwiegend graubraun mit grünlichem Glanz. Das Männchen ist insgesamt trüber gefärbt, die Kopfseiten und die Kehle sind grau, Rücken und Flügelfedern quergewellt, die Brust ist lichtbraun. Der an der Spitze leicht nach unten gebogene Schnabel erinnert an den einer Bekassine, er ist grün mit roter Spitze. Die Füße sind ebenfalls grünlich, auffällig sind die langen Zehen, die das Laufen über sumpfigen Boden erleichtern.

Maße: Länge Männchen 250 mm, Weibchen 280 mm, Flügel Männchen 132 mm, Weibchen 136 mm, Schwanz 40 bis 43 mm, Schnabel 41 bis 46 mm, Füße 41 bis 44 mm.

Feldkennzeichen Gestalt und Größe ähnlich einer Bekassine, auffallender heller Augenring, Oberseite olivbraun, Unterseite weiß. Wie manche Rallen so ist auch die Goldschnepfe schwer zum Auffliegen zu bringen. Mit ihrem der Umgebung angepaßten Gefieder drückt sie sich in der dichten Vegetation und fliegt erst im letzten Augenblick auf. Der Flug ist schwerfällig, und das Flugbild erinnert infolge der rundlichen Flügel auch mehr an das einer Ralle als an das einer Schnepfe. Mit herabhängenden Füßen fliegt die Goldschnepfe eine kurze Strecke, um alsbald wieder in die schützende Vegetation einzufallen. Infolge ihrer überwiegend nächtlichen Lebensweise ist es übrigens nicht leicht, die Goldschnepfe, die meist einzeln oder in kleinen Trupps auftritt, zu beobachten.

Stimme: Der Ruf ist nach HARTERT „ein tiefes Brummen, wie wenn man in den Hals eines Fläschchens bläst, der des Weibchens soll tiefer, fast grunzend, der des Männchens schriller sein". Britische Ornithologen beschreiben ein angenehmes Pfeifen, ein leises Schnurren und Zischlaute. Während der Balz soll das Weibchen zischende und kehlig krächzende Laute hervorbringen.

Verbreitung In Nordafrika beschränkt sich das Brutgebiet der Goldschnepfe, Rostratula b. benghalensis (Linné), auf das Nildelta und auf den Fajum südlich Kairo; von hier reicht es durch den Sudan bis nach Ostafrika und schließt dort an das große Brutareal der Art an, das ganz Afrika südlich der Sahara einschließlich Madagaskar umfaßt.

Vielfach, so auch noch AUSTIN („Birds of the World") und MACKWORTH-PRAED und GRANT („African Handbook of Birds") werden Kleinasien, der Irak, Saudi-Arabien, Iran und Belutschistan als Brutgebiete für Rostratula benghalensis angegeben; nach VAURIE und anderen liegen aber für alle diese Gebiete keinerlei Belege für ein Brutvorkommen vor.

In Asien bewohnt die Goldschnepfe Indien und Sri Lanka, im Westen reicht das Brutgebiet bis Sind; möglicherweise brütet die Art auch in Afghanistan. In Ostasien ist die Goldschnepfe auf den Japanischen Inseln zu Hause und brütet im zentralen und südlichen Honshiu, in Shikoko und Kiushiu. Im Süden reicht das Brutgebiet bis zu den Riu-Kiu-Inseln, Taiwan, den Philippinen, den Großen Sunda-Inseln, auf den Kleinen Sunda-Inseln brütet die Goldschnepfe zumindest auf Sumbawa. Auf dem Festland reicht das Brutgebiet im östlichen China vom nördlichen Hopeh südwärts bis Vietnam, Kampuchea und Laos.

Biotop Die Goldschnepfe bewohnt sumpfiges, zumindest feuchtes Gelände aller Art mit reicher Vegetation, auch dicht verwachsene, stehende Gewässer, Reisfelder, Papyrus- und Lotos-Sümpfe.

Brutbiologie Schon die Tatsache, daß das Weibchen der Goldschnepfe größer und lebhafter gefärbt ist als das Männchen, deutet daraufhin, daß auch in der Brutbiologie Unterschiede gegenüber den übrigen Limikolen zu bestehen scheinen. Und das ist tatsächlich so: Das Weibchen wirbt um die Gunst des Männchens bisweilen wohl auch um die einiger Männchen, und viele Beobachtungen sprechen dafür, daß die Weibchen in Polyandrie leben. Bei diesen Balzspielen verneigen sich beide Partner voreinander und wippen mit ihren kurzen Schwänzen. Vermutlich spielen auch die unter den Schulterfittichen liegenden und bei angelegten Flügeln vollständig verdeckten zwei langen und mehrere allmählich kürzer werdende lanzettförmige schneeweiße Federn eine gewisse Rolle bei der Balz.

Das Nest steht in sumpfigem Terrain am Boden;

Brutgebiet der Goldschnepfe

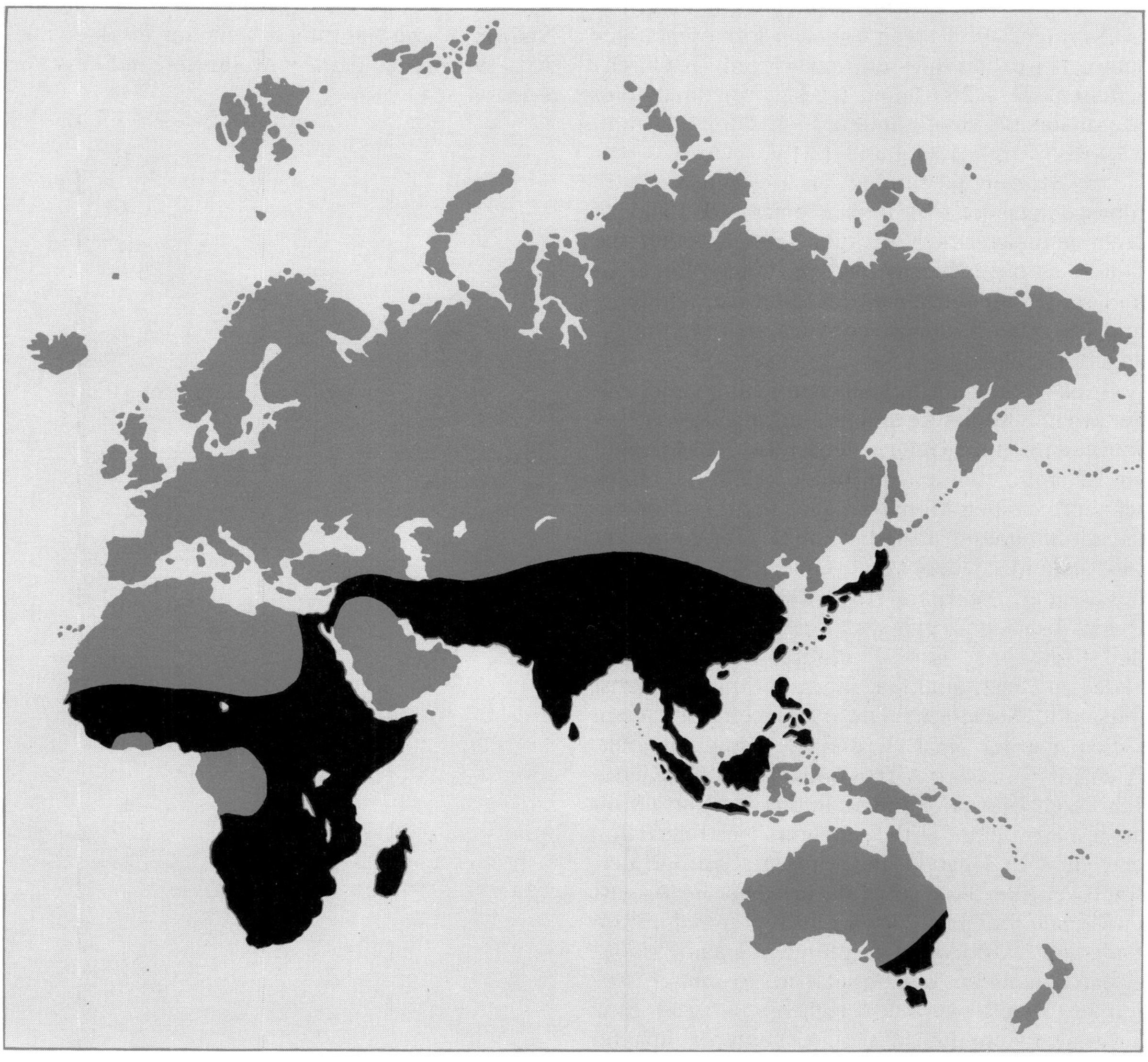

es ist eine flache, mit Blättern, Schilfstückchen und trockenen Gräsern ausgelegte Mulde, die durch überhängende Halme gut gegen Sicht geschützt ist.

Das normale Gelege besteht aus vier Eiern, nur ausnahmsweise einmal aus drei oder auch aus fünf Eiern; ihre Form ist oval oder spitzoval. Für die Größe des Vogels sind die Eier relativ klein und demzufolge auch leicht; die Frischvollmasse beträgt 12,5 g, bei der etwa gleichgroßen Bekassine dagegen 16,5 g. Die matten oder leicht glänzenden Eier sind auf hell lehmgelblichem, seltener hell ockerfarbigem Grund tief schwarzbraun gefleckt; diese Flecke sind große, oft ineinanderlaufende Flatschen, Schnörkel und verschlungene Linien, die das Ei unregelmäßig bedecken und sich oft am stumpfen Pol häufen. Daneben finden sich noch einige aschgraue Unterflecke. 100 Eier messen im Durchschnitt 35,9 × 25,5 mm; die Maximal- und Minimalmaße sind 40,1 × 26,2 mm und 32,0 × 22,3 mm. 17 Eier meiner Sammlung, die in Ägypten, auf Taiwan und den Philippinen gesammelt wurden, messen und wiegen im Durchschnitt 36,33 × 25,61 mm, 0,83 g; Maximal- und Minimalmaße und -masse: 40,8 × 27,8 mm, 33,4 × 23,7 mm, 1,11 g und 0,61 g.

Die Brutzeit ist infolge des riesigen Verbreitungsgebiets der Art in den einzelnen Ländern recht unterschiedlich. In den Tropen brütet die Goldschnepfe offenbar das ganze Jahr hindurch und ist hier nur von den Wasserstandsverhältnissen und dem damit zusammenhängenden Nahrungsangebot abhängig.

CALDWELL fand im südlichen China Gelege in der zweiten Maihälfte und im Juni; meine von Taiwan stammenden Gelege wurden am 29. März und am 17. Juli gefunden. In Indien brütet die Goldschnepfe in allen Monaten; auch in Sri Lanka legt die Goldschnepfe fast das ganze Jahr hindurch, LEGGE fand in jedem Monat Gelege mit Ausnahme des Januar, Februar, August und Oktober. In Burma wurden im Juli und August Gelege gefunden (SMYTHIES). Von den Philippinen stammende Gelege meiner Sammlung fand man am 15. August und am 15. September. Die in Ägypten gefundenen Gelege wurden am 2., 6. und 23. Juni gesammelt. Auch im tropischen Afrika findet man fast zu jeder Jahreszeit Eier oder Junge, und es scheint, als ob auch hier keine zeitlich begrenzten Brutzeiten bestehen. In Uganda und Tansania wurden beispielsweise im Juni und Juli, in Kenia im August und September, in Äthiopien im September und im Sudan im Oktober Junge gefunden. Da auf Madagaskar sowohl im Juni als auch im November Bruten festgestellt wurden, erscheint es nicht ganz ausgeschlossen, daß die Goldschnepfe zweimal im Jahr brütet. In Südafrika liegt die Brutzeit von September bis Dezember.

Das Gelege wird nur von Männchen bebrütet; nach einer Brutdauer von 19 Tagen schlüpfen die Dunenjungen, die wie bei allen Limikolen ausgesprochene Nestflüchter sind. Die Jungen werden nur vom Männchen geführt, dem also die ganze Last der Bebrütung und Aufzucht der Jungen zufällt.

Wanderungen Die Goldschnepfe ist im größten Teil ihres Verbreitungsgebiets Standvogel, und nur im nördlichen China und teilweise auch in Japan ist sie Zugvogel, allerdings weiß man über ihre Wanderungen nur wenig. Am Südhang des Himalaya finden vertikale Zugbewegungen statt, und die Goldschnepfen kommen mit Einbruch der kalten Jahreszeit in die Täler herab. Verflogene Goldschnepfen wurden auf Hokkaido, in Korea und im südlichen Ussuri-Land nachgewiesen.

Nahrung Die Nahrung besteht aus Insekten aller Art, Würmern, kleinen Mollusken, seltener aus Sämereien.

Familie Haematopodidae

Gattung Haematopus Linné

Haematopus ostralegus Linné

Austernfischer (Tafel 1)

Noch nie hatte ich so viele Austernfischer gesehen wie in den Mai- und Junitagen 1960 auf der Hallig Südfall an der Westküste Schleswig-Holsteins. Wohl an die 120 Paare mochten auf der Insel brüten, dazu kamen noch Hunderte nichtbrütender Vögel, die sich Tag für Tag bei aufkommender Flut an einer bestimmten Stelle des Strandes versammelten. Von meinem Versteckzelt aus konnte ich die Austernfischer aus nächster Nähe beobachten, und je höher das Wasser stieg, desto näher kamen sie meinem Versteck. Als Ebbe war, hatten die Austernfischer draußen auf dem Watt nach Futter gesucht, jetzt schienen sie zu verdauen, viele schliefen auch etwas, jedenfalls konnte man nicht behaupten, daß sie besonders lebhaft waren. Nur wenn ihnen das Wasser schon das Bauchgefieder umspülte, liefen sie einige Schritte weiter hinauf auf den Muschelstrand. Ab und zu hoben sie auch die Flügel hoch und reckten sich; so standen sie Stunde um Stunde, bis das Wasser wieder ablief. Zum größten Teil handelte es sich bei diesen Austernfischern um alte Vögel im Brutkleid, die allerdings noch nicht brüteten, da sich die Austernfischer erst im dritten Lebensjahr fortpflanzen, teilweise auch um vorjährige Vögel, die unschwer an der weißen Kinnbinde und der dunklen Schnabelspitze zu erkennen waren.

Die Austernfischer waren die lautesten Vögel auf der Hallig und übertrafen hierin die Silbermöwen und Küstenseeschwalben bei weitem. Näherte man sich ihren Nestern, so riefen sie laut und scharf „quit quit quit“ und hörten nicht eher mit ihrem Rufen auf, bis man den Brutplatz wieder verlassen hatte. Wir hörten die Austernfischer zu jeder Tagesstunde, und ich möchte fast behaupten, daß sie auch nachts nicht viel zur Ruhe kamen, denn, wenn die Sonne schon längst hinter dem nahen Pellworm untergegangen war und anderntags, wenn das weite Watt unter den ersten Sonnenstrahlen weithin silbern glänzte, waren es die Vögel, deren Rufe man noch oder schon wieder vernahm.

Hörte man die Stimmen der Austernfischer, dann waren es entweder einzeln rufende Vögel, oder es hatten sich einige zur Gruppenbalz zusammengefunden, der man zuzusehen nicht müde wurde, zumal die schwarz-weißen Vögel dabei einen so feierlich ernsten Eindruck machten. Meist beteiligten sich vier bis sechs Austernfischer an diesem „Trillerspiel“, wie ich es nannte: In einer eigenartig starren Körperhaltung wurde der Kopf vorgestreckt und der geöffnete Schnabel nach unten gehalten, so daß seine Spitze fast den Boden berührte. In dieser Haltung liefen die Vögel mit schnellen Schritten nebeneinander in einer Richtung, wobei sie fortwährend zusammen taktmäßig „püt“ riefen. Dann liefen sie wieder etwas auseinander oder durcheinander, hielten plötzlich inne, liefen wieder weiter und bildeten einen Kreis, noch immer die Schnäbel zu Boden gerichtet, und man konnte sich des Eindrucks nicht erwehren, als suchten die Austernfischer etwas, was sie vielleicht an dieser Stelle verloren hätten.

Mittlerweile waren die Rufe lebhafter geworden, was zur Folge hatte, daß die Austernfischer völlig aus dem Takt gerieten, das gemeinschaftliche Rufen wurde nun immer schneller und endete schließlich in einem Triller. Ebenso unvermittelt, wie dieses Trillerspiel begonnen hatte, wurde es auch abgebrochen. Meist fand diese Gruppenbalz am Boden statt, und zwar zu jeder Tageszeit, aber oft sah man die balzenden Austernfischer auch in exakter Flugordnung über die Hallig fliegen.

Beschreibung Der Austernfischer ist eine der Limikolen-Arten, die man nie mit einer anderen Art verwechseln kann, denn dazu sind sein schwarzweißes Gefieder, der korallenrote Schnabel und die verhältnismäßig kurzen hellroten Füße viel zu auffällig. Kopf, Hals und die gesamte Oberseite bis auf die breiten weißen Flügelbinden sind schwarz, alles andere weiß; der gleichfalls weiße Schwanz hat eine breite schwarze Endbinde. Männchen und Weibchen gleichen sich, und auch das Ruhekleid mit dem halbringförmigen weißen Kehlband ist dem Brutkleid sehr ähnlich. Im Jugendkleid ist die Oberseite mehr schwarzbraun, die Schnabelspitze bräunlich, und vielfach sind junge Vögel von den alten auch durch die deutlicher ausgeprägte weiße Kinnbinde zu unterscheiden. Das Dunenjunge ist oberseits bräunlichgrau mit schwarzer Zeichnung, auffällig sind zwei schwarze Längsstreifen auf dem Rücken; die Unterseite ist bis auf die dunkel graubraune Kehle und den Kropf weiß.

Maße: Länge 430 mm, Flügel 260 mm, Schwanz 111 mm, Schnabel 77 mm, Füße 54 mm.

Feldkennzeichen Der Austernfischer ist ein gedrungen wirkender, über kiebitzgroßer schwarzweißer Vogel mit rotem Schnabel und roten Füßen; im Flug fällt die breite weiße Flügelbinde auf.

Stimme: Laut gellend „qui qui qui quit quit

quit"; bei der Balz rufen die Austernfischer fortwährend taktmäßig „püt".

Verbreitung Der Austernfischer brütet an fast allen europäischen Küsten von Island und der Eismeerküste bis an die Küsten des Mittelmeeres; Einzelheiten sind aus der Verbreitungskarte ersichtlich. Am 5. Juni 1975 wurde ein Gelege bei Ulcinj in der Nähe der Bojana-Mündung gefunden und der Austernfischer damit erstmalig für die jugoslawische Adriaküste als Brutvogel nachgewiesen; der Brutbestand wird auf sechs Paare geschätzt (VASIĆ). Neuerdings wurde der Austernfischer auch an der Mariza in Bulgarien als Brutvogel nachgewiesen. Vielfach brütet der Austernfischer auch im Binnenland, so in Schottland, in den Niederlanden, gelegentlich auch im Nordwesten der BRD und vor allem in der Sowjetunion, wo sich sein Brutgebiet ostwärts bis in das südwestliche Sibirien und die Turkmenische SSR erstreckt. Isolierte Brutgebiete finden sich außerdem auf Kamtschatka, am Ochotskischen Meer und in Korea. Vor der Nordküste des Schwarzen Meeres bis zum Unterlauf des Ob und im Südosten bis zum Kaukasus und Kaspischen Meer finden wir die Unterart Haematopus ostralegus longipes Buturlin, im übrigen europäischen Verbreitungsgebiet brütet die Nominatform Haematopus ostralegus ostralegus Linné.

Biotop Der Austernfischer bewohnt flache Meeresküsten und Inseln, Mündungsgebiete von Strömen und Flüssen; in den Niederlanden, in Belgien, im Nordwesten der BRD und teilweise auch in England Felder und kurzgrasige Wiesen. In Schottland finden wir die Art auf Sandbänken in Flüssen und an den Ufern der „Lochs", oft einige Kilometer von der offenen See entfernt. Auch in Island brütet der Austernfischer am Ufer größerer Flüsse und Seen in Meeresnähe. Was in Westeuropa noch eine Ausnahme darstellt, ist in der mittleren und südlichen Sowjetunion die Regel, denn hier finden wir den Austernfischer außer an den Küsten auch tief im Binnenland brütend. 1974 stellten HÄGGBLOM und LIESMA den Austernfischer erstmals im finnischen Binnenland als Brutvogel fest; er brütete auf einer großen Rindenabfall-Fläche einer Papiermühle bei Valkeakoski. Auch im östlichen Anatolien brütet der Austernfischer tief im Landesinneren; er wurde hier in 1730 bis 1800 m Höhe in der Umgebung des Van- und Ercek-Sees gefunden.

Brutbiologie Das Gelege findet man meist in Wassernähe am Strand, wobei zwischen Sand-, Kiesel- und Steinstrand kein Unterschied gemacht wird, ferner in Dünen, auf kurzgrasigen Wiesen und gelegentlich auch zwischen größeren Steinen und Felsblöcken, die zur Befestigung des Strandes dienen. Neuerdings wurde der Austernfischer auch brütend auf Kiesdächern von Flachdachbauten gefunden. Vielfach liegen die Eier ohne jede Unterlage auf dem Boden, bisweilen wird die flache Nestmulde mit einigen Pflanzenteilen und Kanin-

Brutgebiet des Austernfischers

chenlosung ausgelegt; oft fand ich auch die Eier auf einer soliden Unterlage von Muschelschalen. An der Nordseeküste waren die Nestmulden meist mit den Schalen der Herzmuschel (Cardium edule) ausgelegt.

Das Gelege besteht gewöhnlich aus drei Eiern, bisweilen auch nur aus zwei und nicht selten aus vier Eiern. Unter 17 Gelegen, die ich im Mai 1960 auf der Hallig Südfall fand, fanden sich zehn Gelege zu drei und sieben Gelege zu je vier Eiern. Es scheint so, als ob die Gelegegröße nach Ort und Jahr etwas verschieden ist, so waren 1931 auf Norderoog über 53 Prozent und 1930 auf Mellum 75 Prozent der Gelege Dreier-Gelege. Die Gestalt der Eier variiert von kurz- bis langoval, die Mehrzahl ist jedoch oval. Auf hell sandfarbenem bis warm lehmbraunem Grund sind sie mäßig stark schwarzbraun bis dunkelbraun gefleckt. Die Fleckung nimmt zum stumpfen Pol hin zu; neben kleineren rundlichen Flecken finden sich größere unregelmäßige Flecke, Schnörkel und Kringel. Die wenigen, zum Teil großen und deutlich hervortretenden Unterflecke sind hell- bis dunkelgrau. 100 in Großbritannien gesammelte Eier messen nach JOURDAIN durchschnittlich 57,0 × 40,0 mm, Maxima: 70,1 × 37,4 mm und 62,1 × 48,9 mm; Minima: 51,6 × 40,4 mm und 62,6 × 35,0 mm. Diese Eier sind merklich größer als solche von der Nord- und Ostseeküste; für 78 Eier fand ich folgende Durchschnittswerte: 54,51 × 39,20 mm, Maxima: 60,6 × 38,8 mm und 54,4 × 41,9 mm; Minima: 49,8 × 39,5 mm und 51,8 × 36,8 mm.

Der Legeabstand ist recht unterschiedlich und wahrscheinlich auch von der Witterung abhängig; die Angaben schwanken von etwas über 24 Stunden bis zu 72 Stunden. Meist beträgt wohl der Legeabstand zwischen dem ersten und zweiten Ei etwas über 24 Stunden, und der Abstand zwischen dem zweiten und dritten Ei 48 Stunden und mehr (75 Prozent der von DIRCKSEN untersuchten Gelege). Diese Angaben stimmen mit unseren Beobachtungen auf Südfall überein. Demgegenüber gibt STAHLBAUM an, daß der Legeabstand auf jeden Fall über 72, wahrscheinlich sogar 96 Stunden beträgt.

Der Austernfischer brütet nur einmal im Jahr; geht das Gelege verloren, wird nachgelegt. In Großbritannien findet man die Gelege meist im Mai, gelegentlich schon im April, aber auch noch im Juni. An der Nord- und Ostseeküste brütet der Austernfischer meist von Mitte Mai an (selten eher) bis Mitte Juni; Nachgelege werden noch später gefunden. Auch in den nördlicher gelegenen Brutgebieten brütet der Austernfischer verhältnismäßig zeitig; auf Island nach HANTZSCH im allgemeinen Mitte Mai, gelegentlich auch schon zu Anfang des Monats. An der Nordküste des Ägäischen Meeres fand ich die Gelege, wie man vielleicht erwarten könnte, nicht wesentlich früher, sondern erst Anfang Mai.

Der Brutbeginn variiert individuell, bisweilen – jedoch nicht immer – wird nach Ablage des letzten Eies mit der Bebrütung begonnen. Die Brutdauer ermittelte DIRCKSEN bei 63 Paaren mit durchschnittlich 27 Tagen.

Das Gelege wird von Männchen und Weibchen bebrütet, die sich häufig ohne jedes besondere Zeremoniell ablösen. Die Jungen bleiben nach dem Schlüpfen zunächst noch ein bis zwei Tage an dem Platz, an dem sie erbrütet worden sind. Sie werden zunächst von den Eltern gefüttert und später auf das nahrungsreiche Watt geführt. Die Jungen werden von ihren Eltern mit großer Hingabe betreut; drohende Gefahren versuchen diese von ihren Jungen abzulenken, indem sie dem Eindringling lärmend näherkommen, sich auffällig postieren, Flügellahmheit vortäuschen oder den Feind laut rufend angreifen. Mit etwa 35 Tagen sind die Jungen flugfähig.

Wanderungen Im April treffen die Austernfischer an ihren Brutplätzen ein; der Wegzug zieht sich dann von Mitte August bis Oktober hin. Vielfach überwintern die Austernfischer in ihren Brutgebieten, das gilt vor allem für die Populationen im Bereich der Nordseeküsten, zum Teil werden auch Wanderungen kleineren Ausmaßes innerhalb der Brutgebiete unternommen. Teilweise ziehen die Austernfischer aber auch weiter und überwintern an den Küsten Nordafrikas, des Roten Meeres, des Persischen Golfs und des Arabischen Meeres. Gelegentlich erreichen Austernfischer auf ihren Wanderungen auch Japan und das südöstliche China; in Afrika wurde er ausnahmsweise auch in Sierra Leone, Moçambique und in Namibia festgestellt. Auf diesen Wanderungen wird der Weg entlang den Küsten bevorzugt. Im Binnenland trifft man den Austernfischer – wenigstens in Mittel- und Westeuropa – nur ganz selten einmal an.

Nahrung An der Nordseeküste ernährt sich der Austernfischer nach DIRCKSEN vorwiegend vom Köderwurm oder Sandpier (Arenicola marina), von Strandkrabben (Carcinus maenas), Strandschnecken (Litorina litorea) und Plattmuscheln (Macoma baltica). An den Küsten Großbritanniens sind es vor allem Miesmuscheln (Mytilus edulis), die der Austernfischer mit seinem meißelartigen Schnabel geschickt zu öffnen versteht; daneben werden auch andere Mollusken, Crustaceen, Würmer und Insekten gefressen.

Familie Charadriidae

Gattung Chettusia Bonaparte

Chettusia leucura (Lichtenstein)
Weißschwanzkiebitz (Tafel 2)

Auch der Weißschwanzkiebitz gehörte zu den Arten, denen ich auf meiner Frühjahrsreise in den Irak (1957) dort erstmals begegnete. Am 7. Juni sah ich zahlreiche Weißschwanzkiebitze auf einer größeren Schlickfläche am Stadtrand von Amara; weitere sah ich am 10. Juni in einem von kleinen Wasserlachen durchsetzten Gelände östlich von Bagdad in Gesellschaft von Lappenkiebitzen und Zwergseeschwalben.

Beschreibung Der Weißschwanzkiebitz ist etwas kleiner als der Steppenkiebitz, von dem er sich durch einen reinweißen Schwanz unterscheidet. Stirn und Zügel sind weißlich-rahmfarben, die übrige Oberseite fahl braun mit rötlichviolettem Schimmer; die Handschwingen sind schwarz, die Armschwingen weiß mit schwarzen Spitzen. Die Kehle ist weiß, der Hals braun, die Brust aschgrau und die übrige Unterseite rosig-rahmfarben. Im Flug fallen die breiten weißen, nach vorn schwarzbegrenzten Flügelbinden und die weißen Unterflügeldecken auf. Der Schnabel ist schwarz, und die langen Beine sind hellgelb. Das Weibchen gleicht dem Männchen, zwischen Brut- und Ruhekleid besteht kein wesentlicher Unterschied. Bei jüngeren Vögeln fehlt der metallische Schimmer auf der Oberseite, und die Schwanzfedern haben braune Spitzen.

Maße: Länge 270 mm, Flügel 185 (Männchen) bis 173 (Weibchen) mm, Schwanz 77,5 mm, Schnabel 29 mm, Füße 68 mm.

Feldkennzeichen Der Weißschwanzkiebitz ist etwas kleiner als unser Kiebitz und wirkt infolge der leuchtend gelben langen Beine, die im Flug den Schwanz weit überragen, zierlicher. Der einzige Kiebitz mit einem rein weißen Schwanz; insgesamt bräunlich wirkend, die Brust ist braungrau ohne schwarzes Band. Außerhalb der Brutzeit sind Weißschwanzkiebitze sehr zutraulich und still und fliegen bei Störungen nicht so leicht auf wie verwandte Arten. Die Stimme ist der unseres Kiebitz ähnlich; die Alarmrufe werden von MOORE und BOSWELL mit denen der Lachseeschwalbe (Gelochelidon nilotica) verglichen.

Verbreitung Das Brutgebiet des Weißschwanzkiebitz liegt im Südwesten des asiatischen Teils der Sowjetunion; vom Südostrand des Kaspischen Meeres (Kara Bogas) verläuft die Nordgrenze zum Süd- und Südostrand des Aral-Sees und von da ostwärts bis zum Südende des Balchasch-Sees und zur Turkmenischen SSR. Von hier reicht das Brutgebiet durch den Iran bis in den mittleren und südlichen Irak und zum Teil auch nach Syrien.

Nach ALLOUSE und meinen eigenen Beobachtungen ist der Weißschwanzkiebitz ein häufiger Jahresvogel vom mittleren bis zum südlichen Irak. Nach TICEHURST und anderen befinden sich Brutplätze in den Sümpfen in der Umgebung von Musayeb, Hindiyah und Amara, ferner am Akkarkuf-See und in den Suweikkiyah-Sümpfen. In der Umgebung von Bagdad fanden MOORE und BOSWELL den Weißschwanzkiebitz in der Umgebung von Sheikh Omar. SARUDNY stellte den Weißschwanzkiebitz als sehr zahlreichen Brutvogel in den iranischen Teilen von Seistan fest; PALUDAN traf ihn hier nur in sehr geringer Anzahl

Brutgebiet des Weißschwanzkiebitzes

im Februar und März an, und es schien ihm nicht so, als ob sich die Vögel hier an ihren Brutplätzen befänden.

Biotop Der Weißschwanzkiebitz bewohnt im Gegensatz zum Steppenkiebitz mehr sumpfiges Gelände, unter Wasser stehende Felder, niedrige und kleine mit Schilf bestandene Inseln und halb überschwemmte Inseln in der Nähe von See- und Flußufern.

Brutbiologie MACLAREN stellte bei Hindiyah (Irak) verpaarte Weißschwanzkiebitze, die allerdings noch in lockeren Verbänden zusammenhielten, Ende April fest; BOSWELL beobachtete am 4. Mai 1947 die Balz, die unter Kopfsenken und Flügelspreizen vor sich ging. Bei Kut finden sich die Weißschwanzkiebitze Ende April zahlreich an ihren Brutplätzen ein, berichteten MOORE und BOSWELL; in der Wüste östlich von Hai wurden Brutpaare in der Nähe eines sandigen Hügels angetroffen, also in einem für diese Art etwas ungewöhnlichen Brutbiotop. Sonst stehen die Nester in sumpfigem Gelände oder überfluteten Reisfeldern; das Nest besteht aus wenigen trockenen Gräsern und Stengeln.

Die Brutzeit beginnt im Irak Anfang Mai, und noch Anfang Juni werden Gelege gefunden. MOORE und BOSWELL fanden am 29. Mai 1944 bei Bagdad zwei mit je vier Eiern belegte Nester auf salzhaltigem, mit Binsen bestandenem Boden. Der Weißschwanzkiebitz brütet nur einmal im Jahre, bei Verlust des Geleges durch Überschwemmungen oder weidendes Vieh wird wahrscheinlich nachgelegt.

Die Eier sind typische Kiebitzeier, oft sind sie etwas heller und lockerer gefleckt als die Eier unseres Kiebitzes; bis auf die geringere Größe sind sie den Eiern des Steppenkiebitzes sehr ähnlich. 15 Eier messen nach JOURDAIN 39,34 × 28,65 mm, Maxima: 41,9 × 32,0 mm, Minima: 31,1 × 28,3 mm. SCHÖNWETTER gibt für 90 Eier 39,3 × 28,3 mm als Durchschnittsmaße an; die Schalenmasse beträgt 1,18 g.

Das Gelege besteht aus vier Eiern; wahrscheinlich beteiligt sich auch das Männchen an der Bebrütung des Geleges. Die Brutdauer ist nicht bekannt, dürfte aber etwa 24 Tage betragen.

Wanderungen Die im Norden des Brutareals beheimateten Populationen überwintern teilweise im südlichen Asien, zum Teil auch im nordöstlichen Afrika (Ägypten, Sudan). Im Sudan ist der Weißschwanzkiebitz ein nicht ungewöhnlicher Wintergast von Oktober bis März, vor allem an der Küste des Roten Meeres und an Flüssen im Norden des Landes. In Asien liegen die Überwinterungsgebiete vom südlichen Afghanistan bis zum nordwestlichen Indien, ostwärts bis Nepal und südwärts bis Kutch und Gujarat (VAURIE); von PETERS wird noch die Sinai-Halbinsel als Überwinterungsgebiet angegeben. In Afghanistan beobachtete PALUDAN den Weißschwanzkiebitz nur in Seistan, und zwar am 26. Februar und am 4. März 1949 an der Mündung des Farah Rud. Ferner sah er am 11. März und 11. April Weißschwanzkiebitze in der Nähe von Baqrabad; allerdings machten die Vögel nicht den Eindruck, als ob sie sich an ihrem Brutplatz befänden.

Weißschwanzkiebitz, Chettusia leucura
(nach einer Aufnahme von N. D. Mitrofanowa)

Vereinzelte Weißschwanzkiebitze gelangen auf ihren Wanderungen auch noch weiter nach Osten und wurden beispielsweise in Assam und Mysore festgestellt. In Europa wurde die Art bis 1974 nur vereinzelt nachgewiesen, und zwar für Südfrankreich (1840), Österreich (1968), Griechenland (1958, 1966) und Malta (1864, 1869, 1973). Weitere Weißschwanzkiebitze wurden an der unteren Wolga sowie in Tunesien und Algerien beobachtet. Für die asiatische Türkei liegen zwei Nachweise vor; zuletzt wurden vier Weißschwanzkiebitze am 30. April 1970 bei Silifke an der Südküste Anatoliens gesehen. Im gleichen Jahr wurde diese Art erstmals für Zypern nachgewiesen, und zwar wurde je ein Exemplar vom 15. bis 21. März bei Akrotiri, ein weiteres am 21. April bei Zakadi und schließlich noch eins am 30. April bei Kouklia festgestellt. Das sind für einen Zeitraum von 133 Jahren verhältnismäßig wenige Nachweise. Um so überraschender ist es, daß allein 1975 acht Nachweise für Europa vorliegen, und zwar wurden Weißschwanzkiebitze in den nachstehend aufgeführten Ländern beobachtet: Österreich (Illmitz, vom 29. März bis zum 29. April und vom 5. bis zum 17. Juli), Italien (Sizilien, 19. April), Polen (Koszalin, 30. April), Schweden (Mörkö, 10. Mai), Finnland (Hamina, vom 11. bis zum 16. Mai), Ungarn (Agárd, 23. Mai), Niederlande (Texel, vom 9. bis zum 12. Juli) und England (Packington, vom 12.

bis zum 18. Juli). Schließlich wurde noch ein Weißschwanzkiebitz in unmittelbarer Nähe meiner Heimatstadt Bautzen festgestellt: Am 2. Mai 1976 beobachteten KLAUS und GERT HOFMANN sowie DIETMAR SPITTLER ein Exemplar am Westufer des Bautzener Stausees. Zwei Jahre später wurde der Weißschwanzkiebitz erstmals als Irrgast für Rumänien nachgewiesen; am 17. Mai 1978 wurde einer bei Techirghiol beobachtet (CIOCHIA in British Birds 71, 1978). Im Irak und wahrscheinlich auch im südwestlichen Iran ist der Weißschwanzkiebitz Jahresvogel. MOORE und BOSWELL beobachteten am 15. Oktober 1943 einen Flug von 50 Vögeln am Suweicha-See bei Fellahiyah. Im Gegensatz zum Lappenkiebitz, der sich im Herbst vorzugsweise an Flüssen aufhält, bevorzugt der Weißschwanzkiebitz trocknere Inseln in Sumpfgebieten und trockene Schlickbänke.

Nahrung Über die Nahrung sind keine Einzelheiten bekannt; wahrscheinlich ist sie so ähnlich wie bei verwandten Arten.

Chettusia gregaria (Pallas)
Steppenkiebitz (Tafel 2)

Der Steppenkiebitz gehört zu den Arten, die man als endemisch für die weiten Steppengebiete im südwestlichen Sibirien und in der Kasachischen SSR bezeichnen kann. Die immer stärkere Kultivierung der Steppen hat sich auf den Bestand des Steppenkiebitzes nicht günstig ausgewirkt; die Art nimmt fast überall ab. Wiederholt wurde der Steppenkiebitz als Irrgast in Europa nachgewiesen; die Mehrzahl der Funde entfällt auf den Herbst und nur wenige auf das Frühjahr. Näheres darüber ist unter „Wanderungen" zu finden.

Beschreibung Der Steppenkiebitz ist etwas kleiner als unser Kiebitz, jedoch hochbeiniger. Der schwarze Oberkopf wird durch einen auffallend weißen, von der Stirn bis zum Nacken verlaufenden Streifen eingefaßt, unter dem ein hinter dem Auge schmaler werdender schwarzer Augenstreif verläuft. Die Oberseite ist fahl braungrau, die Oberschwanzdecken sind weiß, ebenso der Schwanz mit Ausnahme eines breiten schwarzen Endbandes. Kopf- und Halsseiten sind blaß fahlgelb, die Brust bräunlich aschgrau, der Bauch ist schwarz mit einem großen rotbraunen Fleck. Die Füße sind schwarz (beim Weißschwanzkiebitz hellgelb!). Das Ruhekleid gleicht weitgehend dem Brutkleid; der Scheitel und der Augenstreif sind dann trüber, nicht so auffallend schwarzweiß, die Stirn ist dunkel gestrichelt, und die gesamte Unterseite ist weiß oder weißlich mit einigen dunklen Flecken auf der Brust. Das Weibchen gleicht in allen Kleidern weitgehend dem Männchen, nur ist der Bauch im Brutkleid nicht so schwarz.

Im Jugendkleid ist die Kopfplatte braun und der weiße Streif noch nicht so scharf ausgeprägt, die Brust ist schwarzbraun gefleckt. Das Dunenjunge ist nach HARTERT oberseits gelbbräunlich rahmfarben mit schwarzen Flecken; Stirn, Hals und Flügelspitzen sind einfarbig rahmweißlich, ebenso die gesamte Unterseite.

Maße: Länge 300 mm, Flügel 202 mm, Schwanz 87 mm, Schnabel 29,5 mm, Füße 60 mm.

Feldkennzeichen Der Steppenkiebitz ist ein etwa kiebitzgroßer, insgesamt sandfarbig erscheinender Vogel mit weiß eingefaßtem schwarzen Scheitel. Bei dem kiebitzähnlichen, aber langsameren Flug fallen die schwarz-weißen Unterflügel, bei Altvögeln der schwarze Bauch sowie der weiße Schwanz mit der schwarzen Endbinde auf. Die Flügel erscheinen mehr zugespitzt als beim Kiebitz. Die Stimme ist ein kurzes, schrilles „kretsch, kretsch, kretsch".

Verbreitung Der Steppenkiebitz bewohnt die weiten Steppen im südwestlichen Sibirien und in der Kasachischen SSR. Am Unterlauf der Wolga reicht das Brutgebiet bis auf das rechte Ufer des Stromes bis in die Gegend von Wolgograd und Dubovka und nordwärts bis Kamyshin. Von hier verläuft die Nordgrenze des Brutgebietes etwa in einer bis Omsk verlaufenden Linie; hier am Mittellauf des Irtysch biegt die östliche Grenze des Brutgebiets in südöstlicher Richtung zum Oberlauf des Ob – etwa bis Barnaul – ab, und zieht sich in einem weiten Bogen über den Saissan nor und die Gebiete am Südrand des Balchasch-Sees bis zum Nordrand des Aral-Sees und von da bis zur Nordküste des Kaspischen Meeres hin. Außerhalb dieses geschlossenen Brutareals wurde der Steppenkiebitz weit im Norden Sibiriens angetroffen, so im östlichen Uralgebiet bei 56° 30', am Jenissej bei 61° sowie an der Steinigen Tunguska (JOHANSEN).

Ferner wurde der Steppenkiebitz während des ganzen Sommers in Syrien festgestellt, was AHARONI zu der falschen Annahme verleitete, daß die Art hier brütet. Auch im Iran ist der Steppenkiebitz entgegen der Behauptung SARUDNYS nicht Brutvogel. Wahrscheinlich hat es sich hier wie in Syrien um übersommernde Exemplare gehandelt.

Biotop Der Steppenkiebitz bevorzugt die flachwellige Steppe mit lehmig-schwarzerdigem Boden, die eine nur spärliche Vegetation von Artemisia und Pfriemengras (Stipa) aufweist und die durch völlig vegetationslose lehmige Flächen und schwarzerdige Böden unterbrochen ist. Wasser – seien es stehende oder fließende Gewässer – muß sich in der Nähe befinden. Die völlig ebene und dicht mit hohem Pfriemengras bestandene Steppe hingegen meidet der Steppenkiebitz, kommt andererseits auch auf unbebauten Feldern und salzhaltigen Böden vor. Im nördlichen Teil seines Brutgebietes ist sein Vorkommen nach Johansen recht sporadisch, da sich hier nicht überall ihm zusagendes Gelände findet.

Brutbiologie Über die Ankunft am Brutplatz und die anschließende Balz entnehme ich den Aufzeichnungen von Menzbier und Sarudny folgendes: An seinen Brutplätzen trifft der Steppenkiebitz im Frühjahr ziemlich spät ein. Längst ist der Schnee von den höher gelegenen Stellen in der Steppe weggetaut, hier und da sprießt schon das junge Gras. Nun erscheinen in der ersten Maihälfte die Steppenkiebitze in kleinen Flügen von 15 bis 20 Exemplaren an ihren Brutplätzen. Bald lösen sich aber diese kleinen Verbände auf, und alsbald beginnt die Balz. Am Rande einer von Pfriemengras umgebenen freien Fläche stellen sich die Weibchen auf, während die Männchen, zu zweit oder zu dritt, dicht dabei untereinander Kämpfe aufführen, wobei sie fortwährend ihre knarrenden Rufe hören lassen. Sie verbeißen sich ineinander, springen aneinander zwei Fuß hoch und schlagen sich gegenseitig mit Flügeln, Beinen und Schnäbeln. Hin und wieder lassen sie voneinander ab, um mit aufgebauschtem Gefieder einer hinter dem anderen herzulaufen; dann erneuern sie wieder ihr Kampfspiel. Fliegt ein Weibchen auf, so folgen ihm sogleich zwei bis fünf Männchen, die dort, wo das Weibchen einfällt, ihr Turnier fortsetzen.

Brutgebiet des Steppenkiebitzes

Wie bei unserem Kiebitz brüten oft mehrere Paare auf engerem Raum zusammen, doch sind es nach Sarudny selten mehr als 20 Paare, die in einer weitläufigen Brutsiedlung nisten. Rjabow berichtet allerdings von einigen Dutzend Paaren, die er im Naursum-Naturschutzgebiet in einer lockeren Kolonie brütend fand. Das Gelege von normalerweise vier Eiern liegt in einer vom Weibchen ausgekratzten flachen, mit nur wenig Genist ausgelegten Mulde; bisweilen fehlt aber auch alles Nistmaterial, und die Eier liegen auf dem bloßen Boden.

Nach Rey sind die Eier unseres Kiebitzes und die des Steppenkiebitzes vielfach nicht voneinander zu unterscheiden. Wenn auch die Mehrzahl der Eier beim Steppenkiebitz „von etwas gedrungenerer Form, ihre Grundfarbe merklich gelber und ihre Zeichnung weniger dicht ist und in Bezug auf die Form der Flecke mehr an Haematopus ostralegus erinnert, so finden sich doch auch Stücke beim gewöhnlichen Kiebitz, auf welche diese Merkmale ebenso gut passen würden. Vielleicht gibt noch der etwas stärkere Glanz und das merklich höhere Gewicht der Schale das beste Unterscheidungskriterium ab". Nach Schönwetter beträgt die Schalenmasse der fast gleichgroßen Eier von Vanellus vanellus und Chettusia gregaria 1,55 g bzw. 1,68 g und schwankt zwischen 1,12 g und 1,80 g bei Vanellus und 1,45 g und 2,04 g bei Chettusia.

Die zutreffendste Beschreibung der Eier des Steppenkiebitzes scheint Jourdain zu geben, wenn er schreibt: Die Grundfarbe variiert von Steingrau bis Hellolivgrün oder Warmrötlichbraun. Die Eier sind bräunlichschwarz gefleckt, besonders am stumpfen Pol; außerdem finden sich aschgraue Unterflecken in Form von Strichen oder Flecken.

Jourdain weist ebenfalls auf die Ähnlichkeit

mit Vanellus-Eiern hin, betont aber, daß Chettusia-Eier nicht glänzen. Die Durchschnittsmaße für 60 Eier betragen nach JOURDAIN 46,58×33,88 mm; Maxima: 49,3×34,6 und 47,3×35,8 mm; Minima: 42,3×33,2 und 46,0×31,7 mm. Die mittlere Schalenmasse beträgt 1,52 g (1,65 bis 1,28 g).

Nach SARUDNY werden die ersten Gelege von Chettusia gregaria Mitte Mai gefunden. POYNTING bildet Eier ab, die am 10., 20. und 30. April am Unterlauf der Wolga bzw. bei Astrachan gesammelt wurden; auch eins der beiden bei DRESSER abgebildeten Eier wurde am 20. April gefunden. JOURDAIN gibt demnach den Beginn der Brutzeit (von Ende April bis Anfang Mai) etwas zu spät an. Der Steppenkiebitz brütet nur einmal im Jahr; bei Verlust des Geleges wird er sicherlich – wie unser Kiebitz – noch ein zweites Mal legen.

Der Brutbeginn erfolgt wahrscheinlich wie bei verwandten Arten auch nach Ablage des letzten Eies. Nach MENZBIER brütet der Steppenkiebitz zweieinhalb bis drei Wochen; allerdings meint JOURDAIN, daß MENZBIER die Brutdauer zu kurz angegeben habe. Nach MENZBIER hält sich das Männchen zwar in der Nähe des Nestes auf, soll sich aber nicht an der Bebrütung des Geleges beteiligen; nach neueren Beobachtungen lösen sich aber Männchen und Weibchen regelmäßig bei der Bebrütung ab. Über das Verhalten am Nest berichtet SARUDNY (bei GROTE): „Einen Menschen bemerken die Steppenkiebitze schon von weitem und suchen ihn auf jede Art und Weise von ihrem Nest fortzulocken. In leichtem, schaukelndem Flug niedrig über dem Boden kommt ein Vogel nach dem anderen ihm entgegen, und im Takt der Flügelschläge werden dabei abgerissene knarrende Rufe ausgestoßen. Nur wenige Fuß vom Kopfe des menschlichen Eindringlings entfernt schießt der Steppenkiebitz jäh in die Höhe, schlägt ein paar Mal mit den Flügeln auf der Stelle, wendet dann, um darauf, einen Bogen beschreibend, erneut in rasendem Eifer auf den Gegenstand seines Hasses einzudringen.“ Nach dem Schlüpfen werden die Jungen von den Eltern fortgeführt, ihre Nahrung sind die in der Steppe häufigen Grillen sowie allerlei Käfer. Naht sich ihnen ein Mensch, so suchen sie ihn nach Kiebitzart fortzulocken.

Wanderungen In der Kirgisen-Steppe wird schon zu Anfang April der Durchzug des Steppenkiebitzes beobachtet, doch zieht sich der Zug sehr in die Länge, und SUSCHKIN hat hier noch Ende Mai Durchzügler beobachtet. Diese Flüge sind klein und bestehen jeweils aus zehn bis fünfzehn Vögeln, die auf feuchten Wiesen und in salzhaltigen Sümpfen rasten. Wenn Anfang April noch viel Schnee in der Steppe liegt, fallen die Steppenkiebitze gern auf den hier übriggebliebenen Resten alter Heuhaufen und Dungstätten, wie solche bei den dortigen Poststationen häufig sind, ein. Offenbar zusammengehörige Paare kann man schon bei Beginn des Frühjahrszuges bemerken. Schon auf diesen kurzen Rasten setzen die Balzspiele der Männchen ein. Daß die Steppenkiebitze bereits verpaart an ihren Brutplätzen eintreffen, wird auch von KARAMSIN bestätigt, der wiederholt Weibchen mit entwickelten Eiern geschossen hat.

Am Ende der Brutzeit, wenn die Jungen flugfähig geworden sind – etwa in der zweiten Julihälfte – sammeln sich die Steppenkiebitze in großen Flügen, die bis zu 1000 Vögel umfassen können. Der Abzug setzt bereits in der ersten Augusthälfte ein, doch schon Ende August sind nur noch einige Steppenkiebitze zu sehen, und

Tafel 1

Austernfischer, Haematopus ostralegus, (S. 40)
(1) ♂ und (2) ♀ im Brutkleid;
(3) Altvogel im Ruhekleid;
(4) Jungvogel; (5) Dunenjunges; (6) Eier;
Reiherläufer, Dromas ardeola, (S. 237)
(7) und (8) Altvögel; (9) Jungvogel;
Goldschnepfe, Rostratula benghalensis, (S. 36)
(10) ♂ und (11) und (12) ♀ im Brutkleid

Mitte September ist der Wegzug aus den Brutgebieten beendet.

Der Steppenkiebitz überwintert im Irak, wo er von Oktober bis Anfang April in geeignetem Gelände sehr häufig ist; große Flüge bevölkern dann die Ebenen und auch kultiviertes Gelände.

Weitere Überwinterungsgebiete liegen im nordöstlichen Afrika, in Ägypten und im nördlichen Sudan bis Somalia.

Vereinzelt wurde der Steppenkiebitz auch am Südwest- und Südrand des Kaspischen Meeres als Durchzügler nachgewiesen und scheint hier auch vereinzelt zu überwintern. Bei Lenkoran wandert er Anfang Januar südwärts und erschien wieder von Ende März bis Anfang April. Am 2. April wurde ein Steppenkiebitz bei Schach-Agatsch erbeutet; bei Tittasch erscheint die Art Ende November in kleinen Flügen und wurde auch an der Bucht von Bender Gas beobachtet (MISONNE).

Tafel 2

Weißschwanzkiebitz, Chettusia leucura (S. 44)
① *und* ② *Altvögel;* ③ *Jungvogel;*
Steppenkiebitz, Chettusia gregaria (S. 46)
④ *und* ⑤ *Altvögel;* ⑥ *Jungvogel;*
Rotlappenkiebitz, Lobivanellus indicus (S. 53)
⑦ *und* ⑧ ♂, ⑨ ♀ *im Brutkleid*

Ausnahmsweise wurden Steppenkiebitze außerhalb der Brutzeit auch in Kleinasien, im westlichen Indien südwärts bis Kutsch, ja sogar auf Sri Lanka und den Malediven festgestellt.

Als Irrgast wurde der Steppenkiebitz wiederholt in Mittel- und Westeuropa nachgewiesen, so unter anderem in Großbritannien, Dänemark, Belgien, Frankreich, Italien, Österreich, Ungarn, Polen und in der Tschechoslowakei; hier wurde der Steppenkiebitz in den letzten Jahren dreimal festgestellt (1963, 1971). Nachdem in den Niederlanden Steppenkiebitze in den Jahren 1925, 1961 und 1968 sowie weitere neun Exemplare seit 1974 festgestellt worden waren, wurden nochmals vereinzelte Steppenkiebitze im April und September 1979 beobachtet. In Spanien wurde die Art bisher nur einmal nachgewiesen, und zwar am 4. April 1979. Auch für die Bundesrepublik Deutschland liegen Nachweise vor: Am 8. November 1957 wurde ein Steppenkiebitz am Bodensee beobachtet (KUHK in litt.); wahrscheinlich handelt es sich um denselben Vogel, den FÜLLEMANN und LEBRET am 18. November 1957 im Ermatinger Becken am Bodensee gesehen haben. Am 27. März und am 14. April 1959 hielt sich ein Steppenkiebitz bei Speyer auf, am 13. April 1963 wurde die Art an der Ruhr bei Dortmund beobachtet, am 1. Oktober 1967 am Dümmer (Niedersachsen) und am 6. Oktober 1966 bei Lahde, Kreis Minden (Westfalen). Vom 25. April bis 10. Mai 1969 hielt sich ein Steppenkiebitz am Niederrhein zwischen Wesseling und Keldenich (Landkreis Köln) auf. Am 2. Oktober 1971 wurde dieser Kiebitz bei Lehrte, Kreis Burgdorf (Niedersachsen), festgestellt und vom 30. April bis zum 5. Mai 1972 bei Tübingen beobachtet. Schließlich wurde noch ein Steppenkiebitz am 12. Oktober 1975 von STETTER, GRIENER und FLINGELLI bei Pittrich (Kreis Straubing-Bogen) unter einem Flug von etwa 150 Kiebitzen festgestellt (KLOSE in litt.). Eine vorläufig letzte Beobachtung liegt aus dem Bremer Blockland vor; dort hielt sich wie meist mit Kiebitzen vergesellschaftet ein einzelner Steppenkiebitz vom 14. August bis zum 19. Oktober 1979 auf. Eigenartigerweise liegt für die östliche Art nur ein Nachweis für die DDR vor: Am 18. Juni 1974 wurde ein Steppenkiebitz bei Heinersbrück, Kreis Forst, in der Niederlausitz von MORLING festgestellt.

Nachdem bereits zwischen 1860 (diese Jahreszahl ist nicht ganz sicher) und 1951 der Steppenkiebitz fünfmal in Großbritannien festgestellt wurde, konnten 1961 weitere zwei Nachweise erbracht werden. Zwischen dem 6. und 24. April hielt sich ein Männchen des Steppenkiebitzes auf Wiesen und Feldern am River Allen, ein oder zwei

Meilen von Wimborne Dorset auf. Am 29. Oktober wurde ein Steppenkiebitz im Ruhekleid auf einer ausgedehnten Schlickfläche des Wilstone Reservoirs bei Tring, Hertfordshire, beobachtet. Es ist bemerkenswert, daß fast alle diese Nachweise in der zweiten Jahreshälfte liegen: Das früheste Datum ist der 1. August, das späteste der 25. Dezember 1977; an diesem Tage wurde ein Steppenkiebitz bei Sudbury, Suffolk festgestellt. Eine Ausnahme macht lediglich das bei Wimborne, Dorset, festgestellte Männchen.

Nahrung Die Ernährung dürfte etwa die gleiche sein wie bei unserem Kiebitz, also Insekten aller Art, insbesondere Käfer und deren Larven; Grillen und Maulwurfsgrillen, Schnecken und Würmer.

Gattung Vanellus Brisson

Vanellus vanellus (Linné)
Kiebitz (Tafel 3)

Auch heute noch werden in den Niederlanden alljährlich Tausende von Kiebitzeiern gesammelt, und es ist vielleicht nicht unangebracht, hier ein paar Worte dazu zu sagen, denn allzu eifrige Vogelschützler könnten auf den naheliegenden Gedanken kommen, daß bei einer Kiebitzeiersuche, bei der sich Tausende von Niederländern beteiligen, die Art bald ausgerottet sein müßte. Der Kiebitz ist aber nach wie vor ein sehr häufiger Brutvogel in den Niederlanden, und daß er das trotz des Absammelns seiner ersten Gelege noch heute ist, verdankt er dem Umstand, daß seine ihm zusagenden Brutbiotope erhalten worden sind. Das ist nach wie vor das Wichtigste bei allen unseren Bemühungen, die Vogelwelt zu schützen.

„Ein Außenstehender könne es nicht ermessen“, schrieb DE VRIES einmal, „was das Einsammeln der Kiebitzeier für die friesische Bevölkerung bedeute, für die, vom fünfjährigen Jungen bis zum siebzigjährigen Greis von Mitte März bis Ende April der Kiebitz geradezu der Alleinherrscher auf der Welt sei.“ Welche Mengen von Kiebitzeiern in den Niederlanden gesammelt werden und auf den Markt kommen, scheinen die wenigsten zu ahnen. So hat der bekannte niederländische Ornithologe DE VRIES im Verlauf von 40 Jahren die Anlieferung der Kiebitzeier auf dem Markt seiner Heimatstadt Leeuwarden kontrolliert; ihre Anzahl belief sich auf 5 Millionen Stück, das waren im Durchschnitt alljährlich 125000 Kiebitzeier! Die Anzahl der in jedem Jahr gesammelten Kiebitzeier ist natürlich Schwankungen unterworfen; so fiel nach einer niederländischen Statistik in drei Städten die Anzahl der Kiebitzeier von 1915 bis 1922 von 118000 auf 40000 Stück, sie stieg bis 1926 wieder auf 119000 Stück und ging in den Jahren 1928 bis 1930 wieder bis auf 84000 Sttück zurück. Wie hat sich nun die jahrzehntelange systematische Eiersuche auf den Bestand der Kiebitze in den Niederlanden ausgewirkt? Übereinstimmend berichten die niederländischen Ornithologen, daß der Bestand eher zu- als abgenommen habe, sofern nur nach Beendigung der Eiersuche ein energischer Schutz der Kiebitze durchgeführt wird. DE VRIES beweist auf Grund statistischen Materials, daß das Absammeln der Kiebitzeier keinen Rückgang des Bestandes erkennen lasse. Falls die Kiebitze von Mai an (früher war das Sammeln bis zum 28. April, heute nur noch bis zum 19. April gestattet) Schonung genießen, bleibt die Wegnahme des ersten Geleges ohne jeden Einfluß auf die Bestandsstärke. Im allgemeinen legt das Kiebitz-Weibchen etwa zwölf Tage nach der Wegnahme des ersten Geleges nach und sollte auch dieses Gelege verlorengehen, so kann sogar ein zweites und wie VAN DER MEER beobachtete, sogar ein drittes Mal nachgelegt werden. Das Einsammeln der Eier im April wäre deshalb keineswegs zu verurteilen, schrieb DE VRIES, und außerdem dürfe man die finanzielle Seite des Problems nicht übersehen, denn im Durchschnitt betrug der Wert der alljährlich gesammelten Kiebitzeier etwa 22000 Gulden.

Beschreibung Beim Männchen sind Stirn, Oberkopf und Unterseite bis zur Brust tiefschwarz, Kopf- und Halsseiten mehr oder weniger weiß, die Oberseite schwarz mit grünem Metallschimmer, die Unterseite weiß, der gleichfalls weiße Schwanz hat eine breite schwarze Endbinde, die Unterschwanzdecken sind rostgelblich. Beim ähnlichen Weibchen ist der Federschopf kürzer, Hinterkopf und Kehle sind mit weißen Federchen untermischt.

Im Ruhekleid sind sich Männchen und Weibchen recht ähnlich, die Kopfseiten sind dann mehr bräunlichweiß, Kinn und Kehle weiß, die Rückenfedern haben teilweise gelblichweiße Federsäume. Das Jugendkleid gleicht weitgehend dem Ruhekleid alter Vögel. Die Dunenjungen sind braungescheckt und haben einen auffallenden weißen Nackenring.

Maße: Länge 320 mm, Flügel 228 mm, Schwanz 113 mm, Schnabel 25 mm, Füße 46 mm und die Federhaube 80 bis 100 mm.

Brutgebiet des Kiebitzes

Feldkennzeichen Der Kiebitz ist in allen Kleidern leicht an seinem Federschopf, dem schwarzweißen, oberseits grünlichviolett schillernden Gefieder und im Fluge an den breiten abgerundeten Flügeln zu erkennen.

An den Brutplätzen rufen die Kiebitze laut „kie-wit"; bei den Balzflügen lassen die Männchen Laute hören, die sich etwa mit „chärrrchui qui qui knui" wiedergeben lassen.

Verbreitung Das riesige Brutareal des Kiebitz erstreckt sich von Westeuropa durch das mittlere Asien ostwärts bis zum Amur- und Ussuri-Gebiet. In Europa kommt der Kiebitz noch auf den Färoern vor, und er hat ausnahmsweise auch einmal in Island gebrütet. Regelmäßig brütet er auf den Britischen Inseln und im südlichen Norwegen. Inzwischen hat der Kiebitz sein Brutareal auch im mittleren Schweden weiter landeinwärts ausgedehnt; seit 1970 ist die Provinz Härjedalen voll besiedelt. Diese Ausbreitungstendenz im nördlichen Schweden hält an: 1973 war der Kiebitz ein gewöhnlicher Brutvogel im gesamten Angermanland und in fast ganz Jämtland, wo er bereits in die Fjäll-Region eindringt. 1972 und 1973 brütete die Art auch auf einigen Mooren im Wilhelmina-Kreis in Asela Lappmark. An der schwedischen Ostküste reicht sein Brutgebiet an der Küste bis hinauf nach Lappland, und von da durch Finnland durch die gesamte Sowjetunion ostwärts bis ins südliche Ussuri-Land. Die Nordgrenze verläuft vom 65.° n. Br. in Finnland bis etwa zum 57.° n. Br. an der in den Baikal-See mündenden Angara.

Im Süden reicht das Brutgebiet bis zur Pyrenäen-Halbinsel und Nordwestafrika, wo der Kiebitz lokal in Spanien und in Marokko brütet. Wir finden die Art ferner in Oberitalien (Po-Ebene) sowie auf der Balkan-Halbinsel bis ins nördliche Griechenland. Von Kleinasien zieht sich das Brutareal ostwärts durch Transkaukasien und die Gebiete zwischen dem Kaspischen Meer und dem Aral-See ostwärts bis zum nordöstlichen China; die Südgrenze des Brutareals bildet etwa der 40.° n. Br.

Unterarten sind nicht beschrieben worden.

Biotop Kiebitze halten sich auf feuchten Wiesen und Äckern, trocken gelegten oder verlandenden Teichen, Mündungsgebieten von Strömen und Flüssen, gelegentlich auch an Flachküsten und auf küstennahen kurzgrasigen Inseln und Mooren auf. Neuerdings brütet der Kiebitz, da die Feuchtgebiete immer mehr verschwinden, auch auf völlig trockenen Feldern. Damit hängt zusammen, daß sich sein Bestand vielerorts einigermaßen gehalten hat. In Belgien hat der Kiebitz in den letzten Jahren sein Brutgebiet nach Wallonien hinein ausgedehnt und im flämischen Landesteil seinen Bestand, der 1956 etwa 1500 Brutpaare betrug, bis 1969 mit etwa 4000 Brutpaaren verdreifacht.

MÜNCH schreibt, daß der Kiebitz „von jeher Brutvogel im südlichen und nördlichen Vorland des Thüringer Waldes" gewesen sei," die 400-m-Höhengrenze wurde aber niemals überschritten. Im Jahre 1958 erschien plötzlich ein Brutpaar in 800 m über NN, und in der Folgezeit wurde das Gebirge an vielen anderen Stellen besiedelt." 1974 konnte MÜNCH im Thüringer Wald bereits 37 Brutpaare an 19 Brutplätzen feststellen. Über eine ebenso auffällige vertikale Erweiterung des Brutgebietes berichtete BECKER: Im Hildesheimer Raum brütet der Kiebitz auf völlig trockenen Hängen und Bergkuppen des Mittelgebirges, meist auf steinigen Kalkböden.

Brutbiologie Der Nistplatz wird vom Männchen ausgesucht, das eine oder mehrere Mulden ausscharrt. Eine von diesen wird vom Weibchen angenommen und mit mehr oder weniger Nistmaterial – einigen trockenen Halmen, bisweilen auch Stengelchen – ausgelegt. Der Durchmesser des Nestes beträgt 9 bis 16 cm. An trockenen Plätzen ist das Nistmaterial spärlich und kann auch fast ganz fehlen. Die vier Eier liegen meist mit der für die Limikolen charakteristischen Kreuzform im Nest, und zwar nicht parallel zum Boden, sondern mit den Spitzen schräg nach unten zur Nestmitte gekehrt.

Die Eier sind kreisel- bis kurz kreiselförmig, auch spitzoval, seltener kurzspitzoval, glattschalig und von feinem, gleichmäßigem Korn. Auf lehmgelblichen, braungelben, olivbräunlichen und bei frischen Eiern vielfach ins Olivgrünliche ziehendem Ton, bisweilen auch hell sandfarbenem Grund meist über und über kräftig schwarzbraun und dunkelbraun, gelegentlich auch heller braun gefleckt. Neben großen finden sich viele kleinere unregelmäßige Flecke und gelegentlich auch Schnörkel; manchmal läuft die Fleckung zu größeren Flatschen zusammen, ohne indessen einen ausgesprochenen Fleckenkranz zu bilden. Die kleineren aschgrauen Unterflecke sind spärlich und treten kaum hervor.

In Großbritannien gesammelte Eier sind durchschnittlich größer als solche aus Mitteleuropa; die geringsten Maße stellte ich bei Eiern aus Südosteuropa fest, wie die nachstehend aufgeführten Maße zeigen:

D_{100} : 47,09 × 33,71 mm (JOURDAIN, Großbritannien) D_{205} : 46,28 × 33,07 mm (Verfasser, Mitteleuropa) D_{59} : 45,76 × 32,83 mm (Verfasser, Südosteuropa) Maxima: 58,0 × 32,5 und 47,4 × 37,2 mm (JOURDAIN) Minima: 37,6 × 30,4 und 40,3 × 29,6 mm (Verfasser)

Ein unbebrütetes Kiebitzei wiegt im Durchschnitt 26 g, also etwa neun Prozent der Eigenmasse des Weibchens. Bei warmem Frühlingswetter werden die Eier täglich gelegt, bei Eintritt naßkalter Witterung verzögert sich jedoch die Ablage einzelner oder auch aller Eier eines Geleges; die Eier werden dann in Abständen von jeweils etwa 48 Stunden gelegt.

Normalerweise brütet der Kiebitz wie die meisten Limikolen nur einmal im Jahre. Viele Gelege gehen jedoch verloren, ich ging oben näher darauf ein. Zu diesen Verlusten treten noch solche, die der Mensch unabsichtlich verursacht, etwa dadurch, daß im April die Wiesen gewalzt werden. Manches Gelege fällt auch den Krähen zum Opfer. So kommt es zu einem, manchmal sogar zu zwei und drei Nachgelegen. Das erste Nachgelege pflegt bereits etwa zwölf Tage nach dem Verlust des ersten Geleges vollständig zu sein.

Die Brutzeit beginnt früh im Jahre; die ersten Gelege werden schon in den letzten Märztagen, meist aber erst im April gefunden. Auch noch im Mai und Juni findet man Gelege, wobei es sich allerdings vielfach um Nachgelege handeln mag. Merkwürdigerweise brütet der Kiebitz in Griechenland nicht eher als etwa in Mitteleuropa; im Gegenteil, ich habe beobachtet, daß dort die Kiebitze erst im Mai mit dem Brüten begannen. Die Brutdauer ist weitgehend von der Witterung abhängig und schwankt zwischen 24 und 27 Tagen; in Großbritannien wurden sogar 28 bis 29 Tage, in den Niederlanden 20 bis 25 Tage festgestellt.

Männchen und Weibchen lösen sich regelmäßig bei der Bebrütung des Geleges ab, die nach der Ablage des letzten oder auch vorletzten Eies einsetzt. Der Anteil des Männchens an der Bebrütung des Geleges ist allerdings verschieden. Die Jungen bleiben nach dem Schlüpfen noch ein bis zwei Tage in der Nähe des Nestes und werden anschließend vorwiegend vom Weibchen geführt. Mit 35 Tagen sind sie vollbefiedert und flugfähig. Unter günstigen Bedingungen brüten oft mehrere Paare eng benachbart auf dem gleichen Terrain.

Wanderungen Unsere Kiebitze überwintern vor allem in West- und Südwesteuropa sowie im Mittelmeerraum. Bisweilen trifft man in milden Wintern auch Kiebitze in Mitteleuropa an; es handelt sich bei diesen Vögeln wahrscheinlich um Wintergäste aus Nord- bzw. Osteuropa. Sehr auffällig ist beim Kiebitz der sogenannte „Frühsommerzug", der bereits Mitte Mai einsetzt und bis Ende Juli anhält. Hierbei handelt es sich um noch nicht brütende jüngere Vögel sowie um alte Kiebitze, die nicht gebrütet haben, möglicherweise auch um Jungvögel aus frühen Bruten. Im August setzt dann nach Beendigung der Brutzeit der eigentliche Wegzug ein, der bis zum Spätherbst anhält. In Mitteleuropa treffen die Kiebitze bereits Anfang März an ihren Brutplätzen ein. Die weiter östlich beheimateten Populationen überwintern im Nahen und Mittleren Osten, also in Iran, Irak, im südlichen Afghanistan ostwärts bis Pakistan. In Ostasien liegen die Überwinterungsgebiete vom östlichen China südwärts bis Burma. Auch am Südrand des Kaspischen Meeres und in der Turkmenischen SSR werden überwinternde Kiebitze angetroffen.

Außerhalb der Überwinterungsgebiete sind Kiebitze auf den Kurilen und in Sachalin, im östlichen Indien, im nördlichen Sudan, in Mauretanien und auf den Atlantischen Inseln angetroffen worden. Als ausgesprochener Irrgast wurde der Kiebitz auf Jan Mayen und Grönland festgestellt. Einzelne Kiebitze und auch größere Flüge wurden durch Stürme bis nach Nordamerika verdriftet; für Kanada liegt eine größere Anzahl von Nachweisen vor, die alle in die Monate Oktober bis Mitte März fallen. So wurden Kiebitze auf Baffin-Land, in Labrador, Neufundland, Quebec, New Brunswick und Nova Scotia nachgewiesen; in den Vereinigten Staaten wurden Kiebitze bis Süd-Carolina verschlagen und auch auf den Bahamas und Barbados-Inseln (Westindien) festgestellt.

Nahrung Der Kiebitz ernährt sich zum größten Teil von Insekten aller Art, besonders Käfern, und deren Larvenstadien, ferner von Würmern, kleinen Schnecken, an der Küste wohl auch von kleineren Crustaceen und Muscheln; pflanzliche Stoffe – Sämereien – spielen nur eine untergeordnete Rolle und machen nach den Untersuchungen von COLLINGE nur etwa elf Prozent der Nahrung aus.

Gattung Lobivanellus G.R. Gray

Lobivanellus indicus (Boddaert)
Rotlappenkiebitz (Tafel 2)

Diesem auffallend gezeichneten Kiebitz begegnete ich erstmals im Mai und Juni 1957 im Irak; hier ist die Art häufig und weitverbreitet. An Wasserlachen, auf unter Wasser stehenden Feldern und selbst in trockenem Gelände traf ich den Rotlappenkiebitz an, sofern sich nur ein kleiner Tümpel in der Nähe befand.

Am 23. Mai beobachtete ich die ersten Rotlappenkiebitze in der Nähe der Ruinen von Nimrud bei Mosul, am 28. Mai sah ich sie wiederholt zwischen Bagdad und Babylon, am 29. Mai an kleineren Lachen im Süden von Bagdad, am 2. Juni zwischen Basra und Qalat Saleh und schließlich nochmals am 10. Juni bei Bagdad.

Beschreibung Der Rotlappenkiebitz ist fast so groß wie unser Kiebitz und im Brut- wie im Ruhekleid so auffällig gezeichnet, daß er mit keiner anderen Art verwechselt werden kann; Männchen und Weibchen gleichen sich übrigens in der Färbung des Gefieders. Kopf, Hals und Kehle sind tiefschwarz, nur hinter dem Auge verläuft ein breites weißes Band längs der Halsseiten. Besonders auffällig sind der rote Augenring und der rote, vor den Augen liegende Hautlappen. Rükken, Schulterfedern und Oberflügeldecken sind fahl sandbraun mit metallisch grünem Schimmer, auf den Oberflügeldecken befindet sich ein ausgedehnter blaß metallisch purpurroter Fleck. Die Handschwingen und die Handdecken sind schwarz, die Armschwingen schwarz und weiß. Die Unterflügeldecken, Bürzel und Oberschwanzdecken, Achselfedern und die gesamte Unterseite sind rein weiß. Auch die Steuerfedern sind weiß und weisen ein nach innen schmaler werdendes schwarzes Querband auf. Der Schnabel ist rot mit schwarzer Spitze, die Füße sind leuchtend gelb.

Im Jugendkleid sind die Kopffedern breit braun

gesaumt, das Band an den Halsseiten ist trüb bräunlich, Kinn und Kehle sind weiß und der Hautlappen ist noch wenig entwickelt.

Das Dunenjunge ist oberseits bräunlich sandgrau mit hellbräunlichen und schwarzen Punkten und Flecken; hinter dem Auge befindet sich ein schwarzer Fleck. Längs der Rückenmitte verläuft eine unterbrochene Reihe größerer dunkler Flekke, die Kehle ist schwärzlich, die Unterseite weiß.

Maße: Länge 300 mm, Flügel 237 mm, Schwanz 129 mm, Schnabel 39 mm, Füße 75 mm.

Feldkennzeichen Ein auffallender, paarweise lebender und zutraulicher Vogel; Kopf, Hals und Kehle sind tiefschwarz, die Oberseite fahlbraun und die Unterseite weiß. Im Flug wird eine weiße Flügelbinde sichtbar, und in der Nähe fallen der weiße Streif an den Halsseiten und der rote Zügellappen auf. Die Stimme ist eine Folge von lauten, schrillen Silben, die sich am besten mit den Worten „did-hi-du-it, piti-tu-duit" wiedergeben lassen; meist hört man diese Rufe von fliegenden Vögeln, die irgendwo aufgescheucht worden sind. Ein anderer, häufiger Ruf ist nach SMYTHIES ein Laut, der sich am besten mit „ping" wiedergeben läßt. Der Alarmruf wurde mit „kredierdier, kredierdier" beschrieben, in der Erregung kann er sich zu einem „krededierdier, krededierdier" steigern.

Verbreitung Die Nominatform – Lobivanellus indicus indicus (Boddaert) – brütet in Indien und schließt an das Brutgebiet von Lobivanellus indicus aigneri (Laubmann) an. Eine weitere Unterart schließlich – Lobivanellus indicus atronuchalis Jerdon – brütet in Assam südlich des Brahmaputra, in Burma, im südwestlichen Jünnan, auf der Malakka-Halbinsel, in Thailand, Kampuchea und Vietnam. Im Nanen Osten begegnet man dem Rotlappenkiebitz – Lobivanellus indicus aigneri (Laubmann) im Irak sowie im südlichen und östlichen Iran, in Afghanistan und Pakistan; hier bildet wahrscheinlich der Indus die Grenze zwischen den Brutgebieten von Lobivanellus indicus aigneri und der Nominatform. Im Norden reicht das Brutgebiet bis in die südwestliche Turkmenische SSR, wo er in den Tälern der Flüsse Tedjen, Kushka und Murgab brütet. Über das Vorkommen des Lappenkiebitz in Afghanistan berichtete PALUDAN (1959) folgendes: „Wir fanden den Lappenkiebitz nur in den südlichen und westlichen Landesteilen. Am 5. Mai 1949 sahen wir einige auf Schlammbänken im Helmand-Fluß bei Lashkari-Bazar südlich von Girishk, und am 27. März einen einzelnen Vogel bei Faizabad in Seistan. Im Laufe des April beobachteten wir gelegentlich einige auf den Flußbänken des Farah Rud bei Farah, und am 29. Juni ein einzelnes Exemplar und ein Paar auf einer Wiese längs eines Flusses bei Shin Dand. Zu Beginn des Juli war er sehr häufig und brütete in einem ähnlichen Biotop entlang des Hari Rud bei Herat. In diesem Tal kam er gleichfalls bei Tirpul und Obeh vor. Am 20. Juli fanden wir ein Paar mit einem noch nicht flugfähigen Jungen in einem sehr trockenen Teil dieses Tales und ziemlich weit vom Fluß entfernt."

In seiner Arbeit „Zur Ornis des Zagrossgebietes" schreibt PALUDAN, daß der Lappenkiebitz bei Salehabad am Balerud wie auf den bebauten Feldern ziemlich häufig gewesen sei.

Im Irak ist der Rotlappenkiebitz ein häufiger Jahresvogel und weit verbreitet. TICEHURST stellte ihn bei Basra, am Hammar-See, sowie am Tigris und Euphrat bis Mosul bzw. Feluja fest; auch in dem Hügelland von Ali-Gharbi wurde der Rotlappenkiebitz gefunden.

In Arabien wurde nach MEINERTZHAGEN ein einzelnes Exemplar von MILES bei Muscat erbeutet; am gleichen Platz sah er ein Paar im Januar. In den Batinah-Gärten von Oman an der Südostküste Arabiens und an der Trucial-Küste ist der Rotlappenkiebitz nach MEINERTZHAGEN nicht ungewöhnlich.

Weitere Nachweise liegen schließlich für das Delta des Amudarja und die Umgebung von Cahrdzhou vor, doch hat der Rotlappenkiebitz in diesen Gegenden nicht gebrütet. In Europa wurde der Rotlappenkiebitz bis heute noch nicht nachgewiesen.

Biotop Den Rotlappenkiebitz trifft man in offenem Gelände oder doch zumindest in der Nähe von Gewässern aller Art an, auch auf unter Wasser stehenden Feldern und in Oasen.

TICEHURST charakterisiert den Biotop der Art folgendermaßen: „Überall in Sind ist der Lappenkiebitz häufig. Die wesentlichste Voraussetzung für ihn ist frisches Wasser oder Sümpfe oder zumindest bewässerte Felder. Wo immer der Boden kultiviert wird, oder wo nur etwas Wasser aus einer Quelle sickert und der Boden in der Umgebung etwas feucht ist, wird ganz sicher ein Paar dieser Vögel gefunden, und an Tümpeln, Kanälen usw. ist die Art natürlich häufig. Er ist sicherlich Standvogel und nicht gesellig, und jedes Paar überwacht eifersüchtig sein eigenes Revier."

Brutbiologie Über die Nistweise finden wir bei BATES und LOWTHER einige interessante Angaben:

Das Nest ist nur eine Auskratzung im bloßen Boden, aber die Vögel haben die Gewohnheit, die seichte Mulde mit kleinen Steinchen oder harten Erdbrocken und anderem Material aus der

Umgebung einzufassen und zu umranden. Manchmal fehlt eine solche Ansammlung von diesem oder jenem Material fast ganz, ein anderes Mal bildet sich eine Unterlage für die Eier sowie ein beachtlicher Wall um sie herum. Zweifellos ist das eine Entwicklung, um eine Verwehung des Geleges durch Sand zu verhindern, wie wir es zum Beispiel auch bei einigen in der Wüste brütenden Lerchenarten finden, die ihre Nester mit einem Wall von Steinen von einer solchen Größe umgeben, daß ihre Kräfte beim Einsammeln hart beansprucht werden müssen. Im Frühling und Vorsommer werden große Schafherden durch die Täler von Sind und Lidar getrieben, gerade wenn die Lappenkiebitze ihre Nester bauen, und wir fanden auf den Inseln im unteren Sind die Eier vollkommen von Schafmist zusammen mit den üblichen kleinen Steinchen und Erdbröckchen umgeben. In einem Fall waren es Hunderte von solchen vertrockneten Miststückchen zusammen mit Erdklümpchen, Rindenstückchen, winzigen Treibholzteilchen und Wrackgut der Inseln. Hier betrug der vom Nest bedeckte Platz über 20 cm im Durchmesser.

In der Regel wird ein offener Platz gewählt, von dem aus der brütende Vogel einen guten Überblick hat. Außerdem liegt diese Stelle ein wenig höher als ihre Umgebung; das erhöht die Übersichtlichkeit und gewährleistet einen guten Wasserabfluß. Das ist allerdings nicht überall der Fall, und wir fanden auch Nester in Mulden, in denen der brütende Vogel jederzeit überflutet werden konnte.

BATES fand am Habb River eine Anzahl Gelege auf Sand- und Kiesbänken halbausgetrockneter

Brutgebiet des Rotlappenkiebitzes

Flüsse und an Flußufern oder in deren Nähe. Gelegentlich wird das Nest auch an einer einigermaßen trockenen Stelle in Sümpfen angelegt, doch stets an einer etwas erhöhten Stelle inmitten des umgebenden Morastes oder Wassers.

In Pakistan wurden Gelege von März bis Ende Juli gefunden; BATES erhielt Gelege im April, Mai und Juni. In Afghanistan fand BARNES ein Gelege am 10. Mai. In Kashmir scheint der Lappenkiebitz nach BATES und LOWTHER hauptsächlich im Mai und in der ersten Junihälfte zu brüten; im Irak wurden Gelege von Mitte April bis Anfang Juni festgestellt.

Das volle Gelege von Lobivanellus indicus aigneri besteht wie bei allen Kiebitzen aus vier Eiern; diese sind von denen der Nominatform nicht zu unterscheiden, allerdings hatten die Gelege, die BAKER sah, nicht annähernd eine so große Variation wie die von Lobivanellus i. indicus, und die Eier wiesen nicht so oft die mit den Flecken vereinigten hieroglyphenartigen Zeichnungen auf. BAKER beschreibt die Eier von Lobivanellus i. indicus folgendermaßen: Sie variieren in der Farbe sehr stark. Die Mehrzahl hat einen gelbgrauen Grund und reicht von sehr hellem Mattgelb bis Rötlichgelb, Rötlichbraun oder Ledergelb. Wenn man eine Serie betrachtet, würde man den allgemeinen Farbton mattocker nennen, während ein oder zwei Gelege hier und da mehr oliv getönt erscheinen. Die Fleckung variiert ebenso wie die Grundfarbe. Meist besteht sie aus kleinen, fast schwarzbraunen Fleckchen mit grauen Unterflecken. Manchmal sind die Flecken viel größer und im allgemeinen etwas rotbraun; solche Eier sind oft sehr hübsch, denn je größer die Flecken, desto weniger sind es in der Regel, und sie heben sich dann deutlich von dem hellen Grund ab. Bei vielen Eiern gibt es einige Linien, Striche und Kritzel und außerdem Flecke; bei einigen überwiegen diese, und bei anderen finden sich nur Flecke und Tupfen.

Nach BAKER messen 50 Eier von Lobivanellus indicus aigneri 42,4 × 30,4 mm, Maxima: 46,2 × 30,2 und 40,0 × 32,0 mm, Minima: 38,5 × 30,2 und 42,3 × 29,3 mm. ETCHÉCOPAR und HÜE geben für 43 Eier folgende Maße an: Max. 45,5 × 31,0 mm, Min. 39,5 × 28,5 – 39,8 × 28,2 mm. Sie sind – wie übrigens auch der Vogel – durchschnittlich etwas größer als die der Nominatform.

Nach den Beobachtungen verschiedener Autoren brüten auch beim Rotlappenkiebitz Männchen und Weibchen, und beide Eltern beteiligen sich an der Führung der Jungen. Die Brutdauer ist nicht bekannt; im Vergleich zu den anderen Arten (Vanellus u. a.) dürfte sie wahrscheinlich 24 Tage betragen.

Wanderungen Im größten Teil seines Brutgebietes ist der Rotlappenkiebitz Jahresvogel, der offensichtlich nur innerhalb seines Brutgebietes kleinere Wanderungen unternimmt. In den nördlicher gelegenen Brutgebieten wie zum Beispiel in der Turkmenischen SSR ist die Art dagegen Zugvogel, der dann nach der Brutzeit bzw. im Winter in den südlicher gelegenen Gebieten angetroffen wird. SASSI beobachtete Lappenkiebitze im Januar bei Mosul und MEINERTZHAGEN bei Kirkuk und Erbil. ALLOUSE berichtet von einem Exemplar, das am 30. November bei Ba'quba erbeutet wurde, ein weiteres wurde am 24. Februar bei Bagdad und ein drittes bei Akkaruf am 4. März festgestellt.

Nahrung Der Rotlappenkiebitz scheint sich wie die anderen Kiebitze zu ernähren, also vor allem von Insekten aller Art (PALUDAN fand in den Mägen dreier von ihm erlegten Männchen Chitinreste von Käfern), ferner von kleinen Mollusken und Crustaceen, gelegentlich wohl auch von Sämereien.

Gattung Hoplopterus Bonaparte

Hoplopterus spinosus (Linné)

Spornkiebitz (Tafel 3)

Es ist wohl im Leben eines Ornithologen immer ein ganz besonderer Tag, wenn er einer für ihn neuen Vogelart begegnet. So wird der 27. April 1961 ein denkwürdiger Tag für mich bleiben, denn damals sah ich in der Nähe der Aliakmon-Mündung in Nordgriechenland den ersten Spornkiebitz in meinem Leben. Er saß in geduckter Haltung auf einem kleinen Erdhügel und hatte von hier aus einen Überblick auf sein Brutrevier, das in einem völlig flachen und nur teilweise mit Salicornia bestandenem Gelände lag. Hier haben wir in den nachfolgenden Wochen die Spornkiebitze – es waren drei Paare – eingehend beobachtet.

Beschreibung Der Spornkiebitz ist so auffällig schwarz, weiß und lichtbraun gezeichnet, daß er mit keiner anderen Vogelart verwechselt werden kann. Männchen und Weibchen gleichen sich völlig in der Gefiederfärbung, das Ruhekleid gleicht dem Brutkleid. Der Oberkopf ist von der Stirn bis zum Hinterkopf tiefschwarz, ebenso schwarz sind ein vom Kinn bis zur Brust verlaufender Streifen, die Flanken und die übrige Unterseite mit Ausnahme des Bauches. Kontrastreich heben sich dagegen die reinweißen Gefiederpartien ab: Kopf-, Hals- und Brustseiten sowie der Bauch sind weiß, ebenso die Ober- und Unterschwanzdecken, die äußeren großen Oberflügeldecken sowie die Unterflügel bis auf die schwarzen Hand- und Armschwingen. Der Rücken und die verlängerten Schulterfedern, die innersten Armschwingen sowie die kleinen und mittleren Oberflügeldecken sind hell tabakbraun. Der kleine Sporn am Flügelbug variiert in der Größe und ist nur aus der Nähe zu erkennen. Die Iris ist blutrot, Schnabel und Füße sind schwarz.

Maße: Länge 280 mm, Flügel 202 mm, Schwanz 98 mm, Schnabel 27 mm, Füße 71 mm.

Das Jugendkleid ähnelt dem der alten Vögel, doch haben die mattschwarzen Federn des Oberkopfes hellbraune Spitzen. Die übrige Oberseite ist braun wie bei den erwachsenen Vögeln, nur haben die Federn blaß rötlichgelbe Säume. Stirn und Kinn sind weißlich, die Unterseite nicht so tiefschwarz wie bei alten Vögeln, sondern mehr schwarzbraun.

Das Dunenjunge ist schwarz, weiß und rahmfarben gescheckt; auffallend sind der weiße Halsring und die weiße Unterseite, über den Hinterkopf verläuft ein schwarzes Band.

Feldkennzeichen Der Spornkiebitz ist etwas kleiner als unser Kiebitz, wirkt infolge der längeren Beine vor allem schlanker, fast möchte ich sagen eleganter als ein Kiebitz. Im freien Felde fällt der Spornkiebitz sofort durch seine Schwarzweiß-Zeichnung von Kopf, Hals und Unterseite sowie durch die hell tabakbraune Oberseite auf.

Die von uns beobachteten Spornkiebitze waren recht scheu, und wenn wir uns ihrem Brutplatz näherten, so umflogen sie uns mit lebhaften und lauten „pitt-pitt"-Rufen, ohne aber nach uns zu stoßen, wie es Kiebitze tun.

HARTERT schreibt, in seiner Lebensweise sei der Spornkiebitz ein echter Kiebitz. Ich bin nicht ganz dieser Ansicht: Gerade am Aliakmon hatte ich Gelegenheit, beide Arten stundenlang nebeneinander zu beobachten und in ihren Bewegungsweisen zu vergleichen, einmal den munteren Kiebitz und dann den Spornkiebitz mit seinen ruhigen und bedächtigen Bewegungen, die schon in seinem oft geduckten Gang zum Ausdruck kamen oder in der Weise, wie er sich bei einer Brutablösung dem Nest näherte. Auch wenn der andere Partner in der Nähe des Nestes Wache hielt – meist auf den Fersen hockend –, nahm er oft diese geduckte Haltung ein.

Verbreitung Der Spornkiebitz ist einer der jüngsten Brutvögel Europas; er wurde 1959 erstmalig von HENNIPMAN in Griechenland als Brutvogel für Europa nachgewiesen. Das Hauptverbreitungsgebiet der Art liegt jedoch im tropischen Afrika und reicht von Senegal bis Somalia. Vom Osten Afrikas erstreckt es sich dann nordwärts durch Äthiopien und den Sudan bis zum Mündungsgebiet des Nils. In Ägypten ist der Spornkiebitz namentlich in der Suez-Kanalzone ein häufiger Brutvogel. Von hier setzt sich das Verbreitungsgebiet an der Ostküste des Mittelmeeres fort und reicht durch Kleinasien bis nach Nordgriechenland.

Auf der Sinai-Halbinsel wurde der Spornkiebitz wiederholt angetroffen, doch wurde nach MEINERTZHAGEN bis heute kein Brutnachweis erbracht. Im Irak habe ich den Spornkiebitz zur Brutzeit nicht gesehen; er wurde hier nur als Durchzügler nachgewiesen.

KUMERLOEVE schreibt, daß sich in Kleinasien „die bisher bekannt gewordenen Brutplätze auf das mediterrane Küstenhinterland der Halbinsel" verteilen. Teilweise liegen hier die Brutplätze jedoch ziemlich weit von der Küste entfernt, wie etwa die an den Seen im südwestlichen Anatolien (Beysehir-, Egridir- und Burdur-See). Aber nicht nur, daß diese Brutplätze etwa 125 km von der Küste entfernt sind, sie liegen auch in Höhen zwischen 900 und 1150 m über dem Meeresspiegel! Weitere Brutplätze befinden sich nach KUMERLOEVE im nördlichen Syrien bei Aleppo und bei Rakka am Euphrat; dieser Ort liegt sogar 290 km von der Mittelmeerküste entfernt.
Auf Zypern wurde der Spornkiebitz erstmalig 1820 festgestellt. Nach BANNERMAN ist die Art hier nur Durchzügler, gelegentlich soll aber auch einmal ein Paar auf der Insel gebrütet haben. In Nordgriechenland kommt der Spornkiebitz in geeignetem Gelände entlang der Küste von der Ewros- bis zur Nestos-Mündung und dann wieder weiter westlich von der Axios- bis zur Aliakmon-Mündung vor. Hier im Aliakmon-Mündungsgebiet liegt der westlichste bisher bekannte Brutplatz der Art in Europa; wir fanden ihn im April 1961.

Wann der Spornkiebitz erstmalig in Griechenland gebrütet hat, ist ungewiß; LINDERMAYER (1860) und GRAF V. D. MÜHLE (1844) waren die ersten, die über das Vorkommen der Art in Griechenland berichteten. 1919 wurde nach V. BOETTICHER ein Männchen im südlichen Thrakien geschossen, und am 8. Mai 1935 beobachteten HARRISON und PATEFF ein Paar an der Nestos-Mündung sowie am 13. Mai 1935 ein weiteres Paar am Unterlauf des Ewros, der hier die Grenze zwischen Griechenland und der Türkei bildet. Wenn es auch sehr wahrscheinlich ist, daß der

Spornkiebitz in Nordgriechenland schon 1919, vielleicht aber auch noch viel früher gebrütet hat, so wurde der erste sichere Brutnachweis doch erst 1959 durch HENNIPMAN und seine Begleiter erbracht. Ein Jahr danach stellten WATSON und RAINES den Spornkiebitz bei Porto Lago fest; sie trafen dort 1961 acht Paare, von denen drei belegte Nester gefunden wurden. Hier und bei Keramoti beobachtete ich einige Spornkiebitze am 10. Juni 1967. Im Frühjahr 1962 entdeckte v. HELVERSEN in der Umgebung des Nestos-Deltas östlich von Kawalla einen weiteren Brutplatz von mindestens 19 Paaren; in diesem Gebiet war der Spornkiebitz bereits früher nach HARRISON und PATEFF festgestellt worden. Wahrscheinlich brütet der Spornkiebitz auch auf der Insel Kos (Südliche Sporaden); hierzu schreiben BAUER und andere: „Am 27. und 28. 4. 1968 ein revierendes Paar an der Lagune westlich der Stadt Kos. Weitere drei bis vier Exemplare hatten (noch ?) keine Brutreviere bezogen."

Interessant wäre es in diesem Zusammenhang, das Küstengebiet der europäischen Türkei zu untersuchen; ich vermute, daß hier eine Verbindung zu den kleinasiatischen Brutvorkommen der Art besteht und der Spornkiebitz auch an den Flachküsten und im küstennahen Hinterland östlich der Ewros-Mündung brütet.

Bei den Brutvorkommen zwischen Axios- und Aliakmon-Mündung handelt es sich zweifellos um Neuansiedlungen; gerade dieses Gebiet habe ich von 1938 bis 1944 oft aufgesucht, und wenn schon damals Spornkiebitze hier gebrütet hätten, dann wäre mir dieser auffällige Vogel sicherlich nicht entgangen. FERIANC und HANZÁK schließlich stellten den Spornkiebitz im Mai 1960 am Mandra-See in Bulgarien fest; möglicherweise handelt es sich dabei um ein isoliertes Brutvorkommen.

Biotop Im nördlichen Griechenland wird der Spornkiebitz zur Brutzeit auf den weiten in Küstennähe liegenden Schwemmlandflächen in der Nähe von Flußmündungen oder Lagunen angetroffen. Während die im gleichen Gebiet brütenden Brachschwalben und Triele den trockenen, salzhaltigen Lehmboden bevorzugen, der schütter mit Queller (Salicornia herbacea) und Mäusegerste (Hordeum murinum) bestanden ist und nach längerer Trokkenheit die so bezeichnenden Trockenrisse aufweist, trafen wir die Spornkiebitze auf sandigschlammigem, noch nicht völlig trockenem Gelände in Wassernähe mit möglichst wenig Vegetation an; so war es jedenfalls am Aliakmon, und auch bei Keramoti und Porto Lago war der Brutbiotop von der gleichen Beschaffenheit. Kiebitze, und wenn das Gelände allmählich in Morast überging, Stelzenläufer und Maskenstelzen waren hier die Brutnachbarn der Spornkiebitze.

In Kleinasien lebt der Spornkiebitz auf ähnlichem Gelände, jedoch am Rand der großen Seen im Binnenland und in Höhenlagen bis zu 1150 m; er ist also keineswegs auf die küstennahen Gebiete beschränkt. In Ägypten bewohnt der Spornkiebitz die sandigen Schlickbänke am Nil und im äquatorialen Afrika nach BANNERMAN „das alluviale Schwemmland und die Grasflächen am Niger; hier kann die Art ständig an seinen Ufern beobachtet werden. Ferner ist der Spornkiebitz eine regelmäßige Erscheinung auf den landwirtschaftlich genutzten Flächen und in den Ebenen in der Nähe des Tschad-Sees, aber niemals in großer Zahl."

Auch von BANNERMAN wird die Abhängigkeit von Gewässern betont, wenn er schreibt, daß die Spornkiebitze in kleinen Gesellschaften auf Sandbänken in Flüssen oder auch auf kultiviertem Land gesehen würden, doch nie weit entfernt von Seen oder Strömen.

Brutbiologie Die Brutzeit des Spornkiebitzes ist je nach Lage des Brutgebiets verschieden und erstreckt sich im Gesamtverbreitungsgebiet der Art von März bis August. In Westafrika brütet Hoplopterus spinosus in den zwischen dem 10.° und 20.° n. Br. liegenden Gebieten nach BANNERMAN von Anfang Mai bis Ende Juni, im östlichen Afrika von März (Kenia) bis August (Äthiopien). In Griechenland wurden bis jetzt Gelege zwischen dem 4. Mai und 15. Juni gefunden, in der Türkei zwischen dem 29. April und 6. Mai (LEHMANN brieflich).

Ich nehme an, daß analog dem Verhalten anderer Kiebitz-Arten auch bei Hoplopterus das Männchen den Nistplatz auswählt bzw. seinem Weibchen „vorschlägt", das unterdessen in der für die Art charakteristischen geduckten Haltung in der Nähe steht. Zunächst wird an einigen Stellen der Boden etwas aufgekratzt, und es werden Mulden gedreht. Eine der so vom Männchen vorbereiteten Stellen wird dann als Platz zur Eiablage ausgewählt. Die Eier liegen zunächst meist ohne Unterlage auf dem Boden, da weder vor noch während der Eiablage ein Nest gebaut wird. Das Nistmaterial, das man später während der Bebrütung des Geleges vorfindet, wird von den brütenden Vögeln aus der unmittelbaren Umgebung des Nestes herangezogen oder bei der Brutablösung zum Nest hingeworfen. Das Nistmaterial besteht aus Stengelchen, einigen Halmen, trockenen Zweig- und Holzstückchen und gelegentlich auch aus Ziegen-Exkrementen. Der Durchmesser der von mir gefundenen Nester betrug durchschnittlich 15 cm, der der eigentlichen, nur drei cm tiefen Nestmulde 6 cm.

Brutgebiet des Spornkiebitzes

Einmal fand ich ein noch unvollständiges Gelege von drei Eiern, und zwar waren diese fast völlig in kleinere verrottete und zerkrümelte Holzstückchen eingebettet, so daß sie kaum zu sehen waren. Dieses Nest unterschied sich wesentlich von den anderen hier gefundenen Nestern. Als das Gelege am nächsten Tage vollzählig war, lagen die vier Eier auf den Holzstückchen.

Rings um dieses Nest lagen größere Holzstückchen von der gleichen Beschaffenheit sowie einige trockene Erdbrocken. Dieses Nest unterschied sich also wesentlich von den anderen Spornkiebitz-Nestern, bei denen die Eier ohne jede Unterlage auf dem Boden lagen. Der Anblick der so in die Holzstückchen eingebetteten und gerade noch sichtbaren Eier erinnerte mich lebhaft an so manches von mir gefundene Seeregenpfeifer-Gelege, bei denen die Eier gleichfalls fast völlig in Steinchen, Sand oder Muschelschalen-Bruchstückchen eingebettet waren. Ähnliches hatte KOENIG in Ägypten beobachtet; er fand dort einige Hoplopterus-Gelege halb verscharrt im Nilsand, „doch immer so", berichtet KOENIG, „daß die Eier mit einem Teil der Kalotte sichtbar waren." KOENIG nahm an, daß die Eier vom Wind zugeweht worden waren, hält es aber auch für möglich, daß das noch unvollständige Gelege vom Vogel selbst zugedeckt wurde. Auf Grund meiner Beobachtungen bin ich davon überzeugt, daß der Spornkiebitz selbst seine Eier zudeckt. Wenn an diesem Brutplatz nur dieses eine Paar sein Gelege mit Nistmaterial zugedeckt hatte, so lag das an der festeren Bodenbeschaffenheit und an dem wenigen Material, das den anderen Paaren zur Verfügung stand. Übrigens fand ich hier aus dem gleichen Grund keine der vielen Seeregenpfeifer-Gelege in die Nestunterlage eingebettet.

Wie unser Kiebitz ist auch der Spornkiebitz Einzelbrüter; das schließt jedoch nicht aus, daß unter günstigen Voraussetzungen mehrere Paare in größerer Dichte zusammen brüten. So fanden BAUER und V. HELVERSEN im Frühjahr 1962 in der Umgebung der Nestos-Mündung „eine regelrechte ‚Brutkolonie' des Spornkiebitzes mit etwa 19 Paaren" (V. HELVERSEN brieflich).

„Die Eier sehen aus wie kleine Kiebitzeier", schreibt HARTERT, „sind aber bedeutend kleiner" (Kiebitzeier messen im Durchschnitt 46,31 × 33,06 mm, Eier des Spornkiebitz im Durchschnitt 39,64 × 28,40 mm). Auch KOENIG, der eine beträchtliche Anzahl von Hoplopterus-Gelegen in Ägypten gesammelt hat, schreibt, daß die Eier eine unverkennbare Ähnlichkeit mit denen von Vanellus hätten. Das mag für einen großen Teil der Hoplopterus-Gelege zutreffen, jedoch keineswegs für alle. Zwei von mir in Griechenland gefundene Gelege (erstes Gelege und Nachgelege) hatten nicht die geringste Ähnlichkeit mit Vanellus-Eiern, sondern erinnerten sehr an solche von Hoplopterus duvaucelii. Diese ovalen und glanzlosen Eier sind auf weißlich-sandfarbenem Grund mäßig stark und unregelmäßig schwarzbraun gefleckt, besonders am stumpfen Pol. Daneben finden sich noch hell olivbräunliche Kritzel sowie dunkel- und hellaschgraue Unterflecke. Die Eier eines anderen Geleges sahen tatsächlich wie kleine Vanellus-Eier aus; ihre Gestalt war ebenfalls oval. Die Eier eines vierten von mir im Aliakmon-Mündungsgebiet gefundenen Geleges waren kreiselförmig und glanzlos und auf sehr hell lehmfarbenem Grund unregelmäßig schwarz- und dunkelbraun gefleckt, besonders am stumpfen Pol. Diese Eier erinnerten an normale Kiebitzeier.

66 von LEHMANN in Kleinasien gesammelte Eier messen und wiegen im Durchschnitt: 40,19 × 28,51 mm, 1,22 g (1,39 – 0,96 g). Maxima: 43,0 × 27,7 und 39,8 × 30,2 mm; Minima: 38,1 × 26,8 und 39,7 × 26,5 mm.

Von KOENIG in Ägypten gesammelte Eier sind durchschnittlich etwas kleiner; 25 Eier messen im Durchschnitt 39,64 × 28,40 mm. Maxima: 42,0 × 27,0 und 39,0 × 30,0 mm ; Minima: 38,0 × 27,0 mm. Das Gelege des Spornkiebitzes besteht wie bei den meisten Limikolen-Arten aus vier Eiern; ausnahmsweise kommen auch Gelege mit fünf Eiern vor. Bei Verlust des Geleges wird nachgelegt: Ein Paar, dem ich am 17. Mai das nur wenige Tage bebrütete Gelege genommen hatte, brütete am 15. Juni nur etwa 80 m vom ersten Nest entfernt abermals auf vier Eiern.

Die Ablage der Eier erfolgt nach unseren Beobachtungen im Abstand von 48 Stunden. Die Brutdauer ist bis jetzt nicht genau bekannt. Verläuft die Bebrütung ohne Störungen – etwa durch weidendes Vieh – so erfolgt die Brutablösung etwa alle zwei Stunden. Der abzulösende Vogel leitet diese dadurch ein, daß er kleine Stücke von Nistmaterial in Reichweite des Nestes aufnahm, hinter sich warf und dann langsam laufend das Nest verließ. Männchen und Weibchen begegnen sich niemals unmittelbar am Nest, sondern der andere Partner kam nach einigen Minuten langsam und immer wieder einmal im Laufen innehaltend, um zu sichern oder sich zu putzen, zum Nest zurück. Kopulationen fanden noch während der Bebrütung des Geleges weit vom Nest entfernt statt.

Wanderungen Der Spornkiebitz ist vorwiegend Standvogel; das dürfte wohl ohne jede Einschränkung für das afrikanische Verbreitungsgebiet der Art gelten, während Spornkiebitze aus Nordgriechenland den Winter bestimmt nicht im Brutgebiet verbringen; das gleiche dürfte für die kleinasiatischen Populationen gelten.

Wir wissen nicht, auf welchen Wegen der Zug der in Nordgriechenland beheimateten Spornkiebitze verläuft, möglicherweise auf den Wegen, auf denen Nordgriechenland einmal besiedelt wurde, das heißt an der Westküste Kleinasiens entlang. Wir wissen, daß das bei anderen in Griechendland brütenden Arten der Fall ist wie beispielsweise beim Blaßspötter (Hippolais pallida) und bei der Kappenammer (Emberiza melanocephala). Die Zuwege beider Arten werden durch die Lage ihrer Winterquartiere bestimmt, die bei beiden Arten ausschließlich östlich des Nils liegen. Nicht ausgeschlossen ist es aber andererseits, daß die im westlichen Makedonien beheimatete Population ihr Brutgebiet über Kreta und die Inselbrücke der Ägäis erreicht, die in dem langgestreckten Euböa ihre Fortsetzung findet.

Zugdaten sind nur wenige bekannt. Für Zypern liegen Zugbeobachtungen vor allem für die Monate März und April vor, die zeitigsten Beobachtungen datieren vom 20. bis zum 24. März. Der Abzug erstreckt sich weit in den Herbst hinein; noch am 18. Oktober wurde ein Spornkiebitz bei Larnaka auf Zypern gesehen, und nach BANNERMAN erhielt SCHRADER – ebenfalls auf Zypern – noch im November einen Spornkiebitz.

Außerhalb seines Verbreitungsgebiets wurde der Spornkiebitz bis heute als Irrgast nur in der BRD nachgewiesen (am 21. April 1964 nördlich von Dortmund, Westfalen) und am 3. September 1978 am Dangaster Hafen südlich von Wilhelmshaven.

Nahrung Der Spornkiebitz ernährt sich fast ausschließlich von Insekten aller Art, unter denen vor allem Käfer (Coleoptera), Hautflügler (Hymenoptera) und Zweiflügler (Diptera) eine Rolle spielen; gelegentlich werden auch Tausendfüßler (Myriopoda), Spinnen (Arachnoidea) und Sämereien aufgenommen. Auf Grund unserer Beobachtungen an einem Brutplatz in Griechenland halte ich es für möglich, daß auch Würmer und kleine Schnecken gefressen werden; Magenuntersuchungen griechischer Brutvögel liegen allerdings nicht vor.

Gattung Charadrius Linné

Charadrius hiaticula Linné
Sandregenpfeifer (Tafel 4)

Auch dem Sandregenpfeifer begegneten wir als Brutvogel auf der Hallig Südfall an der Westküste Schleswig-Holsteins. Er fiel nicht so auf wie die Silbermöwen und Austernfischer, weder durch seine Größe noch durch seine Rufe, und man sah ihn meist erst dann, wenn man sich an seinem Brutplatz befand.

Das erste Sandregenpfeifernest mit vier Eiern fand ich schon am ersten Tag nach unserer Ankunft auf Südfall. „Nest“ ist nur eigentlich nicht der richtige Ausdruck, denn es war lediglich eine flache Mulde am Boden, in der die vier Eier inmitten der Ziegelbrocken lagen, mit denen man den Weg zur Warft aufgeschüttet hatte. Am 30. und 31. Mai schlüpften drei Junge, und die Altvögel verließen mit ihrem Nachwuchs den Nistplatz, während das vierte Ei zurückblieb. Daß es kurz vor dem Schlüpfen stand, hatte ich bereits festgestellt, doch als ich nach etwa einer Stunde wieder vorbeikam, war das Ei völlig kalt. Der Sandregenpfeifer hatte wohl infolge der vielen Störungen durch weidende Schafe das Ei aufgegeben. Ich legte es deshalb, nachdem ich es eine Weile in meinen warmen Händen gehalten hatte, zu einem ganz in der Nähe liegenden Küstenseeschwalbenei, auf dem die Seeschwalbe schon fest brütete. Ich ließ es auf einen Versuch ankommen, zumal ich annehmen durfte, daß der Sandregenpfeifer auf diesem letzten Ei nicht mehr weiterbrüten würde. Die Küstenseeschwalbe nahm das fremde, etwa gleichgroße Ei ohne weiteres an, und am Morgen des folgenden Tages schlüpfte das vierte Sandregenpfeifer-Küken. Und was ich nun gehofft und gewünscht hatte, trat tatsächlich ein: Der kleine Sandregenpfeifer verließ, sobald er trocken geworden war, das „Nest" oder, besser gesagt, kroch unter der brütenden und ihn gleichzeitig hudernden Küstenseeschwalbe hervor und wurde von seinen Eltern, die mich fortwährend mit leisen und sanften „dü-it, dü-it"-Rufen umflogen oder sich flügellahm stellend in geduckter Haltung vor mir herliefen, nach meinem Weggehen in den Familienverband aufgenommen, als ob nichts geschehen wäre.

Beschreibung Der Sandregenpfeifer ist knapp drosselgroß. Im Brutkleid fällt er durch die kontrastreiche Schwarzweiß-Zeichnung des Vorderkörpers auf. Stirnband, Halsring und ein Fleck unter dem Auge sind weiß, Oberkopf, Zügel, Kopfseiten und ein nach hinten schmaler werdendes Kropfband schwarz. Der Hinterkopf und die übrige Oberseite sind dunkel sandfarben, die Unterseite ist weiß. Der Schnabel ist orangefarben mit schwarzer Spitze, die Füße orangegelb. Das Weibchen gleicht in der Färbung weitgehend dem Männchen, nur ist die Schwarzzeichnung am Kopf nicht so ausgedehnt, und dem Auge fehlt der gelbe Ring des Männchens. Im Ruhekleid ist das Männchen oberseits dunkler, die schwarzen Federn am Kopf und Hals sind mit braunen Federn untermischt. Auch im Ruhekleid gleicht das Weibchen dem Männchen. Im Jugendkleid fehlen alle schwarzen Federpartien, vor allem das Kropfband, das nur durch einige braune Federn an den Brustseiten angedeutet ist.

Maße: Länge 190 mm, Flügel 133 mm, Schwanz 66 mm, Füße 27 mm, Schnabel 15 mm.

Das Dunenjunge ist oberseits hell gelblichgrau mit dunkler Zeichnung. Stirn, Hinterkopf, ein Halsring und die Unterseite sind weiß. Durch seinen kurzen und kräftigen Schnabel, dessen Basis gelb ist, unterscheidet sich das Dunenjunge vom Sandregenpfeifer von den Dunenjungen des Fluß- und Seeregenpfeifers.

Feldkennzeichen Der Sandregenpfeifer gehört zu den „Kleinen Regenpfeifern"; seine Oberseite und die Flügel sind einfarbig braun, die Unterseite reinweiß, der Kopf ist schwarz und weiß gezeichnet. Im Flug fällt ein schmales weißes Flügelband auf. Vom ähnlichen Flußregenpfeifer unterscheidet er sich durch seine beträchtlichere Größe, die gedrungenere Gestalt und das breite schwarze Kropfband, den orangegelben Schnabel mit der schwarzen Spitze und die gelblichen Füße.

Die Stimme ist ein wiederholtes „drüib, drüib" oder „tüi" (wobei das „i" betont wird). Oft hört man auch ein trillerndes „drü, drü". Die klangschönen, „düdelnden" Balzstrophen sind noch variationsreicher und klingen etwa wie „tülötülö... djüdjüo..." (NIETHAMMER).

Verbreitung In Europa brütet der Sandregenpfeifer auf Island und den Färöer, an den Küsten Großbritanniens und Irlands, der Niederlande, Belgiens und Nordfrankreichs, der BRD und Dänemarks sowie an allen Küsten der Ostsee. Auch auf Spitzbergen ist der Sandregenpfeifer als Brutvogel nachgewiesen worden und hat nach LØVENSKIOLD im Eisfjord, Königsfjord sowie in Nordwest-Spitzbergen gebrütet.

Ferner brütet der Sandregenpfeifer auf der Bäreninsel und auf Jan Mayen. In Grönland ist die Art nach SALOMONSEN ein sehr häufiger Brutvogel im größten Teil von Ost-Grönland sowie im Thule-Distrikt; hier brütet er sowohl an den Küsten wie auch im Inneren des Landes. In Nordamerika begegnen wir der Art nur an den östlichen bzw. nordöstlichen Küsten im arktischen Kanada, und zwar an den Küsten von Ellesmere-Land, der Devon-Insel und Baffin-Land.

In den arktischen Tundren vom nördlichen Skandinavien und Finnland an sowie in der Sowjetunion von der Kola-Halbinsel bis zur Tschuktschen-Halbinsel und Anadyr-Land und auf den dem Festland vorgelagerten Inseln (Kolgujew, Nowaja Semlja, Waigatsch) finden wir die Unterart Charadrius hiaticula tundrae (LOWE). Diese Unterart ist der Nominatform sehr ähnlich, nur durchschnittlich etwas kleiner, und im übrigen im Brutkleid dunkler, mehr braun und weniger grau.

Biotop Der Sandregenpfeifer bewohnt zur Brutzeit flachen Meeresstrand, wobei er zwischen Sand-, Kies- und Muschelstrand keinen Unterschied macht, ferner Dünengelände, seltener kurzgrasige Strandwiesen.

In Island, Skandinavien und in der nördlichen Sowjetunion, ausnahmsweise auch in Großbritannien und Mitteleuropa, brütet der Sandregenpfeifer auch im Binnenland. In Skandinavien finden wir die Art zur Brutzeit außer an sandigen Ufern von Seen und fließenden Gewässern auch auf den hochgelegenen Fjälls. In Island bewohnt der Sandregenpfeifer vegetationslose Kiesflächen, besonders solche, die von einem Fluß durchzogen sind. Wie in Skandinavien geht er auch in Island in den Gebirgen im Inneren der Insel ziemlich hoch hinauf und brütet auch auf den Island vorgelagerten Inseln Vestmannaeyarn und Grimsey.

In Großbritannien und in Mitteleuropa gehören Brutvorkommen im Binnenland zu den Ausnahmen. In Großbritannien wurde der Sandregenpfeifer in Yorkshire, Northumberland, Cumberland, Westmoreland, Suffolk, Norfolk und in verschiedenen Teilen Schottlands und Irlands als Brutvogel nachgewiesen; in Schottland an Gebirgsflüssen bis in Höhen von etwa 400 m.

In Schleswig-Holstein, Mecklenburg und Brandenburg brütet der Sandregenpfeifer auch im Binnenland; die Mehrzahl dieser Brutplätze ist jedoch heute erloschen. In Mecklenburg sind nach KLAFS und STÜBS heute „nur noch gelegentliche Bruten im küstennahen Hinterland bekannt."

Brutbiologie Der Sandregenpfeifer brütet meist in völlig offenem Gelände, nur ausnahmsweise liegt das Gelege im Schutz des an seinem Brutplatz meist ohnehin spärlichen Bodenbewuchses. Von einem Nest kann man kaum sprechen, es sei denn, daß man damit lediglich den Platz bezeichnen will, an dem die Eier liegen. Meist liegen diese ohne jede Unterlage in einer flachen Mulde, gelegentlich auch auf einer Unterlage kleiner Muschelschalenbruchstücke, Steinchen, Kaninchen- oder Schaflosung; nur selten fand ich einige kleine Stengel oder trockene Halme als Unterlage für das Gelege.

Die Eier sind meist kurzkreiselförmig, ihre Grundfarbe ist sehr hell sandfarben bis hell bläulichgrau, gelegentlich mit einem Stich ins Rötlichgelbe, selten hell lehmfarben. Die spärliche Fleckung besteht aus sehr dunkel schwarzbraunen, fast schwarzen, gelegentlich auch braunen Flecken. Diese sind meist klein und rundlich, bisweilen auch unregelmäßig; gelegentlich kommen größere Flatschen, Striche und Schnörkel vor. Die Fleckung häuft sich am stumpfen Pol, ohne indessen einen Kranz zu bilden. Die wenigen kleinen Unterflecke sind hell- und dunkelaschgrau.

JOURDAIN gibt für 100 in Großbritannien gesammelte Eier folgende Durchschnittsmaße an: 35,75 × 25,95 mm; Maxima 39,0 × 26,5 und 37,0 × 28,5 mm, Minima: 32,5 × 25,6 und 32,7 × 24,0 mm.

Nach ROSENIUS messen 179 in Schweden gefundene Eier im Durchschnitt 35,19 × 25,70 mm; Maxima: 38,0 × 25,0 und 34,7 × 27,8 mm, Minima: 31,0 × 25,0 und 33,5 × 24,0 mm.

Die Eier von Charadrius hiaticula tundrae sind etwas kleiner als die der Nominatform; WASENIUS gibt für 33 Eier, die im nördlichen Finnland gefunden wurden, folgende Durchschnittsmaße an: 33,95 × 24,30 mm.

Das Gelege des Sandregenpfeifers besteht aus vier Eiern, ausnahmsweise wurden auch einmal fünf Eier in einem Nest gefunden. Das Ei ist im Verhältnis zu dem 60 g schweren Weibchen sehr schwer, denn es wiegt 10 g, also 16,7 Prozent des Weibchens; ein Vierer-Gelege wiegt demnach 66,7 Prozent des Vogels. Mit dieser relativ hohen Eimasse mag es zusammenhängen, daß die Eier nicht in Abständen von jeweils 24 Stunden gelegt werden, sondern daß zwischen den einzelnen Eiern – meist zwischen dem dritten und vierten Ei – Legeabstände bis zu drei Tagen liegen. Der geringste Legeabstand wurde von HOLSTEIN mit 32, der längste mit 72 Stunden ermittelt. Die Bebrütung beginnt nach Ablage des dritten oder auch erst des vierten Eies.

Fast regelmäßig brütet der Sandregenpfeifer zweimal im Jahr. Die Bruten können „ineinandergeschachtelt" sein, das heißt, während das Weibchen (oder Männchen) noch die Jungen der ersten Brut führt, bebrütet das Männchen (oder Weibchen) schon das zweite Gelege. In Großbritannien scheinen gelegentlich normale dritte Bruten vorzukommen, möglicherweise sind es aber auch späte Nachgelege, die für dritte Bruten gehalten wurden.

Charadrius hiaticula tundrae brütet nur einmal im Jahr, ebenso wie die in der Arktis und Subarktis Nordamerikas und Eurasiens beheimateten Populationen der Nominatform.

An den Küsten der südlichen Nord- und Ostsee brütet der Sandregenpfeifer ausnahmsweise schon Ende April, meist aber erst im Mai und Juni; die Gelege der zweiten Brut bzw. Nachgelege findet man im Juli und gelegentlich noch Anfang August. In Großbritannien findet man die ersten Gelege ausnahmsweise schon Anfang März , doch meist auch erst im Mai und Juni und gelegentlich noch im Juli und August. Die Unterart tundrae brütet im nördlichen Finnland von Anfang Juni an; ich fand bei Kuusamo am 17. Juni ein Gelege mit drei Eiern. Die Brutdauer schwankt zwischen 23 und 27 Tagen, gewöhnlich beträgt sie 24 bis 25 Tage.

Bei der Bebrütung des Geleges lösen sich Männchen und Weibchen häufig ab. Die Jungen verlassen alsbald nach dem Schlüpfen die Nestmulde und werden von beiden Eltern geführt. Mit 25 Tagen sind die Jungen voll befiedert und flugfähig. Durch Verleiten suchen die Eltern Gefahren vom Gelege und später von den Jungen fernzuhalten.

Wanderungen Die nachfolgenden Angaben gelten für Charadrius h. hiaticula und tundrae, da es schwierig, wenn nicht sogar unmöglich ist, die Unterart von der Nominatform auf dem Zuge und in den Überwinterungsgebieten zu unterscheiden, zumal ihre Maße ineinander übergehen.

Vereinzelt überwintert der Sandregenpfeifer bereits an den Küsten von Großbritannien bis Frankreich, überwiegend jedoch weiter südlich im Mittelmeerraum, an den Küsten Afrikas (die Unterart Ch. h. tundrae wurde von BECKER an der südwestafrikanischen Küste festgestellt) und der Kanarischen Inseln, am Persischen Golf bis zu den Küsten des westlichen Indien und auf den Malediven.

Gelegentlich wurden Sandregenpfeifer auch auf Madeira und den Azoren festgestellt; an den Küsten des Pazifischen Ozeans ist er ein seltener Irrgast und wurde als solcher auf Sachalin, auf den Japanischen Inseln und im nördlichen China angetroffen. Ein Sandregenpfeifer verflog sich sogar bis zu den Westindischen Inseln und wurde auf Barbados gesehen. Der Sandregenpfeifer ist ebenso wie die im arktischen Kanada brütenden Populationen eine der wenigen grönländischen Brutvogelarten, die auf ihrem Zuge den Atlantik überqueren. Diese Populationen überwintern im westlichen Europa, oder – wie SALOMONSEN vermutet – sogar im tropischen Afrika, wobei sie dann alljährlich für den Hin- und Rückflug eine Strecke von etwa 17800 km zurückzulegen hätten. Im Frühjahr und Herbst ist der Sandregenpfeifer ein zahlreicher Durchzügler auf Jan Mayen, wo er allerdings nicht brüten soll. Die Ankunft in Grönland erfolgt je nach der Lage der Brutgebiete von Anfang Mai an bis zur zweiten Maihälfte. Bei ungünstigen Wetterbedingungen kann sich die Ankunft bis Anfang Juni verzögern. Von Mitte August an erfolgt der Abzug, der sich bis Ende September hinzieht; erst Anfang Oktober verlassen die letzten Sandregenpfeifer Grönland.

Doch zurück nach Europa. Hier erfolgt die Rückkehr zu ihren in Großbritannien liegenden Brutplätzen zum Teil schon Anfang Februar, meist aber erst ab Mitte Februar bis Mitte April. An den Küsten der Deutschen Bucht und der südlichen Ostsee trifft der Sandregenpfeifer von Ende März bis Mitte April ein, aber auch noch im Mai und Anfang Juni kann man durchziehende Sandregenpfeifer im Binnenland feststellen (BECKER brieflich). Der Abzug von den Brutplätzen erfolgt bereits kurz nach der Brutzeit im Juli/August.

Im Norden kommt der Sandregenpfeifer entsprechend später an seinen Brutplätzen an; auf Spitzbergen beispielsweise wurde der erste Sandregenpfeifer erst am 6. Juni beobachtet; der Abzug setzt auch hier bald nach Beendigung der Brutzeit Ende Juli/Anfang August ein.

Nahrung Der Sandregenpfeifer ernährt sich vorzugsweise von kleineren Mollusken und Crustaceen, ferner von Insekten aller Art und deren Larven sowie von Würmern, besonders Anneliden. Pflanzliche Nahrung spielt nur eine untergeordnete Rolle.

Brutgebiet des Sandregenpfeifers

Charadrius semipalmatus Bonaparte
Kleiner Sandregenpfeifer (Tafel 4)

Diese kleine Ausgabe des Sandregenpfeifers wird von manchen Autoren (DEMENTIEW, GLADKOW und SPANGENBERG, Birds oft the Soviet Union, Handbook of British Birds u. a.) lediglich als Unterart von Charadrius hiaticula betrachtet, von anderen jedoch als eigene Art wie zum Beispiel von HARTERT, VAURIE und in der „Check-List of North American Birds". Da zwischen beiden sich allerdings sehr ähnlichen Sandregenpfeifern doch einige anatomische Unterschiede bestehen, so erscheint es mir gerechtfertigt, den Kleinen Sandregenpfeifer als eigene Art zu betrachten.

Beschreibung Der Kleine Sandregenpfeifer ist unserem Sandregenpfeifer sehr ähnlich, unterscheidet sich aber von diesem durch geringere Größe, einen kürzeren und verhältnismäßig dickeren Schnabel und ein schmaleres, schwarzes Kropfband. Die bei Charadrius hiaticula sehr kleine Spannhaut an der Basis zwischen Außen- und Mittelzehe ist bei semipalmatus ausgedehnter, und auch zwischen der Innen- und Mittelzehe befindet sich eine kurze, aber sehr deutliche Spannhaut. Die Füße sind orangegelb, blaß gelblich oder fleischfarben.

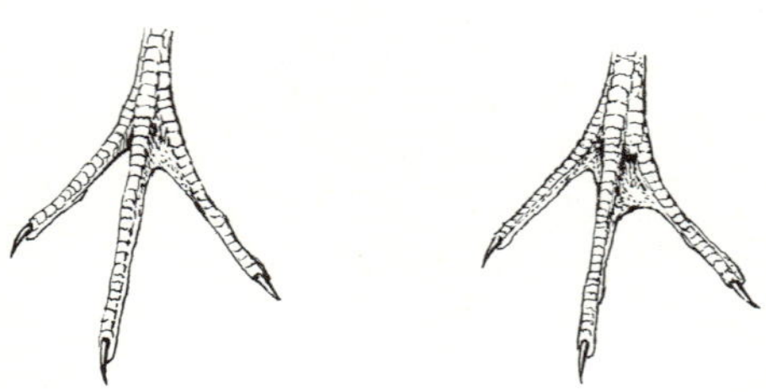

Sandregenpfeifer, Charadrius hiaticula
und Kleiner Sandregenpfeifer, Ch. semipalmatus
(nach Glutz v. Blotzheim, Bauer & Bezzel, Handbuch der Vögel Mitteleuropas, Bd. 6, 1975)

Kleiner Sandregenpfeifer,
Charadrius semipalmatus

Tafel 3

Kiebitz, Vanellus vanellus, (S. 50)
(1) *bis* (3) ♂ *im Brutkleid,* (4) ♀ *im Brutkleid;* (5) *Jungvogel;* (6) *Dunenjunges;*
Spornkiebitz, Hoplopterus spinosus, (S. 56)
(7) *bis* (9) ♂ *im Brutkleid;* (10) ♀ *im Brutkleid;* (11) *Dunenjunges;* (12) *Eier*

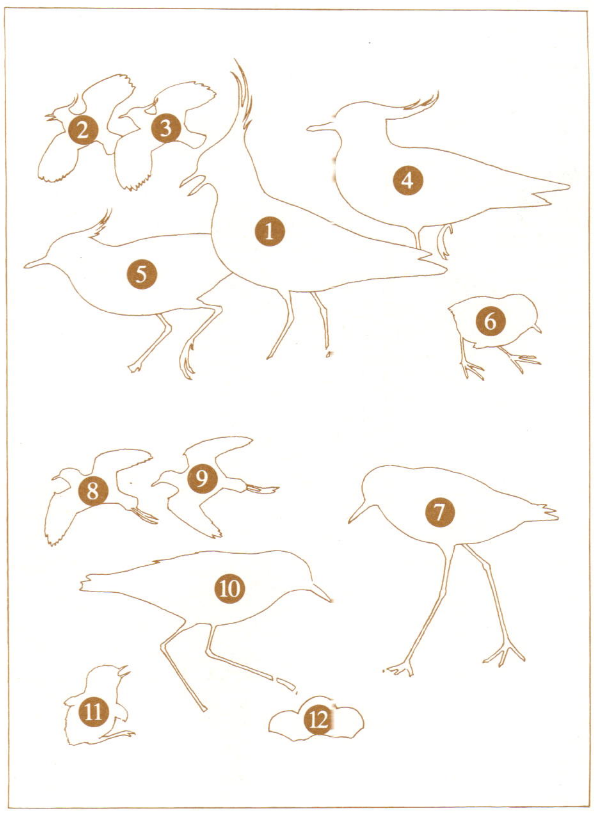

Tafel 4

Seeregenpfeifer, Charadrius alexandrinus, (S. 69)
① *und* ② ♂ *im Brutkleid;* ③ ♀ *im Brutkleid;*
④ *Jungvogel;* ⑤ *und* ⑥ *Dunenjunge;*
Sandregenpfeifer, Charadrius hiaticula, (S. 64)
⑦ *und* ⑧ ♂ *im Brutkleid;* ⑨ *Jungvogel;*
⑩ *und* ⑪ *Dunenjunge;*
Flußregenpfeifer, Charadrius dubius, (S. 66)
⑫ ♂ *im Brutkleid;* ⑬ ♀ *im Brutkleid;*
⑭ *Jungvogel;* ⑮ *Dunenjunges;* ⑯ *Eier;*
Wermut-Regenpfeifer, Charadrius asiaticus, (S. 83)
⑰ *und* ⑱ ♂ *im Brutkleid;* ⑲ *Jungvogel;*
㉒ ♀ *im Brutkleid;* ㉔ *und* ㉕ *Dunenjunge;*
Wüstenregenpfeifer, Ch. leschenaultii, (S. 78)
⑳ *und* ㉑ ♂ *im Brutkleid;* ㉓ ♂ *im Ruhekleid*

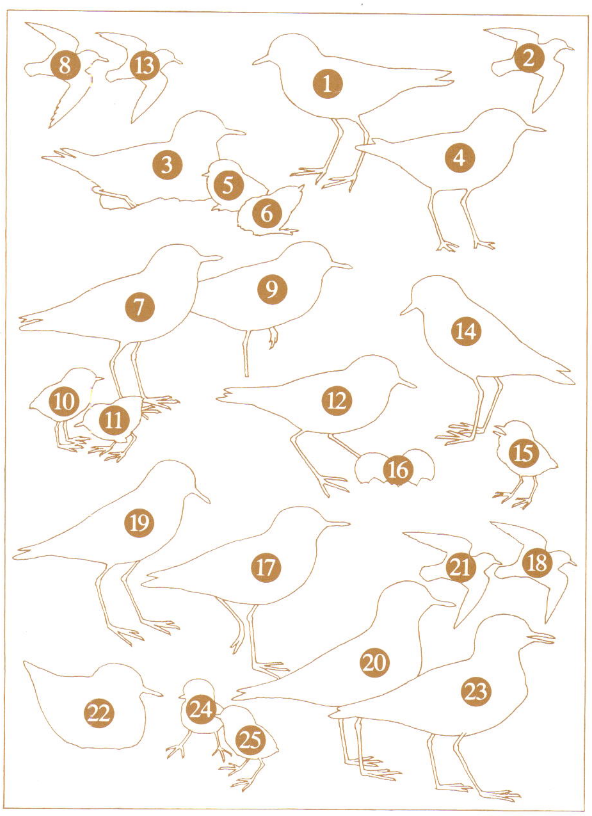

Brutgebiet des Kleinen Sandregenpfeifers

Maße: Länge 180 mm, Flügel 122 bis 135 mm (gegen 127 bis 139 mm bei hiaticula), Schwanz 52 mm, Schnabel 13 mm, Füße 23 mm.

Feldkennzeichen Diese Art ist kleiner als der Sandregenpfeifer, das Brustband ist enger und die dunklen Flecken auf dem Kopf sind verdeckter und brauner. Die Stimme gleicht der des Sandregenpfeifers, ist jedoch feiner.

Verbreitung Der Kleine Sandregenpfeifer brütet an den arktischen Küsten von Nordamerika vom Bering-Meer bis zum südlichen Baffin-Land, südwärts bis zum Yukon-Tal und den Königin Charlotte-Inseln an der Westküste Kanadas, an der James-Bai, am Nordufer des St. Lorenz-Stromes sowie in Neubraunschweig und Neuschottland. Nach HARTERT kommt Charadrius semipalmatus in geringer Anzahl an der Plover-Bai und an der Koliutschin-Bucht an der Tschuktschen-Halbinsel vor und brütet dort wahrscheinlich.

Biotop Charadrius semipalmatus hält sich zur Brutzeit wie auch an den Überwinterungsplätzen in sehr ähnlichem Gelände wie Charadrius hiaticula auf. Zur Brutzeit wurde er nach FORBUSH besonders „an sandigen oder kiesbedeckten flachen, gelegentlich auch höher gelegenen Meeresküsten, in Mündungsgebieten von Flüssen oder an küstennahen Inlandseen und auch auf Inseln in Strömen" gefunden.

Brutbiologie Der Kleine Sandregenpfeifer nistet an sandigen oder steinigen Stränden oberhalb der Hochwassermarke. Das „Nest" ist lediglich eine seichte Mulde im Sand ohne jedes Nistmaterial und nur gelegentlich mit einigen trockenen Halmstückchen oder Muschelschalen ausgekleidet. Das Gelege besteht aus vier Eiern, die bis auf ihre geringere Größe völlig denen von Charadrius hiaticula gleichen. 100 Eier messen nach BENT 33,0×23,5 mm, Maxima: 36,2×24,3 und 35,5×25,5 mm, Minima: 29,5×22,0 mm. Die Gelege werden von Anfang Juni an bis Mitte Juli gefunden, in den südlicher gelegenen Brutgebieten bereits von Ende Mai an. Die Bebrütung des Geleges beginnt nach Ablage des letzten Eies; die Eier werden von Männchen und Weibchen bebrütet, der Anteil des Männchens ist augenscheinlich größer. Die Brutdauer beträgt 23 Tage. Die Jungen werden von beiden Eltern betreut; die Führungszeit ist nicht bekannt.

Wanderungen Der Kleine Sandregenpfeifer überwintert an den Küsten des Stillen Ozeans vom mittleren Kalifornien südwärts bis Kolumbien und Chile sowie auf den Galapagos-Inseln, an der Atlantikküste von Süd-Carolina, an den Küsten des Golfs von Mexiko, der Westindischen Inseln und von da südwärts bis Patagonien. Gelegentlich wurde die Art auch an den Küsten Nordostsibiriens angetroffen, ferner an den Küsten Westgrönlands und auf den Bermudas. Als Irrgast wurde Charadrius semipalmatus bisher in Europa nur zweimal festgestellt, und zwar am 8. April 1916 bei Rye in Sussex (England) und auf Island.

Nahrung Die Nahrung ist ähnlich wie die von Charadrius hiaticula. Im Britischen Handbuch werden kleine Crustaceen und Mollusken, Würmer und Insekten angegeben.

Charadrius dubius Scopoli
Flußregenpfeifer (Tafel 4)

Die Mehrzahl der Limikolen, die fast überall stark abgenommen haben, sind ausgesprochene Kulturflüchter. Schuld an dem Rückgang sind die Intensivierung der Landwirtschaft und die damit verbundenen Meliorationen von nassen Wiesen, die Trockenlegung von Sümpfen und Mooren, die immer mehr um sich greifende Verschmutzung der Gewässer, der immer stärker werdende Verkehr und die überall entstehenden Camping-Plätze. Alles das hat dazu beigetragen, daß die Anzahl der einst in Europa vorhandenen Bestände der Limikolen zurückging. Nur ganz wenige Arten haben sich den veränderten Verhältnissen angepaßt; zu diesen gehört der Flußregenpfeifer. Ihm hat der Mensch sogar, natürlich völlig unabsichtlich, zusätzliche Brutplätze geschaffen: Abraumhalden von Braunkohlentagebauen, Ton- und Sandgruben, in denen sich vielleicht etwas Wasser angesammelt hat, vorübergehend abgelassene Teiche und ähnliche Biotope sind heute vom Flußregenpfeifer besiedelt worden. Es wird sogar berichtet, daß er auf Müllabladeplätzen und auf mit Kies bestreuten flachen Dächern gebrütet hat.

Beschreibung Wenn wir zur Brutzeit einen lerchengroßen, oberseits hellbraunen Vogel mit schwarzem Kropfband und weißer Unterseite über die Schotterbank eines Flusses so schnell dahinlaufen sehen, daß man die einzelnen Bewegungen der Füße nicht mehr wahrnehmen kann und meint, das Vögelchen rolle gewissermaßen über den Boden dahin, dann ist es sicher unser Flußregenpfeifer.

Männchen und Weibchen sind im Brutkleid leicht an dem weißen Halsring, dem breiten schwarzen Kropfband, der hellbraunen Oberseite und der weißen Unterseite zu erkennen. Die Stirn ist weiß, der Hinterkopf graubraun und gegen das Schwarz des übrigen Kopfes durch einen schmalen weißen Saum abgesetzt. Der Schnabel ist bis auf einen kleinen blaßgelblichen Fleck an der Wurzel schwarz, um das Auge verläuft ein zitronengelber nackter Ring, die Füße sind blaß fleischfarben.

Das Ruhekleid ist dem Brutkleid sehr ähnlich, und im Jugendkleid ist der ganze Kopf bis auf die weiße Stirn sandfarben, das schwarze Kropfband ist noch nicht ausgebildet und durch einen braungrauen Fleck an den Brustseiten angedeutet. Hinter dem Auge befindet sich – im Gegensatz zum jungen Sandregenpfeifer – kein weißer Fleck. Die Dunenjungen sind oberseits sandfarben; Stirn, Halsring und Unterseite sind weiß.

Maße: Länge 150 mm, Flügel 115 mm, Schwanz 60 mm, Schnabel 13 mm, Füße 24 mm.

Feldkennzeichen Vom ähnlichen und etwas größeren Sandregenpfeifer unterscheidet sich der Flußregenpfeifer in allen Kleidern durch das Fehlen einer weißen Flügelbinde und die Schnabelfärbung: Der Sandregenpfeifer hat einen orangefarbenen, der Flußregenpfeifer hingegen einen schwarzen Schnabel. Meist ist ein pfeifendes, bisweilen oft wiederholtes „diü“, in der Erregung ein „gigigig“ zu hören. Auch der Biotop beider Arten ist zur Brutzeit verschieden: So wird man zur Brutzeit – jedenfalls in Mitteleuropa – kaum einen Sandregenpfeifer auf einer Schotterbank in einem Gebirgsfluß antreffen.

Verbreitung Der Flußregenpfeifer hat ein weit größeres Brutgebiet als der Sandregenpfeifer, denn wir treffen ihn in großen Teilen Europas,

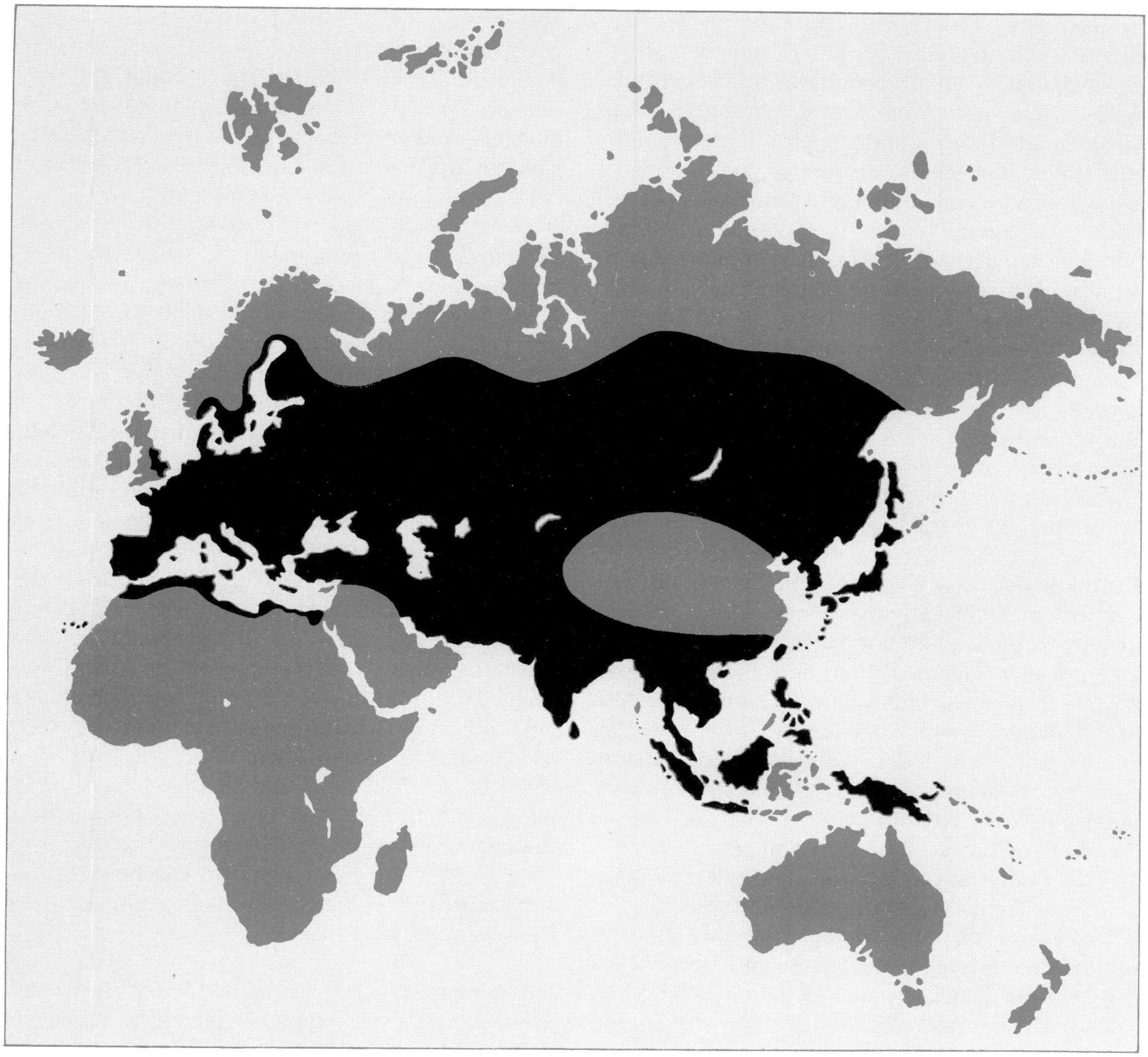

Brutgebiet des Flußregenpfeifers

Asiens und auch in Nordafrika an. Zunächst bewohnt der Flußregenpfeifer, Charadrius dubius curonicus Gmelin, fast ganz Europa, nur in Großbritannien ist er auf einige kleine Gebiete im östlichen und mittleren England beschränkt. Seit 1968 hat die Art ihr Brutgebiet bis Northumberland und Schottland ausgedehnt. Auch in Norwegen ist der Flußregenpfeifer im Vordringen in nördlicher Richtung begriffen: 1967 wurde auf Levanger (63.46° N, 11.26° E) eine Brut festgestellt, fast vier Breitengrade nördlicher der bisher bei Oslo verlaufenden Nordgrenze des Brutgebiets. In Schweden brütet die Art nur in den südlichen Landesteilen; von hier zieht sich ihr Brutgebiet in einem an der Küste entlanglaufenden Streifen bis hinauf nach Norrbotten. Von da reicht das Brutgebiet durch das südliche Finnland und die nördliche Sowjetunion ostwärts bis zum Ochotskischen Meer, Korea und Japan. In Innerasien finden wir den Flußregenpfeifer in der Mongolei und im westlichen und nördlichen China. Im Süden reicht das Brutgebiet bis nach Nordwestafrika, das Nildelta und El Fajum. Von Kleinasien an findet man den Flußregenpfeifer im nahen und mittleren Osten südostwärts bis Pakistan. Vereinzelt hat der Flußregenpfeifer auch auf den Kanarischen Inseln, Madeira, Zypern und in Israel gebrütet. Die Nominatform Charadrius d. dubius Scopoli brütet auf den Philippinen, Neuguinea und Neu Irland. In Indien von Sind und von den Vorbergen des Himalaya südwärts bis Sri Lanka und ostwärts bis zum südöstlichen China, auf Sumatera und Kalimantan (früher Borneo) findet man die Unterart Charadrius dubius jerdoni (LEGGE).

Biotop Den Flußregenpfeifer treffen wir zur Brutzeit vor allem auf möglichst wenig bewachsenen oder auch völlig vegetationslosen Schotter-, Sand-, Kies- und trockenen Schlammbänken in Strömen und Flüssen und an deren Ufern an. Ferner brütet der Flußregenpfeifer auf steinigen, sandigen oder schlammigen, jedoch trockenen Ufern von Seen, Teichen und Lagunen; in der Oberlausitz auch auf den mit feinem Sand durchsetzten Schlammbänken abgelassener Teiche. Auch in Sand- und Kiesgruben, in stillgelegten Braunkohletagebauen, seltener in Lehm- und Tongruben trifft man den Flußregenpfeifer an, bisweilen sogar in ziemlicher Entfernung vom Wasser. An den Küsten ist er weit seltener als der Sandregenpfeifer; am ehesten können wir unseren Flußregenpfeifer noch an den Mündungen von Strömen und Flüssen beobachten.

Brutbiologie Das Nest ist weiter nichts als eine flache vom Weibchen ausgedrehte Mulde am Boden, in der die Eier oft ohne jede besondere Unterlage auf dem bloßen Boden liegen. Bisweilen ist auch eine spärliche Unterlage von kleinen Steinen, Muschelschalen oder trockenen Pflanzenteilen wie Stengelchen oder Hälmchen vorhanden. BECKER fand in einer Tonkuhle bei Hildesheim ein Nest, das nur mit pyritisierten kleinen Ammoniten (etwa 45 bis 50 Exemplare von 2 bis 12 mm Größe) ausgelegt war. Diese Ammoniten waren sicher aus einem großen Umkreis herbeigetragen worden, denn so häufig fand sie BECKER nie auf einem engbegrenzten Raum. Dieses Nest sah, wie mir BECKER mitteilte, „außerordentlich kunstvoll und bronzeglänzend aus." Noch während der Bebrütung des Geleges wird am Nest weitergebaut, und zwar so, daß das Material rückwärts über die Schulter geworfen wird.

Das Gelege besteht aus vier, ausnahmsweise auch aus nur drei Eiern; auch fünf Eier wurden gelegentlich in einem Nest gefunden. Die Gestalt der Eier ist kurzkreiselförmig bis kreiselförmig oder spitzoval, die Schale glatt und feinkörnig. Auf hell sandfarbenem, bisweilen ins Rötlichgelbe spielenden oder selten auch lehmfarbenem Grund sind die Eier über und über fein schwarzbraun bis hellbraun gefleckt. Die Flecken sind meist sehr klein und rundlich, selten größer, oder sie haben die Form von Kritzeln, Schnörkeln und kurzen Haarzügen. Eine Häufung der Zeichnung am stumpfen Pol ist bisweilen vorhanden. Daneben finden sich zahlreiche hell- und dunkel aschgraue, rundliche oder unregelmäßige Unterflecke.

Die Eier sind kleiner als die des Sandregenpfeifers und messen durchschnittlich $29{,}63 \times 22{,}05$ mm; Maxima: $32{,}2 \times 22{,}1$ und $28{,}6 \times 23{,}4$ mm; Minima: $27{,}4 \times 21{,}5$ und $29{,}0 \times 20{,}1$ mm.

Die Frischvollmasse beträgt 7,40 g, die Schalenmasse durchschnittlich 0,43 g. Für das nur 40 g schwere Weibchen des Flußregenpfeifers ist es eine erstaunliche Leistung, vier so relativ große Eier zu legen, deren Eigenmasse 77,5 Prozent der Körpermasse vom Weibchen beträgt.

Der Legeabstand schwankt; wahrscheinlich hängen diese Schwankungen mit den Witterungsbedingungen in der Zeit der Eiablage zusammen. Vielfach werden die Eier im Abstand von 24 Stunden gelegt, nach den Beobachtungen JOURDAINS jedoch auch oft einen Tag um den anderen.

Normalerweise brütet der Flußregenpfeifer nur einmal im Jahr, in klimatisch günstig gelegenen Gebieten Mittel- und Südeuropas auch zweimal. Die Ablage der Eier kann dann schon zu einem Zeitpunkt beginnen, zu dem die Jungen der ersten Brut noch geführt werden.

Die Bebrütung des Geleges beginnt nach der Ablage des dritten oder vierten Eies. Männchen und Weibchen brüten; der nicht brütende Partner wacht in einiger Entfernung vom Nest und versucht, Gefahren durch Verleiten und Scheinbrüten, wobei der Schwanz gefächert wird, vom Nest abzulenken. Die Angaben über die Brutdauer schwanken zwischen 24 und 28 Tagen. Die Jungen verlassen bald nach dem Trockenwerden das Nest und werden von beiden Eltern reichlich drei Wochen geführt. Im Alter von drei Wochen sind die Jungen flügge und verlassen dann zusammen mit ihren Eltern den Brutplatz.

Wanderungen Der Flußregenpfeifer ist in den nördlichen Gebieten seines Brutgebiets Zugvogel; die südlichen Populationen der Nominatform und die Unterart Charadrius dubius jerdoni sind dagegen Jahresvögel. Nach Beendigung der Brutzeit – in Mitteleuropa im August/September – zieht der Flußregenpfeifer ab, um die Wintermonate an den Küsten und teilweise auch im Inneren Afrikas südwärts bis zum Äquator zu verbringen; die Rückkehr an die Brutplätze erfolgt in Mitteleuropa Anfang bis Mitte April. Die in Asien beheimateten Populationen überwintern entsprechend weiter östlich auf den Philippinen, in Indien, südwärts bis Sri Lanka, auf der Malakka-Halbinsel sowie auf den Großen und Kleinen Sunda-Inseln. Als Irrgast wurde der Flußregenpfeifer in Irland, auf den Azoren, auf Sulawesi (früher Celebes) und in Neuguinea festgestellt.

Nahrung Der Flußregenpfeifer ernährt sich vorzugsweise von Insekten aller Art und deren Larvenformen; auch Spinnen, kleine Mollusken und Würmer werden gelegentlich aufgenommen.

Charadrius alexandrinus Linné
Seeregenpfeifer (Tafel 4)

Es ist immer wieder erstaunlich, wie sehr das Gefieder der meisten brütenden Limikolen der Umgebung angepaßt ist. Werden sie gestört, so stehen sie auf, laufen ein Stück weg, um sich dann zu erheben und wegzufliegen, oder sie bleiben wie etwa eine Bekassine bis zum letzten Augenblick auf dem Gelege sitzen, um dann unmittelbar vor unseren Füßen aufzufliegen. Manche Arten kommen dann, solange sich der Eindringling in ihrem engeren Brutbereich aufhält, nicht zum Nest zurück. Andere wieder, wie der Kiebitz, fliegen dem Eindringling laut rufend entgegen, und wieder andere wie einige Regenpfeifer, stellen sich flügellahm und laufen, oder besser gesagt, rutschen mit hängenden Flügeln und gefächerten Steuerfedern vom Nest weg, um so die Aufmerksamkeit des oft nur vermeintlichen Feindes vom Nest weg und auf sich zu lenken. Nur die wenigsten Limikolen-Arten bleiben auf ihrem Gelege sitzen wie der Mornellregenpfeifer, und der Ornithologe kann ihnen sozusagen beim Brüten zusehen.

Doch nicht nur die brütenden Vögel sind geschützt, auch ihre Eier sind in hervorragender Weise der Umgebung angepaßt, und es gehört schon ein gutes Auge dazu, etwa ein Gelege eines Seeregenpfeifers zu entdecken. Gerade bei dieser Art kommt zu der Schutzfarbe der Eier noch ein zusätzlicher Schutz hinzu, da die Eier oft zu etwa zwei Dritteln im Nistmaterial eingebettet sind. Ähnliches finden wir beim Hirtenregenpfeifer und Krokodilwächter, ich werde bei der Besprechung dieser Arten noch näher darauf eingehen.

Beschreibung Der Seeregenpfeifer ist kleiner als der Sandregenpfeifer und von diesem und dem Flußregenpfeifer sofort dadurch zu unterscheiden, daß er kein geschlossenes schwarzes Brustband hat, sondern nur an den Brustseiten je einen schwarzen bzw. graubraunen Fleck (Männchen bzw. Weibchen), der im Jugendkleid nur angedeutet ist. Dadurch und durch die fahl rötlichbraune Oberseite wirkt der Seeregenpfeifer im ganzen heller als die beiden anderen Arten. Im übrigen sind Stirn, der durchgehende Überaugenstreif, Nackenring und die Unterseite weiß. Oberhalb der Stirn fällt ein schmales schwarzes Scheitelband auf, die schwarzen Zügel verbreitern sich hinter den Augen zu kleinen Flecken; Füße und Schnabel sind schwarz. Beim ähnlichen Weibchen sind die Gefiederpartien graubraun. Ruhe- und Jugendkleid ähneln dem Brutkleid, doch weisen die Federn der Oberseite rostgelbe Säume auf. Die Dunenjungen ähneln denen des Flußregenpfeifers, die schwarze Einfassung ist jedoch nicht so deutlich ausgeprägt, die Grundfarbe ist mehr grau, und die schwarze Fleckung auf der Mitte des Rückens ist deutlicher.

Maße: Länge 160 mm, Flügel 111 mm, Schwanz 48 mm, Schnabel 14,5 mm, Füße 28,5 mm.

Feldkennzeichen Die Oberseite ist heller als bei Sand- und Flußregenpfeifer. Der Seeregenpfeifer hat kein durchgehendes schwarzes Brustband; die Füße sind schwarz. Im Flug fallen die weißen Flügelbinden auf. Die Rufe klingen wie „püit", „gügüg" oder „gilück".

Verbreitung Der Seeregenpfeifer bewohnt große Teile der Paläarktis, in Europa die West- und Ostküste Dänemarks und Schleswig-Holsteins, anschließend begegnen wir ihm an den Küsten der südlichen Nordsee, der Niederlande, Belgiens und Frankreichs. Kleinere und teilweise unregelmäßige Brutvorkommen finden sich im südlichen Schweden und im südöstlichen England (Kent und Sussex). Ferner brütet der Seeregenpfeifer an den Küsten der Pyrenäen-Halbinsel, fast im gesamten Mittelmeerraum; hier fehlt er nur an den Steilküsten der Adria und brütet in Jugoslawien offensichtlich nur an der Bojana-Mündung südöstlich von Ulcinj; der Bestand wird auf 15 Brutpaare geschätzt (Vasić) sowie anschließend an den Küsten des Schwarzen und Kaspischen Meeres. Im europäischen Binnenland findet sich ein größeres, mehr oder weniger zusammenhängendes Brutgebiet, das vom Neusiedler-See bis in die ungarische Tiefebene reicht; hier findet der Seeregenpfeifer an den zahlreichen Natronseen und -teichen ihm zusagende Lebensbedingungen.

Im nördlichen Afrika reicht das Brutgebiet an der Atlantikküste südwärts bis Mauretanien; in Algerien und Tunesien brütet der Seeregenpfeifer auch im Binnenland bis zur nördlichen Sahara.

Auch auf den Atlantischen Inseln – Madeira, Kanarischen Inseln, Azoren und Kap Verdische Inseln – ist der Seeregenpfeifer Brutvogel.

Im Nahen und Mittleren Osten finden wir diesen Regenpfeifer an den Küsten des Roten Meeres südwärts bis zum Golf von Aden, in Arabien, im Irak und Iran bis zum westlichen Indien.

Was in Europa zu den Ausnahmen gehört, ist in den östlichen Brutgebieten des Seeregenpfeifers die Regel: Er brütet hier nicht nur an den Küsten, sondern auch tief im Inneren dieser Länder. Wir begegnen ihm im Inneren Anatoliens am Van-See und in der Senke zwischen dem Schwarzen und Kaspischen Meer; ostwärts reicht das Brutgebiet dann durch die weiten Steppen Innerasiens bis zum südlichen Transbaikalien, das nordöstliche China, Korea und das südliche Ussuri Land, im Süden treffen wir den Seeregenpfeifer bis in die Mongolei und das westliche China hinein.

Im übrigen Verbreitungsgebiet der Art wird Charadrius a. alexandrinus durch fünf Unterarten vertreten:

Im westlichen Nordamerika vom südlichen Washington bis Baja California und ostwärts bis Utah, das westliche Oklahoma, Texas und das nordöstliche Mexiko findet man Charadrius alexandrinus nivosus, den die amerikanischen Ornithologen „Snowy Plover" nennen. An den Küsten des Golfes von Mexiko von Louisiana bis zum westlichen Florida und zu den Großen Antillen brütet Charadrius a. tenuirostris, an den Küsten von Peru und Chile Charadrius a. occidentalis. Charadrius a. seebohmi brütet in Sri Lanka und Charadrius a. javanicus auf Jawa.

Biotop Den Seeregenpfeifer finden wir vorwiegend an flachen und sandigen Meeresküsten und in den Mündungsgebieten von Strömen und Flüssen auf den hier teilweise lehmigen und salzhaltigen trockenen Schlickflächen sowie an Seen und Lagunen. Im Binnenland hält sich dieser Regenpfeifer in steppen- und teilweise auch wüstenartigem ebenem Gelände mit fehlender oder nur geringer Vegetation und salzhaltigen flachen Gewässern auf; für Mitteleuropa ist die ungarische Pußta das bekannteste Beispiel für das Vorkommen des Seeregenpfeifers.

Brutbiologie Die Wahl des Nistplatzes wird vom Männchen getroffen; nach den Beobachtungen von RITTINGHAUS bietet das Männchen seinem Weibchen in einem engeren Kreis des Nistreviers zwei bis vier Scheinnester an, von denen dann das Weibchen ein Nest als Brutnest aussucht.

Die Siedlungsdichte ist mancherorts erstaunlich groß; so brüteten nach RITTINGHAUS 1948 und 1949 auf Oldeoog (Nordseeküste) auf einer Fläche von nur 0,7 ha fast 100 Paare. Eine ähnlich hohe Siedlungsdichte stellte ich in Nordgriechenland im Mündungsgebiet des Aliakmon fest; hier brüteten die Seeregenpfeifer in Gesellschaft von Brachschwalben und Zwergseeschwalben fast kolonieweise.

Die Eier liegen auf dem Boden oder auf einer meist recht dürftigen Unterlage von Steinchen, Muschelschalen oder kleineren trockenen Stengeln. Noch während der Bebrütung fügen Männchen und Weibchen manchmal noch weiteres Nistmaterial hinzu.

Wenn der Untergrund aus feinerem und lockeren Material wie Sand, Muschelschalen oder Steinchen besteht, sind die Eier so in die Unterlage eingebettet, daß nur ein kleiner Teil von ihnen zu sehen ist. Das ist bei harten und von der Sonne ausgedörrten Böden wie zum Beispiel in Griechenland, wo ich diese Regenpfeifer eingehend am Brutplatz beobachtete, nicht möglich; hier liegen dann die Eier auf dem bloßen Boden in der Nähe einiger trockener Salicornia-Stengel und ohne jedes Nistmaterial. Manche Ornithologen nehmen

Brutgebiet des Seeregenpfeifers

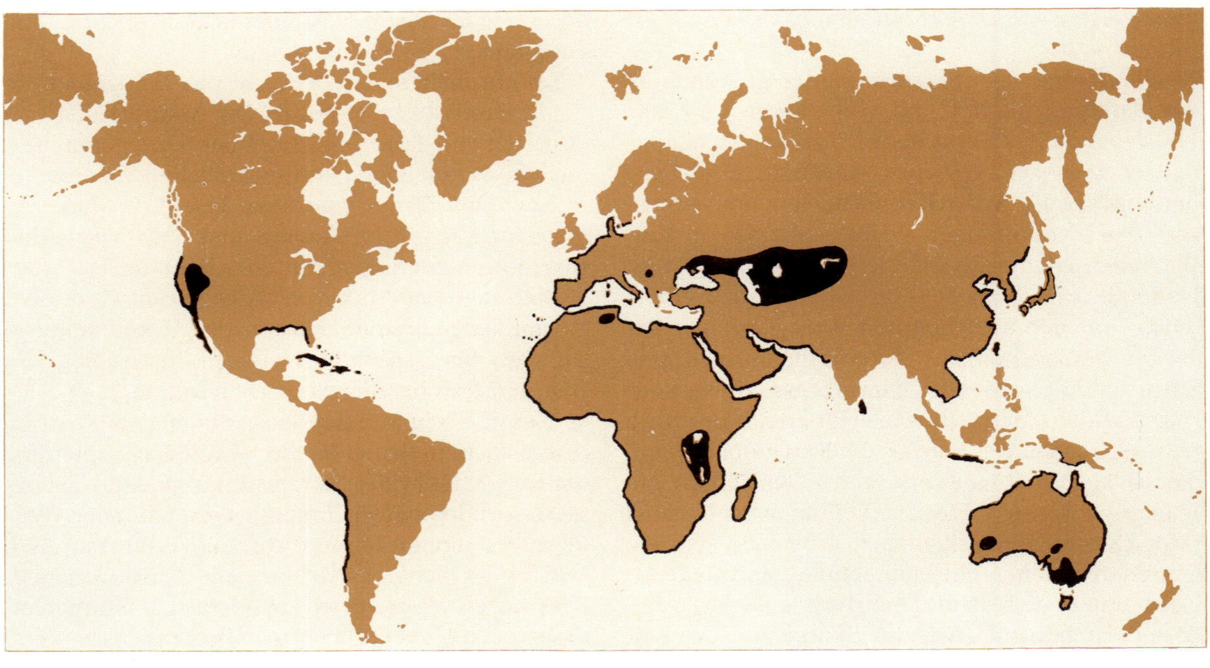

an, daß das „Einbuddeln" der Eier ein Schutz gegen eine allzu intensive Sonnenbestrahlung ist; ich bin anderer Ansicht und meine, es ist lediglich eine Tarnung gegen tierische Feinde, zumal gerade in sehr warmen Gegenden die Gelege auf oft sehr harten Böden liegen, die ein Eingraben nicht gestatten.

Die Eier sind variabler als die des Sand- und Flußregenpfeifers; ihre Gestalt ist oval, spitzoval bis kreiselförmig, die Schale ist glanzlos und fühlt sich etwas rauh an. Die Grundfarbe variiert zwischen hell- bis trüb sandfarben, gelegentlich ist sie lehmbraun. Die Zeichnung besteht aus dunkelbraunen bis tief schwarzbraunen rundlichen oder unregelmäßigen Flecken, die oft ineinanderlaufen, ferner aus Kritzeln und Schnörkeln. Manche Eier weisen außer wenigen Flecken überwiegend vielfach verschlungene feine und auch stärkere Haarlinien auf. Diese Zeichnung erstreckt sich über die gesamte Oberfläche, häuft sich aber am stumpfen Pol und neigt hier bisweilen zur Kranzbildung. Die Unterflecke sind weniger zahlreich und treten kaum hervor; sie bestehen aus violettgrauen, hell- und dunkelgrauen unregelmäßigen Flecken, bisweilen auch aus Kritzeln und Schnörkeln.

Die Eier aus den verschiedenen Brutgebieten Europas unterscheiden sich weder in der Größe noch in der Masse; unbebrütete Eier wiegen durchschnittlich 9 g, die Schalenmasse beträgt im Durchschnitt 0,57 g. 157 Eier, die ich an der Nordseeküste, in Ungarn und Griechenland gemessen habe, weisen folgende Durchschnittsmaße auf: 32,28 × 23,35 mm; Maxima: 35,5 × 23,8 und 33,8 × 24,8 mm; Minima: 28,9 × 22,3 und 31,0 × 22,1 mm. 100 von JOURDAIN in England gesammelte Eier messen im Durchschnitt 33,05 × 23,35 mm. Der Legeabstand beträgt nach den Beobachtungen von RITTINGHAUS 18 bis 72 Stunden, in der Regel etwa 48 Stunden.

Der Seeregenpfeifer brütet einmal im Jahr; JOURDAIN nahm allerdings an, daß in England gelegentlich normale Zweitbruten stattfänden, da bis in den Juli Gelege gefunden wurden. Bei Verlust des Geleges wird nachgelegt.

An der Bebrütung des Geleges beteiligen sich Männchen und Weibchen; allerdings ist der Anteil bei den einzelnen Paaren recht verschieden. Normalerweise brütet das Männchen in den Abend- und Nachtstunden, vorübergehend auch am Tage, das Weibchen mit einigen Unterbrechungen tagsüber. Die Jungen werden von beiden Eltern geführt und sind im Alter von etwa sechs Wochen flugfähig.

Bei den europäischen Populationen ist der Beginn der Brutzeit von den Witterungsbedingungen abhängig; in England ausnahmsweise schon Ende April, meist aber erst Anfang Mai, im südlichen Schweden erst Ende Mai/Anfang Juni, an der Nordseeküste meist Mitte Mai (das früheste Gelege wurde hier am 12. April gefunden). In Ungarn fand ich die Gelege von Mitte April bis Anfang Juni, in Griechenland ebenfalls von Mitte April bis Ende Juni. Im nördlichen Afrika werden die Gelege bereits von Mitte März an gefunden, erstaunlich spät im Nahen Osten und an den Küsten des Roten Meeres, nämlich im Mai und Juni, zum Teil also später als im nordwestlichen Europa.

Wanderungen Der Seeregenpfeifer verläßt seine an der Nordseeküste gelegenen Brutplätze von Ende Juli an; der Herbstzug zieht sich bis September hin. Die Überwinterungsgebiete liegen im Mittelmeeraum und von da an südwärts bis in das tropische Afrika bis Angola. Die weiter östlich beheimateten Populationen überwintern im Nahen Osten und in Indien sowie in Sri Lanka. Mitte April treffen die Seeregenpfeifer wieder an ihren mitteleuropäischen Brutplätzen ein. Als Irrgast wurde der Seeregenpfeifer in Schottland, Norwegen und in Luxemburg angetroffen.

In den Mittelmeerländern ist der Seeregenpfeifer Jahresvogel; ich traf ihn während des ganzen Winters zahlreich, teilweise mit Alpenstrandläufern vergesellschaftet, im Küstengebiet des nördlichen Griechenland an.

Nahrung Der Seeregenpfeifer ernährt sich vor allem von kleineren Insekten und deren Larven, besonders Coleopteren und Dipteren, ferner von Spinnen, Würmern sowie kleineren Crustaceen und Mollusken.

Charadrius pecuarius Temminck
Hirtenregenpfeifer (Tafel 5)

Dieser Regenpfeifer heißt im Deutschen „Hirtenregenpfeifer", während ihn die britischen Ornithologen nach dem deutschen Ornithologen Friedrich Heinrich Freiherr VON KITTLITZ, „Kittlitz's Sand Plover" benannten. KITTLITZ war Forschungsreisender. Von 1826 bis 1829 beteiligte er sich an einer russischen Expedition nach Kamtschatka. Einer Einladung RÜPPELLS folgend, nahm er an einer Expedition nach Nordostafrika teil, mußte aber 1831 wegen einer Erkrankung von einer weiteren Teilnahme an dieser Expedition absehen. KITTLITZ war ein hervorragender Feldornithologe, zwei Gattungen, zwölf Arten und Unterarten wurden nach ihm benannt. RÜPPELL widmete ihm 1845 die „Vögel Nordost-Afrikas".

Beschreibung Bei Männchen und Weibchen sind Stirn, der Überaugenstreif und das Nackenband weiß: die Zügel und ein über den Vorderkopf verlaufendes schmales Band schwarz. Der Hinterkopf wie die übrige Oberseite sind dunkelbraun mit fahl gelbbräunlichen Federsäumen. Die Kopfseiten und die gesamte Unterseite einschließlich der Unterschwanzdecken und der Unterflügeldecken weiß, mit Ausnahme der blaß rostfarbenen Brust; die mittelsten Steuerfedern sind dunkelbraun, nach außen hin werden sie blasser, die äußersten sind weiß, der Schnabel ist schwarz und die Füße grünlichgrau. Im Ruhekleid sind die schwarzen Federpartien durch Braun ersetzt, und die Brust ist blasser.

Im Jugendkleid sind Stirn, Überaugenstreif, Kopfseiten und Kehle rahmfarben; die Zügel und das über den Vorderkopf verlaufende Band sind noch nicht schwarz. Das Dunenjunge ist oberseits schwärzlich und blaß bräunlich gescheckt; Stirn und Zügel sind blaß bräunlichweiß, die Unterseite ist weiß und an den Flanken verwaschen gelblichbraun.

Maße: Länge 150 mm, Flügel 102 mm, Schwanz 46 mm, Schnabel 16 mm, Füße 31 mm.

Feldkennzeichen Der Hirtenregenpfeifer ist etwas kleiner als ein Seeregenpfeifer, mit dem er auf den ersten Blick eine gewisse Ähnlichkeit hat. Er unterscheidet sich aber von diesem durch einen vom Auge über die Ohrdecken bis zu den dunklen Schultern verlaufenden schwarzen Streifen und außerdem durch die blaß rostfarbene Brust.

In seiner Lebensweise soll der Hirtenregenpfeifer dem Flußregenpfeifer ähneln. Wie dieser rennt er mit großer Geschwindigkeit über den Boden dahin. Er ist nicht sonderlich scheu; aufgescheucht fliegt er nur eine kurze Strecke weit und läßt sich bald wieder nieder. Gewöhnlich trifft man den Hirtenregenpfeifer paarweise an, und nur außerhalb der Brutzeit in sehr kleinen Flügen.

Stimme: Im Fluge läßt er ein „tip-piep" oder ein klägliches und leises „pipiep" oder „trittritritritrit" hören, als Warnruf ein „chirrt" oder „prrrt" (MACKWORTH-PRAED und GRANT).

Verbreitung Der Hirtenregenpfeifer ist in seinem Vorkommen auf Afrika beschränkt. Die nördlichsten Brutvorkommen liegen im Nil-Delta; östlich des Suez-Kanals und auf der Sinai-Halbinsel. In den Ländern des Nahen Ostens wurde die Art noch nie festgestellt. Von Ägypten zieht sich das Brutareal durch den Sudan bis Ostafrika. In Westafrika beginnt es südlich der Sahara; von hier an wird ganz Südafrika einschließlich Madagaskar bewohnt, mit Ausnahme der Waldgebiete.

HARTERT hatte eine größere ägyptische Unterart als Charadrius pecuarius allenbyi Nicoll anerkannt; THESIGER und MEYNELL (Ibis 1935) haben bei nochmaliger Überprüfung festgestellt, daß zwischen Exemplaren aus Südafrika und Ägypten kein Unterschied in der Flügellänge besteht, doch weisen Exemplare aus den dazwischenliegenden Gebieten vom Senegal bis Äthiopien, aus Uganda und Kenia kleinere Flügelmaße auf.

Biotop Der Hirtenregenpfeifer bewohnt Sandbänke in Strömen und Flüssen sowie deren Ufer, die Ufer von Seen und ist im übrigen nicht auf das Binnenland beschränkt, sondern kommt auch an flachen Meeresküsten vor. Nach BANNERMAN brütet der Hirtenregenpfeifer im westlichen Afrika an zahlreichen Seen und Flüssen im Inneren des Landes; Vögel im Jugendkleid wurden noch bei Timbuktu festgestellt, und überall am Oberlauf des Niger kann man den Hirtenregenpfeifer antreffen mit Ausnahme der Stellen, an denen die Uferstrecken steinig und von Wasserfällen unter-

Brutgebiet des Hirtenregenpfeifers

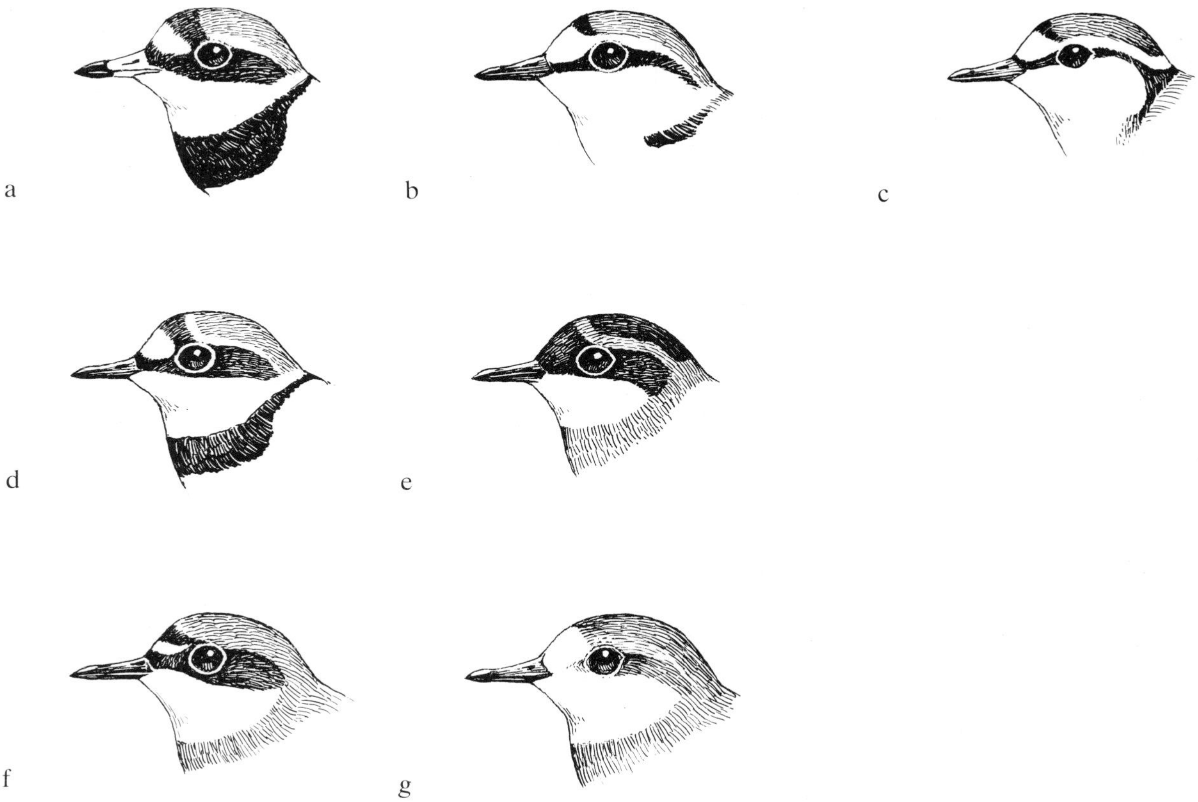

Regenpfeifer

a *Sandregenpfeifer,* Charadrius hiaticula
b *Seeregenpfeifer,* Ch. alexandrinus
c *Hirtenregenpfeifer,* Ch. pecuarius
d *Flußregenpfeifer,* Ch. dubius
e *Mongolen-Regenpfeifer,* Ch. mongolus
f *Wüstenregenpfeifer,* Ch. leschenaultii
g *Wermut-Regenpfeifer,* Ch. asiaticus

brochen sind. An anderen Stellen wieder wird dieser Regenpfeifer auf ebenen, steinigen und offenen trockenen Flächen in Wassernähe, auf Sand- und Schlickbänken in stehenden oder fließenden Gewässern, an Bewässerungskanälen und sogar auf Flugplätzen und ähnlichen Lebensräumen angetroffen.

Brutbiologie Der Hirtenregenpfeifer scharrt eine Anzahl von flachen Mulden aus, von denen dann eine mit Nistmaterial aus der Umgebung des Nistplatzes – Stengelchen, trockenem Pflanzenmaterial und Dungstückchen – ausgelegt wird; nicht immer befindet sich das Nest in unmittelbarer Nähe des Wassers. Von britischen Ornithologen (RAW, SPARROW) wird übereinstimmend berichtet, daß der Hirtenregenpfeifer bei sich nahender Gefahr das Gelege „eilfertig und vollständig mit Sand bedeckt", wie KOENIG schreibt.

Das Gelege besteht aus nur zwei, für diese Gattung auffallend ovalen Eiern; diese sind auf sandfarbenem, oft ins Bräunliche ziehendem Grund meist über und über mit einer feinen sepiabraunen Kritzelzeichnung und Flecken bedeckt, bei helleren Exemplaren sieht man auch die hellgrauen Unterflecke.

Die Eier haben keine Ähnlichkeit mit denen von Charadrius hiaticula, dubius oder alexandrinus, sondern ähneln mehr denen von Charadrius tricollaris und marginatus.

100 Eier aus dem Süden Afrikas messen im Durchschnitt 31,9 × 22,2 mm (28,6 – 34,4 × 19,0 – 23,2 mm) (ROBERTS). HARTERT gibt für acht Eier folgende Durchschnittsmaße an: 31,44 × 22,39 mm; ein am 14. Oktober 1929 in Südafrika gesammeltes Gelege meiner Sammlung mißt und wiegt: 31,4 × 22,8 mm, 0,61 g und 30,8 × 22,9 mm, 0,62 g.

Die Brutzeiten sind in dem riesigen Brutgebiet der Art naturgemäß sehr unterschiedlich; so brütet der Hirtenregenpfeifer beispielsweise in Ägypten von März bis Mai, in Äthiopien im Juni und Juli, in Uganda im Juli und August, Junge wurden hier auch noch im Dezember gesehen, in Kenia von März bis September und auch im Januar, in Tanganjika im Oktober, im Westen Afrikas von Juni bis August, im nördlichen und östlichen Simbabwe von August bis November, im Süden des Landes im Juli und November und im südlichen Afrika das ganze Jahr hindurch, vor allem aber von Juli bis November. Wahrscheinlich brütet der Hirtenregenpfeifer zweimal im Jahr, wofür auch die geringe Gelegezahl sprechen würde. Außerdem wurden in Uganda im Juli und August Gelege gefunden, und noch im Dezember Junge gesehen. Das gleiche gilt für Kenia; auch hier wurden von März bis September und dann wieder im Januar Gelege gefunden. Durch ein zweimaliges Brüten würde auch die geringe Eizahl im Gelege ausgeglichen, wofür wir auch bei anderen Vogelgruppen Beispiele finden.

Vieles in der Brutbiologie des Hirtenregenpfeifers ist noch nicht bekannt; wir wissen nicht, in welchem Abstand die Eier gelegt werden, und auch nichts über die Beteiligung von Männchen und Weibchen an der Bebrütung des Geleges und sind auch nicht über Einzelheiten in der Aufzucht der Jungen unterrichtet. Wahrscheinlich werden die Eier im Abstand von 24 Stunden gelegt, und es darf angenommen werden, daß auch beim Hirtenregenpfeifer Männchen und Weibchen brüten. Die Brutdauer wird mit 23 bis 26 Tagen angegeben. Auf eine recht eigenartige Verhaltensweise sei aber hier noch hingewiesen: Wenn das Weibchen das Nest verläßt, bedeckt es mit einigen sehr schnellen seitlichen Fußbewegungen das Gelege mit dem in der Nähe befindlichen Material – Sand, Erdbröckchen und dergleichen – läuft schnell ein Stück weg und fliegt erst dann auf. Die Aufzucht der Jungen dürfte in ähnlicher Weise erfolgen wie bei den anderen Regenpfeifern, und es wird berichtet, daß die Eltern durch die gleichen Verstellungskünste Feinde von den Jungen wegzulocken versuchen.

Wanderungen Der Hirtenregenpfeifer scheint mehr oder weniger Jahresvogel zu sein; über eventuelle saisonbedingte Wanderungen innerhalb seiner Brutgebiete sind wir nur ungenügend unterrichtet. Außerhalb der Brutzeit sieht man die Art nur in sehr kleinen Gesellschaften, für kurze Zeit wurden aber auch größere Flüge von über 100 Vögeln beobachtet, und gelegentlich erscheinen Schwärme von beträchtlicher Menge an den Ufern des Victoria-Sees. Alle diese Beobachtungen sprechen für gewisse Wanderungen von kleinerem Ausmaß.

Nahrung Soweit wir darüber unterrichtet sind, besteht die Nahrung aus Insekten aller Art und deren Larven, insbesondere Fliegen und kleinen Käfern sowie kleinen Crustaceen und Mollusken.

Charadrius vociferus Linné

Keilschwanzregenpfeifer (Tafel 5)

Der Keilschwanzregenpfeifer ist der einzige nordamerikanische Regenpfeifer, der als unregelmäßiger Besucher nach Europa kommt. Er fällt durch seine Größe und eine sehr auffällige Zeichnung seines Gefieders auf und unterscheidet sich dadurch von den anderen Arten dieser Gattung, so daß er von den Feldornithologen leicht erkannt werden kann.

Beschreibung Der Keilschwanzregenpfeifer sieht auf den ersten Blick fast wie ein großer Sandregenpfeifer aus, unterscheidet sich aber von diesem in allen Kleidern durch ein doppeltes schwarzes Brustband.

Stirn, Augenstreif, ein vom Kinn an um den Nacken verlaufender Ring und die Unterseite sind weiß mit Ausnahme von zwei quer über die Brust verlaufenden schwarzen Bändern. Bürzel und Oberschwanzdecken sind braun, der Schwanz ist keilförmig und relativ länger als bei verwandten Arten; am Ende ist er schwarz mit weißen Spitzen. Männchen und Weibchen gleichen sich, und zwischen Brut- und Ruhekleid bestehen keine wesentlichen Unterschiede.

Maße: Länge 255 mm, Flügel 159 mm, Schwanz 102 mm, Schnabel 20 mm, Füße 36,5 mm.

Feldkennzeichen Auf den ersten Blick sieht ein Keilschwanzregenpfeifer fast wie ein großer Sandregenpfeifer aus, von dem er sich aber in allen Kleidern durch den schwarzen Halsring und das schwarze Brustband unterscheidet. Im Flug fallen die weißen Flügelbinden, die sich kontrastreich gegen den dunklen Flügelhinterrand abheben, der rostbraune Bürzel und der verhältnismäßig lange keilförmige Schwanz auf.

Die Keilschwanzregenpfeifer sind sehr laute Vögel, die sich durch ihre fortwährenden Rufe bemerkbar machen, die wie „kill-dier, kill-dier" klingen; diese Rufe haben dem Vogel seinen englischen bzw. amerikanischen Namen „Killdeer" eingetragen.

Verbreitung Der Keilschwanzregenpfeifer brütet von Britisch-Columbia, Alberta, Mackenzie, Manitoba, Ontario, Quebec, Maine, New Brunswick südwärts bis zum nördlichen Mexiko (Guerrero, Guanajuato und Tamaulipas) und entlang der Golfküste der Vereinigten Staaten bis Florida.

Außerhalb dieses geschlossenen Brutgebietes wurde der Keilschwanzregenpfeifer zur Brutzeit im nördlichen Alaska (Point Barrow), Yukon,

Keewatin, Labrador, Neufundland und Neuschottland angetroffen.

Außer der Nominatform – Charadrius v. vociferus Linné gibt es in Mittel- und Südamerika noch zwei Unterarten: Auf den Großen Antillen brütet Charadrius v. ternominatus Bangs & Kennard und an den Küsten von Peru Charadrius v. peruvianus (CHAPMAN).

Biotop Zur Brutzeit bewohnt die Art offenes Gelände wie Wiesen und Weiden, meist fern vom Wasser und oft in der Nähe menschlicher Siedlungen wie beispielsweise auf Rasenflächen, Flughäfen, an Fahrwegen, an Rändern von Straßen und Autobahnen, auf Parkplätzen und bestellten Feldern. Außerhalb der Brutzeit wird der Keilschwanzregenpfeifer auch an Küsten angetroffen.

Brutbiologie Wichtig für die Wahl des Brutplatzes ist das Vorhandensein einer geeigneten Bodenbedeckung wie Kies, Schlacke, Schutt, Steinchen oder Muschelschalen, damit das Gelege und der brütende Vogel möglichst wenig auffallen. Das Männchen legt einige Nestmulden an, von denen später eine vom Weibchen für die Ablage der Eier angenommen wird. Das Nest ist lediglich eine flache Mulde am Boden. Die vier Eier liegen auf dem bloßen Grund und sind von kleinen Holzstückchen, Hälmchen, Steinchen und anderem in der Nähe befindlichen Material lose umgeben.

Das Gelege besteht wie bei fast allen Arten dieser Gattung meist aus vier Eiern; gelegentlich werden auch nur drei gefunden, ausnahmsweise auch fünf. Der Legeabstand variiert und beträgt oft mehr als 24 Stunden. Bisweilen brütet der Keilschwanzregenpfeifer zweimal im Jahr. Die Eier ähneln großen Eiern des Seeregenpfeifers; ihre Gestalt ist oval bis kreiselförmig, und auf hell sandfarbenem Grund sind sie schwarzbraun gefleckt. Diese Flecke häufen sich am stumpfen Pol, bald sind sie scharf umgrenzt und rundlich, bald sind es unregelmäßige Kritzel und Schnörkel; die wenigen Unterflecke sind aschgrau. 92 Eier messen nach BENT 36,3 × 26,6 mm; Maxima 41,5 × 27,0 und 39,5 × 28,0 mm; Minima 33,0 × 25,0 mm. 12 Eier meiner Sammlung messen und wiegen im Durchschnitt 37,05 × 26,67 mm, 0,78 g; Maxima: 39,4 × 26,1 und 35,4 × 27,7 mm, 0,87 g, Minima: 34,7 × 27,5 und 38,2 × 25,6 mm, 0,65 g. Diese Gelege wurden in Maryland und Utah am 2. April, 12. Mai und 1. Juni gefunden. Die Eier sind also etwas größer als die des Sandregenpfeifers.

Das Gelege wird vom Männchen und Weibchen bebrütet; die Brutdauer beträgt nach den Beobachtungen SPURRELLS 24 bis 25 Tage, BATES stellte eine Brutdauer von 26 Tagen fest, und

Brutgebiet des Keilschwanzregenpfeifers

SHERMAN notierte 28 Tage zwischen der Ablage des letzten Eies und dem Schlüpfen. Die Dunenjungen werden von beiden Eltern geführt, und bei drohender Gefahr versuchen die Altvögel durch die bei den Regenpfeifern üblichen Ablenkungsmanöver den Feind von den Jungen wie schon vorher vom Nest wegzulocken.

Wanderungen Der Keilschwanzregenpfeifer überwintert teilweise in geringer Anzahl schon im südwestlichen Kanada (südliches Britisch-Columbia) und in den nördlichen Gebieten der Vereinigten Staaten, meist aber in den südlichen Vereinigten Staaten und von da an südwärts durch Mittelamerika bis Kolumbien und Ekuador; ferner überwintert der Keilschwanzregenpfeifer auf den Bermudas, Bahama-Inseln, den Großen und Kleinen Antillen sowie in Venezuela.

Als Irrgast wurde der Keilschwanzregenpfeifer in Grönland, Island, auf den Färöer, den Azoren und Madeira angetroffen. Für das europäische Festland liegt bis jetzt lediglich je ein Nachweis für Norwegen, Frankreich und die Schweiz vor. In Großbritannien und Irland wurde dieser Regenpfeifer bis 1971 insgesamt sechzehnmal nachgewiesen; mit Ausnahme eines Nachweises im April entfallen alle anderen auf die Monate November bis März. Vier Nachweise liegen für die Scilly-Inseln vor, die anderen verteilen sich von Schottland bis Südengland und Irland.

Nahrung MCATEE stellte fest, daß sich der Keilschwanzregenpfeifer fast ausschließlich von Insekten, unter denen Käfer an erster Stelle stehen, ernährt; Würmer sowie kleine Mollusken und Crustaceen spielen nur eine untergeordnete Rolle.

Charadrius mongolus Pallas
Mongolenregenpfeifer

Daß wir gerade bei den Limikolen täglich mit Überraschungen rechnen können, beweist der Nachweis eines Mongolenregenpfeifers in Europa; es ist bis heute der erste und einzige geblieben. Als vor Jahren die Tafel 5 gemalt wurde, gehörte dieser asiatische Regenpfeifer noch nicht zu den für Europa nachgewiesenen Irrgästen und wurde infolgedessen auch nicht abgebildet. Außerdem waren sich damals die Beobachter nicht im klaren, ob sie einen Wüstenregenpfeifer oder einen Mongolenregenpfeifer vor sich hatten. In „Die Vögel des Bodenseegebietes" von JACOBY, KNÖTZSCH und SCHUSTER lesen wir darüber folgendes: „Wüstenregenpfeifer/Mongolischer Regenpfeifer Charadrius leschenaultii/Charadrius mongolus: Am 17. 9. 1964 beobachteten VB, W. HAAS und GK im Rheindelta einen Vogel dieser beiden Arten im Brutkleid. Obwohl W. HAAS den Vogel fotografieren konnte, gelang bisher keine sichere Artbestimmung. Während der klobige Schnabel auf leschenaultii deutet, paßt die von VB bemerkte schwarze Einfassung des roten Brustbandes zur Kehle hin nur zu mongolus."

Das war für mich der Grund, diese Art zunächst nicht mit in dieses Buch aufzunehmen. Unterdessen ist aber auf Grund der Protokollnotizen, Skizzen und Farbdias die Artzugehörigkeit zweifelsfrei geklärt worden: Es handelt sich tatsächlich um einen Mongolenregenpfeifer, wahrscheinlich um die Unterart pamirensis.

Beschreibung Männchen und Weibchen des Mongolenregenpfeifers sehen im Brutkleid, vor allem aber im Ruhekleid, einem Wüstenregenpfeifer sehr ähnlich und können leicht mit diesem verwechselt werden. Die weit auseinanderliegenden Populationen – Ch. m. pamirensis und atrifrons in Innerasien, Ch. m. mongolus und stegmanni im nordöstlichen Sibirien – unterscheiden sich im Brutkleid durch ihre Kopfzeichnung (s. Abb.): Bei den Männchen von pamirensis und atrifrons ist die Stirn völlig schwarz, bei den Weibchen von mongolus und stegmanni hingegen weiß. Die Weibchen von pamirensis und atrifrons sind blasser, und die gelblichweiße Stirn ist mehr oder weniger mit braunen Federchen durchsetzt; die Weibchen von mongolus und stegmanni ähneln im Brutkleid mehr ihren Männchen. Zügel und Ohrdecken sind bei allen vier Unterarten schwarz, Scheitel und Hinterkopf graubraun mit einer zimtbraunen Einfassung, die mit einem ebenso gefärbten Nackenband verbunden ist. Die übrige Oberseite ist graubraun, die Oberschwanzdecken sind weißlich gesäumt. Die Schwingen sind dunkelbraun mit schwarzen Spitzen; auch die Steuerfedern sind graubraun, das äußerste Paar ist zum größten Teil weiß, die übrigen haben weiße Endsäume. Kinn und Kehle sind weiß. Ein breites Kropfband, das mit dem Nackenband verbunden ist, und die Brustseiten sind zimtbraun. Bei mongolus und stegmanni ist die weiße Kehle von der zimtbraunen Brust durch einen schmalen schwärzlichen oder dunkelbraunen Streifen getrennt; bei pamirensis und atrifrons fehlt dieser Streifen. Die Unterflügeldecken und die übrige Unterseite sind gleichfalls weiß, nur die Flanken weisen bräunlichgraue Federmitten auf. Der schwarze Schnabel ist schwächer als beim Wüstenregenpfeifer, die Füße sind gelblich olivgraubraun.

Im Ruhekleid gleichen sich Männchen und Weibchen; die einzelnen Unterarten sind dann nur schwer oder gar nicht zu unterscheiden. Stirn und Überaugenstreif sind weiß, die Oberseite graubraun, im Nacken etwas heller. Das Kropfband und die Flanken sind dann fahlbraun, die übrige Unterseite ist wie im Brutkleid weiß. Das Jugendkleid entspricht dem Ruhekleid der Altvögel; die Federn der Oberseite sind gelbbräunlich sandfarben gesäumt, das Kropfband und die Brustseiten rostgelblichbraun.

Maße: Länge 200 mm, Flügel 130 mm, Schwanz 48 mm, Schnabel 17 mm, Füße 35 mm.

Brutgebiet des Mongolenregenpfeifers

Mongolenregenpfeifer, Charadrius mongolus pamirensis *(links) und* Ch. m. mongolus *(rechts)*

Feldkennzeichen Der Mongolenregenpfeifer ist etwas kleiner als der Wüstenregenpfeifer. Im Brutkleid ist beim Männchen und Weibchen die ganze Brust zimtbraun, beim Wüstenregenpfeifer findet sich beim Männchen im Brutkleid nur ein fahlrostfarbenes schmales Band, das beim Weibchen blasser ist und sich weniger scharf von der übrigen Unterseite abhebt. Der schwarze Schnabel ist schwächer als beim Wüstenregenpfeifer. Im Flug fällt die weiße Flügelbinde nicht so deutlich auf wie beim Wüstenregenpfeifer. Im Ruhekleid sind beide Arten nur sehr schwer zu unterscheiden, allenfalls an der Größe und Schnabelstärke.

Stimme: „Am Brutplatz markieren Männchen mit einem Singflug, dessen Einzelrufe als rebhuhnartig, aber melodisch abgerundet bezeichnet worden sind, ihre Reviere: ‚turr...^{rik} turr...^{rik}...‘, ‚turri-^{rik} turri-^{rik}...‘ (erster Teil tief und langgezogen, zweiter höher und plötzlich abreißend), ‚tschi^{-urri} tschi^{-urri} ...‘.“ (GLUTZ V. BLOTZHEIM, BAUER und BEZZEL, Bd. 6). Von Durchzüglern und Wintergästen werden nach den soeben genannten Autoren „ein leises, sanftes ‚trr‘, ‚twip‘, ‚trik‘ oder ‚tikit‘; seltener ein vibrierend-flötendes und oft drei- bis viermal wiederholtes ‚kurit‘, ‚krüit-krüit‘ bis zu klarem, durchdringendem ‚drrriiit‘ vernommen.“

Verbreitung Der Mongolenregenpfeifer brütet in zwei isolierten und weit auseinanderliegenden Arealen. Charadrius mongolus pamirensis (Richmond) und Ch. mongolus atrifrons Wagler in Zentralasien, Charadrius m. mongolus Pallas und Ch. mongolus stegmanni Portenko im nordöstlichen Sibirien. Ausnahmsweise hat die letztgenannte Unterart einmal im südwestlichen Alaska gebrütet. Der Unterart pamirensis begegnen wir im mittleren und östlichen Pamir nordwärts bis zum Tienschan, Naryn-Becken und Ala Tau, ostwärts bis Sinkiang, nicht aber, wie man auf Grund seines Namens annehmen könnte, in der Mongolei. Ch. m. atrifrons kommt im nördlichen Kaschmir bis zum Karakorum und Ladakh ostwärts durch Tibet bis an die Grenzen von Kansu vor. Die Nominatform Ch. m. mongolus brütet im Stanowoj- und Werchojansker-Gebirge, die Unterart Ch. m. stegmanni im nordöstlichen Sibirien an der Ost- und Südküste der Tschuktschen-Halbinsel, in den Gebirgen Kamtschatkas und auf den Kommandeur-Inseln und ist nach STEJNEGER auf diesen einer der charakteristischen Vögel.

Biotop Den landschaftlich sehr unterschiedlichen Brutgebieten entsprechen auch sehr verschiedene Brutbiotope. Während in Innerasien steinige oder sandige mit nur spärlicher Vegetation bedeckte Flächen in den Hochsteppen in 3000 bis 5500 m Höhe bewohnt werden, brütet der Mongolenregenpfeifer im nordöstlichen Sibirien in Gebirgstundren oder in unmittelbarer Nähe der Küste in Dünen oder auf geröllbedecktem Boden.

Brutbiologie Je nach Lage des Brutgebietes trifft der Mongolenregenpfeifer in der zweiten Aprilhälfte bis Anfang Mai an seinen Brutplätzen ein.

Die Balz und damit verbunden die Abgrenzung der Brutreviere beginnt alsbald nach der Ankunft am Brutplatz. Mitte Mai haben sich dann die Verbände in einzelne Paare aufgelöst, und im Pamir finden sich dann oft lockere Brutsiedlungen von drei bis zwölf Paaren. Die Wahl des Nistplatzes übernimmt das Männchen, das seinem Weibchen mehrere Nistmulden anbietet. Das „Nest" ist lediglich eine flache Mulde, die im Laufe der Bebrütung mit etwas Nistmaterial ausgelegt wird; es steht wie beim Wüstenregenpfeifer meist auf einer völlig vegetationslosen Fläche, bisweilen auch im Schutz niederer Stauden. Die Eiablage beginnt im Pamir wie auch auf den Kommandeur-Inseln Anfang Juni; frisch geschlüpfte Junge wurden in den ersten Julitagen gefunden. Das Gelege besteht aus drei ovalen, glanzlosen Eiern. Auf olivgrünlichgrauem bis sehr hell lehmbräunlichem Grund sind die Eier sparsam schwarzbraun gefleckt. Die Flecke sind unregelmäßig, scharf begrenzt und nehmen zum stumpfen Pol hin an Größe und Zahl zu. Daneben finden sich noch kleine und kleinste hellgraue Unterflecke. Die Durchschnittsmaße und -massen von 18 im nordöstlichen Sibirien gesammelten Eiern betragen 36,84 × 26,29 mm, 0,57 g. Das Gelege wird offenbar nur vom Weibchen bebrütet, die Jungen schlüpfen nach 22 bis 24 Tagen. Sie werden etwa fünf Wochen von ihren Eltern geführt und schließen sich dann zu kleinen Trupps zusammen. Der Abzug aus den Brutgebieten beginnt Anfang August und ist etwa Mitte September beendet.

Wanderungen Der Mongolenregenpfeifer hat ein riesiges Überwinterungsgebiet, das von der Ostküste Afrikas und Madagaskar über Indien bis Südostasien und Australien reicht. Wie sich die einzelnen Unterarten auf dieses Gebiet im einzelnen verteilen, ist noch nicht hinreichend bekannt, es ist aber wahrscheinlich, daß die beiden innerasiatischen Unterarten (Ch. m. pamirensis und atrifrons) im Osten und Süden Afrikas, auf Madagaskar, an den Küsten des Roten Meeres und des Persischen Golfs, auf den Inseln im nördlichen Indischen Ozean sowie im südöstlichen Asien ostwärts bis Thailand und auf den Großen Sunda-Inseln überwintern. Die beiden nordsibirischen Unterarten (Ch. m. mongolus und stegmanni) überwintern im südöstlichen China, auf Taiwan und den Philippinen, auf den Großen und Kleinen Sunda-Inseln und wahrscheinlich auch auf weiteren Inselgruppen, in Australien und auf Neuseeland.

Außerhalb dieses Überwinterungsgebietes wurden Mongolenregenpfeifer nur selten einmal angetroffen, so am Nordrand des Aral-Sees, in Syrien, auf Zypern und in der Türkei (GLUTZ V. BLOTZHEIM, BAUER und BEZZEL, 1975). Für Europa liegen zwei Nachweise vor: Außer dem am 17. September 1964 im Rheindelta festgestellten Mongolenregenpfeifer (s. Einleitung) wurde ein weiteres Exemplar am 22. Juli 1973 im Bezirk Östfold beobachtet; das ist der erste Nachweis für Norwegen.

Nahrung Diese besteht nach den Angaben sowjetischer Autoren im Brutgebiet vorzugsweise aus Käfern aller Art; in den Überwinterungsgebieten werden kleine Krabben, marine Flohkrebse, Würmer und gelegentlich auch kleine Schnecken sowie Muscheln aufgenommen.

Charadrius leschenaultii Lesson
Wüstenregenpfeifer (Tafel 4)

Man sollte meinen, ein Europa immerhin so nahe liegendes Land wie die Türkei sei weitgehend ornithologisch erforscht. Das ist aber nicht so, und immer wieder werden wir durch die Ergebnisse der Forschungsreisen von Feldornithologen von neuem überrascht. So brachte Dr. HEINZ LEHMANN als eine der interessantesten Feststellungen seiner Reisen nach Anatolien den Nachweis für das Brüten des Wüstenregenpfeifers mit. Als westlichstes Vorkommen hatte man bis in die jüngste Zeit die am Südwestrand des Kaspischen Meeres gelegenen Gebiete betrachtet. 1968 fanden LEHMANN und seine Begleiter in Zentral-Anatolien das erste Gelege, weitere wurden in den darauffolgenden Jahren gefunden.

Es handelt sich hier um ein größeres Brutareal, das isoliert in den Steppen südlich des Tuz Gölü liegt und wahrscheinlich keine Verbindung zu den etwa 1400 km weiter östlich gelegenen Brutgebieten der Art hat, die am Südwestrand des Kaspischen Meeres liegen.

Um den Wüstenregenpfeifer in seinem Brutgebiet kennenzulernen, fuhr ich im April 1971 nach Anatolien und hatte das Glück, schon am ersten Morgen nach meiner Ankunft in der Nähe von Karapinar Wüstenregenpfeifer an ihrem Brutplatz beobachten zu können.

Beschreibung Der Wüstenregenpfeifer ist größer als der Sandregenpfeifer. Im Brutkleid ist beim Männchen die Stirn weiß und nach hinten gegen den braunen Oberkopf durch ein schmales, schwarzes Band getrennt. Die Zügel, ein Streif unter dem Auge und die Ohrdecken sind schwarz. Längs der Schläfen und Halsseiten verläuft ein fahl rostfarbenes Band. Die Oberseite ist graubraun, die

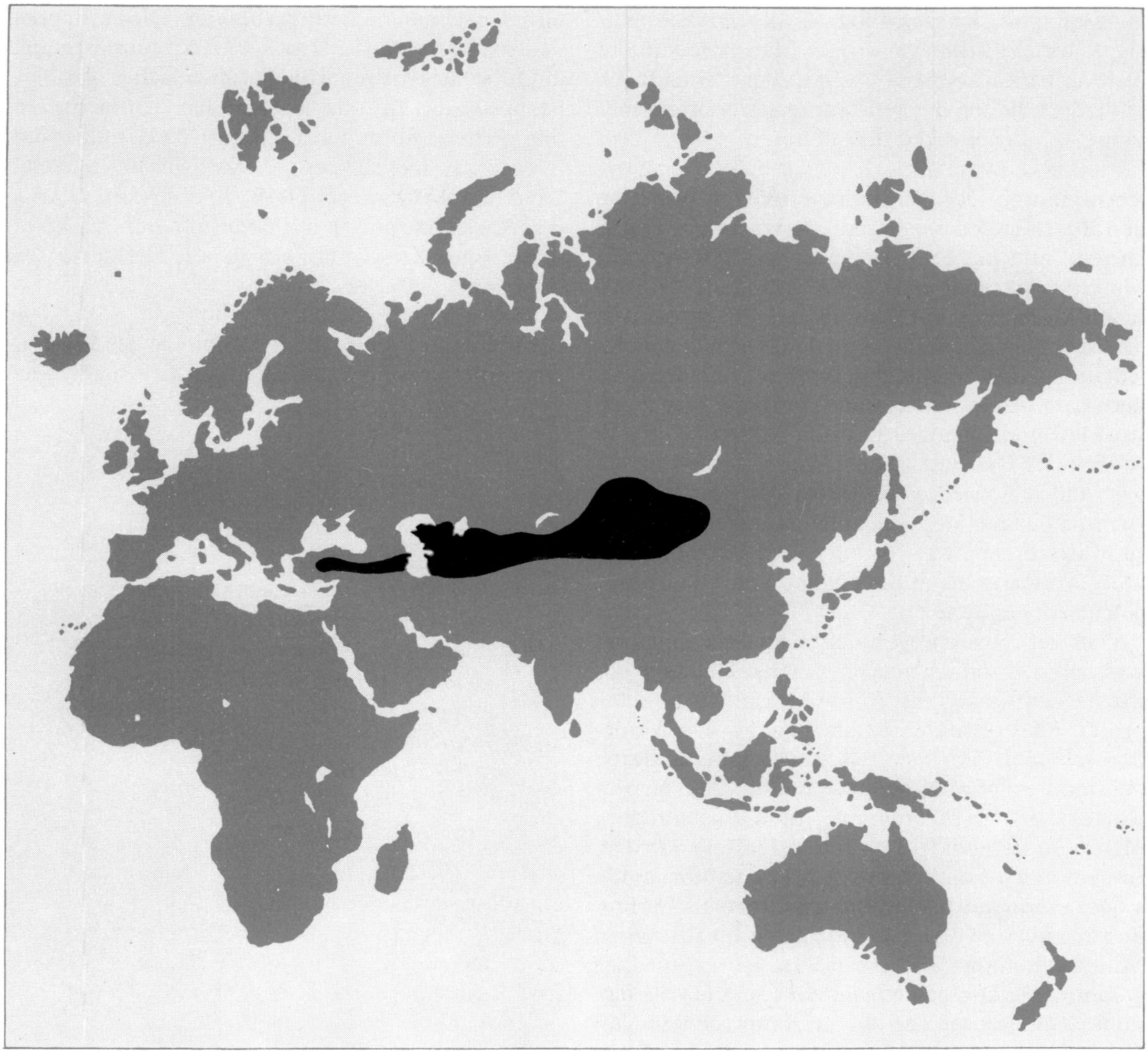

Brutgebiet des Wüstenregenpfeifers

Unterseite weiß mit Ausnahme eines breiten rostroten Brustbandes. Das Weibchen gleicht im Brutkleid weitgehend dem Männchen, doch sind Stirn und Kopfseiten ohne Schwarz, und das Brustband ist in der Regel etwas schmaler.

Im Ruhekleid hat der Wüstenregenpfeifer eine braune statt einer schwarzen Kopfzeichnung, und das Brustband ist fahlbraun. Im Jugendkleid haben die Federn der Oberseite gelblich sandfarbene Federränder, und die Kropfgegend ist nur rostgelblich überflogen.

Maße: Länge 220 mm, Flügel 142 mm, Schwanz 58 mm, Schnabel 25 mm, Füße 37 mm.

Feldkennzeichen Der Wüstenregenpfeifer ist etwas größer als der Sandregenpfeifer, er wirkt hochbeiniger, der Schnabel ist kräftiger. Im Brutkleid fällt ein breites rostrotes, beim Weibchen schwächeres Brustband auf; im Ruhekleid ist es fahlbraun und nur an den Brustseiten angedeutet. Zügel und Ohrgegend sind beim Männchen im Brutkleid schwarz.

Die von LEHMANN beobachteten Wüstenregenpfeifer ließen bei Alarm ein „hooit-hooit" hören; in größerer Erregung riefen sie „dooi-dooi-tooidit" oder auch „hooit-hooit-hooit-turriiiooit-turrirrooit -hooit-hooit", ähnlich den Rufen des im gleichen Biotop vorkommenden Isabellsteinschmätzers (Oenanthe isabellina). Von Junge führenden Wüstenregenpfeifern wurde ein hartes „tirrp" oder „irrp" gehört, und schließlich beim Auffliegen Rufe, die wie „irrp-irrp-irrp-irrrp-irrp" klangen. Ich selbst vernahm am Brutplatz Rufe, die sich am besten mit „trirrrt" wiedergeben lassen. Von sich in rasendem Zickzack-Flug verfolgenden Männchen hörte LEHMANN einige Male wiederholte „trittooirrirr-tittooirrirt". Bei den Balzflügen schließlich ließen die Wüstenregenpfeifer ein melodisches „drooi-drooi-drooi" hören.

Verbreitung Der Wüstenregenpfeifer brütet in den Hochsteppen Anatoliens, in Armenien, Transkaspien und in der Turkmenischen SSR von der Mangyschlak-Halbinsel am Ostrand des Kaspischen Meeres an, auf dem Ust'urt-Plateau und in der Karakum südwärts bis zu den Nordhängen des Kopetdag, ostwärts bis zum Aral-See und den Niederungen des Amudarja und Syrdarja, ferner am Cu-Fluß und ungefähr bis zum Mittellauf des Ili südlich des Balchasch-Sees. Weiter östlich finden wir den Wüstenregenpfeifer in den westlich des Altai gelegenen Steppengebieten, in der Mongolei südwärts bis zum Orok nuur und die nördliche Gobi, ostwärts bis in die südlich von Ulan Bator gelegenen Gebiete.

Daß der Wüstenregenpfeifer im Iran und Irak und den sich südlich anschließenden Gebieten sowie an den Küsten des Roten Meeres bis Somalia brütet, wird vermutet, ist aber nie bewiesen worden, obwohl man hier das ganze Jahr hindurch Wüstenregenpfeifer beobachtet hat und an der Küste des Roten Meeres in Ägypten Wüstenregenpfeifer im Jugendkleid im Juli festgestellt wurden. In dem einen Fall kann es sich um nichtbrütende Vögel gehandelt haben, die hier übersommerten, und im zweiten Fall um Durchzügler. Im Britischen Museum befindet sich ein bei Berbera (Somalia) gesammeltes Dreier-Gelege, und C. J. O. HARRISON sagte, daß dieses in der Beschreibung mit dem von GROTE erwähnten Gelege übereinstimmt. Doch GROTEs Beitrag („Beiträge zur Fortpflanzungsbiologie der Vögel, 1, 1925") ist lediglich die Übersetzung eines Berichts, dessen Authentizität angezweifelt wird. (VAURIE: The Birds of the palearctic Fauna, Bd. 1).

Für Inner-Anatolien wurde der Wüstenregenpfeifer von LEHMANN erstmalig als Brutvogel nachgewiesen. Die von LEHMANN veröffentlichte Verbreitungskarte erweckt den Anschein, als wäre der Wüstenregenpfeifer überall in Zentral-Anatolien anzutreffen. Charadrius leschenaultii ist aber nach meinen Beobachtungen in dem angegebenen Gebiet ein nur stellenweise häufigerer Brutvogel mit lückenhafter Verbreitung.

Unterarten sind nicht beschrieben worden.

Biotop Der Wüstenregenpfeifer kommt in trokkenen Steppengebieten, Halbwüsten und Wüsten vor, in denen er oft weit vom Wasser entfernt gefunden wird. Für Inner-Anatolien gibt LEHMANN drei verschiedene Brutbiotope an: Die salzhaltige Salsola-Steppe, die trockene Artemisia-Steppe und die halbwüstenartigen vulkanischen Aschensteppen; die Brutplätze befanden sich in Entfernungen von 80 m bis zu 20 km von den nächsten Gewässern mit Süß- oder Salzwasser entfernt. Ich fand den Wüstenregenpfeifer in der Aschensteppe bei Karapinar und in der unmittelbaren Nähe von morastigen Gewässern, in denen Hunderte von Flamingos standen.

Brutbiologie Über die Brutbiologie des Wüstenregenpfeifers sind wir heute durch die eingehenden

Tafel 5

Steinwälzer, Arenaria interpres, (S. 95)
① *♂ und* ② *♀ im Brutkleid;* ③ *Jungvogel;*
④ *Dunenjunges;*
Keilschwanzregenpfeifer, Ch. vociferus, (S. 74)
⑤ *♂ und* ⑥ *♀ im Brutkleid;* ⑦ *Jungvogel;*
Hirtenregenpfeifer, Charadrius pecuarius, (S. 71)
⑧ *♂ und* ⑨ *♀ im Brutkleid;* ⑩ *Jungvogel;*
Mornellregenpfeifer, Eudromias morinellus, (S. 93)
⑪ *♂ im Brutkleid;* ⑫ *♀ im Übergangskleid;*
⑬ *und* ⑭ *♂ im Brutkleid;*
⑮ *und* ⑯ *♀ im Ruhekleid;*
⑰ *Dunenjunges;* ⑱ *Eier*

Beobachtungen LEHMANNS hinreichend unterrichtet.

„Die Nistmulden haben durchschnittlich einen Durchmesser von 9 cm und sind 4 cm tief. Zur Hälfte werden sie von einer 2 cm dicken Schicht aus kurzen, dicken und halbverrotteten Pflanzenfragmenten bis zu 2 cm Länge, aus Lehmplättchen und anderen Anschwemmseln der Winterregen, im Aschengebiet auch von hereingewehten größeren Aschenpartikeln aufgefüllt, auf der das Gelege liegt. In der Aschensteppe ist der Muldendurchmesser um einen cm größer, weil die Muldenränder locker und weich sind. Möglicherweise entsteht die Nestfüllung ähnlich wie bei anderen Regenpfeiferarten durch ‚Schleudern' und ‚Verlegen' während der Balz, bei der Brutablösung und während des Brütens durch den jeweils das Gelege deckenden Vogel...Die Beschreibung des Nestes bei DEMENTIEW entspricht durchaus nicht unseren für Anatolien erarbeiteten Ergebnissen. Die Nistmulde ist keineswegs flach, und ihre Seiten bestehen nicht aus angewehtem Sand. Ebensowenig ist die Bodenschicht aus zarten Pflanzenstengeln und Blättern zusammengefügt, auch waren die Seiten niemals von einer untereinander verhakten und verkreuzten kleinen Anzahl von Stengelchen gebildet."

Tafel 6

Kiebitzregenpfeifer, Pluvialis squatarola, (S. 85)
① *♂ im Brutkleid;* ② *♀ im Brutkleid;*
③ *♀ im Ruhekleid;*
④ *♀ im Ruhekleid;* ⑤ *Jungvogel;*
⑥ *Dunenjunges;*
Goldregenpfeifer, P. apricaria altifrons, (S. 88)
⑦ *♂ und* ⑧ *♀ im Brutkleid;*
⑨ *♂ bzw. ♀ im Ruhekleid;*
⑩ *Dunenjunges;*
Pluvialis apricaria apricaria, (S. 88)
⑪ *♂ im Brutkleid,* ⑫ *Jungvogel;*
Kleiner Goldregenpfeifer, P. dominica, (S. 90)
⑬ *♂ und* ⑭ *♀ im Brutkleid;* ⑮ *♂ bzw. ♀ im Ruhekleid;* ⑯ *Jungvogel;* ⑰ *Eier*

Zu den vorstehenden Ausführungen über das Nest des Wüstenregenpfeifers ist noch folgendes zu sagen: Auf Grund meiner Beobachtungen an Nestern anderer Limikolen sind Unterlagen für das Gelege, seien es kleine Steine, Muscheln oder pflanzliches Material, allenfalls bei geringfügigen Niederschlägen geeignet, die Eier von unten her gegen Feuchtigkeit zu schützen, bei starken Regenfällen werden die Eier ohne weiteres weggeschwemmt. Das habe ich in einem steppenartigen Gelände in Nordgriechenland, das dem Brutbiotop des Wüstenregenpfeifers etwa entsprechen dürfte, selbst erlebt: Bei einem starken Gewitterregen wurden zahlreiche Gelege der Brachschwalbe, des Seeregenpfeifers und sogar des Spornkiebitzes glatt hinweggespült.

Zweitens: Wenn die Beschreibung der von DEMENTIEW und KOZLOWA gefundenen Nester nicht mit der von LEHMANN gegebenen übereinstimmt, so will das nicht viel besagen, denn ich selbst habe an einem Brutplatz von Kiebitz und Säbelschnäbler von beiden Arten durchaus verschiedene Nesttypen gefunden; einmal lagen die Gelege beider Arten fast ohne jedes Genist am Boden, ein andermal waren recht „ordentliche" Nester unter Verwendung von reichlich Nistmaterial gebaut worden. Der Nestbaubetrieb und die Art der Nestauskleidung ist individuell verschieden und sicherlich auch bei den einzelnen Populationen innerhalb einer Art verschieden stark entwickelt.

Die beiden von uns bei Karapinar gefundenen Nester standen 300 m voneinander entfernt und befanden sich beide auf einer etwa fünf cm hohen Erhöhung inmitten des erst kürzlich trocken gewordenen Bodens; es waren flache Mulden, in denen gerade die drei Eier Platz hatten, die auf einer lockeren Unterlage von wenigen kleinen trockenen Pflanzenfragmenten und einigen Erdkrümelchen lagen.

Die Brutzeit beginnt nach den Angaben LEHMANNS in Anatolien bereits in den letzten Märztagen, die Hauptlegezeit liegt zwischen dem 1. und 20. April und kann sich bis in den Mai hinziehen. Andererseits sahen wir noch am 25. April einen Flug von zwölf Wüstenregenpfeifern auf einem Stoppelfeld. Gelege fanden wir am 4. Mai; das eine Gelege enthielt an diesem Tage erst zwei Eier, tags darauf wurde das dritte Ei hinzugelegt. Das zweite Gelege war mit drei Eiern vollzählig und schwach bebrütet. Nach meinem Dafürhalten dürfte die Hauptlegezeit etwas später als von LEHMANN angegeben liegen, nämlich Ende April/Anfang Mai.

Die Eier des Wüstenregenpfeifers waren bisher nur ungenügend bekannt und in Sammlungen kaum vertreten. LEHMANN gibt für die von ihm gefundenen Gelege folgende Beschreibung: „Die Gestalt ist bei allen unseren Stücken oval bis spitzoval, kein Ei hat eine Kreiselform. Die Oberfläche der Eier ist glanzlos, ziemlich stumpf wie bei allen Regenpfeifer-Eiern, feinporig und etwas rauh erscheinend. Die Grundfarbe ist im frischen Zustand ein dunkles Braungelb mit mehr oder weniger olivgrüner Tönung. Diese grünlichen Töne verschwinden nach dem Trocknen der präparierten Eier, und es bleibt ein sand- bis ockerlehmfarbener Grund. Die Grundfärbung ist etwas dunkler als beim Sandregenpfeifer. Die Eier zeigen den Färbungstyp ‚hiaticula' (SCHÖNWETTER); kleine rundliche schwarzbraune Flecken von mittlerer Größe sind über die Oberfläche verteilt mit einer Verdichtung zum stumpfen Pol hin, wo sich auch eine gröbere Fleckung findet."

In ihrem Fleckungscharakter entsprechen die von LEHMANN gesammelten Eier denen des Sandregenpfeifers; kleine rundliche schwarzbraune Flecken sind über die gesamte Oberfläche verteilt und häufen sich am stumpfen Pol, die Unterflecke sind aschgrau.

22 Eier, die LEHMANN in Anatolien sammelte, messen und wiegen im Durchschnitt 38,6 × 27,7 mm, 0,90 g. Die Frischvollmasse beträgt 14,7 g (1.05 – 0,80 g). Maxima: 40,4 × 28,2 und 37,9 × 28,6 mm; Minima: 36,8 × 28,0 und 39,0 × 26,4 mm.

Die beiden von mir gefundenen Gelege messen und wiegen: 38,4 × 27,8 mm, 0,84 g; 38,0 × 27,5 mm, 0,83 g; 36,6 × 27,6 mm, 0,80 g und 38,8 × 28,1 mm, 0,92 g; 38,7 × 27,9 mm, 0,86 g; 37,4 × 27,3 mm, 0,85 g. Im Durchschnitt also: 37,98 × 27,70 mm, 0,85 g; die Frischvollmasse betrug 15 g.

Die Eier beider Gelege sind oval bis kurzoval und völlig glanzlos. Das erste Gelege ist auf hell sandfarbenem Grund (ähnlich Charadrius hiaticula) spärlich schwarzbraun und dunkelbraun gefleckt; die größten Flecke haben einen Durchmesser von nur drei mm, sie sind meist rundlich und scharf begrenzt und häufen sich am stumpfen Pol; außerdem sind kleine hellgraue Unterflecke vorhanden.

Das zweite Gelege ist auf hell lehmbraunem Grund mit größeren, unregelmäßigen schwarzbraunen Flecken – besonders am stumpfen Pol – bedeckt, kleinere Flecke finden sich auf der übrigen Fläche. Im Gegensatz zu den Flecken des ersten Geleges laufen diese hier ineinander, besonders am oberen Teil des Eies. Die hell- und dunkelgrauen Unterflecke sind klein und rundlich.

Das Gelege wird von Männchen und Weibchen bebrütet; genauere Angaben über die Brutbeteiligung liegen nicht vor. Nach meinen Beobachtungen scheint in den Vormittagsstunden vorwiegend das Weibchen zu brüten. Die Brutdauer schätzt LEHMANN nach Vergleich mit der anderer Charadrius-Arten auf 25 Tage. Das normale Gelege besteht aus drei Eiern; Gelege von zwei Eiern sind entweder noch unvollständig oder es sind Nachgelege. Das Dreier-Gelege wird innerhalb von sechs Tagen abgelegt.

Der Wüstenregenpfeifer brütet einmal im Jahr; da aber offensichtlich viele Gelege durch weidendes Vieh zertreten werden oder durch andere Ursachen verlorengehen, so wird nach Verlust des ersten Geleges nachgelegt.

Wanderungen Die Überwinterungsgebiete des Wüstenregenpfeifers liegen an den Küsten des Roten Meeres (Ägypten, Sudan, Saudi-Arabien) – hier ist er nach MEINERTZHAGEN einer der häufigsten Strandvögel – und an den Küsten Ostafrikas vom Golf von Aden bis Süd- und Südwestafrika. Ferner überwintert der Wüstenregenpfeifer auf den Seychellen und an den Küsten Madagaskars. Im Osten erstreckt sich das Überwinterungsgebiet über ganz Süd- und Südostasien bis Taiwan und zu den Philippinen. Überwinternde Wüstenregenpfeifer wurden auch auf der Malakka-Halbinsel, auf Sumatera, Kalimantan, Jawa, den Salomonen und in Australien angetroffen.

Auf dem Durchzug wurde der Wüstenregenpfeifer im nordöstlichen China, in Korea und auf den Japanischen Inseln festgestellt, und als Irrgast sogar in Europa nachgewiesen. Am 15. September 1931 wurde ein Wüstenregenpfeifer auf der kleinen Insel Langenwerder bei Poel in der Bucht von Wismar erbeutet. Ein weiteres Exemplar wurde vom 26. bis zum 27. Juli 1938 in Halland, Schweden, beobachtet, und am 15. September 1962 wurde ein weiterer Wüstenregenpfeifer auf der Mierzeja Wisłana (Frische Nehrung) festgestellt; das war der zweite Nachweis für Mitteleuropa. 1954 und 1972 hielt sich jeweils ein Wüstenregenpfeifer bei Nieuwpoort in Belgien auf. Für Finnland liegen bis jetzt ebenfalls zwei Nachweise vor;

letztmalig wurde ein einzelner Wüstenregenpfeifer vom 18. bis zum 22. Juni 1971 am Nordrand des Bottnischen Meerbusens beobachtet. Einige weitere Wüstenregenpfeifer wurden in Griechenland beobachtet, und zwar 1900 und 1954 bei Lamia, im August 1954 bei Mesolongion und im April 1966 und im September 1967 auf der Insel Kos im Ägäischen Meer. Am 5. August 1972 wurde ein Wüstenregenpfeifer auf Malta erlegt und damit erstmalig für diese Insel nachgewiesen. Weitere Nachweise liegen für Großbritannien, Irland und Polen vor. Am 20. Juli 1977 wurde ein Wüstenregenpfeifer am Leuchtturm Goeree, Zuid-Holland, tot aufgefunden und damit erstmals für die Niederlande nachgewiesen.

Nahrung Einzelheiten über die Nahrung sind nicht bekannt, doch dürfte sie etwa die gleiche sein wie bei den anderen Regenpfeifern und aus Insekten, kleinen Mollusken und Würmern bestehen. BECKER beobachtete an der südwestafrikanischen Küste, wie Wüstenregenpfeifer Strandkrabben teilweise ganz hinunterwürgten. Größere Strandkrabben wurden auf dem Strand zerschlagen; die Wüstenregenpfeifer liefen dann mit den Einzelstücken zum Wasser und spülten sie ab, bevor sie diese verschlangen (BECKER briefl.).

Charadrius asiaticus Pallas
Wermutregenpfeifer (Tafel 4)

Dieser Regenpfeifer wurde früher im Deutschen als „Kaspischer Regenpfeifer" bezeichnet, und von den britischen Ornithologen wird er noch heute „Caspian Plover" genannt. Da aber dieser Regenpfeifer vorzugsweise Wermut-Steppen bewohnt und nicht auf die Gebiete am Kaspischen Meer beschränkt ist, so soll hier für Charadrius asiaticus der auch von anderen Ornithologen angewandte Name „Wermutregenpfeifer" gebraucht werden.

Beschreibung In der Größe steht der Wermutregenpfeifer zwischen dem Wüsten- und Sandregenpfeifer, er ist aber deutlich blasser als der Wüstenregenpfeifer und die längeren Beine sind besonders auffällig. Mit dem Wüstenregenpfeifer hat er eine gewisse Ähnlichkeit, doch fehlt am Kopf jede Schwarzweiß-Zeichnung; der Kopf ist bis auf den Scheitel, den Nacken und einen bräunlichen (nicht schwarzen!) Augenstreif weiß, besonders fällt der weiße Überaugenstreif auf. Bis auf das breite, rostrote, unten schmal schwarz eingefaßte Brustband ist auch die Unterseite weiß, der Scheitel und die übrige Oberseite sind fahlbraun. Die Steuerfedern sind dunkelbraun mit weißen Spitzen am Ende. Das Weibchen gleicht dem Männchen, doch ist das Brustband blasser. Der Schnabel ist schwarz, die Füße sind grünlich. Im Ruhekleid sind bei Männchen und Weibchen die weißen Federpartien am Kopf und auf der Unterseite hell rahmfarben, und das Brustband ist hellbräunlich. Das Jugendkleid ähnelt dem Ruhekleid der Altvögel. Das Dunenjunge ist oberseits rahmfarben mit zahlreichen schwarzen Flecken, der Hinterhals ist fast ungefleckt; Stirn, Kopfseiten und Unterseite sind weiß.

Maße: Länge 200 mm, Flügel 152 mm, Schwanz 61 mm, Schnabel 20 mm, Füße 41 mm.

Feldkennzeichen Der Wermutregenpfeifer ist nur etwas größer als der Sandregenpfeifer; Verwechslungen mit anderen Regenpfeifern sind im Brutkleid nicht möglich, denn am Kopf fehlt jede Schwarzweiß-Zeichnung. Besonders auffallend ist das breite, unten schwarz eingefaßte rostrote Brustband; im Ruhekleid hingegen ist die Brust verwaschen rostbräunlich. Im Flug fällt eine schmale, allerdings undeutliche weiße Flügelbinde auf. Allenfalls sind in den Ruhekleidern Verwechslungen mit dem Mornellregenpfeifer möglich, deshalb sei hier auf die Unterschiede hingewiesen: Beim Wermutregenpfeifer sind Stirn, Überaugenstreif und Wangen hell rahmfarben, beim Mornellregenpfeifer dagegen sind die Kopfseiten auf rahmfarbenem Grund braun gestrichelt. Die Brust wirkt beim Wermutregenpfeifer dunkler, beim Mornellregenpfeifer hingegen ist sie fahl braungrau mit einem schmalen trübweißen Brustband.

Wermutregenpfeifer rufen „kuit" oder „kwith"; im Fluge lassen sie ein scharfes „kwith", bisweilen auch ein hastiges „ptrrwith" hören.

Verbreitung Der Wermutregenpfeifer bewohnt die Steppengebiete des südwestlichen Sibirien; im Südosten der europäischen Sowjetunion reicht sein Brutgebiet gerade noch bis Europa. Hier brütet er nördlich des Kaukasus in den Niederungen von Manytsch und Kuma. Ferner finden wir ihn in den Steppen beiderseits der unteren Wolga und von da an ostwärts bis fast zum oberen Irtysch, vereinzelt auch noch bis zum Zaisan nor. Im Norden wird das Brutgebiet etwa durch den 51.° n. Br. begrenzt. Im Süden reicht das Brutareal von der Ostküste des Kaspischen Meeres bis zur Karakum, dem Mittellauf des Syrdarja und dem Südwestrand des Balchasch-Sees. Nach SARUDNY brütet der Wermutregenpfeifer auch im Tal des Hari Rud im nördlichen Iran.

Unterarten von Charadrius asiaticus sind nicht beschrieben worden.

Biotop Der Wermutregenpfeifer bewohnt zur Brutzeit Steppen und Halbwüsten mit spärlicher Vegetation und salzhaltigen Böden, für gewöhnlich in der Nähe flacher, stehender Gewässer, doch ist er nicht auf deren unmittelbare Nähe angewiesen. MENZBIER beschreibt den Brutbiotop wie folgt: „Wüste, trockene, lehmige Gegenden, manchmal mit salzhaltigem Boden, der spärlich mit Wermut oder lückenhaft mit Gräsern bestanden ist, auch in völlig vegetationslosen lehmigen Steppenniederungen trifft man ihn an." Nach den übereinstimmenden Beobachtungen von SUSCHKIN und BOSTANJOGLO kann diese Kennzeichnung noch dahin ergänzt werden, daß der Wermutregenpfeifer ganz entschieden salzhaltige Böden bevorzugt.

GROTE hat uns auf Grund seiner ausgezeichneten Kenntnisse der russischen ornithologischen Literatur die Beobachtungen von BOSTANJOGLO, MENZBIER und SARUDNY zugänglich gemacht, und zur Vervollständigung des oben Gesagten sollen diese hier noch auszugsweise angeführt werden.

Der Wermutregenpfeifer ist in den wüstenähnlichen Teilen der Kirgisen-Steppen, zum Beispiel in den an die Nordküste des Aral-Sees grenzenden Gegenden, häufig, während er im Gebiet der Stipa-Steppe meist gänzlich fehlt, und wo man ihn hier dennoch antrifft, da findet man, daß es in die Stipa-Steppe eingesprengte Inseln öden, fast nackten Landes sind, die er bewohnt. Dieses strenge Gebundensein an einen ganz bestimmten Landschaftstyp erklärt es, daß dieser Regenpfeifer innerhalb seines geographischen Verbreitungsgebietes recht sporadisch vorkommt und im Westen – zwischen Wolga und Ural – unvergleichlich viel seltener ist als im Osten – wie im Aral-Gebiet und weiter ostwärts. Immer aber muß im ariden Brutbiotop von Charadrius asiaticus eine Wasserfläche vorhanden sein, fast gleichgültig, ob das ein Süß- oder Salzwassersee, ein Fluß oder Bach, oder eine in einem Erosionstal zurückgebliebene Regenlache ist. Je nachdem, ob die so gekennzeichneten Landschaften eine große oder geringere Ausdehnung haben, ist die Zahl der sie bewohnenden Regenpfeifer größer oder kleiner; an günstigen Stellen können Kolonien von mindestens zehn Brutpaaren vorkommen.

Brutbiologie An seinen Brutplätzen trifft der Wermutregenpfeifer in der Kirgisen-Steppe zwischen dem 10. und 15. April ein; zunächst werden noch Flüge von 20 und 30 Vögeln beobachtet; gegen Ende April sind die Vögel verpaart. Über die Balz gibt SUSCHKIN die nachfolgende Schilderung:

Brutgebiet des Wermutregenpfeifers

Bei Sonnenuntergang hörte er eine Vogelstimme, die ihn sehr an den Gesang des Steinschmätzers (Oenanthe oenanthe) erinnerte. Er ging mit seinem Hund in die Richtung, aus der die Vogelrufe kamen, und sah bald einen Flug von mindestens zwanzig Wermutregenpfeifern, offenbar waren es mehr Männchen als Weibchen. Unter Rufen flogen sie hin und her, und zwischendurch liefen sie in einer recht eigenartigen Haltung, nämlich mit gesträubtem Gefieder seitwärts. Als der Hund nahte, riefen die Regenpfeifer noch lauter, dann erhob sich der Flug und verschwand in der Dämmerung.

Die Brutzeit scheint sehr unregelmäßig einzusetzen; noch über den Juni hinaus fand SUSCHKIN Weibchen mit Brutflecken. Andererseits sah BOSTANJOGLO in der zweiten Maihälfte zahlreiche Junge in ihrem scheckigen Dunenkleid, das eine dem Steppenboden wunderbar angepaßte Schutzfärbung hat.

Das Nest ist vielfach nicht weit vom Wasser entfernt und nichts weiter als eine flache Bodenmulde, die mit einigen Wermut- und anderen Stengelchen sowie ein paar Lehmklümpchen ausgelegt ist. Meist liegt das Nest völlig offen und ungeschützt da, doch sind die Eier in ihrer Farbe und Zeichnung so ihrer Umgebung angepaßt, daß das Gelege nur schwer zu entdecken ist. Das Gelege besteht wie beim Wüsten- und Seeregenpfeifer regelmäßig aus nur drei Eiern. Diese erinnern an dunkle Varietäten von Charadrius alexandrinus-Eiern, nur sind sie entsprechend größer. Die Schale ist glanzlos und fühlt sich sandig an, ihre Gestalt ist oval, und auf hell lehmbraunem Grund sind die Eier mäßig stark schwarzbraun und dunkelbraun gefleckt, außerdem finden sich noch einige olivbraune Flekke sowie hell- und dunkelgraue Unterflecke. Acht Eier messen nach JOURDAIN im Durchschnitt 38,32 × 27,48 mm; Maxima: 39,3 × 27,5 und 38,8 × 28,2 mm, Minima: 36,3 × 27,0 und 38,0 × 26,7 mm. Zwei am 4. Mai 1947 am Unterlauf des Syrdarja in Kasachstan gefundene Eier meiner Sammlung messen und wiegen: 39,3 × 26,4 mm, 0,90 g und 36,9 × 26,8 mm, 0,83 g. Diese beiden Eier erinnern in der Grundfarbe und Zeichnung an manche Varietäten des Seeregenpfeifers, allerdings fehlen die für die Mehrzahl der Eier des Seeregenpfeifers charakteristischen Schnörkel und Kritzel.

In welchem Abstand die Eier gelegt werden, ist nicht bekannt. Wie die anderen Regenpfeifer brütet auch der Wermutregenpfeifer nur einmal im Jahr; sehr wahrscheinlich ist es, daß er bei Verlust seines Geleges noch ein zweites Mal legt. Offenbar brüten Männchen und Weibchen; GROTE schreibt, daß SUSCHKIN der Ansicht sei, daß der Sonnenwärme ein beträchtlicher Anteil an der Bebrütung der Eier zukäme. Die Wermutregenpfeifer ließen nämlich oft ihre Gelege viele Stunden lang im Stich und trieben sich truppweise auf Nahrungssuche und an den Wasserstellen herum, um hier ihren Durst zu stillen. Aus solchen Trupps herausgeschossene Vögel wiesen Brutflecke auf, waren also sicher Brutvögel. Auch die Dunenjungen werden tagsüber stundenlang sich selbst überlassen. Am Nest beunruhigt, flieht der Wermutregenpfeifer laufend, wobei er alle Augenblicke seine Richtung ändert und dann ab und zu sichernd stehenbleibt. Nur ungern fliegt er zu einem bogenförmigen Flug auf, um bald wieder einzufallen und seinen Weg fortzusetzen.

Wanderungen Am Ende der Brutzeit scharen sich die Wermutregenpfeifer zu Flügen zusammen, anscheinend kommt es aber dabei nicht zur Bildung von großen Schwärmen. Gemeinsam mit Flügen von Staren halten sie sich dann bei den Viehherden der Kirgisen auf; ihre sonst so große Scheu vor dem Menschen läßt während dieser Zeit merklich nach. Von etwa Ende August an hört das ziellose Umherstreifen auf, und der Abzug aus den Brutgebieten setzt ein.

Der Wegzug erfolgt in südwestlicher Richtung; die Überwinterungsgebiete liegen im östlichen Afrika vom Sudan an und im zentralen Afrika, im Kongo-Gebiet, und von Angola bis ins südwestliche und südliche Afrika.

Als Irrgast wurde der Wermutregenpfeifer verschiedentlich weit westlich seiner Brutgebiete in Europa nachgewiesen, so beispielsweise in Bulgarien und Italien. Für England liegen zwei Nachweise vor: Am 22. Mai 1890 wurde ein erwachsenes Männchen bei Great Yarmouth geschossen und ein zweiter Vogel gesehen. Auf Helgoland wurde der Wermutregenpfeifer 1850 und 1859 als Irrgast festgestellt. Vom 9. bis zum 15. Juni 1978 hielt sich ein Wermutregenpfeifer in Finnmark auf und wurde damit erstmals für Norwegen nachgewiesen. Auch für die Türkei liegen vereinzelte Nachweise vor; zuletzt wurden am 12. August 1967 an dem nördlich des Van-Sees gelegenen Arin-See im östlichen Anatolien 14 Exemplare beobachtet.

Nahrung Diese besteht vor allem aus Insekten aller Art und deren Larven. Wie mir FLINT mitteilte, werden im Brutgebiet auch Käfer, Heuschrekken, Schmetterlingsraupen und Wanzen aufgenommen. SARUDNY fand als Mageninhalte kleine Käfer und Kies.

Gattung Pluvialis Brisson

Pluvialis squatarola (Linné)
Kiebitzregenpfeifer (Tafel 6)

Kiebitz- und Goldregenpfeifer sind die sogenannten „Großen Regenpfeifer" im Gegensatz zu den „Kleinen Regenpfeifern" der Gattungen Charadrius und Eudromias. Allerdings wurden Kiebitz- und Goldregenpfeifer früher auch zur Gattung Charadrius gestellt, bilden aber heute eine eigene Gattung Pluvialis; von einigen Ornithologen wird der Kiebitzregenpfeifer als eine eigene Gattung Squatarola betrachtet. Die Größen- und damit auch die Körpermasseunterschiede zwischen den Großen und Kleinen Regenpfeifern sind in der Tat beträchtlich. Kiebitz- und Goldregenpfeifer haben eine Körperlänge von je 28 cm, sind also fast doppelt so groß wie der Flußregenpfeifer (15 cm). Die

Körpermasse von Kiebitz- und Goldregenpfeifer einerseits und dem Flußregenpfeifer andererseits machen den Unterschied fast noch deutlicher: Kiebitz- und Goldregenpfeifer wiegen jeweils 200 g, ein Flußregenpfeifer nur 40 g. Allerdings sind es weder die Größen- noch die Körpermasseunterschiede, sondern anatomische Merkmale, nach denen eine Trennung in verschiedene Gattungen erfolgt ist.

Beschreibung Im Brutkleid ähneln sich der fast kiebitzgroße Kiebitzregenpfeifer und die nördliche Unterart des Goldregenpfeifers, und auch im Ruhekleid sehen sich beide Arten ähnlich. Der Kiebitzregenpfeifer kann jedoch in allen Kleidern an dem auffallenden schwarzen Achselfleck, dem weißlichen Bürzel, den weißlichen Oberschwanzdecken und den helleren Flügeln vom Goldregenpfeifer unterschieden werden. Die Oberseite ist nicht goldbraun, sondern mehr schwarzbraun mit breiten weißen Federsäumen; dadurch erscheint der Kiebitzregenpfeifer von weitem silbergrau.

Das Weibchen ähnelt dem Männchen, die Unterseite ist jedoch mehr braun und mit weißen Federchen durchsetzt. Im Ruhekleid sind bei Männchen und Weibchen die Stirn und ein nicht deutlich ausgeprägter Überaugenstreif weißlichgrau, die übrige Oberseite ist aschgrau, die Unterseite weiß.

Das Jugendkleid gleicht weitgehend dem Ruhekleid der alten Vögel, nur sind die Federn der Oberseite weißlichgelb gefleckt. Das Dunenjunge ist dem des Goldregenpfeifers sehr ähnlich, doch zieht sich um den Hinterhals ein reinweißer Halsring herum, und die Unterseite ist reiner weiß.

Maße: Länge 280 mm, Flügel 190 mm, Schwanz 78 mm, Schnabel 29 mm, Füße 48 mm.

Feldkennzeichen Der Kiebitzregenpfeifer ist fast kiebitzgroß; sein Gesamteindruck ist im Brutkleid oberseits dunkelgrau, im Ruhekleid hellgrau. Vom Goldregenpfeifer unterscheidet er sich durch die schwarzen Achselfedern und durch die im Fluge auffallenden weißlichen Oberschwanzdecken.

Vom Kiebitzregenpfeifer vernimmt man einen dreisilbigen, flötenden Pfiff , nicht unähnlich dem des Goldregenpfeifers; allerdings ist er höher als der des Goldregenpfeifers und wurde von NAUMANN sehr treffend mit „tliei“ beschrieben.

Verbreitung Der Kiebitzregenpfeifer bewohnt zur Brutzeit die arktischen Tundren Europas und Asiens, von der Halbinsel Kanin quer durch das nördliche Sibirien bis zum Golf von Anadyr, einschließlich der Inseln Kolgujew, des Südteils von Nowaja Semlja, die Neusibirischen Inseln und die Wrangel-Insel. In Nordamerika finden wir den Kiebitzregenpfeifer im arktischen Alaska und Kanada vom Yukon bis zur Southampton-Insel und Baffin-Land einschließlich der vorgelagerten Inseln Banks-Land, Victoria-Land, Somerset, King-William-Land und auf der Melville-Halbinsel.

Vom Kiebitzregenpfeifer sind keine Unterarten beschrieben worden.

Biotop Der Kiebitzregenpfeifer bewohnt zur Brutzeit die arktische Tundra, besonders die feuchteren und mehr sumpfigen Stellen. In Sibirien hält er sich meist in der welligen Tundra auf, in der die größeren Erhebungen als Brutplätze bevorzugt werden.

Brutbiologie Entsprechend den in der Arktis gelegenen Brutgebieten setzt die Brutperiode beim Kiebitzregenpfeifer ziemlich spät ein. In der nördlichen Sowjetunion brütet dieser Regenpfeifer in der zweiten Junihälfte und Anfang Juli; die in dem Werk von POYNTING abgebildeten Eier wurden am 7., 9. und 11. Juli auf der Insel Kolgujew gesammelt. Im südlichen Alaska beginnt die Brutzeit Ende Mai und im Norden des Landes vom zweiten Junidrittel an.

Das Nest steht meist auf kleinen Erhebungen in der offenen Tundra; sind irgendwelche Steilufer vorhanden, dann brütet der Kiebitzregenpfeifer an deren Rändern, um so einen besseren Überblick zu haben. Gewöhnlich stehen die Nester ziemlich weit voneinander entfernt. Das Nest ist eine flache Mulde zwischen Moos oder im Torfboden und dürftig mit etwas Moos und ein paar Flechten ausgelegt.

Die Eier sind kurzspitzoval bis kreiselförmig, ihre Schale ist glanzlos. Typische Gelege des Kiebitzregenpfeifers sehen in der Grundfarbe und dem Fleckungscharakter Kiebitzeiern ähnlicher als Eiern des Goldregenpfeifers; allerdings gibt es auch Varietäten, die kaum oder auch gar nicht von den Eiern des Goldregenpfeifers zu unterscheiden sind. Die Grundfarbe ist meist hell olivbräunlich, aber auch hell rötlichgelb bis steingrau; bisweilen zieht die Grundfarbe auch ins Grünliche oder Bräunliche. Die Fleckung ist mäßig stark, schwarzbraun bis dunkelbraun und häuft sich am stumpfen Pol. Außerdem finden sich vereinzelte graue und violettgraue kleine Unterflecke, die allerdings wenig auffallen.

Die Eier sind im Verhältnis zum Weibchen sehr schwer; ein Kiebitzregenpfeifer wiegt etwa 200 g, das Ei 34 g, also 17 Prozent der Körpermasse, das aus vier Eiern bestehende Gelege wiegt 136 g, also 68 Prozent der Körpermasse des Weibchens.

174 in Nordamerika gesammelte Eier messen nach BENT im Durchschnitt 52,20 × 36,50 mm; Maxima: 58,0 × 38,0 und 55,5 × 38,2 mm, Minima: 47,5 × 34,7 und 51,9 × 34,0 mm. Aus Sibirien stammende Eier sind durchschnittlich etwas kleiner; JOURDAIN gab für 50 Eier folgende Maße an: 51,69 × 35,94 mm, Maxima 55,2 × 35,6 und 50,7 × 38,0 mm, Minima 45,7 × 34,7 und 51,9 × 34,0 mm. Das durchschnittliche Schalengewicht beträgt 1,89 g (2,13 bis 1,69 g).

Die Eier werden wahrscheinlich im Abstand von 48 Stunden gelegt, und wir können annehmen, daß die Bebrütung nach Ablage des letzten Eies beginnt. Der Kiebitzregenpfeifer brütet nur einmal im Jahr; falls das Gelege verlorengeht, wird wahrscheinlich in kurzer Zeit nachgelegt. Auch beim Kiebitzregenpfeifer brüten Männchen und Weibchen, die Brutdauer beträgt 27 Tage. Die Jungen werden von beiden Eltern, die außerordentlich um sie besorgt sind, geführt; die Dauer der Führungszeit ist noch unbekannt.

Wanderungen Nach der Brutzeit beginnt der Wegzug, und wir können dann den Kiebitzregenpfeifer in allen Erdteilen auf dem Durchzug bzw. in den Überwinterungsgebieten antreffen. Die nordamerikanischen Populationen überwintern bereits vom südwestlichen Britisch-Columbia an südwärts entlang der Pazifik-Küste bis Chile und auf den Galapagos-Inseln, und an der Atlantik-Küste von New Jersey südwärts bis Südbrasilien.

Die im Norden Europas und Asiens brütenden Kiebitzregenpfeifer überwintern von den Britischen Inseln an südwärts bis zum Mittelmeergebiet und in Afrika bis zum Kapland sowie auf Madagaskar.

Weiter östlich finden wir den Kiebitzregenpfeifer nach der Brutzeit an der Ost- und Südküste des Kaspischen Meeres, am Persischen Golf, in Indien und auf Sri Lanka, im südöstlichen China, auf den Philippinen, in Indonesien, auf den Inseln der Südsee sowie in Australien. Es werden also alljährlich geradezu riesige Entfernungen zurückgelegt. Die Jungvögel überschlagen vielfach die erste Rückwanderung und bleiben bis zur Geschlechtsreife in den Überwinterungsgebieten. Vereinzelte Kiebitzregenpfeifer sind auch im südlichen Japan, in Neuseeland, auf den Azoren, den Kanarischen und Hawaiischen Inseln nachgewiesen worden.

An unseren Küsten zieht der Kiebitzregenpfeifer von Ende April bis Ende Juli durch, gelegentlich übersommern auch einige Exemplare; Ende Juli werden dann schon die ersten Durchzügler nach der Brutzeit gesehen, und dieser Herbstzug hält bis Oktober an, gelegentlich werden auch noch im Dezember Kiebitzregenpfeifer an den Küsten beobachtet. Im Binnenland werden nur selten einmal durchziehende Kiebitzregenpfeifer festgestellt.

Die Ostküste Großbritanniens wird von durchziehenden und zum Teil hier überwinternden Kiebitzregenpfeifern Mitte Juni erreicht, bis etwa Mitte November hält der Zug an; die Mehrzahl erscheint in der Zeit von Ende Juli bis Ende September. Bereits Mitte März setzt dann wieder der

Brutgebiet des Kiebitzregenpfeifers

Frühjahrszug der Kiebitzregenpfeifer ein, die auf den Britischen Inseln überwintert haben. Zur gleichen Zeit erscheinen an der Südküste Englands die Durchzügler aus südlicher gelegenen Überwinterungsgebieten; der Frühjahrszug hält dann bis Anfang Juni an, die Hauptmasse zieht im Mai durch. Die Zugwege sind auf den Britischen Inseln im Frühjahr und Herbst die gleichen, während in Mitteleuropa möglicherweise auf dem Frühjahrszug andere Wege eingeschlagen werden als auf dem Herbstzug, da hier der Durchzug im Frühjahr viel schwächer ist als im Herbst.

Nahrung Die Nahrung besteht aus allerlei Insekten und deren Larven, kleinen Mollusken und Crustaceen sowie Würmern, nach den Untersuchungen von PATTEN auch aus kleinen Fischen und mitunter Seetang, nach MACGILLIVRAY auch aus Beeren. BECKER beobachtete im südwestlichen Afrika, daß auch Strandkrabben aufgenommen wurden.

Pluvialis apricaria (Linné)
Goldregenpfeifer (Tafel 6)

Auch unter den Limikolen gibt es Kulturfolger und Kulturflüchter; ich wies schon an anderer Stelle einmal darauf hin. Die Mehrzahl der Limikolen gehört zur zweiten Gruppe. Ich kenne außer dem Säbelschnäbler und dem Kiebitz kaum eine Limikolen-Art, die in den letzten Jahrzehnten in irgendeinem Land häufiger geworden wäre, und nur wenige Arten haben es verstanden, sich den veränderten Umweltbedingungen anzupassen wie etwa der Austernfischer, der in Westfalen auf Sturzäckern oder wie der Kiebitz, der heute vielerorts auf Getreidefeldern brütet.

Das Anwachsen der Siedlungen in den Industrieländern und der Bedarf der Landwirtschaft an Anbauflächen und Weiden haben es mit sich gebracht, daß überall Moore und Feuchtgebiete entwässert und trockengelegt und Heiden aufgeforstet wurden. Die unausbleibliche Folge davon war, daß viele Limikolen – und nicht nur der Goldregenpfeifer – in den letzten Jahrzehnten immer seltener und stellenweise schon vielfach als Brutvögel ganz verschwunden sind. Das gilt für Großbritannien ebenso wie für die Niederlande, für die DDR und die BRD wie für Schweden. Noch in der ersten Hälfte des 19. Jahrhunderts war der Goldregenpfeifer ein verbreiteter Brutvogel der Münsterländischen Bucht in Westfalen; heute brütet in ganz Westfalen nicht ein einziges Paar! Bis in die Mitte des vorigen Jahrhunderts brütete der Goldregenpfeifer in Mecklenburg und bis zum Anfang dieses Jahrhunderts auch in Brandenburg.

Beschreibung Die erwachsenen Goldregenpfeifer sind in allen Kleidern an den schwarzbraunen, breit goldgelblich gesäumten Federn der Oberseite, an den weißen Unterflügeln und Achselfedern zu erkennen. Die nördliche Unterart – Pluvialis apricaria altifrons – unterscheidet sich von der südlichen Nominatform – Pluvalis apricaria apricaria – durch eine ausgedehntere Schwarzzeichnung an den Kopfseiten, am Vorderhals und Bauch.

Im Ruhekleid sind beide Unterarten nicht zu unterscheiden. Die Oberseite ist dann wie im Brutkleid, die Brust hell goldgelblich mit verwaschenen bräunlichen Flecken, die übrige Unterseite ist weiß.

Das Jugendkleid gleicht weitgehend dem Ruhekleid der Altvögel, nur ist die Unterseite mehr grau und außerdem braun gefleckt. Das Dunenjunge ist schwarz mit dunkelgelben Federspitzen und weißlichgelben Flecken am Hinterhals und Rücken; die Unterseite ist trüb weiß, der Vorderhals mit gelblichem Schimmer.

Maße: Länge 280 mm, Flügel 188 mm, Schwanz 76 mm, Schnabel 22 mm und Füße 41 mm.

Feldkennzeichen Der Goldregenpfeifer ist knapp kiebitzgroß und von typischer Regenpfeifer-Gestalt. In allen Kleidern ist er oberseits schwarz und goldgelb gefleckt, von weitem braun wirkend. Der Goldregenpfeifer hat im Gegensatz zum Kiebitzregenpfeifer weiße Achselfedern und schwarzbraune, gelblich gebänderte Oberschwanzdecken.

Von Goldregenpfeifern hören wir schöne flötende „tüht"-Rufe.

Verbreitung Die Nominatform – Pluvialis a. apricaria (Linné) – brütet in Großbritannien und Irland, vereinzelt noch in den Niederlanden und in der BRD. Hier befinden sich vereinzelte Brutplätze in Niedersachsen, und zwar im Esterweger Moor, im Vehne-Moor bei Oldenburg, im Uchter Moor, im Dalum-Wietmarscher Moor im Emsland,

Goldregenpfeifer, Pluvialis apricaria
und Kiebitzregenpfeifer, P. squatarola

Brutgebiet des Goldregenpfeifers

im Neustädter Moor zwischen Diepholz und Sulingen; in diesen Mooren brütet der Goldregenpfeifer auch heute noch in wenigen Paaren. Ferner brütet der Goldregenpfeifer in Dänemark, im südlichen Norwegen und Schweden, auf den Inseln Öland und Gotland sowie in den sowjetischen Ostseerepubliken.

Die nördliche Unterart – Pluvialis apricaria altifrons (C. L. Brehm) – kommt auf Island und den Färöer vor, ferner in Skandinavien mit Ausnahme des Südens, im südwestlichen und nördlichen Finnland und schließlich in der nördlichen Sowjetunion ostwärts bis zur Mündung des Jenissej.

Biotop Den Goldregenpfeifer treffen wir zur Brutzeit hauptsächlich auf Tundren, Hoch- und Torfmooren an, ferner auf mit niedrigem Heidekraut und Moosen bewachsenen Bergrücken und Hochebenen. In Skandinavien sind das die Fjälls und auf Island alle mit dürftigem Pflanzenwuchs bedeckten Gebiete. Am zahlreichsten bewohnt er hier nach HANTZSCH die Heiden und trockenen Graslandschaften, sowohl die in der Nähe des Meeres wie auch die in höheren Gebirgslagen. In Schottland ist der Goldregenpfeifer zur Brutzeit noch in etwa 1000 m Höhe anzutreffen.

Brutbiologie Die Brutzeit ist je nach Lage des Brutgebietes verschieden. In Niedersachsen wurden vollständige Gelege zwischen dem 5. und 20. April gefunden, in Großbritannien nach den Angaben JOURDAINS von der zweiten Aprilwoche an, meist aber Ende April und Anfang Mai. In Island beginnt die Eiablage erst Ende Mai/Anfang

Juni. Auch in Norwegen und im nördlichen Schweden werden die frühesten Gelege erst Anfang Juni gefunden.

Das Nest steht mehr oder weniger gut im Bodenbewuchs versteckt. Gelegentlich liegen die Eier ohne jedes Nistmaterial in einer flachen, in das Moos gedrückten Mulde, meist aber ist die Nestmulde, die einen Durchmesser von etwa 14 cm und eine Tiefe von 5 cm hat, mit einigen trockenen Halmen und Blättchen ausgelegt; Federn dürften wohl mehr zufällig ins Nest geraten sein.

Das Gelege besteht aus vier spitzovalen bis kreiselförmigen, glanzlosen oder matt glänzenden Eiern, die auf meist hell lehmfarbenem bis gelblichbraunem oder warm rötlichbraunem Grund lebhaft schwarz- bis dunkelbraun gefleckt sind; oft laufen die großen Flecken zusammen, besonders am stumpfen Pol und bilden hier bisweilen einen Kranz. Die spärliche Unterfleckung tritt wenig hervor und besteht aus kleineren hell- und dunkelgrauen Flecken.

JOURDAIN gibt für 100 in Großbritannien gesammelte Eier folgende Maße an: 51,77 × 35,88 mm, Maxima: 55,0 × 35,4 und 53,0 × 38,0 mm, Minima: 48,0 × 34,2 und 50,2 × 33,5 mm. 112 im nördlichen Schweden gesammelte Eier messen nach ROSENIUS 52,23 × 35,25 mm. Die Frischvollmasse eines Eies beträgt 33 g, die Schalenmasse durchschnittlich 1,67 g.

Die Eier der nördlichen Unterart sind nicht von denen der Nominatform zu unterscheiden. Die relativ großen Eier – sie wiegen 15 Prozent der Körpermasse des Weibchens – werden in Abständen von mindestens 48 Stunden gelegt. Normalerweise findet eine Brut statt; geht das Gelege verloren, legt der Goldregenpfeifer nach, und solche Gelege bestehen dann oft nur aus drei Eiern. Nach Ablage des dritten oder auch des vierten Eies setzt die Bebrütung ein, an der sich Männchen und Weibchen beteiligen. Die Brutdauer beträgt 27 bis 28 Tage. Die Dunenjungen verlassen gewöhnlich schon wenige Stunden nach dem Schlüpfen das Nest und werden von beiden Eltern geführt; im Alter von etwa vier Wochen werden die Jungen selbständig.

Wanderungen Auf dem Durchzug und in den Überwinterungsgebieten treffen wir den Goldregenpfeifer auf feuchten und trockenen Wiesen, Feldern, unbebautem Gelände und vor allem an den Küsten an. Da sich aber die nördliche und südliche Form in ihren Ruhekleidern gleichen, so ist es nicht möglich zu sagen, welchen Goldregenpfeifer man im einzelnen Fall vor sich hat.

Auf den Britischen Inseln erscheinen die ersten Goldregenpfeifer bereits Mitte Februar an ihren Brutplätzen, die Hauptmenge jedoch erst im Laufe des März. Nach der Brutzeit beginnen sich die Goldregenpfeifer zu Flügen zu vereinigen, manchmal geschieht das schon Ende Juni, meist jedoch im Juli. Mitte August beginnt dann der Abzug an den Küsten entlang wie auch durchs Binnenland. Anfang September bis Mitte Oktober erscheinen noch weitere Goldregenpfeifer, die dann zum Teil auf den Britischen Inseln überwintern.

Die in Großbritannien brütenden Goldregenpfeifer verbringen den Winter teilweise schon im Brutgebiet, zum Teil erhalten sie auch noch Zuzug von weiter nördlich beheimateten Populationen. Überwinterungsgebiete sind die südliche Nordseeküste, die Kanal- und Atlantikküste südwärts bis Spanien und Portugal sowie die Küsten des Mittelmeeres. In geringer Zahl überwintert der Goldregenpfeifer auch an den südlichen Küsten des Kaspischen Meeres. Vereinzelt wurden Goldregenpfeifer außerhalb der Brutzeit auf Jan Mayer, im südlichen Grönland und auf den Atlantischen Inseln festgestellt.

In Mitteleuropa zieht der Goldregenpfeifer, vor allem die südliche Unterart, von Mitte März bis Anfang Mai besonders an den Küsten, weniger im Binnenland durch. Auf dem Herbstzug können wir sie von Ende September an beobachten, manche überwintern auch an der südlichen Nordseeküste.

An den Brutplätzen in Niedersachsen treffen die Goldregenpfeifer im März/April ein, um dann von Ende Juli an wieder abzuziehen. Der Durchzug hält hier bis in den Oktober hinein an.

Nahrung Die Nahrung besteht aus vielerlei Insekten und deren Larven, kleinen Mollusken, Würmern und zu einem geringen Teil auch aus pflanzlichen Stoffen wie Gräsern und Sämereien.

Pluvialis dominica (Müller)
Kleiner Goldregenpfeifer (Tafel 6)

Im Deutschen heißt Pluvialis dominica „Kleiner Goldregenpfeifer“, weil er tatsächlich um vier Zentimeter kleiner als Pluvialis apricaria ist. Die britischen und amerikanischen Ornithologen nennen die Nominatform Pluvialis dominica dominica „American Golden Plover“ und die Unterart Pluvialis dominica fulva „Asiatic Golden Plover“. Diese Namen sind nur teilweise zutreffend: Pluvialis dominica dominica ist in seinem Vorkommen auf das arktische Nordamerika beschränkt, Pluvialis dominica fulva brütet aber außer in Nordostsibirien auch in Alaska. Neuerdings wird Pluvialis dominica auch im Englischen allgemein als „Lesser Golden Plover“ bezeichnet.

Beschreibung Der Kleine Goldregenpfeifer sieht der nördlichen Unterart des Goldregenpfeifers sehr ähnlich, unterscheidet sich jedoch von diesem und dem Kiebitzregenpfeifer in allen Kleidern durch graubraune Unterflügel und Achselfedern. Der „Amerikanische Goldregenpfeifer" ist vom „Asiatischen Goldregenpfeifer" im Brutkleid kaum zu unterscheiden, nur erscheint bei Pluvialis dominica fulva die Oberseite etwas stärker goldgelb gefleckt. Auffallend ist der Unterschied in der Flügellänge: Diese beträgt bei dominica 176 bis 189 mm, bei fulva jedoch nur 164 bis 175 mm! Auch im Ruhekleid sind sich der „Amerikanische" und „Asiatische" Goldregenpfeifer sehr ähnlich; bei dominica ist die Oberseite braun und sehr wenig, bei fulva jedoch wie auch im Brutkleid stärker goldgelb gefleckt.

Maße: Länge 240 mm, Flügel 182 mm (bei fulva durchschnittlich nur 169 mm), Schwanz 69 mm, Schnabel 23 mm, Füße 43 mm.

Feldkennzeichen Der Kleine Goldregenpfeifer unterscheidet sich vom Gold- und Kiebitzregenpfeifer in allen Kleidern durch graubraune anstelle von weißen (Goldregenpfeifer) oder schwarzen (Kiebitzregenpfeifer) Achselfedern. Feldornithologisch sind die beiden Unterarten des Kleinen Goldregenpfeifers nicht zu unterscheiden. Die geringere Größe der asiatischen Unterart ist kein brauchbares Unterscheidungsmerkmal.

Die Stimme wird als sehr variabel beschrieben; sie ähnelt der des Goldregenpfeifers, ist aber heller. Die Alarmrufe sind jedoch im Gegensatz zu den Rufen des Goldregenpfeifers meist zwei- bis mehrsilbig und sinken am Ende deutlich ab.

Verbreitung Der Kleine Goldregenpfeifer brütet im nördlichen Sibirien, in Alaska und Kanada, und zwar finden wir die Nominatform Pluvialis d. dominica (Müller) in Nordamerika von Alaska ostwärts bis Churchill im nordöstlichen Manitoba, auf der Southampton-Insel und auf der südlichen Baffin-Insel. Auf dem Festland bewohnt er die Küstengebiete und das Inland südwärts bis etwa zum Polarkreis.

Der Unterart Pluvialis dominica fulva Gmelin begegnen wir in den Tundren Nordostsibiriens, von der Halbinsel Jamal an ostwärts bis zur Tschuktschen-Halbinsel und Anadyr-Land sowie auf der Großen Ljachow-Insel (Neusibirische Inseln). Jenseits der Bering-Straße brütet der „Asiatische Goldregenpfeifer" an der Westküste von Alaska vom Kap Lisburne südwärts bis zum Kuskokwim River, ferner auf der St. Lorenz-, der Nunivak- und der Nelson-Insel.

Biotop In seinen Brutgebieten kommt der Kleine Goldregenpfeifer sowohl an den Küsten als auch im Inland vor und bevorzugt hier im Gegensatz zu Gold- und Kiebitzregenpfeifer die etwas höher gelegene und trockenere Tundra.

In den Überwinterungsgebieten trifft man den Kleinen Goldregenpfeifer auf Wiesen und Feldern, gelegentlich auch auf schlammigen oder sandigen

Brutgebiet des Kleinen Goldregenpfeifers

Flächen und Flachküsten an. BECKER beobachtete die Art an der südwestafrikanischen Küste am Rand einer teilweise vegetationslosen Lagune.

Brutbiologie Die Brutzeit beginnt im Juni und zieht sich bis Mitte Juli hin; die Mehrzahl der Gelege wird in der letzten Juniwoche gefunden. Pluvialis dominica fulva brütet etwa vom Beginn des zweiten Junidrittels an in den südlichen Teilen seines Brutgebiets, in den nördlicher gelegenen Gebieten hingegen in der zweiten Junihälfte und im Juli.

Der Kleine Goldregenpfeifer nistet in der offenen Tundra; sein Nest ähnelt dem des Kiebitz- und Goldregenpfeifers und ist weiter nichts als eine kleine Bodenmulde oder eine in den kümmerlichen Bodenbewuchs gedrückte Vertiefung, die mit etwas Moos, ein paar Flechten und trockenen Blättchen ausgelegt ist.

Die Eier gleichen denen des Goldregenpfeifers, nur sind sie etwas kleiner; BENT gibt für 143 Eier des „Amerikanischen Goldregenpfeifers" folgende Maße an: 47,5 × 32,5 mm; Maxima: 56,0 × 31,0 und 50,0 × 34,5 mm; Minima: 42,0 × 34,0 und 46,0 × 30,0 mm.

16 in Nordostsibirien gesammelte Eier von Pluvialis dominica fulva in meiner Sammlung messen und wiegen im Durchschnitt: 48,34 × 32,91 mm, 1,294 g; Maxima: 50,1 × 32,6 und 47,4 × 33,9 mm, 1,37 g; Minima: 46,0 × 33,1 und 49,8 × 31,5 mm, 1,22 g. Männchen und Weibchen brüten, nach 26 Tagen schlüpfen die Jungen, die von beiden Eltern geführt werden.

Wanderungen Die Überwinterungsgebiete von Pluvialis d. dominica und Pluvialis d. fulva liegen weit auseinander, und auch die Zugwege sind demzufolge recht verschieden.

Pluvialis d. dominica zieht in südöstlicher Richtung ab und wandert über Labrador bis nach Neufundland und Neuschottland, um von hier aus in südlicher Richtung den westlichen Atlantik zu überqueren. Etwa in Venezuela wird wieder das Festland erreicht, dann führt der Zug weiter bis in die Pampas von Argentinien. Der Rückzug verläuft dann in nordwestlicher Richtung durch Südamerika bis nach Mittelamerika; auf der Halbinsel Yukatan wird die Richtung etwas geändert und der Golf von Mexiko überflogen. Die letzte große Etappe verläuft in ziemlich nördlicher Richtung das Mississippi-Tal aufwärts durch die Vereinigten Staaten und Kanada, bis wieder die arktischen Brutgebiete nach dem Flug von etwa 24500 km erreicht sind.

Als Irrgast ist Pluvialis d. dominica auf der Wrangel-Insel und in Grönland angetroffen worden, und einige wenige Exemplare haben sogar den Atlantik in West-Ost-Richtung überflogen. Je ein „Amerikanischer Goldregenpfeifer" wurde in England, Schottland und Irland festgestellt, und vor über 100 Jahren (1874) wurde einer auf Helgoland nachgewiesen.

Nicht weniger weit zieht Pluvialis dominica fulva. Die an der Westküste Alaskas beheimateten Populationen ziehen in südlicher Richtung nach den Hawaiischen Inseln und überqueren, da sich ihnen nirgend eine Rastmöglichkeit bietet, den Stillen Ozean in einem Non-stop-Flug von 4000 km! Die Überwinterungsgebiete der sibirischen Populationen liegen im östlichen und südöstlichen Asien. Einige überwintern bereits im westlichen und südlichen Japan, die Mehrzahl jedoch auf Taiwan, auf den Philippinen, im südöstlichen China, im östlichen und südlichen Indien, auf Sri Lanka und den Malediven, auf den zwischen dem asiatischen Festland und Australien gelegenen Inseln und in Australien sowie auf Neuseeland.

Bei diesen geradezu unvorstellbar weiten Wanderungen bleibt es nicht aus, daß manche dieser Kleinen Goldregenpfeifer von ihren Zugwegen abkommen und dann als Irrgäste weitab von ihren eigentlichen Überwinterungsgebieten festgestellt werden. So wurden, um nur einige Beispiele zu nennen, „Asiatische Goldregenpfeifer" in den nordöstlichen Vereinigten Staaten, auf Grönland, im südlichen und südwestlichen Afrika, im Mittleren Osten und in Innerasien festgestellt. Auch in Europa wurde Pluvialis dominica fulva wiederholt angetroffen, so zum Beispiel mindestens zwölfmal in England, einmal in Schottland, zumindest fünfzehnmal in den Niederlanden, zweimal in Schweden, viermal in Finnland und einmal in Polen. Für Helgoland liegen aus dem 19. Jahrhundert fünf Nachweise vor: Am 20. Dezember 1847 wurden zwei Exemplare von Pluvialis d. dominica erlegt, von Pluvialis d. fulva wurden drei Vögel erlegt, und zwar am 25. Juni 1857, am 18. Juni 1860 und am 11. Juli 1867 (VAUK). In der BRD wurde der Kleine Goldregenpfeifer nur einmal festgestellt, und zwar am 5. November 1966 im Teichgebiet von Ismaning bei München (WÜST briefl.).

Nahrung Die Nahrung dürfte etwa die gleiche sein wie bei anderen Regenpfeifern, also aus Insekten aller Art und deren Larven, kleinen Mollusken und Würmern bestehen. HANTZSCH stellte fest, daß sich Pluvialis dominica auf der Baffin-Insel auch von Käfern und Raupen ernährte, und bei BENT finden wir einen Hinweis, daß die Kleinen Goldregenpfeifer im Frühjahr wie im Herbst gern Krähenbeeren (Empetrum nigrum) und Moosbeeren (Vaccinium oxycoccus) aufnehmen.

Gattung Eudromias C. L. Brehm

Eudromias morinellus (Linné)
Mornellregenpfeifer (Tafel 5)

Am 10. Juni 1969 befand ich mich auf dem Snjerak-Fjäll oberhalb von Kvikkjokk in Schwedisch-Lappland. Die Berge lagen zum größten Teil noch schneebedeckt vor mir, und nur in den unteren Lagen oberhalb der Baumgrenze war der Schnee an einigen Stellen schon weggetaut. Auf einer dieser schneefreien Flächen sah ich drei Mornellregenpfeifer, ihrem Verhalten nach zu urteilen waren es zwei Männchen und ein Weibchen; die beiden Männchen stritten sich offensichtlich um das Weibchen. Weit und breit waren es in dieser Bergeinsamkeit die einzigen Vögel, die ich sah, und da ich Zeit hatte, setzte ich mich hin und beobachtete das Treiben der Mornellregenpfeifer mit meinem Zeiss-Glas. Anfang Juni beginnt in Lappland die Brutzeit des Mornellregenpfeifers, allerdings gehört viel Glück dazu, in diesem Gelände ein Gelege zu finden. Doch ich hatte Glück: Als ich weiterging, sah ich zufällig zwei Eier in einer flachen Bodenmulde liegen, und als ich tags darauf den Brutplatz wieder aufsuchte, hatte der Mornellregenpfeifer sein drittes Ei hinzugelegt und brütete fest. Wie schön wäre es, wenn sich alle Vögel uns Menschen gegenüber so verhielten wie dieser kleine Regenpfeifer! Wie leicht wäre es dann für uns, sie zu beobachten und zu photographieren. Es ist bekannt, daß der Mornellregenpfeifer fest auf seinem Gelege sitzen bleibt und sich beim Brüten durch die Anwesenheit eines Menschen nicht stören läßt. Nur wenn man ihm allzu nahe kommt, steht er auf und läuft in geduckter Haltung mit hängenden Flügeln und gefächerten Steuerfedern vom Nest weg, um so den Eindringling wegzulocken. Auch mir gegenüber verhielt er sich so. Aber ich blieb ruhig am Nest sitzen und wartete auf ihn. Es dauerte nur wenige Minuten, und er kehrte wieder zu seinem Gelege zurück.

Beschreibung Der Mornellregenpfeifer ist etwas größer als der Sandregenpfeifer und unterscheidet sich von den anderen kleineren Regenpfeifern im Brutkleid durch einen auffälligen weißen, bis zum Nacken reichenden Überaugenstreif, ferner durch die weiße Kehle und ein weißes halbkreisförmiges Band, das die graue Vorder- gegen die rostbraune Hinterbrust abgrenzt. Der Oberkopf ist schwarzbraun, die Oberseite graubraun mit hell rostfarbenen Säumen, der Bauch ist schwarz, zum Schwanz hin wieder weiß. Männchen und Weibchen gleichen sich im Gefieder.

Im Ruhekleid ähneln Männchen und Weibchen einem kleinen, oberseits dunklem Goldregenpfeifer, sie unterscheiden sich aber von diesem durch ihre geringere Größe, das mehr erdgraue Gefieder und den auch im Ruhekleid noch deutlich erkennbaren Überaugenstreif. Das Brustband ist im Ruhekleid nur angedeutet und der Bauch weiß. Das Jugendkleid ähnelt dem Ruhekleid der erwachsenen Vögel. Das Dunenjunge ist auf der Oberseite schwarz, rostgelb und weißlich gescheckt, die Stirn rahmweiß mit dunkler Mittellinie, der Überaugenstreif bereits deutlich erkennbar, der Nacken weißlich. Die Unterseite ist trüb weiß, und über die Brust verläuft ein rahmfarbenes Band.

Maße: Länge 215 mm, Flügel 153 mm, Schwanz 72 mm, Schnabel 15 mm, Füße 34 mm.

Feldkennzeichen Der Mornellregenpfeifer steht in der Größe etwa zwischen dem Gold- und dem Sandregenpfeifer. Außer an der typischen Regenpfeifergestalt und -haltung ist der Mornellregenpfeifer im Brutkleid an dem weißen bis zum Nakken reichenden Überaugenstreif, der grauen Vorder- und der rostbraunen Hinterbrust, die durch ein schmales weißes Band getrennt sind, zu erkennen. Auch im Ruhekleid sind der helle Überaugenstreif und das weißliche Brustband auf nähere Entfernung sichere Unterscheidungsmerkmale. Auf dem Zuge kommen sie nur in kleinen Flügen in offenem und trockenen Gelände vor. Ihre Stimme ist ein sanftes, flötendes „dürr“, dem oft ein gedämpftes „düt“ angehängt wird.

Verbreitung Das Brutgebiet des Mornellregenpfeifers ist dadurch gekennzeichnet, daß es in einige weit auseinanderliegende Areale zerfällt. Wir finden ihn in den Bergen Schottlands in Höhenlagen zwischen 1000 und 1300 m, selten niedriger, in Norwegen und Schweden südwärts bis Jämtland, im nördlichen Finnland und anschließend auf der Kola-Halbinsel.

In Mitteleuropa existieren einige isolierte Brutvorkommen in Österreich (Kärnten und Steiermark), in der Tschechoslowakei – hier brütete der Mornellregenpfeifer 1956 wieder im Riesengebirge (Krkonose) – in Rumänien und in der Schweiz (Ostalpen).

1952 wurde der Mornellregenpfeifer erstmals als Brutvogel für Italien nachgewiesen; VAUGHAN fand am 19. Juli ein Dunenjunges und beobachtete zwei Altvögel auf einer ausgedehnten Hochfläche des Majella-Massivs in den Abruzzen. Mitte Juni

1953 wurden von ihm dort nochmals zwei Paare festgestellt. HEINZE beobachtete dann am 25. Juli 1974 im gleichen Gebiet einen Mornellregenpfeifer mit einem Dunenjungen. Ein Jahr später, am 24. Juli 1975, wurden hier zwei Altvögel gesehen, die drei bzw. ein Junges führten. Diese Brutplätze liegen in etwa 2500 m Höhe.

Die größte Überraschung für die Ornithologen waren jedoch die Brutnachweise aus den Niederlanden; dort hat dieser Regenpfeifer ganz im Gegensatz zu dem sonst von ihm bewohnten Brutbiotopen, die in den Alpen zwischen 2300 und 2700 m Höhe liegen, von 1961 an fast alljährlich auf Kartoffelfeldern und teilweise unter dem Meeresspiegel liegenden Poldern gebrütet!

Anschließend an das europäische Brutgebiet finden wir den Mornellregenpfeifer im Ural, auf der Taimyr-Halbinsel, in den Tundren zwischen Lena und Jana in Ostsibirien sowie in Nordostsibirien von der Indigirka bis zur Tschuktschen-Halbinsel. Im Inneren Sibiriens treffen wir den Mornellregenpfeifer auf den Gebirgen vom Altai bis zum Baikal-See an. Schließlich befindet sich noch ein isoliertes Brutvorkommen bei Point Barrow in Alaska.

Biotop Dem Mornellregenpfeifer begegnen wir zur Brutzeit auf steinigen, kurzgrasigen Bergrücken; in Skandinavien brütet er auf den Fjälls, höher im Norden auch in der Tundra.

Brutbiologie Die Brutzeit des Mornellregenpfeifers beginnt frühestens Ende Mai, meist brütet er im Juni. In Schottland werden die frühesten Gelege gewöhnlich in der letzten Maiwoche oder

Brutgebiet des Mornellregenpfeifers

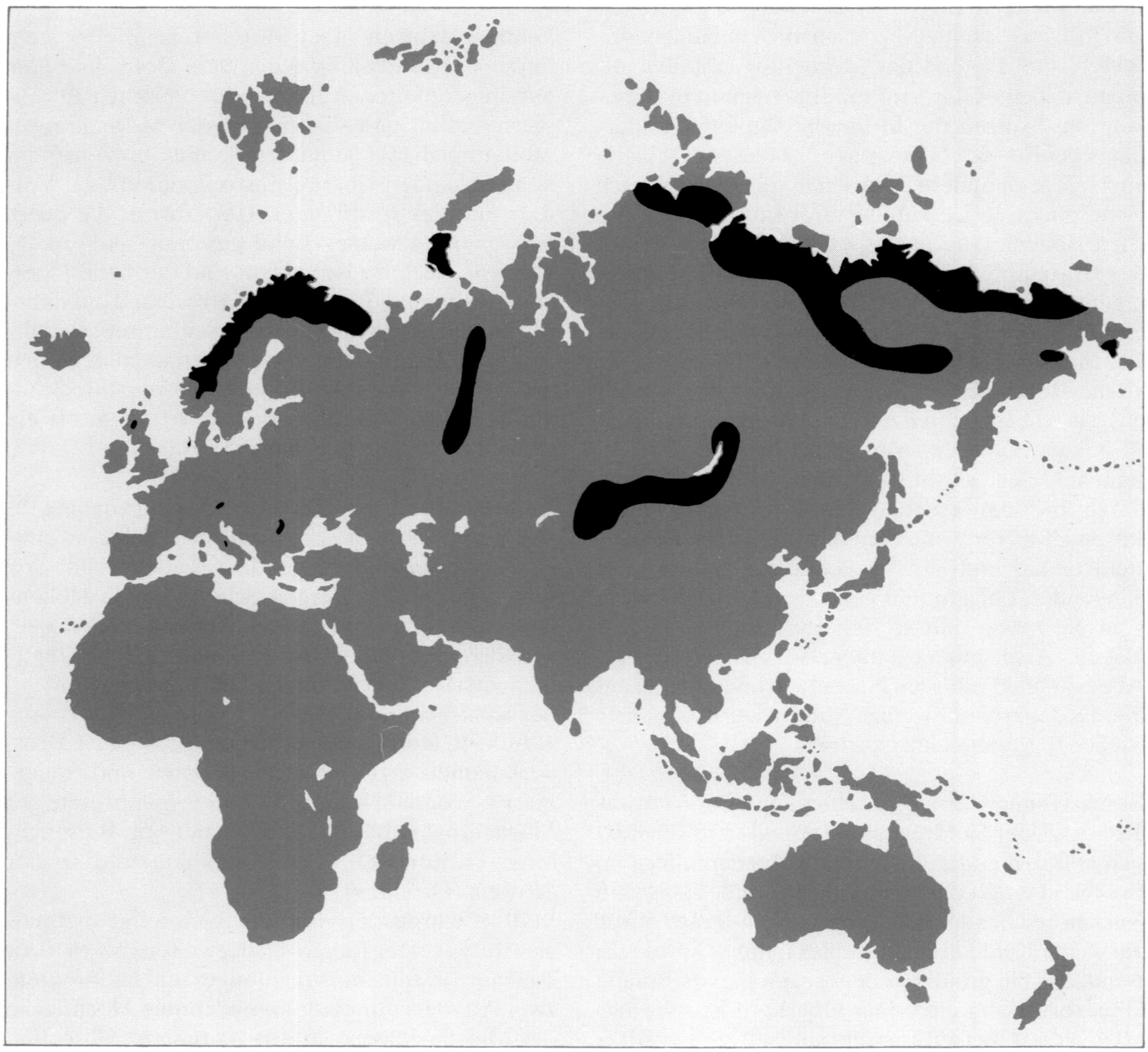

Anfang Juni gefunden, in Skandinavien und in den übrigen Brutgebieten der Art je nach ihrer Lage und den Witterungsbedingungen im Laufe des Juni.

Der Mornellregenpfeifer nistet völlig offen, doch ist er dank seiner Schutzfärbung – der weiße Überaugenstreif fällt bei dem ruhig auf seinem Gelege sitzenden Vogel nicht besonders auf – kaum zu sehen; in noch weit höherem Maße gilt das für die Eier, die durch Farbe und Zeichnung völlig mit ihrer Umgebung übereinstimmen. Das Nest ist eine ganz flache Mulde am Boden, die mit einigen trockenen Hälmchen, Blättern und Flechtenstückchen ausgelegt ist.

Die ovalen bis spitzovalen Eier sind auf olivbraunem, lehmbraunem oder hell tonfarbenem Grund unregelmäßig tief schwarzbraun gefleckt, vielfach häuft sich die Fleckung am stumpfen Pol. Die kleinen grauen Unterflecke treten wenig hervor.

105 in Schweden gefundene Eier des Mornellregenpfeifers messen nach ROSENIUS durchschnittlich 41,20 × 28,48 mm; Maxima 44,0 × 29,6 und 43,0 × 31,0 mm, Minima 37,8 × 28,3 und 42,0 × 27,0 mm. Die Frischvollmasse eines Eies beträgt 17 g, die Schalenmasse 0,73 g.

Das Gelege, das ausschließlich vom Männchen bebrütet wird, besteht aus drei Eiern; ausnahmsweise findet man auch nur zwei Eier, und nach JOURDAIN sollen auch Gelege mit vier Eiern vorgekommen sein. Die Eier werden im Abstand von 24 Stunden gelegt, gelegentlich auch im Abstand von 36 oder 48 Stunden.

Der Mornellregenpfeifer brütet nur einmal im Jahr; es ist sehr wahrscheinlich, daß er nachlegt, wenn ihm sein Gelege verlorengegangen ist. Die Bebrütung beginnt normalerweise nach Ablage des zweiten Eies; die Brutdauer schwankt je nach der Witterung zwischen $21^1/_2$ bis zu $25^1/_2$ Tagen, bei warmem Wetter ist sie naturgemäß kürzer als bei kaltem. Nach dem Schlüpfen bleiben die Jungen noch einen Tag im Nest und werden gehudert; die anschließende Führung übernimmt zum größten Teil das Männchen, gelegentlich soll sich auch das Weibchen daran beteiligen. Im Alter von etwa vier Wochen sind die Jungen flugfähig.

Wanderungen Der Mornellregenpfeifer verläßt seine Brutgebiete in Schottland, Skandinavien und der nördlichen Sowjetunion nach Beendigung der Brutzeit von etwa Ende Juli/Anfang August an und überwintert in den Halbwüsten des nördlichen Afrika und des Nahen Ostens, selten schon in Südeuropa. In Mitteleuropa können wir durchziehende Mornellregenpfeifer von Ende April an und im Mai, und dann wieder von Ende Juli bis Oktober beobachten. Gelegentlich wurden Mornellregenpfeifer auf den Kanarischen Inseln, Madeira, Sachalin, den Kurilen, in Japan und im westlichen Alaska nachgewiesen. Als Irrgast wurde er auf den Färöern und im westlichen Washington in den Vereinigten Staaten festgestellt.

Nahrung Der Mornellregenpfeifer ernährt sich vor allem von Insekten aller Art, besonders Käfern, ferner Spinnen und auf dem Zuge auch von kleinen Mollusken, gelegentlich von pflanzlichen Stoffen wie Sämereien und anderen.

Gattung Arenaria Brisson

Arenaria interpres (Linné)

Steinwälzer (Tafel 5)

Erstmals begegnete ich den bunten Steinwälzern an ihrem Brutplatz, als wir am XII. Internationalen Ornithologen-Kongreß in Helsinki teilnahmen und wir anschließend von finnischen Freunden hinaus auf die in den Schären an der Südwestküste Finnlands liegende Insel Pentala eingeladen wurden. Von hier aus besuchten wir die Außenschären, von denen fast jede ein kleines Vogelparadies für sich ist. Auf Vargen, einem dieser felsigen Eilande, trafen wir außer einigen Reiherenten, Flußseeschwalben, Rotschenkeln und Sturmmöwen auch drei Paar Steinwälzer an, deren Nester bereits – es war der 18. Juni – schlüpfreife Gelege enthielten. So war es nicht schwierig, von den um ihre Brut besorgten Altvögeln einige Aufnahmen zu machen. Als wir anderntags noch einmal nach Vargen hinüberruderten, waren in einem der Nester die Jungen bereits geschlüpft. Sie folgten ihren Eltern schon an ihrem ersten Lebenstag über die steinige Insel, und es war erstaunlich zu sehen, wie diese kleinen Dunenbällchen die großen Granitblöcke überquerten.

Beschreibung Der Steinwälzer ist im Brutkleid sofort an seiner auffälligen und buntgescheckten Zeichnung zu erkennen, und auch im Ruhekleid ist die Bestimmung dieses etwas gedrungen wirkenden und kurzbeinigen Vogels nicht schwer.

Kopf, Hals und Brust sind beim Männchen schwarz-weiß gescheckt, besonders auffällig ist ein breites schwarzes Brustband. Die Oberseite ist rotbraun mit schwarzen Federpartien, der schwarze Schnabel und die orangegelben Füße sind auffallend kurz. Im Flug kommen die weißen Flügelbinden und der weiße Hinterrücken besonders zur

Geltung. Das Weibchen gleicht dem Männchen, nur ist die Zeichnung nicht so lebhaft.

Im Ruhekleid sind Männchen und Weibchen bis auf die weiße Kehle und den weißen Bauch schwarzbraun mit weißlichen Federsäumen. Das Jugendkleid ähnelt dem Ruhekleid der Altvögel, doch haben die Federn blaß rostgelbe Säume, die an den Oberflügeldecken besonders breit sind, auch das Kropfschild ist an den Seiten größtenteils rostgelblich.

Beim Dunenjungen sind Oberkopf, Hinterhals und die übrige Oberseite rahmweißlich mit schwarzen Fleckchen, die Halsseiten sind grau, auf dem Kopf befindet sich ein hellaschgrauer Fleck, die Zügel weisen einen schwarzen Streif auf, die Unterseite ist weiß.

Maße: Länge 230 mm, Flügel 155 mm, Schwanz 66 mm, Füße 27 mm, Schnabel 22 mm.

Feldkennzeichen Der Steinwälzer ist ein gedrungen wirkender, regenpfeiferartiger Vogel, etwa so groß wie der Mornellregenpfeifer. Im Brutkleid sind Kopf und Hals auffällig schwarz-weiß gekennzeichnet, die Oberseite ist rostbraun und schwarz, die Unterseite weiß. Der Schwanz ist weiß mit schwarzer Endbinde. Steinwälzer sind wenig ruffreudig, man hört von ihnen ein hohes hartes „khikhikikikik", erregt rufen sie „tjück tjück tjück rürrrürrürrür".

Verbreitung Der Steinwälzer ist eine zirkumpolar verbreitete Art, die wir im nördlichen Amerika, in Grönland, Europa, Asien und den diesen Festlandsmassen vorgelagerten Inseln und Inselgruppen antreffen. In Nordamerika brütet vom nordöstlichen Alaska bis zur Southampton-Insel und im westlichen Baffin-Land die Unterart Arenaria interpres morinella (Linné), in allen übrigen Gebieten hingegen die Nominatform Arenaria i. interpres (Linné). Das Brutgebiet des Steinwälzers reicht in Nordamerika bis hinauf nach Ellesmere Island, von der Nordküste Grönlands an der Westküste südwärts bis zum Thule-Distrikt, an der Ostküste südwärts bis zum Scoresby-Sund. Merkwürdigerweise fehlt der Steinwälzer als Brutvogel auf Island, brütet aber auf Spitzbergen und an allen Küsten Skandinaviens einschließlich Finnlands und an der Nordküste der Estnischen Sozialistischen Sowjetrepublik.

Die südlichsten Brutplätze des Steinwälzers liegen an der dänischen Nordküste. Um die Mitte des vorigen Jahrhunderts war der Steinwälzer noch Brutvogel an der südlichen Ostseeküste; 12 Exemplare, unter denen sich drei Dunenjunge befanden, wurden auf Hiddensee und auf der Insel Rügen (Bug, Wittow, Ummanz) gesammelt und gelangten in das Museum in Greifswald. Die 22 Eier dieser Art, die 1853 gleichfalls an das Museum abgegeben wurden, dürften wahrscheinlich von den gleichen Fundorten stammen. Noch 1892 brütete der Steinwälzer auf der Insel Vilm, 1914 und 1915 auf der Insel Heuwiese bei Rügen und bis 1918 auf der Insel Hiddensee.

Von den nordeuropäischen Küsten setzt sich das Brutgebiet ostwärts an den Küsten der Sowjetunion bis nach Nordostsibirien fort und reicht hier bis zum Kap Oljutorskij am Bering-Meer. Auch auf den den Küsten West- und Ostsibiriens vorgelagerten Inseln trifft man den Steinwälzer zur Brutzeit an. Jenseits der Bering-Straße setzt sich das Brutgebiet im nordwestlichen Alaska fort; hier reicht es von Point Barrow südwärts bis zur Yukon-Mündung. Weiter östlich schließt sich das Brutgebiet von Arenaria interpres morinella an.

Tafel 7

Stiftbekassine, Gallinago stenura, (S. 103)
① ♂ *und* ② ♀;
Bekassine, Gallinago gallinago, (S. 105)
③ *bis* ⑤ ♂ *und* ♀; ⑥ *und* ⑦ *Dunenjunge;*
Doppelschnepfe, Gallinago media, (S. 107)
⑧ ♂ *und* ⑨ ♀; ⑩ *Dunenjunges;*
Zwergschnepfe, Lymnocryptes minimus, (S. 111)
⑪ ♂ *und* ⑫ ♀; ⑬ *Dunenjunges*

Tafel 8

Langschnabel-Schlammläufer,
Limnodromus scolopaceus, (S. 101)
① ♂ *und* ② ♀ *im Brutkleid;*
③ ♂ *bzw.* ♀ *im Ruhekleid;*
Kurzschnabel-Schlammläufer,
Limnodromus griseus, (S. 100)
④ ♂ *und* ⑤ ♀ *im Brutkleid;*
⑥ ♂ *und* ⑦ ♀ *im Ruhekleid;*
Waldschnepfe, Scolopax rusticola, (S. 113)
⑧ *und* ⑨ ♂ ; ⑩ ♀ ; ⑪ *bis* ⑬ *Dunenjunge*

Biotop Der Steinwälzer kommt vor allem an steinigen trockenen Festlandküsten vor, gern brütet er auch auf kleinen, der Küste vorgelagerten Inseln, wie etwa den Schären Schwedens und Finnlands, die nur eine spärliche Vegetation aufweisen. In Grönland brütet die Art auch auf trockenen steinigen Ebenen in oft erheblicher Entfernung von der Küste. Auch in Europa und Asien brütet der Steinwälzer ausnahmsweise einmal im Binnenland, wie etwa am Vänern in Schweden, im hohen Norden auch auf den Geröllbänken von Flüssen und deren Mündungen, auch hier oft einige Kilometer von der Küste entfernt.

Brutbiologie Die Brutzeit ist je nach der Lage des Brutgebiets verschieden; in Schweden werden die ersten Gelege Ende Mai gefunden, höher im Norden Anfang bis Mitte Juni und in den arktischen Gebieten von Mitte Juni an bis Juli.

Der Steinwälzer brütet meist in unmittelbarer Nähe der Küste, bisweilen auch einige tausend Meter landeinwärts. Bevorzugt werden kleinere der Küste vorgelagerte Inseln und ganz offensichtlich auch die Nähe von Brutsiedlungen der Küstenseeschwalbe. DURANGO beobachtete das an der schwedischen Küste und LØVENSKIOLD auf Spitzbergen. Durch die Seeschwalben, die jeden Eindringling in den Bereich ihres Brutplatzes energisch angreifen, wird den in ihrer Nähe brütenden Steinwälzern offenbar ein gewisser Schutz zuteil.

Die Nester werden gern im Schutz eines Felsblocks oder – sofern das noch möglich ist – von höherer Vegetation angelegt. Auf einer kleinen Insel vor der Südwestküste Finnlands entdeckte ich das Nest unter einer angeschwemmten, flachen Kiste, und JOURDAIN fand einmal ein Gelege in der Höhle eines Papageitauchers. Im hohen Norden liegen die Nester oft freier auf dem steinigen Untergrund. Das Nest ist eine flache und mit einigen trockenen Halmen, Stengelchen, Blättchen und Flechten ausgelegte Mulde.

Das Gelege besteht aus vier sehr charakteristischen Eiern, die sich mit keinem Ei anderer in Europa brütenden Limikolen vewechseln lassen. Die Eier sind spitzoval bis leicht kreiselförmig und auf hell grünlichgrauem, seltener olivfarbenem Grund braun gezeichnet. Flecke, Kritzel und Pünktchen bedecken die Oberfläche und häufen sich am stumpfen Pol, an dem sich bei manchen Eiern noch vereinzelte schwarzbraune Flecke und Kritzel finden. Die Unterflecke bestehen aus zahlreichen größeren und kleineren graubraunen, hell- und dunkelgrauen Flecken und Wischern.

249 aus Schweden stammende Eier weisen nach ROSENIUS folgende Maße auf: 41,79 × 29,79 mm, Maxima: 47,3 × 28,3 und 43,0 × 31,1 mm, Minima: 36,2 × 29,0 und 44,0 × 27,1 mm. Die Frischvollmasse beträgt 18 g, die durchschnittliche Schalenmasse 0,94 g.

Die Eier werden wahrscheinlich im Abstand von 24 Stunden gelegt. Der Steinwälzer brütet nur einmal im Jahr; wahrscheinlich legt er nach, wenn das erste Gelege verlorengeht. Nach meinen Beobachtungen beginnt die Bebrütung des Geleges, an der sich Männchen und Weibchen – dieses jedoch überwiegend – beteiligen, nach Ablage des letzten Eies. Die Brutdauer beträgt 22 bis 23 Tage. Die Jungen verlassen bald nach dem Schlüpfen das Nest und werden von beiden Eltern geführt; mit etwa 25 Tagen sind sie selbständig.

Wanderungen Diesem ausgedehnten Brutgebiet entspricht ein ebenso riesiges Überwinterungsgebiet, denn wir finden den Steinwälzer außerhalb der Brutzeit an den Küsten aller Erdteile und den vorgelagerten Inseln.

Die nordamerikanischen und vielleicht auch ein Teil der im nordöstlichen Sibirien beheimateten Steinwälzer ziehen an der Westküste Nordamerikas entlang und überwintern von Kalifornien bis Mexiko, möglicherweise auch weiter südwärts bis Chile. Steinwälzer aus den im Nordosten Kanadas und auf Grönland gelegenen Brutgebieten ziehen über den Nordatlantik und überwintern zum Teil schon auf Island und den Britischen Inseln. Zum großen Teil ziehen aber die Steinwälzer weiter und überwintern an den Küsten Afrikas und auf den Atlantischen Inseln, an den Küsten Süd- und Südostasiens, auf den Inselgruppen des Indischen Ozeans, und sogar an den Küsten Australiens und Neuseelands. Auch die Inselgruppen im Pazifik gehören mit zu den Überwinterungsgebieten des Steinwälzers, und wir finden ihn hier auf den Hawaii-Inseln, Taiwan und auf den Philippinen. Gelegentlich kommt es wie bei anderen Arten vor, daß Steinwälzer im Brutkleid in ihren Überwinterungsgebieten übersommern und nicht brüten.

An der südlichen Nord- und Ostseeküste zieht der Steinwälzer von April bis Anfang Juni durch; Ende Juli setzt bereits wieder der Herbstzug ein, der bis Oktober anhält. Im Binnenland wird er nur selten beobachtet. Manche Steinwälzer überwintern auch an unseren Küsten.

Auf den Britischen Inseln erscheinen die ersten Durchzügler und Wintergäste Mitte Juli, der Durchzug hält bis Mitte Oktober an, am stärksten ist er von Mitte August bis Ende September. Unter den ersten Ankömmlingen überwiegen Altvögel; manche von diesen mögen Vögel sein, die nicht gebrütet und die Brutzeit südlich ihrer Brutgebiete verbracht haben. In Großbritannien verläuft der Zug sowohl an der West- und Ostküste entlang wie auch durchs Binnenland. An der englischen Südküste setzt der Abzug der Durchzügler Mitte August ein und hält bis November an. Eine nicht geringe Anzahl von Steinwälzern überwintert auch auf den Britischen Inseln. Von Mitte März bis Anfang April setzt bereits wieder der Rückzug ein. Im Mai erreicht der Durchzug seinen Höhepunkt und endet Anfang Juni.

Ein Exemplar von Arenaria interpres morinella (s. Verbreitung) wurde am 30. Juni 1971 im Mündungsgebiet des Medway in Kent, England, von J. M. HARRISON gesammelt; das ist der zweite Nachweis dieser nordamerikanischen Unterart für Europa.

Nahrung Der Steinwälzer ernährt sich sowohl in seinen Brutgebieten als auch in seinen Überwinterungsgebieten hauptsächlich von Insekten aller Art, von Crustaceen, besonders Gammariden, die er geschickt durch Umdrehen von Steinen und angeschwemmten Tang erlangt; ferner von kleinen Mollusken, gelegentlich auch von Sämereien und Teilen von Algen sowie Aas.

Brutgebiet des Steinwälzers

Familie Scolopacidae

Gattung Limnodromus Wied

Limnodromus griseus (Gmelin)

Kurzschnabel-Schlammläufer (Tafel 8)

Schlammläufer sind schnepfenartige Vögel von der Größe der Bekassine mit einem langen geraden Schnabel. Zu der Gattung Limnodromus gehören drei Arten; eine Art, Limnodromus griseus (GMELIN), ist in ihrem Vorkommen auf das subarktische Kanada beschränkt. Eine zweite Art, Limnodromus scolopaceus (SAY), brütet im nordöstlichen Sibirien, in Alaska und im nordwestlichen Kanada. Die Unterschiede zwischen beiden Arten hinsichtlich der Schnabellänge, Körpergröße, Flügellänge und Gefiederfärbung sind gering; große Unterschiede indessen bestehen in der Stimme und in den von beiden Arten bevorzugten Biotopen. Unter günstigen Umständen können einige, jedoch nicht alle Schlammläufer im Felde sicher bestimmt werden. Über die Brutgebiete einer dritten Art, Limnodromus semipalmatus (BLYTH), sind wir auch heute noch ungenügend unterrichtet, und man weiß nur so viel, daß die Art an einigen Stellen in Westsibirien, Transbaikalien und im nordöstlichen China brütet. Die beiden erstgenannten Arten wurden als Irrgäste in Europa festgestellt.

Beschreibung Die Oberseite ist beim Männchen und Weibchen im Brutkleid schwarzbraun, mit breiten rostfarbenen Säumen. Hinterrücken und Bürzel sind weiß, dieser jedoch mit einigen rundlichen schwarzen Flecken. Allerdings fällt das Weiß vom Hinterrücken und Bürzel bei angelegten Flügeln kaum auf, um so mehr aber im Flug. Die Oberschwanzdecken und Steuerfedern sind weiß mit schwarzen Querbinden, die Flügel dunkelbraun. Die Unterseite ist bis auf den weißen Bauch überwiegend hell rostrot, an der Brust mit einigen schwarzen Federn untermischt, die Flanken sind schwarz quergebändert.

Im Ruhekleid ist die Oberseite graubraun, die Unterseite weiß, dunkelbraun gefleckt; Vorderhals, Kropf und Seiten sind bräunlichgrau, Hinterrücken und Bürzel wie im Brutkleid weiß. Im Jugendkleid sieht Limnodromus griseus oberseits fast wie im Brutkleid aus, die Steuerfedern haben jedoch rostrote Spitzen. Die Unterseite ist weiß, die dunkelbraune Fleckung jedoch rostgelb verwaschen.

Maße: Länge 285 mm, Flügel 146 mm, Schwanz 53 mm, Schnabel 56 mm (Männchen) bis 59 mm (Weibchen), Füße 35 mm.

Feldkennzeichen Durch den langen und geraden schnepfenartigen Schnabel und den weit hinaufreichenden weißen Hinterrücken und Bürzel unterscheidet sich der Kurzschnabel-Schlammläufer in allen Kleidern von ähnlichen Limikolen. In der Größe entspricht er etwa unserer Bekassine, an die er auch in seinem Gesamtaussehen erinnert. Im übrigen sind die Schlammläufer die einzigen schnepfenartigen Vögel, denen man auch zur Brutzeit am offenen Strand begegnen kann, wo sie sich auf den nackten Schlickflächen aufhalten.

Der Kurzschnabel-Schlammläufer ruft sehr schnell metallisch klingend „tü-tü-tü"; bisweilen hört man auch einzelne dünne „kik!!-Rufe, die gelegentlich wiederholt werden können. Auf dem Herbstzug läßt er nach NISBET ein dreifaches „küt küt küt" oder „chü chü chü" hören.

Verbreitung Der Kurzschnabel-Schlammläufer brütet in den Küstengebieten des südlichen Alaska, im südlichen Mackenzie sowie in den nördlichen Teilen von Alberta, Saskatschewan und Manitoba.

Biotop Schlammläufer haben offensichtlich eine Vorliebe für Schlick- und Sandflächen an den Küsten; im Binnenland begegnen wir ihnen an sumpfigen Ufern und Buchten größerer und kleinerer stehender Gewässer mit niedriger Vegetation. Auf dem Zug bevorzugt der Kurzschnabel-Schlammläufer nach NISBET offene Schlickflächen an der Küste; hier ist er oft in Gesellschaft von Kiebitzregenpfeifern, Sand- und Alpenstrand-

Brutgebiet des Kurzschnabel-Schlammläufers

läufern anzutreffen. In den Überwinterungsgebieten hält er sich an den flachen schlammigen Rändern von Gewässern auf, ganz gleich, ob diese Süßwasser, Brack- oder Salzwasser enthalten.

Brutbiologie Das Nest ist eine flache, mit trokkenen Gräsern und Moos ausgelegte Mulde an einer trockenen Stelle in der nassen Grastundra oder, weiter im Süden, auf einer tundraähnlichen Waldblöße inmitten der Wälder. Die vier Eier, die man im Juni findet, ähneln denen der Bekassine und sind auf grünlichem bis olivbräunlichem Grund kräftig dunkelbraun gefleckt. 18 Eier messen nach BENT 40,8×29,2 mm; Maxima: 44,0×29,5 und 41,0×30,3 mm; Minima: 38,2×28,5 und 38,7×27,7 mm. Die Frischvollmasse beträgt 17,5 g und die durchschnittliche Schalenmasse 0,93 g. Die Brutdauer beträgt 21 Tage. Wir wissen noch nicht, ob das Gelege vom Männchen und Weibchen oder allein vom Weibchen bebrütet wird.

Wanderungen Der Kurzschnabel-Schlammläufer überwintert in den südlichen Gebieten der Vereinigten Staaten von Kalifornien ostwärts bis zur Küste von Südkarolina, und von da an südwärts durch Mittelamerika bis zum nordwestlichen Peru und dem mittleren Brasilien. Der Zug verläuft je nach der Lage der Brutgebiete an der West- wie auch an der Ostküste Nordamerikas entlang und auch quer durch den Kontinent.

Als Irrgast wurde der Kurzschnabel-Schlammläufer auf den Bermudas, in Frankreich, Schweden und Norwegen nachgewiesen (Erstnachweis: Am 6. Juli 1971 wurde ein Exemplar auf Vardö, Finnmark, beobachtet). Auf den Britischen Inseln und Irland wurden bis 1971 mindestens 83 Schlammläufer festgestellt, von denen 13 sichere „griseus“ waren. Die Mehrzahl der nicht absolut sicheren Schlammläufer-Nachweise dürfte wahrscheinlich auf Limnodromus scolopaceus entfallen. Den ersten Kurzschnabel-Schlammläufer in der BRD sah ein amerikanischer Ornithologe, und so dürfen wir sicher sein, daß hier keine Fehlbestimmung vorliegt. Am 9. Mai beobachtete HODGE drei „Short-billed Dowitcher“ auf der Nordseeinsel Wangerooge (M. HODGE briefl.).

Nahrung Über die Nahrung gibt uns BENT ausführliche Hinweise, er schreibt: „Verschiedene Beobachter haben festgestellt, daß sich der Kurzschnabel-Schlammläufer von Heuschrecken, Käfern, Fliegen, Grillen, Austernwürmern und anderen marinen Würmern, Blutegeln, Wasserwanzen, Fischlaich, kleinen Mollusken, Samen von Wasserpflanzen und Würzelchen von Aalgras ernährt.

Limnodromus scolopaceus (Say)
Langschnabel-Schlammläufer (Tafel 8)

Die beiden Schlammläufer, Limnodromus griseus und Limnodromus scolopaceus, sehen sich außerordentlich ähnlich und können sowohl im Brut- wie auch im Ruhekleid leicht miteinander verwechselt werden. Es ist schwierig, wenn nicht bisweilen sogar unmöglich, beide Arten mit Sicherheit im Feld zu unterscheiden, da alle Merkmale ineinander übergehen, es sei denn, man hat unter besonders günstigen Umständen sehr typische Exemplare der einen oder anderen Art vor sich. Auf ein sicheres Merkmal zur Unterscheidung beider Arten weist NISBET hin, und zwar sind es die für beide Arten sehr charakteristischen Rufe, die man von ihnen auf dem Herbstdurchzug zu hören bekommt. Ein fliegender Kurzschnabel-Schlammläufer ruft einzeln, oft aber auch dreifach „küt küt küt“, ein Ruf, der an den des Grünschenkels erinnert. Ganz anders klingt nach NISBET der Ruf des Langschnabel-Schlammläufers, er ist ein schrilles, langgezogenes, oft drei- oder mehrfach wiederholtes „Kiiik“. Ausgezeichnete Kenner beider Schlammläufer sagen, daß sie nie einem Schlammläufer – Limnodromus griseus oder scolopaceus – begegnet wären, von dem sie die Stimmen beider Arten vernommen hätten.

Beschreibung Auch bei diesem Schlammläufer gleichen sich Männchen und Weibchen im Brut- und Ruhekleid. Der Langschnabel-Schlammläufer ist etwas größer und langschnäbliger als der Kurzschnabel-Schlammläufer, allerdings sind das Merkmale, die für die Bestimmung im freien Feld kaum brauchbar sind. Limnodromus scolopaceus ähnelt in allen Kleidern weitgehend seinem etwas kleineren Verwandten. Wenn wir Schlammläufer im Brutkleid vor uns haben, deren Brustseiten deutlich gebändert und nicht gefleckt sind und deren Schnabel auffällig lang ist, so sind es sicher Langschnabel-Schlammläufer. Schlammläufer mit auffallend viel Weiß am Bauch, ohne gebänderte Brustseiten und mit einem etwas kürzeren Schnabel sind Kurzschnabel-Schlammläufer. Allerdings ist zu beachten, daß bei beiden Arten die Flanken und Seiten gebändert sind. Im Ruhekleid gleichen sich beide fast völlig, und nur unter ganz besonders günstigen Umständen sieht man, daß die Steuerfedern beim Langschnabel-Schlammläufer feiner gebändert sind.

Maße: Länge 292 mm, Flügel 142 mm, Schwanz 55 mm, Schnabel 61 mm (Männchen) bis 72 mm (Weibchen), Füße 37 mm.

Langschnabel-Schlammläufer, Limnodromus scolopaceus
(nach einer Aufnahme von B. J. Widden, Dorset/Somerset, Oktober 1977)

Feldkennzeichen Da die beiden Schlammläufer feldornithologisch nur sehr schwer zu unterscheiden sind, gelten für den Langschnabel-Schlammläufer die bereits beim Kurzschnabel-Schlammläufer genannten Merkmale, vor allem also der lange, gerade, schnepfenartige Schnabel und das im Brutkleid überwiegend rostrote, im Ruhekleid mehr graue Gefieder. Zur Unterscheidung beider Arten sei auf ihre Beschreibungen und auf die Abbildungen verwiesen. Die Stimme ist gewöhnlich ein schrilles, langgezogenes „kiiik", bisweilen drei- oder mehrfach wiederholt.

Verbreitung Der Langschnabel-Schlammläufer brütet auf der Tschuktschen-Halbinsel im nordöstlichen Sibirien und anschließend in Alaska; hier begegnen wir ihm in den nordwestlichen Küstengebieten von der Hooper Bai bis Point Barrow, südwärts bis zur Goodnews Bai und Mackenzie.

Biotop Der Langschnabel-Schlammläufer brütet in der nassen, arktischen Tundra, meist in der Nähe stehender Gewässer. In seinen amerikanischen Durchzugs- und Überwinterungsgebieten bevorzugt Limnodromus scolopaceus nach PITELKA ganz entschieden Süßwasserbiotope, also Teiche mit Schlammböden, während Limnodromus griseus überwiegend auf Schlickflächen von Brack- und Salzwasser vorkommt.

Brutbiologie Über die Brutbiologie des Langschnabel-Schlammläufers ist nur wenig bekannt. Das Nest steht in der mit feuchtem Moos und wenigen Seggen bedeckten Tundra in der Nähe einer Wasserlache und ist lediglich eine in den Boden gedrückte Vertiefung, deren Grund meist naß ist. Der Innendurchmesser von drei Nestern betrug 10 bis 12 cm (DEMENTIEW und GLADKOW). Die kreiselförmigen, ganz matt glänzenden Eier variieren in Grundfarbe und Zeichnungscharakter beträchtlich. Auf hell lehmbräunlichem oder licht olivgrünlichem Grund sind die Eier mäßig stark gefleckt. Die ziemlich großen braunen und dunkelbraunen unregelmäßigen Flecke nehmen an Größe und Dichte zum stumpfen Pol hin zu; hellgraue, grauviolette und violettbräunliche große Unterflecke sind deutlich sichtbar. In ihrem Gesamtcharakter erinnern die Eier von Limnodromus scolopaceus mehr an manche Varietäten von Arenaria interpres und Philomachus pugnax und kaum an Eier von Gallinago gallinago. Das aus vier Eiern bestehende Gelege wird in Alaska und im arktischen Kanada von Ende Mai bis Anfang Juli gefunden. Die sechs Gelege meiner Sammlung wurden zwischen dem 12. Juni und 1. Juli im nordöstlichen Sibirien (Indigirka- und Kolyma-Mündungsgebiet, Tschuktschen-Halbinsel, Anadyr-Land) gesammelt; weitere 20 Eier untersuchte ich im Zoologischen Museum der Universität Moskau. Diese 44 Eier messen und wiegen im Durchschnitt: D_{44}: 44,18 × 30,90 mm; Maxima: 46,8 × 30,7 und 43,9 × 32,0 mm, Minima: 41,6 × 29,9 und 44,3 × 29,0 mm; g: 0,96 g (1,15 – 0,85 g). Nach BENT messen 79 Eier 41,8 × 28,9 mm; Maxima: 45,5 × 30,5 und 44,0 × 32,0 mm; Minima: 37,5 × 29,2 und 39,4 × 26,3 mm. BRANDT (bei DEMENTIEW und GLADKOW) gibt für zwölf an der Nordwest- und Westküste Alaskas gesammelte Eier 43,18 × 30,73 mm an; diese Maße stimmen gut mit den von mir angegebenen überein. Das

Gelege wird zunächst von beiden Partnern, später vom Männchen allein bebrütet; die Brutdauer beträgt 20 Tage.

Wanderungen Der Langschnabel-Schlammläufer überwintert im südlichen Nordamerika vom mittleren Kalifornien ostwärts bis Florida und möglicherweise auch auf den Antillen, ferner in Mittelamerika von Mexiko bis Guatemala. Der Zug verläuft hauptsächlich durch die westliche Hälfte Nordamerikas, in geringer Zahl wird er auf dem Herbstzug auch an der Atlantikküste südlich von Neu-Schottland festgestellt. Als Irrgast wurde Limnodromus scolopaceus auf den Britischen Inseln und in Irland, in Norwegen (am 26. Oktober 1969 wurde ein Weibchen auf Jaeren erlegt; das ist der erste Nachweis für Norwegen) sowie in Schweden und Dänemark nachgewiesen. Vom 4. bis zum 7. September 1971 hielt sich ein Langschnabel-Schlammläufer am Lauwersmeer in Friesland auf und wurde damit erstmals für die Niederlande nachgewiesen. Vom 26. bis zum 29. August 1978 wurde dieser Schlammläufer bei Halmstad im südwestlichen Schweden beobachtet (BLIDBERG).

Nahrung Die Nahrung dürfte etwa die gleiche sein wie beim Kurzschnabel-Schlammläufer, vor allem also Insekten aller Art und deren Larvenformen; gelegentlich werden auch Crustaceen und Mollusken aufgenommen, an den Brutplätzen bei Mangel an tierischer Nahrung auch Sämereien.

Gattung Gallinago Brisson

Gallinago stenura (Bonaparte)
Stiftbekassine (Tafel 7)

Die Stiftbekassine wurde erst vor einigen Jahren in die Liste der europäischen Brutvögel aufgenommen; die Forschungen von GLADKOW und USPENSKI, die sie 1958 in den Tundren des nordöstlichsten Europa, und zwar in der Bolschesemelskaja Tundra durchführten, ergaben, daß die Stiftbekassine auch westlich des Ural-Gebirges vorkommt. Allerdings darf wohl angenommen werden, daß die Stiftbekassine nicht erst seit kurzer Zeit, sondern schon von jeher dort ansässig war.

Beschreibung Die Stiftbekassine gleicht der gewöhnlichen Bekassine in der Größe, und auch in der Gefiederfärbung ist sie ihr sehr ähnlich, nur etwas dunkler, mit weniger Weiß auf den Flügeln. Im freien Feld sind beide Arten kaum zu unterscheiden, es sei denn durch die (allerdings nur sehr wenig verschiedene) Stimme und durch den langsameren Flug der Stiftbekassine. Hat man dagegen eine Stiftbekassine in der Hand, so ist die Bestimmung leicht: Während der Schwanz bei der Bekassine normalerweise aus 14 Steuerfedern be-

Brutgebiet des Langschnabel-Schlammläufers

Brutgebiet der Stiftbekassine

steht, besitzt die Stiftbekassine 26 Steuerfedern, und zwar zehn normal breite, die beiderseits von je acht ganz schmalen stiftförmigen und nur einem bis einundeinhalb Millimeter breiten, steifen Federchen eingefaßt werden. Männchen und Weibchen gleichen sich im Gefieder; das Ruhekleid gleicht dem Brutkleid, das Jugendkleid ist vom Alterskleid nicht wesentlich verschieden.

Maße: Länge 270 mm, Flügel 132 mm, Schwanz 50 mm, Schnabel 62 mm, Füße 25 mm.

Feldkennzeichen Stiftbekassine und Bekassine können nebeneinander vorkommen, und da sich beide Arten sehr ähnlich sehen, ist eine sichere Unterscheidung sehr schwierig. Nach HARTERT hält sich die Stiftbekassine auch auf trockenem Boden auf, der Flug ist nicht so rasch und gewandt wie der der Bekassine. Der Balzflug gleicht nach den Beobachtungen GLADKOWS und USPENSKIS dem der Bekassine, wird aber nicht von „Meckern“, sondern von einem eigenartig dröhnenden „Surren“ begleitet, das aber nur am niedrigsten Punkt der Sturzflugbahn zu hören ist. Von auffliegenden Stiftbekassinen hört man dasselbe „ätsch“ wie bei der Bekassine.

Verbreitung Die Stiftbekassine bewohnt die nördliche Sowjetunion von den Tundren westlich des Ural quer durch das nördliche Sibirien bis zum Anadyr-Gebiet, nordwärts bis zur Halbinsel Jamal und zum Unterlauf der Lena, im Südwesten bis zur Turkmenischen SSR und von da über den Alatau, den Altai, Tannu-ola und Transbaikalien bis zum Ussuri-Gebiet. Nach PETERS soll die Stiftbekassine noch am oberen Huanghe und nach BAKER auch in den Bergen von Cachar (Indien) vorkommen.

„Lange Zeit kannte man die Stiftbekassine nur aus der Taiga östlich des Jenissej", schreiben GLADKOW und USPENSKI. „In den letzten Jahren wurde aber festgestellt, daß dieser Vogel viel weiter westlich und auch im Bereich der nördlichen Tundra vorkommt. So nistet er an den Flüssen Jeloguj und Taz, ist aber 1939 von KUTSCHERUK und DUNAJEWA auch im südlichen Jamal an der Schtschutschja nistend angetroffen worden. Bereits 1916 wurde ein Nestling dieser Art am Nachym gefunden. 1939 wurde ein Vogel dieser Art im Quellgebiet des Sobj und ein brütendes Weibchen am Oberlauf der Suchaja Synja erbeutet. Nach PORTENKO hat sich die Westgrenze dieser Art bis in die östlichen Teile des Nordural verschoben. Damit schien die russische Benennung „Asiatische Bekassine" gerechtfertigt, denn sie ist in Sibirien vom Nord-Ural an bis zum Mittellauf des Anadyr und zu den Küsten des Ochotskischen Meeres verbreitet. Auch die Nordgrenze mußte revidiert werden: Gallinago stenura kommt am Meridian der Lena fast bis zum 72.° n. Br. vor."

1958 wurde die Stiftbekassine von GLADKOW an den linken Nebenflüssen des Syr-Jacha, etwa 50 km nördlich von Workuta, und von USPENSKI etwas westlicher, am Oberlauf der Korotaicha, etwa bei 63.° ö. L. entdeckt.

Biotop Nach GROTE ist die Stiftbekassine ein charakteristischer Bewohner der Taiga; sie bewohnt hier zur Brutzeit die Grasmoore und feuchten Niederungen. Im nordöstlichsten Europa finden wir die Stiftbekassine nach GLADKOW und USPENSKI in der Strauchtundra sowie in Riedgras- und Weidensümpfen. In den Gebirgen, wie beispielsweise im Altai, geht diese Schnepfe stellenweise bis in die alpine Zone hinauf, wo sie oberhalb der Baumgrenze im Zwergbirken-Gestrüpp angetroffen wird.

Brutbiologie Der Neststandort ist der gleiche wie bei der Bekassine, also eine einigermaßen trockene Stelle inmitten der feuchten Umgebung, sei es in der Tundra oder in einem Moor. Das Nest ist eine flache, mit einigen trockenen Gräsern ausgelegte Mulde, in der die vier Eier liegen. In Moskau sah ich in der Sammlung von FLINT ein Gelege; die Grundfarbe der Eier war hell rahmfarben, die mäßig starke Fleckung häufte sich am stumpfen Pol und bestand aus rundlichen schokoladenbraunen Flecken und einigen braunvioletten Haarlinien. Die Unterflecken waren hell- bis violettgrau. Jedenfalls erinnern die Eier von Gallinago stenura mehr an die Eier von Gallinago media als an solche von Gallinago gallinago. Zehn Eier messen nach JOURDAIN durchschnittlich 39,50 × 28,21 mm; Maxima: 40,1 × 28,1 und 40,0 × 29,4 mm; Minima: 37,2 × 28,4 und 39,7 × 27,1 mm.

In der Sammlung LEONOWITSCH untersuchte ich drei Vierer-Gelege; auch diese Eier waren kaum mit denen von Gallinago gallinago zu verwechseln, außerdem sind die Eier von Gallinago stenura etwas größer und schwerer als die von Gallinago gallinago, wie der nachstehende Vergleich zeigt:

Gallinago g. gallinago D_{156}: 39,99 × 28,49 mm, 0,82 g, Gallinago stenura D_{12}: 42,11 × 29,73 mm, 0,89 g, (Sammlung LEONOWITSCH) Maxima: 44,5 × 29,3 und 41,3 × 30,5 mm, Minima: 39,8 × 29,6 und 41,8 × 28,8 mm

Die drei Eier eines Geleges meiner Sammlung, die am 10. Juli 1963 bei Krasnojarsk in Westsibirien gesammelt wurden, messen und wiegen: 40,5 × 30,3 mm, 0,92 g; 40,3 × 29,6 mm, 0,92 g; 40,0 × 30,0 mm, 0,92 g.

Wanderungen Die Ankunkft in den Brutgebieten erfolgt von Anfang Mai an und zieht sich bis Anfang Juni hin; Herbstdurchzüglicher wurden im westlichen Sibirien im August und Anfang September angetroffen. (JOHANSEN).

Die Stiftbekassine überwintert vor allem im südlichen und südöstlichen Asien, und zwar vom südöstlichen China und Taiwan an südwärts bis Vietnam und Thailand, auf den Philippinen, auf den Sunda-Inseln, auf den Malediven und in Indien südwärts bis Sri Lanka. Auch im nordöstlichen Afrika sind überwinternde Stiftbekassinen gefunden worden.

Nahrung Nach BUTURLIN scheinen Insekten und kleine Mollusken von der Stiftbekassine bevorzugt zu werden, in geringerem Maße werden Würmer aufgenommen. Möglicherweise hängt das mit dem kürzeren und weniger empfindlichen Schnabel zusammen, der nicht in dem Maße zum Herumstochern im feuchten Boden geeignet ist wie der unserer Bekassine.

Gallinago gallinago (Linné)
Bekassine (Tafel 7)

Die Bekassine ist von den drei in Europa vorkommenden Arten dieser Gattung immer noch die häufigste und am weitesten verbreitete Art, wenn auch ihre Bestände in den letzten Jahrzehnten aus den bereits bei anderen Arten erwähnten Gründen zurückgegangen sind.

Wenn ich, wie manche Autoren, die südamerikanische Gallinago paraguaiae und die ost- und südafrikanische Gallinago nigripennis als conspezifisch mit gallinago betrachte, dann kommt die Bekassine mit Ausnahme von Australien in allen Erdteilen vor.

Während wir die Bekassine bei uns fast ausschließlich in den Ebenen und im Hügelland finden, begegnet man ihr in Afrika und Südamerika auch in der subalpinen und alpinen Zone; im östlichen Afrika brütet Gallinago nigripennis noch in 4000 m Höhe, und in den Anden von Peru und Nordchile ist Gallinago paraguaiae in der gleichen Höhe zu Hause.

Beschreibung Die Bekassine ist oberseits braun mit einem langen geraden Schnabel und verhältnismäßig kurzen Füßen. Das Gefieder ist bei Männchen und Weibchen bis auf die weiße Unterseite auf dunkelbraunem Grund rostbraun und rahmfarben gezeichnet; über den Rücken verlaufen zwei bis vier hell rostbraune Streifen. Das Ruhekleid gleicht dem Brutkleid, und auch das Jugendkleid ist diesem sehr ähnlich. Das Dunenjunge ist rostbraun mit dunkler Zeichnung und hat auf der Oberseite charakteristische weiße Tüpfelchen.

Maße: Länge 265 mm, Flügel 133 mm, Schwanz 57 mm, Schnabel 68 mm, Füße 33 mm.

Feldkennzeichen Die Bekassine ist ein drosselgroßer, oberseits brauner und unterseits weißer Vogel mit überkopflangem Schnabel und kurzen Füßen. Bei Gefahr drückt sich die Bekassine und fliegt erst im letzten Augenblick mit einem heiseren „ätsch“ in raschem Zickzack-Flug auf. Auf den Balzflug der Bekassine ging ich bereits in der Einleitung ein. Von den am Boden sitzenden und bisweilen auch von fliegenden Bekassinen hört man ein gleichmäßiges „ticke ticke“, allerdings nur aus geringer Entfernung.

Allenfalls kann eine Bekassine mit der Doppelschnepfe oder der Zwergschnepfe verwechselt werden, doch sind diese beiden Arten fast überall in Europa so selten, daß kaum Anlaß zur Verwechslung besteht. Die wesentlichsten Unterschiede sind folgende: Die Doppelschnepfe ist etwas größer als die Bekassine, sie wirkt gedrungener, die Flanken sind gebändert. Etwas leichter ist es, die Doppelschnepfe im Flug zu erkennen: Sie fliegt lautlos auf, ihr Flug ist nicht so rasant wie der der Bekassine und führt geradeaus. Auch die Zwergschnepfe steht lautlos auf und fliegt im Geradeausflug weg, um bald wieder einzufallen. Sie ist kleiner als die Bekassine und auch der Schnabel ist deutlich kürzer.

Verbreitung Auf Island, den Färöer, Orkney- und Shetland-Inseln brütet die Unterart Gallinago gallinago faroeensis (C. L. Brehm), im übrigen Europa die Nominatform Gallinago g. gallinago (Linné). Die Südgrenze verläuft von Südfrankreich in östlicher Richtung quer durch das südliche Mitteleuropa bis zur Dobrudscha. Von hier setzt sich das Brutgebiet durch die gesamte Sowjetunion

Brutgebiet der Bekassine

ostwärts bis zum Amurgebiet fort; die nördliche Grenze bildet etwa der 72.° n. Br. Eine weitere Unterart brütet in Nordamerika (Gallinago g. delicata (Ord)); sie wurde auf South Uist (Äußere Hebriden) als Irrgast nachgewiesen.

Biotop Die Bekassine bewohnt sumpfiges, mit Inselchen und Kaupen durchsetztes Gelände, verlandende Seen und Teiche, nasse, mit Erlen- und Weidengebüsch bestandene Wiesen und Moore.

Brutbiologie Die Brutzeiten sind je nach der Lage der Brutgebiete verschieden. In Mitteleuropa brütet die Bekassine vom zweiten Aprildrittel an bis Mai, gelegentlich werden noch im Juni Gelege gefunden; in Großbritannien ausnahmsweise schon im März, gewöhnlich von Anfang April an, doch wurden auch noch im Juli und August Gelege festgestellt. In Schweden brütet die Bekassine vom zweiten Maidrittel an, in Island frühestens Ende Mai, meist erst im Juni.

Das Nest steht meist gut versteckt an einer trockeneren Stelle, auf einem Inselchen oder auf einer Kaupe in feuchtem Terrain, von oben her ist das Gelege durch darüber hängende Halme meist gegen Sicht geschützt. Die flache Nestmulde wird zum Teil noch während der Eiablage mit einigen trockenen Halmen und Blättern ausgelegt.

Grundfarbe und Zeichnung der meist spitzovalen Eier sind sehr variabel. Die Grundfarbe variiert von olivbräunlichen bis zu olivgrünlichen und -grauen Tönen. Die vielfach spiralig angeordnete Fleckung erstreckt sich über die gesamte Oberfläche und häuft sich am stumpfen Pol. Die Flecke sind braun in allen nur möglichen Tönungen, bald sind sie klein und scharf umgrenzt, dann wieder groß und ineinanderlaufend. Neben diesen Flecken finden sich auf manchen Eiern noch schwarzbraune Kritzel und Haarlinien; die grau- bis aschgrauen Unterflecke treten im allgemeinen wenig hervor.

100 in Großbritannien gesammelte Eier messen nach JOURDAIN im Durchschnitt 39,28 × 28,62 mm; Maxima: 42,7 × 29,0 und 39,3 × 30,3 mm, Minima: 35,0 × 28,4 mm und 36,3 × 26,7 mm. Die Frischvollmasse beträgt 17 g, die Schalenmasse im Durchschnitt 0,82 g.

Die vier Eier werden wahrscheinlich jeweils im Abstand von 24 Stunden gelegt. Die Bebrütung beginnt nach Ablage des vorletzten oder letzten Eies. Das Weibchen brütet allein neunzehneinhalb bis zwanzig Tage lang. Die Jungen verlassen bald nach dem Trockenwerden das Nest und werden von beiden Eltern geführt und anscheinend in ihren ersten Lebenstagen auch gefüttert. Im Alter von knapp drei Wochen sind die Jungen leidlich flugfähig.

Wanderungen Die Bekassine ist je nach der Lage ihres Brutgebiets Stand- oder Zugvogel, und ihrem riesigen Brutgebiet entspricht ein ebenso großes Überwinterungsgebiet. Brutvögel aus Nordeuropa überwintern zum Teil schon auf den Britischen Inseln und in Westeuropa. Weitere Überwinterungsgebiete sind die Mittelmeerländer, und von hier an trifft man die Bekassine in Afrika bis fast zum Äquator an und in Asien bis in den Süden und Südosten des Erdteils. Als Irrgäste wurden Bekassinen in Grönland und Labrador, auf den Bermudas und den Atlantischen Inseln festgestellt.

Von Mitte März an treffen die Bekassinen in Mitteleuropa wieder an ihren Brutplätzen ein; in Großbritannien, soweit sie dort nicht überwintert haben, bereits Ende März. Der Abzug beginnt im August, und noch im Spätherbst kann man bei uns durchziehende Bekassinen sehen. Gelegentlich werden auch überwinternde Bekassinen in Mitteleuropa beobachtet.

Nahrung Die Bekassine ernährt sich vor allem von Würmern, ferner von Käfern, Dipteren und deren Larven sowie von anderen Insekten; auch kleine Pflanzenteile und Sämereien werden aufgenommen.

Gallingo media (Latham)
Doppelschnepfe (Tafel 7)

VOOUS betrachtet die ehemaligen Brutvorkommen der Doppelschnepfen in den Niederlanden, in der norddeutschen Tiefebene und in Dänemark (Jütland) „als Relikte aus einem früherem Stadium der Nacheiszeit." Ich nehme an, daß es mehr oder weniger isolierte, am Südrand des Brutareals gelegene Brutplätze waren, die zuerst aufgegeben wurden, als die Art nicht allein hier, sondern auch in den übrigen Teilen ihres Brutgebiets zurückging. Außer der Intensivierung der Landwirtschaft mit allen ihren Begleiterscheinungen dürfte auch eine allzu starke Bejagung in den Durchzugs- und Überwinterungsgebieten der Grund für den katastrophalen Rückgang der Art gewesen sein. Es ist bereits zu spät, um hier noch wirksame Schutzmaßnahmen einzuleiten, und wir müssen damit rechnen, daß die Doppelschnepfe, soweit es die europäischen Populationen betrifft, das gleiche Schicksal ereilen wird wie den Eskimo-Brachvogel in Nordamerika.

In den Niederlanden und in Dänemark zieht die Doppelschnepfe heute nur noch in sehr geringer

Anzahl durch, das gleiche gilt für die DDR und die BRD. Die letzten Bruten wurden hier 1926 im Bourtanger Moor und 1931 in Schleswig festgestellt.

Beschreibung Die Doppelschnepfe und die Bekassine sind sich ähnlich; da aber die Bekassine die weitaus häufigere Art von beiden ist, so liegt es nahe, bei einer von uns auffliegenden Schnepfe zunächst an eine Bekassine zu denken und nicht an die überall recht selten gewordene Doppelschnepfe.

Um beide Arten sicher unterscheiden zu können, sei auf die bereits bei der Besprechung der Bekassine erwähnten Unterschiede im Flug und in den stimmlichen Äußerungen beider Arten hingewiesen. Außerdem ist die Doppelschnepfe etwas größer als die Bekassine, ein Unterschied, der allerdings gering ist und wenig ins Auge fällt. Auffallender ist schon die größere Ausdehnung der Bänderung auf der Brust und an den Flanken. Hat man Glück, so sieht man besonders im Flug die allerdings nur bei Altvögeln auffälligen, fast weißen Schwanzkanten, da die äußeren Steuerfedern weniger stark gebändert sind als bei der Bekassine. Der Schnabel ist etwas kürzer, dafür aber kräftiger als bei der Bekassine.

Männchen und Weibchen gleichen sich völlig im Gefieder, zwischen Brut- und Ruhekleid besteht kein Unterschied, und auch das Jugendkleid gleicht dem der Altvögel, die Schwanzkanten sind jedoch nicht so auffallend weiß.

Maße: Länge 280 mm, Flügel 149 mm, Schwanz 55 mm, Schnabel 64 mm, Füße 36 mm.

Feldkennzeichen Die Doppelschnepfe ist etwas größer als eine Bekassine. Ihre Gestalt ist gedrungen, der Unterkörper schwarzbraun quergebändert, die Flügel sind dunkler, die Schwanzkanten meist reinweiß, gelegentlich mit einigen schwarzbraunen Querbinden. Die Doppelschnepfe fliegt meist stumm auf, und nur gelegentlich hört man beim Auffliegen ein gedämpftes „bäd bäd bäd"; der Flug verläuft gradlinig und kampfläuferähnlich, im Gegensatz zum Zickzack-Flug der Bekassine.

Verbreitung Noch zu Anfang dieses Jahrhunderts brütete die Doppelschnepfe in Schleswig-Holstein, im Münsterland und Niedersachsen, in Mecklenburg und Brandenburg sowie in Dänemark; heute ist ihr Brutgebiet in Europa auf Skandinavien, die Sowjetunion und Polen beschränkt. Zuletzt hat die Doppelschnepfe noch im Bourtanger Moor (1926) und in Schleswig (1931) gebrütet; in Dänemark wurde die letzte sichere Brut 1900 festgestellt. In Norwegen brütet die Doppelschnepfe südlich bis zum Hardanger Vidda, in Schweden von Jämtland bis hinauf nach Lappland, ferner im südlichen Finnland und anschließend in großen Teilen der Sowjetunion. Hier reicht das Brutgebiet von der Kola-Halbinsel und dem südlichen Teil der Halbinsel Kanin und dem Petschora-Becken südwärts bis ins nördliche Polen und in die Ukraine (etwa bis zum 50.° n. Br.). Von da an finden wir die Doppelschnepfe als Brutvogel ostwärts bis zum Jenissej und im Südwesten bis an die Vorberge des Altai.

Biotop Die Doppelschnepfe bewohnt zur Brutzeit sumpfiges, vegetationsreiches Gelände wie Luche und Moore, im Norden die Tundra mit ihrem spärlichen Bestand von Birken und Weiden. Auf dem Zug trifft man die Art auch auf Stoppelfeldern an.

Brutbiologie Die Limikolen bieten hinsichtlich ihrer Fortpflanzungsbiologie manches Interessante, besonders auch in ihren „Eheformen" und ihrem Balzverhalten. Über die eigenartige Balz der Doppelschnepfe sind wir durch britische, schwedische und deutsche Ornithologen – ich nenne nur COLLET, SWANBERG und ROHWEDER – recht gut unterrichtet.

Auf bestimmten Plätzen, die wahrscheinlich Jahr für Jahr wieder aufgesucht werden, kommen allabendlich einige Doppelschnepfen-Paare in der Abenddämmerung zu ihrer höchst eigenartigen Balz zusammen, die bis zum Morgengrauen anhält. Diese Balz ist von ROHWEDER beschrieben worden; ich gebe seine Beschreibung im folgenden auszugsweise wieder:

Die Männchen schlagen Ober- und Unterschnabel zusammen, was wie „knebbebbebbebeb" klingt und als „Knebbern" bezeichnet wird; aus diesem Grunde wurden diese Balzplätze auch „Knebber-Plätze" genannt. Dabei werden die Flügel gespreizt, und der Schwanz wird gefächert, so daß die weißen Schwanzkanten sichtbar werden. Anschließend „kämpfen" die Doppelschnepfen in der Art der Kampfläufer miteinander und lassen dann und wann noch Töne wie „bibbel-ibibibibibibiibii.. biiiiie" hören. Dieses „Bibbern", wie man diese Lautreihe nennt, wird nach ROHWEDER bisweilen von einem dumpfen „orrorrorrorrorr" unterbrochen, das an das „Meckern" der Bekassine erinnerte. Von allen Beobachtern wird betont, daß diese bibbernden Töne Kehllaute sind und nicht etwa wie bei der Bekassine beim Balzflug mit den Steuerfedern erzeugt werden. Hinzu kommt außerdem, daß alle Kenner der Doppelschnepfe diese noch nie bei einem Balzflug beobachtet haben. Diese eigenartige Balz hält die ganze Nacht hindurch an. Bei Sonnenaufgang fliegen die Doppelschnepfen paarweise ab und kehren am kommenden Abend wieder an ihren Balzplatz zurück.

Das Nest der Doppelschnepfe ist eine von dem Vogel eingedrückte flache und mit einigen trokkenen Halmen und Blättern ausgelegte Mulde, meist durch die umgebende Vegetation gut gegen Sicht geschützt. JESSEN beobachtete einmal, wie Männchen und Weibchen Nistmaterial aus der Umgebung des Nistplatzes zum Nestbau zusammentrugen.

Die vier Eier sind spitzoval bis kreiselförmig und auf steingrauem bis oliv- oder rötlichgelbem Grund tiefbraun und schwarzbraun gefleckt. Die nicht sehr zahlreichen großen, scharf umgrenzten Flecke sind oft spiralig angeordnet und häufen sich am stumpfen Pol.

Nach JOURDAIN messen 100 Eier im Durchschnitt 45,36 × 31,85 mm; Maxima: 48,8 × 31,9 und 46,2 × 33,3 mm, Minima: 41,2 × 31,7 und 46,5 × 29,5 mm. Die Frischvollmasse beträgt 23 g, die durchschnittliche Schalenmasse 1,13 g. Die Eier sind also wesentlich größer und damit auch schwerer als die der Bekassine; sie werden im Abstand von 24 Stunden abgelegt, zwischen dem dritten und vierten Ei kann eine längere Pause eintreten (bis 48 Stunden).

Die Doppelschnepfe brütet nur einmal im Jahr; bei Verlust des Geleges wird wahrscheinlich nachgelegt. Die Brutzeit ist je nach der geographischen Lage des Brutgebiets verschieden. Im Süden des Brutgebiets werden die Gelege schon Anfang Mai

Brutgebiet der Doppelschnepfe

Brutgebiet der Zwergschnepfe

gefunden, in den nördlicher gelegenen Gebieten erst im Juni, gelegentlich auch noch Anfang Juli. Die Bebrütung beginnt nach den Beobachtungen von JESSEN nach Ablage des dritten Eies, und offenbar wird das Gelege nur vom Weibchen bebrütet; die Brutdauer beträgt 22 bis 24 Tage. Die Jungen sollen etwa drei bis vier Wochen geführt werden.

Wanderungen Die Doppelschnepfe ist ein ausgesprochener Zugvogel, der im tropischen Afrika gewöhnlich südlich des Äquators überwintert; überwinternde Doppelschnepfen wurden sogar im südwestlichen Afrika angetroffen. In West- und Mitteleuropa ist die Doppelschnepfe ein seltener Durchzügler, den wir von März bis Mitte Mai, und auf dem Herbstzug von Juli an bis September/Oktober beobachten können. Verspätete Doppelschnepfen wurden sogar noch im November bis Anfang Januar festgestellt; möglicherweise hat es sich hier um Überwinterungsversuche gehandelt. Für Großbritannien und Irland wurde die Doppelschnepfe als Irrgast nachgewiesen. Auch die Anzahl der durchziehenden Doppelschnepfen ist in erschreckender Weise zurückgegangen; der Grund dafür dürfte sehr wahrscheinlich in einer allzu starken und meist unkontrollierten Bejagung in den Durchzugsgebieten liegen, worauf ich bereits eingangs hinwies. Diese starke Bejagung ist in jedem Fall sehr bedauerlich.

Nahrung Die Doppelschnepfe ernährt sich in erster Linie von Würmern aller Art, ferner von kleineren Mollusken und Insekten.

Gattung Lymnocryptes Boie

Lymnocryptes minimus (Brünnich)

Zwergschnepfe (Tafel 7)

Die Zwergschnepfe brütete einst auch in den Niederlanden, in dem Gebiet, das früher als norddeutsche Tiefebene bezeichnet wurde, ja sogar in Franken sowie in Polen; doch diese Zeiten gehören der Vergangenheit an, und selbst im südlichen Schweden brütet die Zwergschnepfe heute nur noch sporadisch. Allerdings dürfen wir nicht übersehen, daß alle diese ehemaligen Brutvorkommen sozusagen am Rande des Brutareals der Art lagen, und es ist bekannt, daß auch bei anderen Arten solche Vorposten am ehesten wieder aufgegeben werden. Hinzu kamen auch bei der Zwergschnepfe die veränderten Umweltbedingungen, und wie andere Limikolen mußte auch sie wegen der Urbarmachung von Sümpfen, der Trockenlegung von Mooren und Luchen einen Brutplatz nach dem anderen aufgeben.

Beschreibung Die Zwergschnepfe ist noch kleiner als die Bekassine, ihr aber in der Gefiederfärbung ähnlich. Männchen und Weibchen sind auch bei der Zwergschnepfe nicht zu unterscheiden, das Ruhekleid gleicht weitgehend dem Brutkleid, das Jugendkleid dem der alten Vögel. Das Dunenjunge ist dem der Bekassine sehr ähnlich, doch fehlt ihm die weiße Binde über der Schnabelwurzel. Der Schnabel der Zwergschnepfe ist wesentlich kürzer als der der Bekassine, der Scheitel schwarz mit beiderseitiger braungelber Einfassung (bei der Bekassine ist die Scheitelmitte hell mit dunkler Einfassung!). Der Schwanz ist braun und ohne auffallendes Weiß, das mittlere Steuerfederpaar läuft spitz zu (s. Abb.). Hat man die Zwergschnepfe nahe genug vor sich, so bemerkt man einen grünlich oder purpurn schillernden Glanz auf dem Gefieder und zwei strohgelbe Streifen auf jeder Seite des Rückens.

Maße: Länge 190 mm, Flügel 113 mm, Schwanz 52 mm, Schnabel 40 mm, Füße 24 mm.

Feldkennzeichen Die Zwergschnepfe sieht wie eine kleine Bekassine aus – sie ist nur so groß wie eine Feldlerche und hat einen auffallend kurzen Schnabel. Eine Zwergschnepfe drückt sich länger als die Bekassine und fliegt im Gegensatz zu dieser

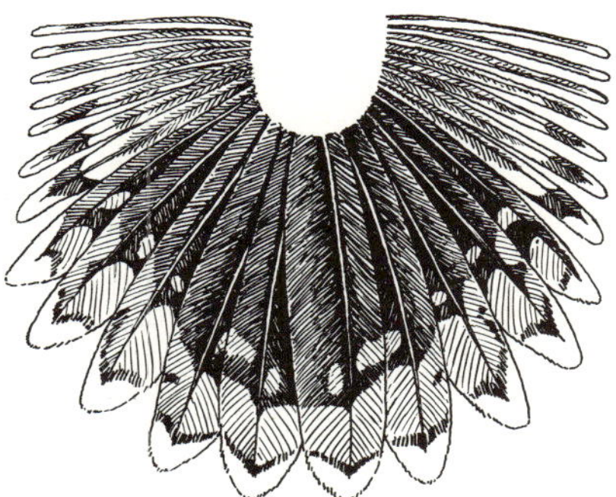

a

c

b

d

Steuerfedern

a *Stiftbekassine,* Gallinago stenura
b *Bekassine,* Gallinago gallinago
c *Doppelschnepfe,* Gallinago media
d *Zwergschnepfe,* Lymnocryptes minimus

meist lautlos auf, um bald wieder einzufallen; sie fliegt nicht so rasant wie eine Bekassine und nicht im Zickzack-Flug. Im Flug läßt sie bisweilen ein feines und scharfes „kitz" oder „kütz" hören, beim Auffliegen manchmal ein leises „wät". In den fast taghellen Mitternachtsstunden um die Mittsommerzeit hört man in Lappland von der über ein Moor in fledermausartigem Flug herumfaltternden Zwergschnepfe in größeren Zeitabständen ihren eigenartigen Balzruf, der an weit entferntes Pferdegetrappel erinnert; es ist eine schnelle Folge von „tettettettettettett..."-Lauten.

Verbreitung Heute beschränkt sich das Brutgebiet der Zwergschnepfe auf den Norden Skandinaviens einschließlich Finnlands; von da an setzt es sich in der Sowjetunion ostwärts mit Ausnahme des äußersten Nordens bis zur Kolyma fort. In Polen brütet die Zwergschnepfe noch in den Briebrza-Sümpfen. Im Norden reicht das Brutgebiet bis zur Nordgrenze der Taiga, die Südgrenze bildet etwa der 55.° n. Br.

Biotop Die Zwergschnepfe brütet in Mooren und Luchen, im Norden des Brutgebiets in der Tundra und Taiga. Auf dem Zug trifft man die Zwergschnepfe an Ufern von stehenden und fließenden Gewässern an, auch auf überschwemmten Wiesen sowie auf Schlammbänken mit verrotteter gelblichbrauner Vegetation, in der sie gute Deckung findet.

Brutbiologie Die Zwergschnepfe brütet in den südlichen Teilen ihres Brutgebiets im Mai und Juni, in den weiter nördlich gelegenen Gebieten im Juni und Anfang Juli.

Das Nest befindet sich an einer trockeneren Stelle inmitten der meist nassen Umgebung. Die flache Nestmulde ist mit trockenen Pflanzenteilen ausgekleidet und nach CHISLETT so tief, daß die vier Eier wie bei manchen anderen Limikolen mit den spitzen Polen schräg nach unten liegen. Durch die umgebende Vegetation ist das Nest gut gegen Sicht geschützt.

Die Eier gleichen weitgehend denen der Bekassine und sind nur schwer von diesen zu unterscheiden, da Eimaße und -masse beider Arten ineinander übergehen. Im allgemeinen sind jedoch die Eier der Zwergschnepfe etwas kleiner und leichter als die der Bekassine. Beim Vergleich einer Serie von Gelegen beider Arten sollen die Eier der Zwergschnepfe dunkler und gleichmäßiger gefleckt sein als die Eier der Bekassine. JOURDAIN gibt für 146 Eier folgende Durchschnittsmaße an: 38,61 × 27,43 mm; Maxima: 44,5 × 28,5 und 40,0 × 30,0 mm, Minima: 35,0 × 27,0 und 38,0 × 25,5 mm. Die Frischvollmasse beträgt 14 g, die Schalenmasse 0,56 g.

Über die Brutbiologie sind wir nur ungenügend unterrichtet. Die Eier werden im Abstand von 24 Stunden gelegt, und möglicherweise finden zwei normale Bruten statt. Die Bebrütung des Geleges scheint nach Ablage des letzten Eies einzusetzen; offenbar brütet das Weibchen, und zwar mindestens 24 Tage lang (CHISLETT).

Wanderungen Dem ausgedehnten Brutgebiet der

Tafel 9

Dünnschnabel-Brachvogel,
Numenius tenuirostris, (S. 121)
(1) *♂ und* (2) *♀ im Brut- bzw. Ruhekleid;*
Regenbrachvogel, Numenius phaeopus, (S. 119)
(3) *♂ und* (4) *♀ im Brut- bzw. Ruhekleid;*
(5) *Dunenjunges;* (6) *Eier;*
Großer Brachvogel, Numenius arquata, (S. 116)
(7) *bis* (9) *♂ und ♀ im Brut- bzw. Ruhekleid;*
(10) *Dunenjunges;*
Zwergbrachvogel, Numenius minutus, (S. 124)
(11) *♂ bzw. ♀ im Brut- bzw. Ruhekleid;*
Langschnabel-Brachvogel,
Numenius madagascariensis, (S. 123)
(12) *♂ bzw. ♀ im Brut- bzw. Ruhekleid*

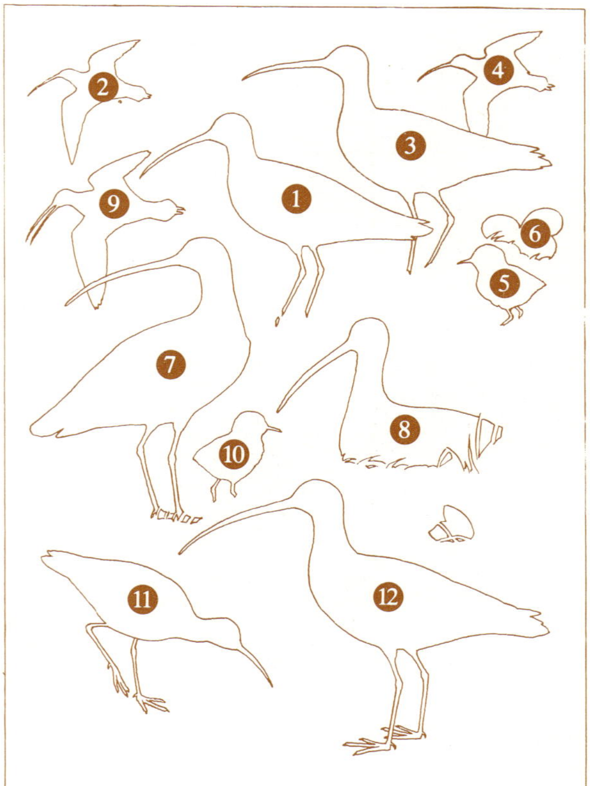

Art entsprechen ebenso weite Überwinterungsgebiete. Wir finden die Zwergschnepfe gelegentlich auf Island und den Färöern, regelmäßig auf den Britischen Inseln und in Westeuropa, zum Teil auch in Mitteleuropa, vor allem aber in Südeuropa und im Nahen Osten, ferner im Süden und Südosten Asiens von Belutschistan bis Sri Lanka und Taiwan sowie in Afrika südwärts bis Gambia und Kenia. Gelegentlich werden Zwergschnepfen auch auf Madeira, in Nigeria, auf den Andamanen, im südlichen China, Burma, Japan und den Philippinen angetroffen. Als Irrgast wurde die Zwergschnepfe auch in Nordamerika von Alaska und Labrador südwärts bis Kalifornien und auf den Antillen festgestellt.

Auf den Britischen Inseln ist die Zwergschnepfe ein weitverbreiteter, wenn auch nicht häufiger Durchzügler und Wintergast, der in der Zeit von Mitte September bis Ende November erscheint. Der Frühjahrsdurchzug dauert von Ende März bis Ende April und kann sich bis in die dritte Maiwoche hinziehen. In Mitteleuropa ist die Zwergschnepfe ein seltener Durchzügler von März bis Mai und dann wieder von September bis November; gelegentlich überwintern auch einige in Mitteleuropa.

Nahrung Auch die Zwergschnepfe ernährt sich in erster Linie von allerlei Würmern, ferner von kleinen Mollusken, Insekten, gelegentlich auch von Sämereien.

Tafel 10

Uferschnepfe, Limosa limosa, (S. 125)
① *und* ② ♂ *im Brutkleid;* ③ ♀ *im Brutkleid,*
④ ♂ *und* ⑤ ♀ *im Ruhekleid;* ⑥ *Dunenjunge;*
Pfuhlschnepfe, Limosa lapponica, (S. 129)
⑦ *und* ⑧ ♂ *im Brutkleid,* ⑨ ♀ *im Brutkleid;*
⑩ ♂ *und* ⑪ ♀ *im Ruhekleid;*
⑫ *und* ⑬ *Dunenjunge*

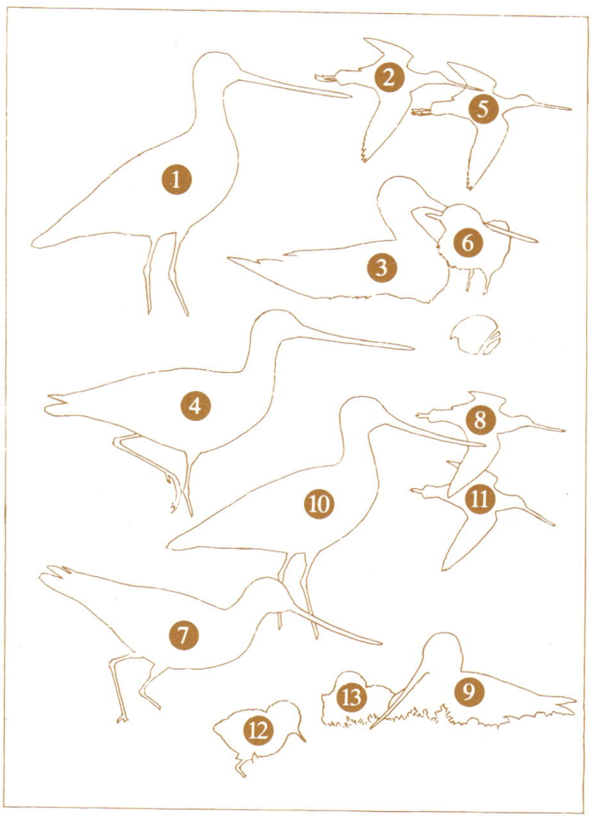

Gattung Scolopax Linné

Scolopax rusticola Linné
Waldschnepfe

In ihrer Brutbiologie unterscheidet sich die Waldschnepfe in wesentlichen Punkten von dem – wenn ich einmal so sagen darf – Normalfall, den wir sonst bei den Limikolen antreffen: Das Waldschnepfen-Weibchen brütet allein, und zwar regelmäßig zweimal in einer Brutperiode, das Männchen beteiligt sich weder am Brüten noch später an der Aufzucht der Jungen. Im Abschnitt „Brutbiologie" werde ich ausführlich darauf zu sprechen kommen.

Und noch etwas anderes soll an dieser Stelle zur Sprache gebracht werden, nämlich die Jagd auf die Waldschnepfe. Die Waldschnepfe ist die Limikolen-Art, die am stärksten bejagt wird, und ihre Abschußziffern übertreffen die aller anderen Arten bei weitem. Auf die Schutzbedürftigkeit der Waldschnepfe ist schon oft hingewiesen worden, und auch ich habe schon vor vielen Jahren in meinem Buch „Die Vögel in Wald und Heide" vorgeschlagen, den Abschuß der Waldschnepfen auf dem Frühjahrszug ganz einzustellen und die Jagd im Herbst weitgehend einzuschränken. Ich schrieb damals: Ich gebe zu bedenken, daß es doch eigentlich widersinnig ist, die Männchen einer Vogelart gerade zu Beginn der Brutperiode abzuschießen, denn der „Schnepfenstrich" ist ja der Balzflug der Waldschnepfe. Außerdem ist es sehr leicht möglich, daß auch Weibchen, die vielleicht schon brüten, ebenfalls erlegt werden. Wir wissen, daß die brütende Waldschnepfe am Morgen und am Abend regelmäßig ihr Gelege für kurze Zeit verläßt, und zwar zur gleichen Zeit, in der die Männchen ihre Balzflüge ausführen.

Alljährlich werden allein in der BRD (ohne Bayern), in Dänemark, Finnland, Frankreich, Luxemburg, in den Niederlanden, in Norwegen, Österreich, Schweden, in der Schweiz, in Spanien, in der Tschechoslowakei und in Ungarn insgesamt 258500 abgeschossen (GLUTZ VON BLOTZHEIM, BAUER&BEZZEL 7, 1977)! An der Spitze stehen Frankreich mit alljährlich mindestens 200000 und Spanien mit 35000 Abschüssen. Aber auch in der BRD ist die Bejagung der Waldschnepfe sehr hoch, und man fragt sich, ob es wirklich nötig war, auf Helgoland, wo für die Waldschnepfen keine Dekkung, keine Äsung und nicht einmal eine Fluchtmöglichkeit besteht, beispielsweise am 28. März 1965 etwa 1000 Waldschnepfen abzuschießen (MORITZ und NEMETSCHECK). Trotz aller Proteste wird die Waldschnepfe in der Bundesrepublik Deutschland weiter bejagt. Während beispielsweise in der Deutschen Demokratischen Republik und in der Schweiz alljährlich nur einige hundert Waldschnepfen geschossen werden, wurden in der Bundesrepublik Deutschland in den letzten Jahren folgende Strecken erzielt: 1976/1977: 19378, 1977/1978: 24391, 1978/1979: 14696 und 1979/1980: 10373, insgesamt also in vier Jahren 68838 Waldschnepfen! (aus „Die Welt der Tiere", Heft 2, 1981).

Diesen alljährlichen Verlusten ist keine Vogelart gewachsen. So kann die Waldschnepfe das gleiche Schicksal ereilen wie die Doppelschnepfe, deren Seltenheit fast ausschließlich auf eine übermäßig starke Bejagung in den Durchzugs- und Überwinterungsgebieten zurückzuführen ist. Es wird höchste Zeit, daß auf internationaler Ebene verbindliche Abmachungen zum Schutz der Waldschnepfe getroffen werden, denn es wäre wenig sinnvoll, etwa bei uns in der DDR die Waldschnepfe zu schonen, wenn sie in Frankreich und Spanien in Massen abgeschossen wird.

Beschreibung Die Waldschnepfe ist ein gedrungen gebauter, langschnäbliger und kurzbeiniger Vogel, dessen in überwiegend braunen Tönen gehaltenes Gefieder in geradezu unübertrefflicher Weise dem Boden angepaßt ist. Die Waldschnepfe ist ein Dämmerungsvogel, der sich tagsüber in Deckung aufhält. Am ehesten bekommt man sie während des Balzfluges oder auf dem Zug zu sehen, wenn der Vogel plötzlich vor uns auffliegt.

Oberseits ist das Gefieder „herbstlaubfarbig", unterseits auf hell bräunlichweißem Grund dunkel quergebändert. Oberkopf und Nacken sind schwarzbraun gebändert; besonders auffallend sind die hochliegenden großen Augen. Männchen und Weibchen können in ihrem Gefieder nicht unterschieden werden, das Ruhekleid gleicht dem Brutkleid. Die Dunenjungen sind hell- und rötlichbraun gescheckt.

Maße: Länge 340 mm, Flügel 200 mm, Schwanz 82 mm, Schnabel 74 mm, Füße 37 mm.

Feldkennzeichen Die Waldschnepfe ist größer als eine Bekassine und ein überwiegend in der Dämmerung lebender Vogel, der durch seine gedrungene Gestalt, sein herbstlaubfarbiges Gefieder, seinen langen Schnabel und die kurzen Beine auffällt. Bei dem wendigen Flug fallen die mehr abgerundeten Flügel auf; beim Auffliegen hört man bisweilen ein Flügelklatschen. Die stimmlichen Äußerungen bei der Balz werden unter „Brutbiologie" beschrieben.

Verbreitung Die Waldschnepfe ist, wie die Verbreitungskarte zeigt, über große Teile Europas verbreitet, allerdings bestehen innerhalb dieses großen Areals beträchtliche Lücken, in denen die Waldschnepfe nicht oder nicht mehr brütet, denn auch ihre Bestände sind stark zurückgegangen, nicht zuletzt durch die zu starke Bejagung auf dem Frühjahrszug und die neuzeitliche Forstwirtschaft.

Die Nordgrenze des Brutgebiets verläuft vom nördlichen Skandinavien quer durch die mittlere Sowjetunion bis Sachalin und zu den Japanischen Inseln. Im Süden reicht das Brutgebiet in Europa bis zu den Pyrenäen, Oberitalien, dem nördlichen Teil der Balkan-Halbinsel; von hier verläuft die Südgrenze durch die Ukraine ostwärts bis zum Amur-Gebiet; der 50.° n. Br. wird nur im Fernen Osten wesentlich überschritten. Isolierte Brutgebiete bestehen auf den Atlantischen Inseln, im Kaukasus und Himalaja.

Unterarten sind nicht beschrieben worden.

Biotop Die Waldschnepfe kommt in Wäldern aller Art vor, besonders in etwas urwüchsigen und nicht zu trockenen Laub- und Mischwäldern von der Ebene bis ins Gebirge; mancherorts werden die Wälder des Hügellandes denen der Ebene vorgezogen. Während des Zuges kommt sie auch in offener Landschaft vor, ja sogar in Parkanlagen von Städten. Bei lang anhaltender Trockenheit sucht die Waldschnepfe, wie mir BECKER mitteilte, hier ihre Würmer sogar auf feucht gehaltenen Rasenflächen und in Vorgärten.

Brutbiologie Zweimal im Verlaufe des Tages, in der Morgen- und in der Abenddämmerung, führt das Männchen eine Flugbalz auf, bei der es mit bestimmten Rufen, dem dumpfen, tiefen „Quarren" oder „Murksen" und dem hellen, hohen „Puitzen" dem am Boden harrenden, paarungsbereiten Weibchen seine Gegenwart ankündigt.

Noch bevor in der Frühe das Vogelleben erwacht ist oder am Abend sich die meisten Vögel schon zur Ruhe begeben haben, beginnt das Waldschnepfen-Männchen seinen Balzflug.

Die Morgenbalz der Waldschnepfe ist kürzer und matter als die am Abend. Dieser Unterschied läßt sich nach STEINFATT wohl daraus erklären, daß sie gewissermaßen der vollständige Abschluß und das Ausklingen eines Balztages ist, der am Abend mit der Flugbalz seinen Anfang nimmt. Nach dem Aufhören der Flugbalz am Abend erfolgt die Bodenbalz und Paarung und anschließend die nächtliche Nahrungssuche, der Männchen und Weibchen zuweilen gemeinsam nachgehen.

Diesen Balzflug führen nur die Männchen aus; ab und zu sind aber auch Waldschnepfen erlegt worden, die – wie die Untersuchung ergab – Weibchen waren und offenbar im Begriff standen, einen anderen Platz aufzusuchen, auf dem sie die balzenden Männchen durch ein weniger lautes „pssiep" zum Einfallen zu veranlassen suchten.

Anschließend an die abendliche Flugbalz der Waldschnepfen-Männchen, bei der Kehllaute, die sich am besten mit „quarr-quorr-quorr-quorr-psiep" wiedergeben lassen, zu vernehmen sind, findet die Bodenbalz statt. Da sich dieser Vorgang fast stets in völliger Dunkelheit am Boden abspielt, so haben bis jetzt nur ganz wenige Ornithologen das Glück gehabt, diesen Vorgang zu beobachten.

Bei dieser nächtlichen Bodenbalz hebt die Waldschnepfe den Vorderkörper hoch, dehnt den Hals lang in die Höhe, läßt den Schnabel sinken, so daß er vorn am Hals herabhängt, plustert die Fe-

Brutgebiet der Waldschnepfe

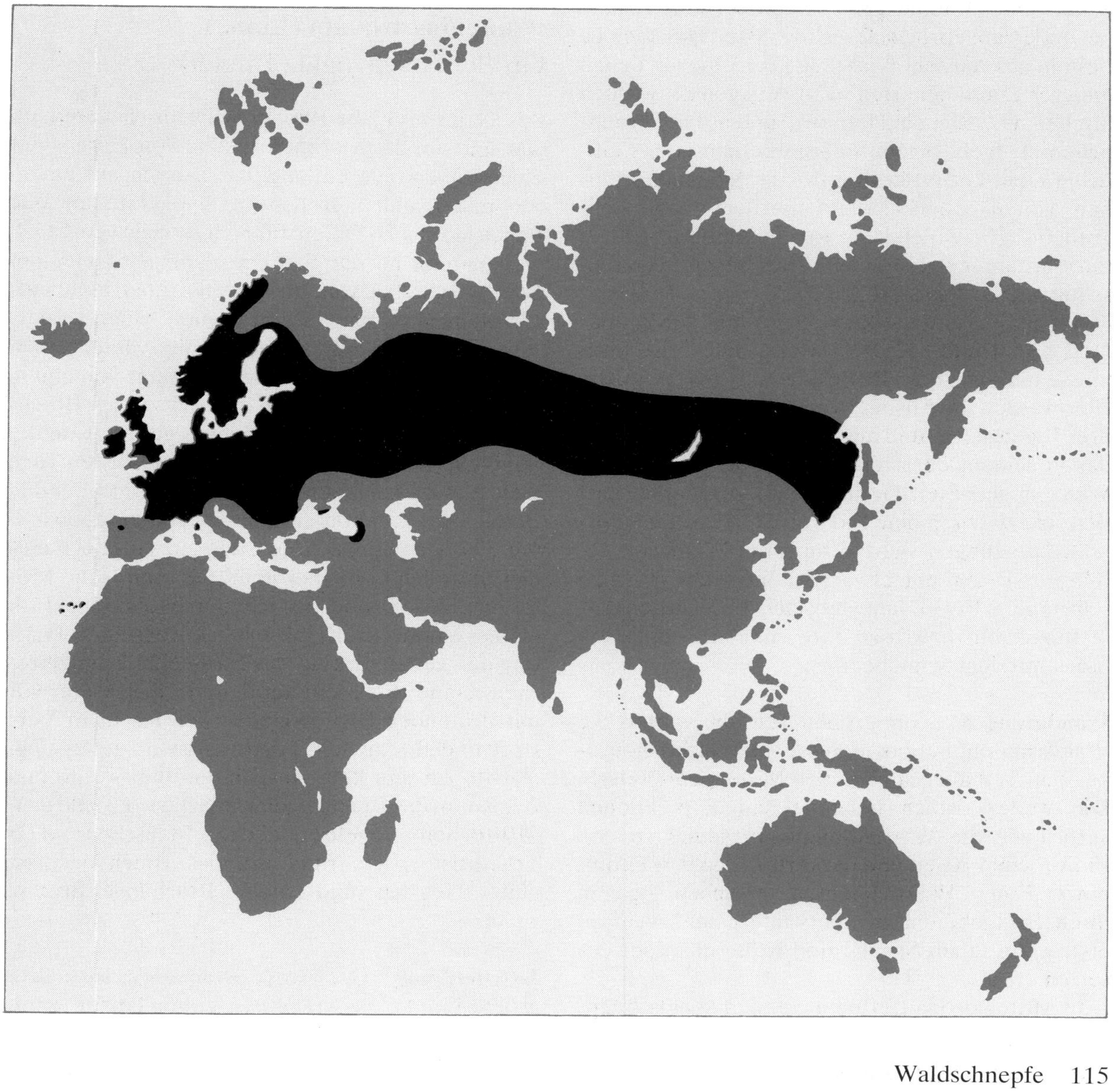

dern am Rumpfe auf, läßt die Flügel hängen und am Boden schleifen und schlägt dazu mit dem Schwanz ein Rad. Nicht selten stößt sie dabei auch ihre Balztöne aus, bei denen man nach jedem „psssiep" eigenartige dumpfe Töne vernimmt. Außer dieser Frühjahrsbalz findet noch eine Sommerbalz statt, die bereits Mitte Mai wieder einsetzt, ihren Höhepunkt im ersten Junidrittel erreicht und Mitte Juli ausklingt. Daraus und aus den Funden von Gelegen und Jungen im Juni und Juli können wir mit Sicherheit schließen, daß die Waldschnepfe zweimal im Jahr brütet.

In Großbritannien findet man die ersten Gelege schon von Mitte März an bis in den April, und dann nochmals im Juni und Juli. In Mitteleuropa brütet die Waldschnepfe etwas später, gelegentlich schon Ende März, meist aber erst vom zweiten Aprildrittel an bis zum Juli.

Das Nest ist eine flache, mit vorjährigem Falllaub ausgelegte Mulde, oft befindet es sich im Schutz eines Baumes, Strauches oder in der Nähe liegender abgebrochener alter Äste. Das Gelege besteht aus vier sehr typischen Eiern, die mit denen anderer Limikolenarten nicht verwechselt werden können. Die Eier sind kurzoval und auf hellbräunlichem, beigefarbigem, rahmfarbenem oder weißlichgrauem Grund kräftig in verschiedenen braunen Tönen gefleckt; die Unterflecke sind hellgrau bis grauviolett. JOURDAIN gibt für 100 in Großbritannien gesammelte Eier folgende Durchschnittsmaße an: $44{,}2 \times 33{,}5$ mm; Maxima: $49{,}0 \times 34{,}8$ und $46{,}6 \times 35{,}5$ mm, Minima: $40{,}2 \times 34{,}0$ und $43{,}1 \times 31{,}6$ mm. Die Frischvollmasse beträgt 26 g, die Schalenmasse 1,37 g. Die Eier werden im Abstand von zwei, bisweilen auch drei Tagen gelegt und nur vom Weibchen bebrütet, das in seinem der Umgebung in hervorragender Weise angepaßten Gefieder außerordentlich fest sitzt und dabei in eine Art von Starrezustand verfällt. Die Jungen werden nur vom Weibchen geführt und sind mit etwa fünf bis sechs Wochen selbständig. Bei Gefahr stellt sich die Waldschnepfe flügellahm und trägt ihre Jungen notfalls ein Stück mit dem Schnabel fort.

Wanderungen Zum großen Teil überwintert die Waldschnepfe bereits in West- und Südwesteuropa, zum Teil aber auch in den Mittelmeerländern. Die weiter östlich beheimateten Populationen verbringen die Wintermonate im südlichen und südöstlichen Asien und ostwärts bis zu den Philippinen. Einige Waldschnepfen versuchen sogar in ihren Brutgebieten zu überwintern und weichen erst, wenn ihnen Schnee und Kälte allzusehr zusetzen.

In Mitteleuropa treffen die ersten Waldschnepfen schon Anfang März ein; der Frühjahrsdurchzug hält dann bis Ende April an. Der Hauptdurchzug findet etwa von Mitte März bis Mitte April statt. Der Herbstdurchzug geht von Mitte September bis Mitte Oktober vor sich, gelegentlich sieht man ziehende Waldschnepfen auch noch Anfang November.

Nahrung Waldschnepfen ernähren sich von Würmern aller Art, vor allem von Regenwürmern, ferner von Insekten und deren Larven, besonders Käfern, Spinnen und Tausendfüßlern; gelegentlich werden auch kleine Mollusken und Sämereien aufgenommen.

Gattung Numenius Brisson

Numenius arquata (Linné)

Großer Brachvogel (Tafel 9)

Als ich im Frühjahr 1969 in Schwedisch-Lappland war und am 22. Mai in der Nähe von Harads auf einer Landstraße entlangfuhr, sah ich auf einem Stoppelfeld einen Großen Brachvogel stehen. Wie üblich in solchen Fällen, fuhr ich zunächst ein Stück weiter, hielt an und sah erst dann nach meinem Brachvogel. Ich war nicht wenig überrascht, als er sich nach wenigen Minuten zum Brüten niedersetzte, denn das Nest lag nur wenige Meter neben der Landstraße und nur etwa 40 Meter von einem bewohnten Haus entfernt. Da sich dieser Brachvogel schon an den Menschen gewöhnt hatte, konnte ich es wagen, hier schon am nächsten Tage mein Versteckzelt aufzustellen, um den brütenden Brachvogel zu photographieren und zu beobachten. Das ging einige Tage lang ganz gut, doch einmal hörte ich in meiner unmittelbaren Nähe Motorengeräusch, und als ich durch ein Guckloch meines Versteckzelts sah, erblickte ich einen Traktor, der gerade anfing das Stoppelfeld umzubrechen. Ohne Rücksicht auf den nur drei Meter vor mir brütenden Brachvogel verließ ich mein Versteck und ging zu dem Traktoristen. So gut es ging, machte ich ihm klar, was ich von ihm wollte und zeigte ihm das Brachvogelnest. Schweden sind ausgesprochen vogelfreundliche Menschen: Der Traktorist sparte rund um das Brachvogelnest einen Platz aus, und „mein" Brachvogel brütete weiter.

Beschreibung Der Große Brachvogel ist unsere größte Limikolen-Art; durch seinen langen, sanft

Brutgebiet des Großen Brachvogels

abwärts gebogenen Schnabel sowie sein hellbraunes, dunkel geflecktes Gefieder ist er gut kenntlich; nur Kinn, Bauch und Unterschwanzdecken sind überwiegend weißlich und der Schwanz ist dunkel gebändert. Vom kleineren Regenbrachvogel unterscheidet sich der Große Brachvogel durch seine Größe und den relativ kürzeren Schnabel (s. Abb.). Außerdem ist beim Regenbrachvogel der helle Scheitel beiderseits dunkel eingefaßt. Beim Großen Brachvogel sehen Männchen und Weibchen gleich aus, das Ruhe- und Jugendkleid ähneln weitgehend dem Brutkleid. Das Dunenjunge ist rostbräunlich und oberseits dunkel gescheckt.

Maße: Länge 570 mm, Flügel 308 mm, Schwanz 121, Füße 77 mm; das Weibchen ist etwas größer, vor allem ist der Schnabel länger, er mißt beim Männchen durchschnittlich 112 mm, beim Weibchen 153 mm.

Feldkennzeichen Durch seine Größe, den langen, gebogenen Schnabel, sein braunes, dunkel gestreiftes Gefieder fällt der Große Brachvogel sofort auf. Vom Regenbrachvogel unterscheidet er sich durch das Fehlen von hellen Streifen auf dem Scheitel.

Der Große Brachvogel ruft laut und flötend „tla-ü", besonders am Brutplatz hört man den klangvollen Balzruf des Männchens, der etwa wie „tui tui trih trüih.., trüi-ih...trrüi-ih...trrrüi-ih" klingt und in einem Triller endet.

Verbreitung Der Große Brachvogel – Numenius a. arquata (Linné) – ist in Europa noch weit verbreitet, wenn auch seine Bestände vielfach zurückgegangen sind. Er brütet in Großbritannien und Irland, in der Bretagne und Ostfrankreich, in der Schweiz, in den Niederlanden und Dänemark, in Skandinavien und Finnland, in Mitteleuropa und von da an ostwärts bis zum Ural; im Norden bildet etwa der 63.°, im Süden der 52.° n. Br. die Grenze seines Brutgebiets.

An dieses europäische Brutgebiet schließt sich von den Steppen östlich der unteren Wolga und vom Ural an ostwärts durch das nördliche und mittlere Sibirien bis zum Amur-Gebiet das Brutgebiet der Unterart Numenius a. orientalis C. L. Brehm an.

Biotop Den Großen Brachvogel treffen wir zur Brutzeit auf nicht zu nassen Wiesen, Feldern, Luchen, Hoch- und Niedermooren, Heiden mit eingesprengten Mooren und gelegentlich auch im Dünengelände in Strandnähe an. Zu den Zugzeiten hält sich der Große Brachvogel gern am Wattenmeer auf.

Brutbiologie In Mitteleuropa brütet der Große Brachvogel vom letzten Aprildrittel an bis Mitte Mai, in Westeuropa teilweise etwas früher, in Großbritannien in der zweiten Aprilhälfte bis Anfang Mai, auf den Shetland-Inseln und in Lappland Ende Mai/Juni, in Finnland meist erst in der zweiten Maihälfte, ausnahmsweise auch zeitiger, und in Westsibirien vom zweiten Maidrittel an.

Das völlig freistehende Nest ist lediglich eine mit wenigen trockenen Halmen ausgelegte Mulde, in der die vier großen spitzovalen Eier liegen, die auf graugrünem bis olivbraunem Grund hell- bis dunkelbraun gefleckt sind.

JOURDAIN gibt für 100 in Großbritannien gesammelte Eier folgende Durchschnittsmaße an: 67,6 × 47,9 mm; Maxima: 78,6 × 55,1 mm; Minima: 56,2 × 44,0 und 61,0 × 43,0 mm.

Die Frischvollmasse beträgt 72 g, die durchschnittliche Schalenmasse 4,61 g.

Der Große Brachvogel ist ein gutes Beispiel dafür, daß innerhalb einer Vogelgruppe die größeren Arten relativ kleinere Eier legen als die kleineren Arten. So beträgt das Vierer-Gelege eines Großen Brachvogels nur 32 Prozent von der Körpermasse des 900 g schweren Weibchens, bei dem nur 45 g schweren Flußuferläufer hingegen sind es 107 Prozent! So sind also die „großen" Eier des Großen Brachvogels durchaus keine überragende Leistung! Die Eier werden gewöhnlich im Abstand von 48 Stunden gelegt, bisweilen auch im Abstand von nur 24 Stunden, ausnahmsweise beträgt der Legeabstand bis zu vier Tagen. Die Bebrütung des Geleges beginnt meist nach Ablage des vierten Eies, gelegentlich auch schon nach dem dritten Ei. Am Brüten beteiligen sich Männchen und Weibchen. Die Jungen schlüpfen innerhalb eines Tages und verlassen das Nest, sobald sie trocken geworden sind, sie werden von ihren Eltern einige Wochen geführt und sind im Alter von fünf bis sechs Wochen flugfähig.

Wanderungen Der Große Brachvogel überwintert teilweise schon in Westeuropa, also auf den Britischen Inseln, sogar auf Island (wo er nicht brütet) wurde er überwinternd angetroffen, gelegentlich auch im südlichen Skandinavien und an den Küsten der südlichen Nord- und Ostsee, ausnahmsweise auch im Binnenland, hauptsächlich aber im Mittelmeerraum sowie im subtropischen und tropischen Afrika bis Südafrika und auf Madagaskar. Die Großen Brachvögel, die wir weiter östlich am Südrand des Kaspischen Meeres und im Nahen Osten antreffen, dürften teilweise wohl schon zu der östlichen Unterart gehören. Gelegentlich verirren sich große Brachvögel auf die Atlantischen Inseln, und vereinzelte Exemplare haben sogar den Atlantik in Ost-West-Richtung überflogen, da sie auf Grönland und in den östlichen Vereinigten Staaten angetroffen wurden.

Die östliche Unterart des Großen Brachvogels überwintert im gesamten südlichen und südöstlichen Asien vom Persischen Golf an ostwärts bis Japan (Hondo), auf Taiwan, auf den Philippinen und auf Inseln des Indischen Ozeans wie beispielsweise auf den Seychellen. Auch im tropischen und südlichen Afrika sowie auf Madagaskar wurde Numenius a. orientalis als Wintergast festgestellt. Wie die Untersuchung von Bälgen ergeben hat, ist Numenius a. orientalis ein offensichtlich regelmäßiger, wenn auch spärlicher Durchzügler in der Ungarischen Tiefebene.

An ihren Brutplätzen treffen die Großen Brachvögel bereits im März ein, aber auch noch im April ziehen in Mitteleuropa weiter nördlich beheimatete Populationen durch, und in den Frühlingsnächten hört man die klangvollen Rufe der nächtlichen Wanderer. Bald nach der Brutzeit, bisweilen schon Anfang Juni, setzt der Abzug ein, der bis zum September anhält. In den Überwinterungsgebieten hält sich der Große Brachvogel in größeren Flügen an offenen und schlammigen Ufern von Flüssen, Seen und Lagunen sowie an flachen Stränden auf.

Nahrung Die Nahrung ist recht verschieden und von den jeweiligen Aufenthaltsorten abhängig. An den Küsten der Überwinterungsgebiete ist sie naturgemäß anders als zur Brutzeit im Binnenland. Von kleinen Fröschen, Mollusken und Crustaceen bis zu Insekten aller Art wird so ziemlich alles aufgenommen, daneben auch kleinere Fische, Würmer und ab und zu Krähen- und Heidelbeeren (Empetrum nigrum und Vaccinium myrtillus) sowie Sämereien.

An den Küsten der Nordsee sind im zeitigen Herbst Strandkrabben von Bedeutung, während Herzmuscheln, Plattmuscheln und – auf Wiesen – Regenwürmer und Insektenlarven im Winter die hauptsächliche Nahrung sind.

Numenius phaeopus (Linné)
Regenbrachvogel (Tafel 9)

Wenn Ornithologen aus Mitteleuropa nach dem nördlichen Skandinavien fahren, sei es nach Schwedisch-Lappland oder Finnland, dann sind sie zunächst einmal etwas enttäuscht. Das ging auch mir so, als ich 1958 in Finnland und 1969 in Lappland war, um dort Vögel zu beobachten und zu photographieren. Man kommt mit großen Erwartungen, weil man in den menschenleeren oder nur schwach besiedelten Räumen ein reiches Vogelleben erwartet. So habe ich 1958 in Finnland in der Nähe von Kuusamo nur ein Nest vom Regenbrachvogel gefunden, und in Lappland habe ich nicht einen einzigen gesehen, obwohl ich wochenlang unterwegs war. Diese scheinbare Armut an Vögeln liegt nur daran, daß hier oben im Norden Europas die Vögel mehr Platz haben, und man demzufolge auch auf größeren Exkursionen weniger Vögel sieht als vergleichsweise in Mitteleuropa; hinzu kommt noch, daß man das Gelände zunächst noch nicht kennt und außerdem die Artenanzahl in Nordeuropa ohnehin geringer ist als in Mitteleuropa.

Beschreibung Der Regenbrachvogel ist sozusagen die „Kleine Ausgabe“ des Großen Brachvogels, dem er auch in der Färbung weitgehend gleicht; eine ausführlichere Beschreibung erübrigt sich aus diesem Grund. Das Ruhe- und Jugendkleid ähnelt auch beim Regenbrachvogel dem Brutkleid. Wichtig für die Bestimmung sind der gelblichweiße, dunkel eingefaßte Scheitel und die hellen Überaugenstreifen. Das Dunenjunge sieht dem des Großen Brachvogels ähnlich, ist aber im allgemeinen etwas heller rostgelblich und bereits an dem hellen Scheitelstreifen erkennbar.

Maße: Länge 390 mm, Flügel 252 mm, Schwanz 105 mm, Schnabel 85 mm, Füße 58 mm.

Feldkennzeichen Der Regenbrachvogel ist kleiner als der Große Brachvogel und an dem hellen, dunkel eingefaßten Scheitelstreifen in allen Kleidern erkennbar. Von Uferschnepfen unterscheidet sich der Regenbrachvogel durch seinen langen, sanft nach unten gebogenen Schnabel.

Typisch für den Regenbrachvogel ist eine Folge von kichernden Lauten, die in ihrer Tonhöhe abnehmen und die den von NIETHAMMER beschriebenen „tüttitüttitüttitütt“ oder „püjüjüjüjüt“ klingenden Stoßlauten entsprechen dürften. Der Balztriller ist wie beim Großen Brachvogel perlend weich, und wie der Große Brachvogel so gibt auch der Regenbrachvogel je nach den Umständen vielfältige Laute von sich.

Verbreitung Der Regenbrachvogel – Numenius ph. phaeopus (Linné) – bewohnt zur Brutzeit das nördliche Europa und Asien von Island, den Färöer, Shetland-Inseln und Äußeren Hebriden (ehedem auch in Schottland) bis Skandinavien (1969 und 1970 brütete der Regenbrachvogel in Småland, über 500 km südlich seines normalen Brutgebietes) und Finnland. Von hier dehnt sich sein Brutgebiet durch die nördliche Sowjetunion bis zum Jenissej aus. Im Süden reicht das Brutgebiet von den sowjetischen Ostseerepubliken ostwärts durch die Sowjetunion bis in die Niederungen Westsibiriens. Im nordöstlichen Sibirien brütet von der Lena bis zum Anadyr-Land Numenius phaeopus variegatus (Scopoli). In Nordamerika brütet Numenius ph. hudsonicus Latham in zwei weit auseinander liegenden Arealen in Alaska und Kanada.

Biotop Der Regenbrachvogel bewohnt zur Brutzeit Moore und Heiden; in Lappland und Finnland bevorzugt er die in den Wäldern liegenden Moore. In Island kommt er nach HANTZSCH auf grasbewachsenen Niederungen, Heiden und Hochmooren vor, aber nicht im Gebirge. In den Überwinterungsgebieten hält er sich auf Korallenriffen und an felsigen Küsten sowie in Mündungsgebieten von Flüssen und Strömen sowie im Wattenmeer auf.

Brutbiologie In Island brütet der Regenbrachvogel in der ersten Junihälfte, manchmal schon Ende Mai, besonders im Süden der Insel. Auf den Färöer und den Shetland-Inseln werden die Gelege Ende Mai/Anfang Juni gefunden. Im nördlichen Skandinavien beginnt die Brutzeit bisweilen schon Ende Mai, die Mehrzahl der Weibchen brütet aber auch hier erst im Juni.

Das offen liegende Nest ist lediglich eine spärlich mit Moos, Halmen und Flechten ausgelegte flache Vertiefung, bisweilen fehlt jede Auskleidung, und die vier Eier liegen dann auf der dürftigen Vegetation, vielfach ist es Islandmoos.

Die Nestmulde hat einen Durchmesser von 18 bis 20 cm und eine Tiefe von drei cm. Da die Nester ziemlich offen liegen, ist das Gelege schon aus einiger Entfernung zu sehen. Die spitzovalen Eier gleichen bis auf die geringere Größe denen des Großen Brachvogels, sind jedoch im allgemeinen deutlicher gefleckt als diese. Nach JOURDAIN messen 100 Eier von den Färöer und Shetland-Inseln im Durchschnitt 58,43×41,64 mm; Maxima: 65,1×41,7 und 62,1×44,5 mm; Minima: 52,0×41,6 und 55,3×36,0 mm. Die Frischvollmasse beträgt etwa 50 g, die Schalenmasse durchschnittlich 2,64 g.

Der Regenbrachvogel brütet nur einmal im Jahr, und nur, wenn ihm das Gelege verlorengegangen ist, legt er noch einmal. Die Brutdauer beträgt 24 Tage; Männchen und Weibchen brüten, das Weibchen hat jedoch den größeren Anteil, gelegentlich wird es in den Abendstunden vom Männchen abgelöst. Die Jungen verlassen bald nach dem Trockenwerden das Nest und werden von beiden Eltern etwa vier Wochen lang geführt.

Wanderungen Regenbrachvögel sind ausgesprochene Zugvögel und überwintern je nach der Lage ihrer Brutgebiete; der nordamerikanische Numenius phaeopus hudsonicus beispielsweise überwintert in Mittel- und Südamerika bis zum südlichen Chile, auch auf den Galapagos-Inseln wurde er angetroffen.

Die europäischen und westasiatischen Populationen ziehen ebenfalls südwärts und überwintern in den Mittelmeerländern und im Nahen Osten, in Afrika südwärts bis zum Kapland, auf den Atlantischen Inseln sowie auf den Inseln und Inselgruppen im Indischen Ozean von Madagaskar bis Sri Lanka.

Die weiter östlich in Sibirien beheimateten Regenbrachvögel überwintern im südlichen und südöstlichen Asien, auf den Philippinen, auf den Inseln im Stillen Ozean, ja sogar in Australien und Neuseeland.

Als Irrgäste wurden europäische Regenbrachvögel im östlichen Nordamerika, auf Jan Mayen, der Bären-Insel und Spitzbergen wiederholt angetroffen, während der nordamerikanische Numenius phaeopus hudsonicus bisher dreimal für Großbritannien und Irland festgestellt und damit erstmalig für Europa nachgewiesen wurde. In Großbritannien und auch an den deutschen Küsten überwintern gelegentlich einige Regenbrachvögel; sonst ist die Art in Mitteleuropa von März bis Mai und von Juli bis Oktober ein regelmäßiger Durchzügler, besonders an den Küsten, aber auch im Binnenland.

Nahrung Diese ist so ähnlich wie die des Großen Brachvogels und richtet sich auch nach dem jeweiligen Aufenthaltsort; der Regenbrachvogel ernährt sich von Insekten aller Art, vor allem von Käfern, Haut- und Zweiflüglern sowie von Geradflüglern (Heuschrecken und Grillen), ferner von Würmern, kleineren Mollusken und Crustaceen, daneben auch von Beeren und Sämereien.

Brutgebiet des Regenbrachvogels

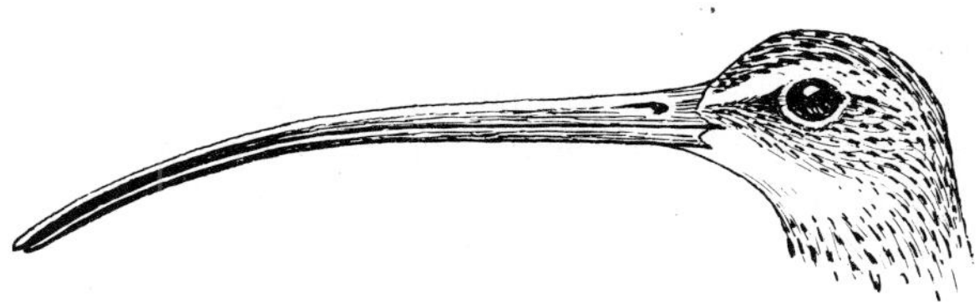

a

b

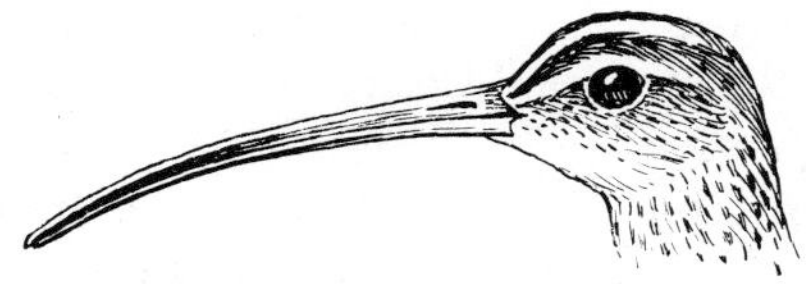

c

d

e

Brachvögel

a *Langschabel-Brachvogel*
Numenius madagascariensis
b *Großer Brachvogel,* N. arquata
c *Regenbrachvogel,* N. phaeopus
d *Dünnschnabel-Brachvogel,* N. tenuirostris
e *Zwergbrachvogel,* N. minutus

Numenius tenuirostris Vieillot
Dünnschnabel-Brachvogel (Tafel 9)

Dem Dünnschnabel-Brachvogel scheint das gleiche Los wie dem Eskimo-Brachvogel bevorzustehen. „Man hat den Eindruck", schreibt JOHANSEN, „daß es eine aussterbende Art ist, denn fast alle älteren Autoren trafen ihn in vergangenen Jahren viel häufiger an. Es ist denkbar, daß er an seinen mediterranen Winterplätzen übergroßer Verfolgung ausgesetzt ist. In Westsibirien ist dies wohl nie der Fall gewesen."

Beschreibung Der Dünnschnabel-Brachvogel ist ebenso groß wie der Regenbrachvogel, auch die Schnabellänge ist bei beiden Arten etwa gleich, jedoch fehlt dem Dünnschnabel-Brachvogel jede dunkle Kopfzeichnung (s. Abb.). Die Oberseite ist blasser als beim Großen- und Regenbrachvogel, die Unterseite ist reinweiß, auf der Brust und an den Flanken finden sich scharf begrenzte tropfen- bis herzförmige dunkle Flecken. Die insgesamt hellere Erscheinung fällt besonders im Flug auf. Hinterrücken und Bürzel sind reinweiß, ebenso der eng dunkelbraun gebänderte Schwanz. Im Ruhekleid ist die Unterseite schwächer gefleckt; das Jugendkleid oberseits bräunlicher, die Flanken sind ungefleckt.

Maße: Länge 400 mm, Flügel 254 mm, Schwanz 99 mm, Schnabel 75 bis 89 mm, beim Weibchen länger als beim Männchen, Füße 67 mm.

Feldkennzeichen In der Gefiederfärbung gleicht der Dünnschnabel-Brachvogel dem Großen Brachvogel, er ist aber kleiner, der Schnabel kürzer und dünner. Auf der Brust und auf den Flanken fallen dunkle, herz- oder tropfenförmige Flecke auf.

Die Stimme des Dünnschnabel-Brachvogels klingt nach JOHANSEN anders als die des Großen Brachvogels: „Ein dumpfer, vibrierender Pfiff, der an den Ruf der Rohrweihe erinnert."

Verbreitung „Bis 1909 waren die Verbreitungsgebiete unbekannt", schreibt HARTERT, „und man nahm, auf leichtfertige Angaben und Vermutungen gestützt, an, daß die Art in den Mittelmeerländern (Südfrankreich, Spanien, Griechenland) niste." Heute wissen wir, daß der Dünnschnabel-

Brachvogel in den Steppengebieten Westsibiriens sowie den Kirgisen-Steppen westwärts bis zu den Gebieten südlich des Ural brütet. Einzelheiten über seine Verbreitung verdanken wir vor allem JOHANSEN. Die Südgrenze des Brutgebiets bildet etwa der 50.° n. B., im Osten erstreckt es sich bis zum Oberlauf des Ob in die Gegend von Barnaul und Tomsk, von hier verläuft die Nordgrenze des Brutareals in südwestlicher Richtung bis in die Gegend von Uralsk.

Biotop Der Dünnschnabel-Brachvogel bevorzugt offenes sumpfiges Gelände inmitten der ausgedehnten Steppengebiete; außerhalb der Brutzeit hält er sich in den gleichen Biotopen auf wie die anderen Brachvögel.

Brutbiologie „Bei der Seltenheit des Vogels," schreibt JOHANSEN, „kann hierzu nur wenig gesagt werden. Am Südsaume der Waldzone bei Tara wurde er von USCHAKOW auf großen schwankenden Moorflächen mit Torf und Sumpfvegetation nistend gefunden. Das Nest lag auf einer trockeneren, gut bewachsenen Insel im Moor. Es bestand aus trockenen Gräsern und Stengeln und enthielt am 22. Mai vier Eier. In der Waldsteppe am Sartlan-See wurde ein Nest mit Eiern am 25. Mai gefunden, am Tschany-See ein anderes am 3. Juni." Das Nest bestand aus einigen groben Stengeln, die Nestmulde war mit Halmen, einigen trockenen Blättchen und Pferdehaaren ausgelegt; der Außendurchmesser betrug 27 cm, die Höhe des Nestes 17,8 cm, der Durchmesser der Nestmulde 13,5 cm und ihre Tiefe 5,9 cm (DEMENTIEW und GLADKOW). Die Eier sind nach HARTERT „gräulich oder grünlich olivenfarben bis ockerbräunlich oder rötlichbraun, aber immer mit grünlichem Anflug, mit graubraunen bis dunkel olivfarbenen Flecken, Punkten und Stricheln, sowie einigen blaßgrauen Schalenflecken." Eier der USCHAKOWschen Sammlung messen im Durchschnitt 64,75 × 46,25 mm; Maximum 65,6 × 47,1 mm, Minimum 64,0 × 45,0 mm.

Brutgebiet des Dünnschnabel-Brachvogels

Wanderungen Der Dünnschnabel-Brachvogel zieht durch Südwestasien und Südosteuropa und überwintert vor allem im östlichen Mittelmeerraum, in geringerer Anzahl auch im Nahen Osten und im nordwestlichen Afrika. Auf dem Durchzug wurde er in den Balkanländern und als Irrgast wiederholt in Mittel- und Westeuropa festgestellt wie beispielsweise in Großbritannien, in den Niederlanden, in Belgien, Frankreich, Portugal, in der Schweiz, in Österreich, in der Tschechoslowakei und in Polen. Ziemlich regelmäßig, wenn auch nicht alljährlich, wird der Dünnschnabel-Brachvogel in Ungarn gesehen, vor allem auf dem Herbstzug. Für die BRD liegen nur wenige, teilweise aus dem vorigen Jahrhundert stammende Belege und nicht eindeutig gesicherte Beobachtungen vor. Letztmalig wurde hier ein Dünnschnabel-Brachvogel am 17. April 1966 im Meißendorfer Teichgebiet bei Celle beobachtet. Für das Gebiet der Deutschen Demokratischen Republik ist nur ein einwandfreier Beleg bekannt geworden; in der ersten Hälfte des 19. Jahrhunderts wurde ein Stück bei Gotha gesammelt, das in die Sammlung C. L. BREHMS gelangte.

Nach JOHANSEN kommen die Dünnschnabel-Brachvögel bei Tomsk zwischen dem 7. und 20. Mai an; SUSCHKIN traf Durchzügler im Süden der Kirgisen-Steppe am 9. Mai an. Herbstdurchzügler wurden im August gesehen.

Nahrung Einzelheiten über die Ernährung sind nicht bekannt; sie dürfte ähnlich der anderer Brachvögel sein und vorwiegend aus Insekten, Würmern und kleineren Mollusken bestehen.

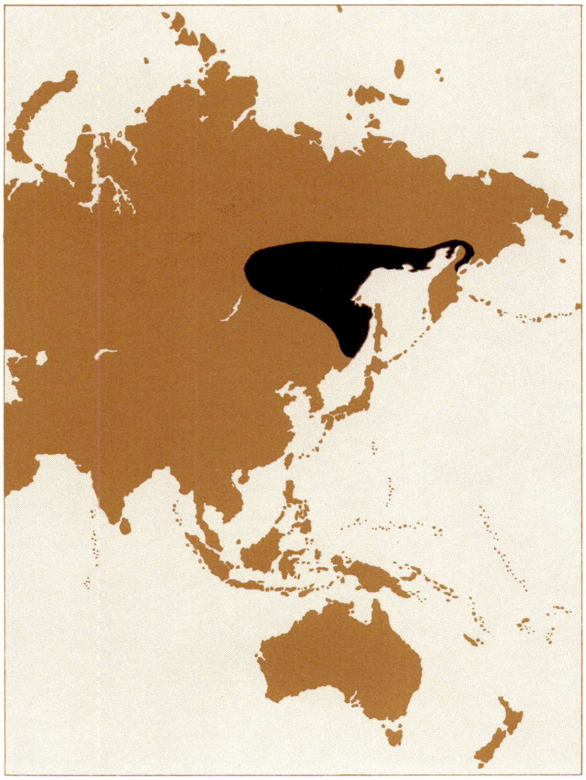

Brutgebiet des Langschnabel-Brachvogels

Numenius madagascariensis (Linné)

Langschnabel-Brachvogel (Tafel 9)

Die Brachvögel sind in acht Arten mit einigen Unterarten als Brutvögel auf den Norden Amerikas, Europas und Asiens beschränkt, auf ihren Wanderungen begegnen wir ihnen aber in allen Kontinenten und auf vielen Inselgruppen der Südhemisphäre. So ist es nicht überraschend, daß den Ornithologen zwei Arten eher aus ihren Überwinterungsgebieten als von ihren Brutplätzen bekannt waren, was allerdings nicht verwunderlich ist, da diese in den weiten und unwirtlichen Tundren Ostsibiriens und Alaskas liegen. Es handelt sich um Numenius madagascariensis und Numenius tahitiensis.

Als die erstgenannte Art ihren wissenschaftlichen Namen erhielt, unterlief ein kleiner Fehler: Man meinte nicht Madagaskar, sondern vielmehr die auf Sulawesi liegende Stadt Makassar, in deren Nähe man diesen Brachvogel erbeutet und dann nach eben dieser Stadt benannt hatte. Nach den bestehenden internationalen Nomenklaturregeln darf aber der einmal gegebene Name nicht geändert werden, und mag er auch falsch oder irreführend sein.

Die Überwinterungsgebiete des Langschnabel-Brachvogels erstrecken sich vielmehr von China, Korea und Japan südwärts bis zu den Philippinen, den Sundainseln und Maluku, Sulawesi, Neuguinea und Australien. Numenius tahitiensis überwintert, es sei nur der Vollständigkeit halber mit erwähnt, auf Inseln des Stillen Ozeans von den Hawaii-Inseln südwärts bis zu den Marshall-, Gilbert-, Phoenix- und Gesellschaftsinseln.

Beschreibung Der Langschnabel-Brachvogel ist dem Großen Brachvogel sehr ähnlich. Die Oberseite ist im Brutkleid jedoch mehr roströtlich, Hinterrücken und Bürzel sind nicht reinweiß, die Steuerfedern braun mit dunkelbraunen Querbinden. Die Unterseite ist mit Ausnahme des weißlichen Kinnflecks hell gelbbräunlich mit schwarzbraunen Längsstrichen. Die Unterflügeldecken sind schwarzbraun gefleckt, die Achselfedern schwarzbraun quergebändert. Die Füße sind blaugrau (weshalb dieser Brachvogel früher auch Numenius cyanopus genannt wurde).

Maße: Länge 525 mm, Flügel 315 mm, Schwanz 128,5 mm (Männchen) bzw. 131 mm (Weibchen) (KUSNEZOW, briefl. Mitt.), Schnäbel alter Weibchen nach HARTERT bis zu 190 und 199 mm, nach KUSNEZOW jedoch 164 mm (Weibchen) bzw. 172 mm (Männchen).

Feldkennzeichen Der Langschnabel-Brachvogel ähnelt dem Großen Brachvogel, unterscheidet sich aber von ihm durch einen längeren Schnabel und die im Brutkleid mehr roströtliche Oberseite. Hinterrücken und Bürzel sind braun, nicht weiß; der dunkle Bürzel fällt besonders im Fluge auf. Die Achselfedern sind gebändert und ebenfalls nicht reinweiß.

Verbreitung Über das Brutgebiet dieses seltenen Brachvogels sind wir nur ungenügend unterrichtet. Soweit bekannt, brütet Numenius madagascariensis in einigen Gegenden Ostsibiriens. Von sowjetischen Ornithologen wurden Brutplätze am unteren Amur- und Ussuri-Gebiet, am Iman-Fluß und im nordöstlichen Kamtschatka entdeckt. Ferner wurde dieser Brachvogel im Quellgebiet des Zeya-Flusses und am Vilyui-Fluß – hier sogar häufig – angetroffen. TUGARINOW schließlich fand den Langschnabel-Brachvogel in der mittleren Jakutischen ASSR brütend.

Biotop Nach VAURIE bewohnt der Langschnabel-Brachvogel zur Brutzeit Niederungen oder Hochmoore, deren Boden moosbewachsen oder etwas sumpfig und mit einigen Büschen bestanden ist, ferner versumpfte Waldlichtungen, grasbewachsene Flußufer oder feuchte Wiesen mit Bülten sowie ausgedehnte Sümpfe.

Brutbiologie Von Mitte April an werden die verpaarten Vögel an ihren Brutplätzen angetroffen, über denen dann die Männchen in etwa 10 bis 15 m Höhe unter „tyui, tyui, tyui"-Rufen ihre Balzflüge vollführen. Gewöhnlich nisten zwei bis drei Paare in enger Nachbarschaft. Die Nestmulde wird mit etwas altem, trockenem Gras ausgelegt. Über die Brutdauer und Einzelheiten bei der Bebrütung sind wir nicht unterrichtet; die Brutdauer dürfte wie beim Großen Brachvogel 29 bis 30 Tage betragen, da die Eier in der Größe mit denen des Großen Brachvogels übereinstimmen. Das Gelege besteht aus vier Eiern, die ebenso stark wie die von Numenius arquata variieren. DEMENTIEW und GLADKOW geben für acht Eier einen Durchschnitt von 69,8 × 47,6 mm an. SPANGENBERG fand ein noch unbebrütetes Vierer-Gelege am 7. Mai, und zwei Tage alte Dunenjunge wurden am 23. Mai gefunden. In Kamtschatka beginnt die Brutzeit etwa einen Monat später.

Wanderungen Auf die Wanderungen des Langschnabel-Brachvogels bin ich bereits in der Einleitung kurz eingegangen. Da Numenius madagascariensis einmal als Irrgast im Iran festgestellt wurde, so sollte er der Vollständigkeit halber mit hier erwähnt werden.

Nahrung Einzelheiten über die Nahrung des Langschnabel-Brachvogels sind nicht bekannt; sie dürfte der anderer Brachvögel entsprechen.

Numenius minutus Gould
Zwergbrachvogel (Tafel 9)

Was mag einen Zwergbrachvogel veranlaßt haben, statt in südöstlicher Richtung seinen Überwinterungsgebieten in Australien zuzustreben, in westlicher Richtung bis ins nördliche Norwegen zu ziehen? Wir wissen es nicht. Der Zufall wollte es, daß dieser Zwergbrachvogel von einem norwegischen Ornithologen entdeckt, beobachtet und photographiert wurde. Damit hat sich die Anzahl der Limikolen, die als Irrgäste für Europa nachgewiesen wurden, auf 27 erhöht.

Beschreibung Der Zwergbrachvogel ist oberseits schwarzbraun, die einzelnen Federn sind hell rostfarben, am Hinterrücken und Bürzel jedoch weißlich gesäumt. Die Unterseite ist blaß ockergelblich und in der Mitte weiß. Der Hinterhals, die Halsseiten und Flanken weisen braune Schaftstriche

Brutgebiet des Zwergbrachvogels

auf. Die Steuerfedern sind bräunlichgrau mit schmalen braunschwarzen Querbinden. Der hornschwarze Schnabel ist kürzer als bei den anderen Brachvogel-Arten. Der Scheitel zeigt einen hell rostfarbenen Längsstreif, der auffallend breite Überaugenstreif ist blaß ockergelblich; vor dem Auge befindet sich ein schwarzbrauner Fleck, der sich hinter dem Auge in einem schmalen Streif fortsetzt. Männchen und Weibchen sind äußerlich nicht zu unterscheiden, das Ruhekleid gleicht dem Brutkleid.

Maße: Länge 300 mm, Flügel 184 mm, Schwanz 74 mm, Schnabel 45 mm, Lauf 50 mm.

Feldkennzeichen Wie schon der Name sagt, ist der Zwergbrachvogel ein sehr kleiner Brachvogel – etwa so groß wie eine Uferschnepfe – mit auffallend kurzem Schnabel, der stets kürzer als der blaugraue Lauf ist.

Seine Stimme wird als kräftiges „whai-ut, whai-ut" oder ein lautes „tio tio" beschrieben (HARTERT).

Verbreitung Das Brutgebiet des Zwergbrachvogels war lange Zeit unbekannt; BUTURLIN vermutete es an der oberen Jana und mittleren Lena. Wie sich später zeigte, traf BUTURLINs Vermutung zu, da bei Werchojansk Gelege von Numenius minutus gefunden wurden. Heute wissen wir, daß dieser kleine Brachvogel im nordöstlichen Sibirien von den Gebieten am Oberlauf der Chatanga an ostwärts bis zum Werchojanskischen Gebirge brütet; STRESEMANN vermutet weitere Brutplätze im Stanowoi-Gebirge, und STEGMANN hält es nicht für ausgeschlossen, daß Numenius minutus auch in den Hochgebirgen der Baikal-Länder brütet.

Biotop Der Zwergbrachvogel brütet in der Gebirgstundra, weniger offenbar in der niedriger gelegenen Tundra. In den Überwinterungsgebieten wird er an den Rändern von Gewässern und Sümpfen sowie in offenem Gelände angetroffen.

Brutbiologie Über die Brutbiologie des Zwergbrachvogels ist nur sehr wenig bekannt. Das erste, sicher idendifizierte Ei wurde erst 1955 gefunden und einem Gelege von vier Eiern entnommen (ein 1929 von TUGARINOW beschriebenes Ei war nach der Meinung SPANGENBERGs zweifellos ein Ei von Tringa nebularia). Dieses Ei wurde am 10. Juni 1955 bei Werchojansk gesammelt und sieht nach der Beschreibung von SPANGENBERG wie ein kleines Ei des Brachvogels aus. Ein weiteres Gelege von vier Eiern wurde am 13. Juni 1957 ebenfalls bei Werchojansk gefunden; die Eier waren bereits stark bebrütet, so daß wir annehmen können, daß die Eiablage Anfang Juni beginnt. Das am 10. Juni gefundene Ei wog 29,1 g; die von SPANGENBERG beschriebenen fünf Eier von Numenius minutus messen durchschnittlich 50,02 × 35,60 mm, sind also nur etwas größer als Kiebitzeier. Ein Vierer-Gelege in der Sammlung Leonowitsch mißt und wiegt im Durchschnitt 53,40 × 36,22 mm, 1,52 g.

Wanderungen Der Zwergbrachvogel überwintert in Australien und Tasmanien; in den zwischen dem Brutgebiet und den Überwinterungsgebieten liegenden Ländern ist die Art jedoch nur selten angetroffen worden, am häufigsten noch in Neuguinea und auf Maluku, zweimal auf Sulawesi und wenige Male auf den Philippinen. In den Überwinterungsgebieten trifft der Zwergbrachvogel im September/Oktober ein und zieht im März/April wieder ab.

Bis jetzt war Numenius minutus noch nie als Irrgast für Europa festgestellt worden, und es blieb einem norwegischen Ornithologen vorbehalten, den Zwergbrachvogel erstmals für Norwegen und damit gleichzeitig für Europa als Irrgast nachzuweisen. Ein einzelner Zwergbrachvogel wurde zusammen mit einigen Goldregenpfeifern aus naher Entfernung am 14. Juli 1969 bei Hamningberg auf der Varanger-Halbinsel im nördlichen Norwegen beobachtet und photographiert. Ein Vergleich der Aufnahmen mit Bälgen und Beschreibungen in der Literatur schlossen jeden Zweifel aus, daß es sich bei dem beobachteten Vogel um eine andere Art als Numenius minutus gehandelt haben konnte.

Nahrung Einzelheiten über die Ernährung des Zwergbrachvogels sind nicht bekannt; sie wird wahrscheinlich der der anderen Numenius-Arten gleichen. In Australien wurde festgestellt, daß der Zwergbrachvogel sich von Insekten, besonders Heuschrecken, Würmern und Sämereien ernährt.

Gattung Limosa Brisson

Limosa limosa (Linné)

Uferschnepfe (Tafel 10)

Wenn man als Feldornithologe irgendein Gebiet aufsucht, so sollte man es nie bei nur einem Besuch bewenden lassen, ganz gleich, ob man sich in seiner engeren Heimat oder in irgendeinem anderen Land befindet. Durchstreift man eine Gegend nur einmal, so entgeht einem so manche Art, außerdem besteht stets die Möglichkeit, daß sich die Avifauna eines enger umgrenzten Gebietes im Laufe der Jahre ändert; manche Arten werden seltener oder verschwinden völlig, neue, vordem noch nicht festgestellte Arten tauchen erstmals als Brutvögel auf. So erging es uns in Ungarn. Als wir 1959 erstmals in der Umgebung von Pusztaszer beobachteten, sahen wir in der weiten Pußta nicht eine Uferschnepfe, und wir waren überrascht, bei einem nochmaligen Besuch dieser Gegend im Jahre 1963 einige Paare Uferschnepfen als Brutvögel hier anzutreffen, die wir dann eingehend beobachtet und photographiert haben. Hätten wir es bei nur einem Besuch bewenden lassen, hätten wir von der Vogelwelt in der Umgebung von Pusztaszer ein unvollständiges Bild bekommen.

Beschreibung Kopf, Hals und Brust sind zur Brutzeit beim Männchen und dem ihm sehr ähnlichen Weibchen rostbraun, die übrige Unterseite ist weiß. Der Oberkopf ist schwarz gestrichelt, Brust und Flanken sind schwarzbraun quergebändert, die dunkelbraunen Federn der Oberseite haben rostbraune Säume. Bei der fliegenden Uferschnepfe überragen die Füße den Schwanz, außer-

Brutgebiet der Uferschnepfe

dem fallen dann die weißen Flügelbinden, die weißen Oberschwanzdecken und der an der Wurzel weiße Schwanz mit der breiten schwarzen Endbinde auf.

Das Ruhekleid ist heller als das Brutkleid, mehr fahl graubraun statt rotbraun, die Unterseite ist dann reinweiß. Das Jugendkleid ähnelt dem Ruhekleid; die Dunenjungen sind rostbräunlich mit verwaschener dunkler Zeichnung und fallen durch ihre Hochbeinigkeit auf.

Maße: Länge 405 mm, Flügel 213 mm, Schwanz 83 mm, Schnabel 97 mm, Füße 79 mm; Das Weibchen ist etwas größer als das Männchen.

Feldkennzeichen Die Uferschnepfe ist ein langschnäbliger und hochbeiniger Vogel von der Größe eines Regenbrachvogels, der in allen Kleidern an den weißen Flügelbinden, dem schwarzen Flügelhinterrand und dem weißen Schwanz mit der breiten schwarzen Endbinde zu erkennen ist. Die ähnliche Pfuhlschnepfe hat keine weißen Flügelbinden, und ihr weißer Schwanz weist einige dunkle Querbinden auf (s. Abb.). Während der Balz hört man von den Uferschnepfen ein oft wiederholtes „greta greta".

Verbreitung Die Uferschnepfe – Limosa limosa limosa (Linné) – brütet in den Niederlanden, Belgien, vereinzelt auch in Nordfrankreich; von hier verläuft die Südgrenze des Brutareals quer durch Mitteleuropa bis zur Ukraine und durch die südliche Sowjetunion bis nach Westsibirien zum Oberlauf des Irtysch, wobei der 50.° n. Br. etwa die Südgrenze bildet. Im Norden reicht das Brutgebiet

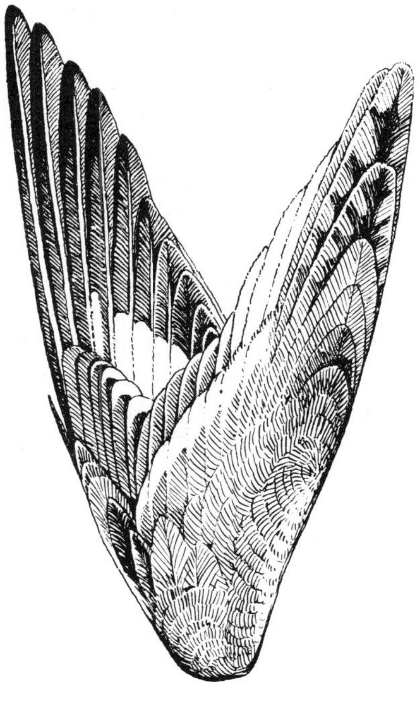

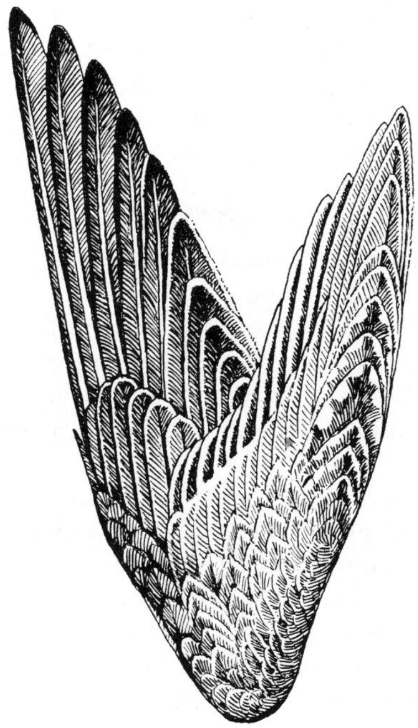

Flügel von der Uferschnepfe, Limosa limosa *(nach Koslowa)*

und der Pfuhlschnepfe, L. lapponica

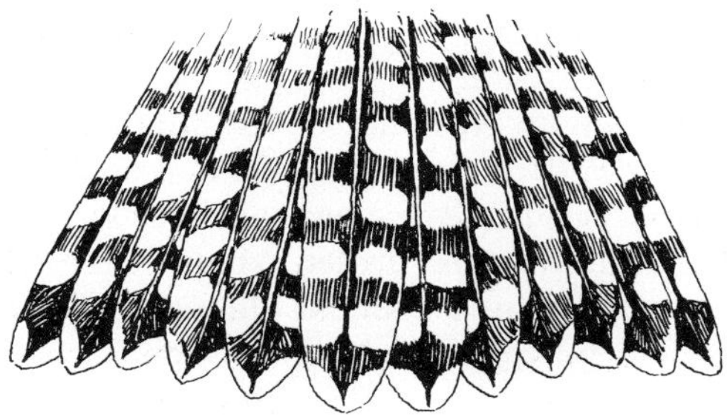

Steuerfedern von der Uferschnepfe, Limosa limosa

und der Pfuhlschnepfe, L. lapponica

bis in die Estnische SSR, von hier verläuft die Nordgrenze etwa am 60.° n. Br. durch die Sowjetunion bis zum Oberlauf des Ob in Westsibirien.

Außerhalb dieses geschlossenen Brutgebiets bestehen noch einzelne Brutvorkommen in Großbritannien. 1952 siedelte sich ein Paar in den Ouse Washes, Norfolk, an; zehn Jahre später brüteten hier bereits 14 Paare, und bis 1969 erreichte der Bestand 41 Brutpaare. 1964 wurde die Uferschnepfe in Schottland sowie im südlichen Norwegen als Brutvogel nachgewiesen. Von ihrem einstigen Brutplatz im nördlichen Norwegen (Andöya) wurden die Uferschnepfen durch die Anlage eines Flugplatzes vertrieben und siedelten sich auf Vestvagöy (Lofoten) an. Hier brüteten erstmals im Mai/Juni 1970 ein, vielleicht auch zwei Paare. Ein weiterer Brutplatz entstand bei Öyeren in der Nähe von Oslo; hier brütete 1969 ein Paar. Ferner kommt die Uferschnepfe in Schweden einschließlich Öland und Gotland, im mittleren Frankreich, in Spanien (Ebro-Mündungsgebiet), in Österreich und in Ungarn vor. Auf Island brütet Limosa limosa islandica C. L. Brehm, im östlichen Sibirien ostwärts bis Kamtschatka und zum Amur-Gebiet Limosa limosa melanuroides Gould.

Biotop Die Uferschnepfe bewohnt zur Brutzeit feuchtes Wiesengelände in der Umgebung von Seen und Teichen, Flußniederungen, Marschen, Luchgebiete, vorübergehend trocken gelegte Teiche, bültenreiches Sumpfgelände und Moore, gelegentlich auch sandige Heiden und in der ungarischen Tiefebene die trockene Pußta, doch dann nie weit vom Wasser entfernt.

Brutbiologie In Mitteleuropa brütet die Uferschnepfe meist von Ende April an und im Mai; gelegentlich werden aber auch schon früher Gelege gefunden, in den Niederlanden bisweilen schon zu Beginn des zweiten Aprildrittels; HAVERSCHMIDT fand hier schon am 4. Mai soeben geschlüpfte Junge. In Island brütet die Uferschnepfe entsprechend später; die Gelege wurden hier Ende Mai und Anfang Juni gefunden.

Das Nest ist eine mit einigen trockenen Halmen ausgelegte Mulde. Die vier Eier liegen bisweilen ziemlich offen am Boden, gelegentlich sind sie auch durch die umgebende Vegetation gegen Sicht geschützt.

Die meist spitzovalen bis kreiselförmigen Eier sind glattschalig und glanzlos und in ihrer Grundfarbe und im Zeichnungscharakter sehr variabel. Die Grundfarbe variiert zwischen bräunlichen und grünen Tönen; die dunkel- bis hellbraunen und olivbräunlichen Flecke sind selten deutlich ausgeprägt, oft hingegen so verwaschen, daß die Eier fast einfarbig erscheinen. Die hellgrauen bis bräunlichvioletten Unterflecke treten wenig in Erscheinung. JOURDAIN gibt für 100 Eier folgende Durchschnittsmaße an: 54,7 × 37,3 mm; Maxima: 59,8 × 37,8 und 55,3 × 40,7 mm; Minima: 48,5 × 37,7 und 55,0 × 34,0 mm. Die Frischvollmasse beträgt 39 g, die durchschnittliche Schalenmasse 2,23 g.
Die Eier werden im Abstand von 24 Stunden gelegt; die Uferschnepfe brütet nur einmal im Jahr, doch wird bei Verlust des Geleges nachgelegt.

Bei der Uferschnepfe brüten Männchen und Weibchen; am Anfang brütet das Männchen mehr als das Weibchen, vor allem brütet es stets nachts. Nach einer Brutdauer von 24 Tagen schlüpfen die Jungen, die an ihrem ersten Lebenstag noch in unmittelbarer Nähe des Nestes bleiben und gehudert werden. Anschließend werden sie von beiden Eltern geführt und sind nach vier Wochen leidlich flugfähig.

Wanderungen Die Uferschnepfe überwintert teilweise schon in den küstennahen Gebieten Westeuropas (Britische Inseln, Frankreich), meist jedoch im Mittelmeergebiet, am Südrand des Kaspischen Meeres, im Nahen Osten und von da südwärts bis zum östlichen Afrika, gelegentlich auch an der Westküste Indiens. Vereinzelte Uferschnepfen sind sogar auf Sri Lanka und in Südafrika angetroffen worden. In Mitteleuropa erscheinen die Uferschnepfen Anfang März an ihren Brutplätzen, die bald nach der Brutzeit wieder verlassen werden (August/Anfang September).

Isländische Uferschnepfen überwintern zumeist in Irland; als Irrgäste wurden vereinzelte in Grönland und auf Neufundland festgestellt. Möglicherweise gehören nach VAURIE die Uferschnepfen, die gelegentlich auf den Azoren angetroffen werden, ebenfalls zur Unterart islandica. Die ostsibirische Limosa limosa melanuroides überwintert in Süd- und Südostasien und wurde auch auf den Philippinen, auf Neuguinea und in Australien angetroffen.

Nahrung Die Uferschnepfe ernährt sich vorzugsweise von Insekten aller Art und deren Larven, kleineren Mollusken und Würmern, gelegentlich – besonders an den Küsten – auch Crustaceen und nach NAUMANN auch von Fisch- und Froschlaich sowie Kaulquappen.

Tafel 11

Rotschenkel, Tringa totanus, (S. 135)
① ♂ und ② ♀ im Brutkleid;
③ ♂ bzw. ♀ im Ruhekleid;
④ und ⑤ Dunenjunge;
Grünschenkel, Tringa nebularia (S. 141)
⑥ ♂ und ⑦ ♀ im Brutkleid; ⑧ ♂ und ⑨ ♀ im Ruhekleid; ⑩ Dunenjunges;
Dunkler Wasserläufer, Tringa erythropus (S. 133)
⑪ und ⑫ ♂ im Brutkleid; ⑬ ♀ im Brutkleid;
⑭ ♂ und ⑮ ♀ im Ruhekleid;
⑯ und ⑰ Dunenjunge

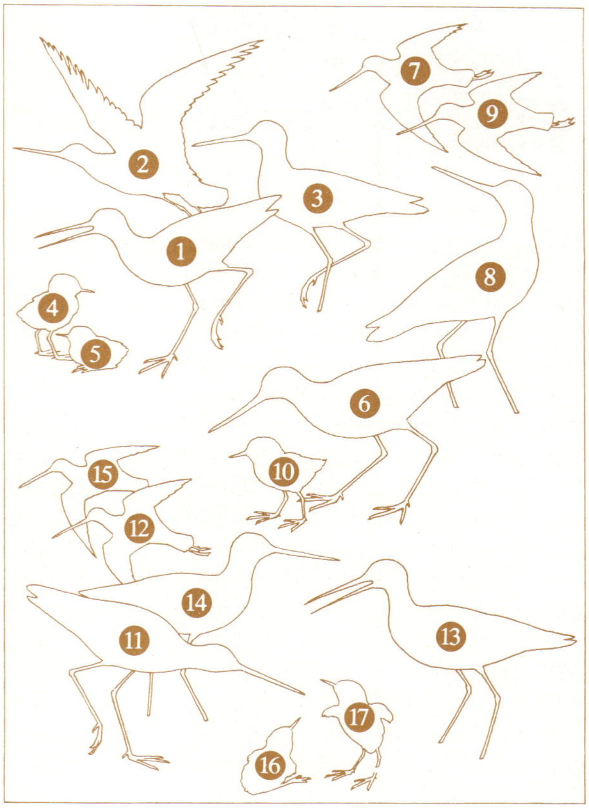

Uferschnepfe, Limosa limosa,
♂ und ♀ (oben);

und Pfuhlschnepfe, L. lapponica,
♂ und ♀ (unten)

Tafel 12

Bruchwasserläufer, Tringa glareola, (S. 148)
① *♂ im Brutkleid;* ② *♀ im Brutkleid;* ③ *♂ und* ④ *♀ im Ruhekleid;* ⑤ *Dunenjunges;* ⑥ *Eier;*
Einsamer Wasserläufer, Tringa solitaria, (S. 147)
⑦ *und* ⑧ *♂ bzw. ♀ im Brutkleid;*
⑨ *♂ bzw. ♀ im Ruhekleid;*
Waldwasserläufer, Tringa ochropus, (S. 143)
⑩ *♂ bzw. ♀ im Brutkleid;*
⑪ *bis* ⑬ *♂ bzw. ♀ im Ruhekleid;*
⑭ *und* ⑮ *Dunenjunge;* ⑯ *Eier*

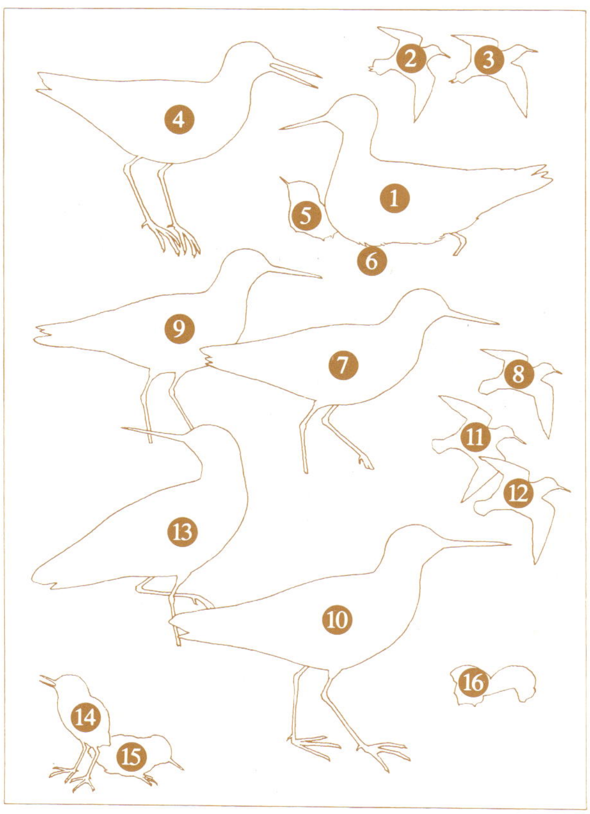

Limosa lapponica (Linné)
Pfuhlschnepfe (Tafel 10)

Die Pfuhlschnepfe vertritt die Uferschnepfe ökologisch im Norden Europas und Asiens, die Brutgebiete beider Arten werden durch eine oft Hunderte von Kilometern breite Zone getrennt und nirgends kommen beide Arten zur Brutzeit nebeneinander vor.

Man vermutet, daß das Brutvorkommen in den küstennahen Gebieten an der Westküste Alaskas verhältnismäßig neu ist, da die dortigen Populationen nicht an der Westküste Nordamerikas entlang nach Süden ziehen, sondern das Beringmeer überqueren und zusammen mit den nordostsibirischen Pfuhlschnepfen an der Ostküste Asiens entlang südwärts ziehen, um gemeinsam in Südostasien, Australien und Neuseeland zu überwintern.

Beschreibung Die Pfuhlschnepfe unterscheidet sich von der Uferschnepfe unter anderem durch einen etwas kürzeren und an der Spitze sanft aufwärts gebogenen Schnabel (s. Abb.). Im Brutkleid ist das Männchen der Pfuhlschnepfe unterseits rostrot, das Weibchen hellrostbraun. Im Ruhekleid gleichen sich Männchen und Weibchen; die Oberseite ist dann aschbraun mit breiten hellrostfarbenen Säumen, die Brust ist rostfarben überflogen, die übrige Unterseite reinweiß.

Im Jugendkleid ist die Oberseite tief schwärzlichbraun mit breiten rostgelben Federsäumen. Die Steuerfedern sind rostgelblich weiß mit schwarzbraunen Querbändern. Die Unterseite ist hellisabellfarben; Vorderhals, Kropf und Flanken weisen schmale dunkle Schaftstriche auf. Die Kehle, die Mitte des Unterkörpers und der Bauch sind weiß. Das Dunenjunge ähnelt dem der Uferschnepfe, ist aber nicht so rostbraun, sondern mehr grau; von der Schnabelwurzel zur Stirn zieht sich ein schwarzbrauner Streif bis zur Stirn.

Maße: Länge 370 mm, Flügel 216 mm, Schwanz 74 mm, Schnabel 75 bis 100 mm, beim Weibchen durchschnittlich länger als beim Männchen, Füße 52 mm.

Feldkennzeichen Die Pfuhlschnepfe ist etwas kleiner als die Uferschnepfe und wirkt infolge der kürzeren Beine etwas gedrungener. In allen Kleidern unterscheiden sich die beiden Limosa-Arten dadurch, daß die Uferschnepfe auffallend weiße Flügelbinden hat, die bei der Pfuhlschnepfe nur eben angedeutet sind, außerdem hat die Uferschnepfe ein breites schwarzes Schwanz-Endband, das sich scharf gegen die weiße Schwanzwurzel abhebt; der Schwanz der Pfuhlschnepfe hingegen ist schwarz-weiß gebändert.

Die Rufe ähneln denen der Uferschnepfe; auf dem Durchzug sind sie selten zu hören.

Verbreitung Die Pfuhlschnepfe – Limosa lapponica lapponica (Linné) – brütet im äußersten Norden von Norwegen, Schweden und Finnland sowie auf der Kola-Halbinsel; von hier zieht sich das Brutgebiet ostwärts durch die nördliche Sowjetunion bis zur Taimyr-Halbinsel; hier schließt sich das Brutgebiet von Limosa lapponica baueri Naumann an, das sich bis zum äußersten Nordosten Sibiriens erstreckt und sich an der Westküste Alaskas fortsetzt; hier reicht das Brutgebiet von Point Barrow südwärts bis zum Yukon-Delta und Kuskokwim-Fluß.

Biotop Die Pfuhlschnepfe bewohnt zur Brutzeit die nasse und sumpfige Tundra nördlich der Taiga sowie von Mooren und sumpfigen Tümpeln durchsetztes Gelände an Waldrändern. Außerhalb der Brutzeit findet man die Pfuhlschnepfe an Küsten und in Mündungsgebieten von Strömen und Flüssen; sie bevorzugt hier im Gegensatz zur Uferschnepfe, die mehr auf Schlickflächen gebunden ist, festeren Grund.

Brutbiologie Im nördlichen Skandinavien werden die Gelege in den letzten Tagen des Mai und der ersten Junihälfte gefunden, gelegentlich auch noch Anfang Juli; in Sibirien beginnt die Brutzeit Anfang Juni.

Das Nest ist eine flache, mit einigen trockenen Blättchen und Flechten ausgelegte Mulde an einer trockenen Stelle inmitten der Tundra oder eines Sphagnum-Moores. Die vier Eier gleichen denen der Uferschnepfe weitgehend, nur sind sie durchschnittlich etwas kleiner und leichter. 76 aus dem nördlichen Skandinavien stammende Eier messen nach ROSENIUS im Durchschnitt 54,06 × 37,39 mm; Maxima: 59,0 × 37,9 und 52,2 × 39,1 mm; Minima: 50,4 × 38,0 und 55,0 × 35,9 mm. Die

Brutgebiet der Pfuhlschnepfe

Frischvollmasse beträgt 37 g, die durchschnittliche Schalenmasse 1,77 g.

Es ist nicht bekannt, in welchem Abstand die Eier gelegt werden, möglicherweise täglich. Die Pfuhlschnepfe brütet nur einmal im Jahr; wahrscheinlich legt sie bei Verlust ihres Geleges nach. Auch bei der Pfuhlschnepfe brüten Männchen und Weibchen, das Weibchen hat dabei den größeren Anteil. Die Pfuhlschnepfe brütet sehr fest und drückt sich bei drohender Gefahr. Der nicht brütende Partner hält sich mehr oder weniger weit vom Brutplatz entfernt auf und überwacht das Brutgebiet. Die Brutdauer ist nicht genau bekannt, sie soll 21 Tage betragen. Die Jungen werden von beiden Eltern geführt und sind mit etwa 30 bis 32 Tagen flugfähig.

Wanderungen Die Pfuhlschnepfe überwintert zum Teil schon auf den Britischen Inseln, an der südlichen Nordseeküste sowie an der Atlantikküste von Frankreich und der Iberischen Halbinsel. An den Küsten der Deutschen Bucht zieht sie im April bis Anfang Juni und dann wieder von Mitte August bis September durch, und nur selten erscheint sie einmal im Binnenland; gelegentlich übersommern Pfuhlschnepfen an der Nordsee.

Weitere Überwinterungsgebiete liegen im Nahen Osten, in Afrika südwärts bis zum Kapland, auf den Inselgruppen des Indischen Ozeans und an der Westküste Indiens südlich bis Sri Lanka. Als Irrgast wurde die Pfuhlschnepfe auf Spitzbergen, Island, den Azoren und an der Ostküste Nordamerikas angetroffen.

Auf den Zug und die Überwinterungsgebiete von Limosa lapponica baueri war ich schon in der Einleitung eingegangen; es sei hier noch erwähnt, daß diese Unterart zweimal als Irrgast in Mitteleuropa nachgewiesen wurde: Am 10. August 1913 wurde eine an der Oder-Mündung und am 26. August 1929 auf dem Langenwerder bei Poel eine weitere ostsibirische Pfuhlschnepfe angetroffen. In riesigen Scharen – es wurden Flüge bis 8000 Pfuhlschnepfen gezählt – überwintert Limosa lapponica baueri auf Neuseeland und ist dort nach den Beobachtungen von VEITCH mit rund 100000 Individuen die häufigste dort überwinternde Limikolenart; es ist sogar wahrscheinlich, daß der Hauptanteil der Brutpopulationen auf Neuseeland überwintert.

Nahrung Am Brutplatz ernährt sich die Pfuhlschnepfe vor allem von Insekten und deren Larven, besonders Wasserinsekten und Würmern. Auf dem Zug und in den Überwinterungsgebieten kommen kleine Crustaceen und Mollusken sowie Fischbrut hinzu.

Gattung Catoptrophorus Bonaparte

Catoptrophorus semipalmatus (Gmelin)
Grauer Schlammtreter (Tafel 14)

Der Rückgang der meisten Limikolen betrifft keineswegs nur die europäischen Arten, auch in Nordamerika sind viele Arten in ihrem Bestand zurückgegangen oder bereits völlig ausgerottet worden; die Ursachen sind die gleichen wie in Europa. Über die östliche Form des Grauen Schlammtreters, den „Eastern Willet" der amerikanischen Ornithologen, lesen wir bei FORBUSH und MAY:

„Der Graue Schlammtreter wurde allmählich zahlenmäßig so stark reduziert, bis er einer der seltensten Strandvögel an der Nordatlantikküste geworden ist. SAMUELS schrieb 1870, daß der Graue Schlammtreter gelegentlich innerhalb der Grenzen von Neu-England brütete und gewöhnlich eine sandige Insel dem Hauptstrand vorzog; aber manchmal wählte er für das Nest eine Stelle in einer sumpfigen Wiese und hat auch in einem 32 km von der Küste entfernten Roggenfeld gebrütet. Das ist von historischem Interesse, da die Art seit langem in Neu-England als Brutvogel ausgerottet wurde. Der Graue Schlammtreter wurde nicht zu dem genießbaren Geflügel gerechnet, aber seine Eier wurden bei Tisch hochgeschätzt. Dieser Umstand und seine Brauchbarkeit als Ziel für Schrotflinten genügten zur Ausrottung in fast seinem gesamten Brutgebiet."

Beschreibung In seiner Größe entspricht der Schlammtreter einer Uferschnepfe, doch sind der gerade Schnabel und die blaugrauen Füße kürzer als bei dieser. Durch die auffallende schwarzweiße Flügelzeichnung ist der sonst überwiegend graubraune Schlammtreter hinreichend gekennzeichnet und kann kaum mit einer anderen Art verwechselt werden. Die Oberseite ist überwiegend bräunlichgrau mit etwas dunkler Bänderung und Fleckung, die Oberschwanzdecken sind weiß. Der Hals und die Unterseite sind auf weißem Grund braun gestrichelt bzw. mit V-förmigen Flecken gezeichnet. Das Ruhe- und Jugendkleid ist blasser und weitgehend ungefleckt. Besonders auffällig sind beim fliegenden Vogel die breiten weißen Flügelbinden, die von den schwarzen Handdecken, den Handschwingen und dem Hinterrad der Armschwingen begrenzt werden.

Maße: Länge 394 mm, Flügel 210 mm, Schwanz 78 mm, Schnabel 61 mm, Füße 72 mm.

Feldkennzeichen Der Graue Schlammtreter ist ein hochbeiniger und langschnäbliger, oberseits graubrauner und unterseits weißer, dunkel gefleckter Vogel von der Größe einer Uferschnepfe. Im Flug fallen in allen Kleidern die breiten weißen Flügelbinden auf, und die blaugrauen Füße überragen beim fliegenden Vogel den Schwanz. Am Brutplatz läßt der Graue Schlammtreter eine lange Folge von „yips"-Rufen, im Fluge „pil-willet, pil-willet" oder auch „pil-will-willet" hören.

Verbreitung Die amerikanischen Ornithologen unterscheiden einen „Eastern Willet" – Catoptrophorus s. semipalmatus (Gmelin) –, der an der Atlantikküste Nordamerikas von Neu-Schottland bis nach Florida sowie an der Golfküste vom südlichen Texas ostwärts bis zur Westküste Floridas und stellenweise auch auf den Bahamas und Großen Antillen brütet. Die etwas größere und blassere Unterart – der „Western Willet" – Catoptrophorus semipalmatus inornatus (Brewster) – brütet im südlichen Kanada von Alberta bis Manitoba und in den nördlichen Vereinigten Staaten von Oregon und dem nordöstlichen Kalifornien ostwärts bis Süd-Dakota und Nebraska.

Biotop Die beiden „Willets" bewohnen zur Brutzeit recht unterschiedliche Biotope: Die westliche Form feuchtes Wiesengelände und die Ränder von Wasserlachen und Seen in der Prärie, die östliche Form die mit niedriger und spärlicher Vegetation bedeckten Salzmoräste an der Küste und den vorgelagerten kleinen Inseln.

Brutbiologie Die östliche Unterart des Grauen Schlammtreters, Catoptrophorus s. semipalmatus brütet von Mitte März an bis Juni entweder auf sandigen, grasbewachsenen Inseln vor der Küste oder auf mehr salzig-morastigem Boden an der Küste. Schlammtreter brüten bisweilen wie Kiebitze und Uferschnepfen in lockeren Brutsiedlungen, und die Nester stehen dann nur etwa 60 Meter voneinander entfernt. Der Nistplatz wird vom Weibchen ausgesucht. Die Nester stehen gut versteckt auf trockenem Boden zwischen Grasbüscheln, bisweilen auch unter niedrigen Sträuchern. Die verhältnismäßig tiefe Nestmulde ist mit trockenen Halmen und Stengelchen ausgelegt, und offensichtlich wird das Nistmaterial noch während der Eiablage vervollständigt. Die vier spitzovalen bis kurzspitzovalen, bisweilen auch kreiselförmigen, matt glänzenden Eier sind auf hellbräunlichem, hell sandfarbenem bis isabellfarbenem

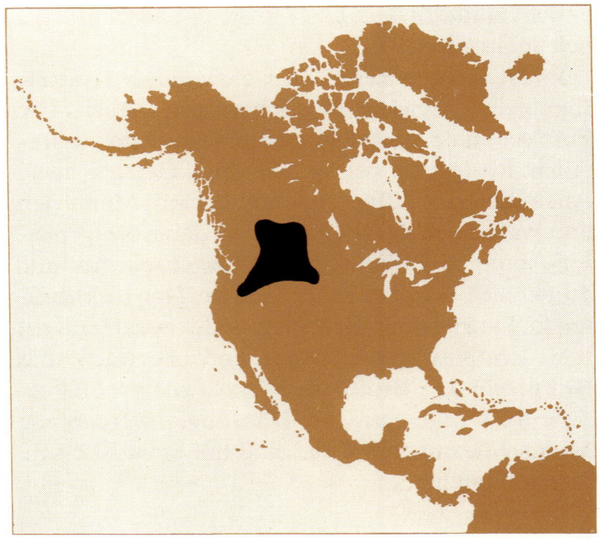

Brutgebiet des Grauen Schlammtreters

Grund mäßig stark gefleckt, besonders am stumpfen Pol. Die unregelmäßigen, teilweise auch rundlichen, überwiegend scharf umgrenzten Flecke sind dunkelbraun in verschiedenen Tönungen. Neben diesen großen Flecken finden sich auch sehr kleine, rundliche Flecken und Pünktchen von gleicher Farbe. Die zum Teil großen Unterflecke sind bräunlichviolett und hellaschgrau.

56 Eier von Catoptrophorus s. semipalmatus messen nach BENT durchschnittlich 52,5 × 38,0 mm; Maxima: 60,5 × 38,0 und 53,5 × 40,0 mm; Minima: 49,0 × 37,0 und 50,0 × 36,0 mm. 12 Eier meiner Sammlung, die am 2., 21. und 25. Mai in Süd-Carolina, New Jersey und Virginia gefunden wurden, messen und wiegen im Durchschnitt: 54,28 × 38,23 mm, 2,21 g.

Die westliche Unterart Catoptrophorus semipalmatus inornatus brütet in der Nähe von stehenden Gewässern in der Prärie; das Nest gleicht dem der Nominatform, steht aber ziemlich offen an einer etwas erhöhten Stelle in niedrigem Gras und enthält im Mai oder Juni vier Eier, die denen des „Eastern Willet" gleichen und von jenen nicht zu unterscheiden sind, zumal Maße und Masse ineinander übergehen. Die Eier werden in unregelmäßigen Abständen gelegt, und möglicherweise setzt die Bebrütung noch vor Ablage des letzten Eies ein. Das Gelege wird wahrscheinlich nur vom Weibchen bebrütet; möglicherweise beteiligt sich das Männchen in den Nachtstunden an der Bebrütung. Nach einer Brutdauer von 22 bis 29 Tagen schlüpfen die Jungen, und zwar kann sich die Schlupfdauer über mehrere Tage erstrecken. HARRISON schreibt, daß es für diese Art bezeichnend sei, daß die Eier verlassen werden, aus denen die Jungen nicht rechtzeitig geschlüpft sind, und das zuerst geschlüpfte

Junge im Begriff ist, das Nest zu verlassen. Die zurückgebliebenen Eier enthielten im allgemeinen wohlentwickelte Embryonen. Normalerweise brütet der Graue Schlammtreter nur einmal im Jahr; bei Verlust des Geleges wird gegebenenfalls nachgelegt.

BENT gibt für 56 Eier folgende Maße an: 54,1 × 37,6 mm; Maxima: 58,1 × 39,4 und 50,5 × 39,7 mm, Minima: 50,5 × 39,7 und 54,9 × 35,0 mm. Acht Eier meiner Sammlung, die am 28. April und am 3. Mai in Utah gefunden wurden, messen und wiegen im Durchschnitt 52,76 × 37,35 mm, 2,36 g.

Wanderungen Catoptrophorus s. semipalmatus überwintert an der Atlantikküste von Virginia bis Florida, am Golf von Mexiko, auf den Bahama-Inseln und Großen Antillen, bisweilen auch weiter südlich an den Küsten von Venezuela, Guyana und des nördlichen Brasilien. Als Irrgast wurde der Graue Schlammtreter in Frankreich, Schweden und in Jugoslawien (Dalmatien) nachgewiesen. Der „Western Willet" überwintert an der pazifischen Küste von Kalifornien bis zum nördlichen Chile und auf den Galapagos-Inseln; er wurde aber auch als regelmäßiger Wintergast an der Atlantikküste von Süd-Carolina bis Florida und ferner an den Küsten des Golf von Mexiko und des Karibischen Meeres bis Kolumbien festgestellt. Für Europa liegen noch keine Nachweise vor.

Nahrung Die Schlammtreter ernähren sich je nach ihrem Aufenthaltsort von Insekten, Würmern, kleineren Mollusken und Crustaceen, kleinen Fischen und Fischbrut. Nebenbei wird auch pflanzliche Nahrung aufgenommen. In den Überwinterungsgebieten besteht die Nahrung vorzugsweise aus Krabben.

Gattung Tringa Linné

Tringa erythropus (Pallas)

Dunkler Wasserläufer (Tafel 11)

Am 17. Juni 1958, einem strahlend schönen Frühlingstag, fanden wir in der Nähe von Kuusamo im Nordosten Finnlands zufällig ein Nest des Dunklen Wasserläufers. Das Gelände war ein sumpfiger, lichter Waldbestand, der größte Teil der kümmerlichen kleinen Fichten war bereits abgestorben. Als wir das Gelände abgingen, flog auf einmal ein dunkler Vogel mit einem pfeifenden „tjüt" vor uns auf. Bis zuletzt hatte der brütende Vogel auf seinem Gelege gesessen und war erst kurz vor uns aufgeflogen. Allzu häufig ist der Dunkle Wasserläufer im nördlichen Skandinavien nicht, und wenn auch MERIKALLIO 1958 den Bestand allein für Finnland auf 24000 Paare schätzte, so dürfen wir nicht vergessen, daß sich diese große Anzahl von Brutpaaren auf riesige Flächen verteilt.

Beschreibung Im Brutkleid sind Männchen und Weibchen dunkel schieferfarben; Vorderrücken, Schultern, Oberflügeldecken, Flanken und Bauch zeigen weiße Federsäume. Hinterrücken und Bürzel sind in allen Kleidern weiß, der Schwanz ist aschgrau mit enger weißer Bänderung. Das Ruhekleid ist oberseits aschgrau mit schwacher weißer Fleckung, unterseits ist es überwiegend weißlich; die Oberflügeldecken sind weiß gebändert. Im Flug fällt in allen Kleidern die weiße Fleckung der Armschwingen auf; dadurch ist der Dunkle Wasserläufer leicht vom Grünschenkel und durch das Fehlen der weißen Unterflügel vom Rotschenkel zu unterscheiden.

Im Jugendkleid sieht ein Dunkler Wasserläufer einem jungen Rotschenkel etwas ähnlich, unterscheidet sich aber von diesem durch die weiße Tüpfelung der Oberseite. Das Dunenjunge ist oberseits überwiegend schwarzbraun mit hell bräunlichgrauer Zeichnung, besonders am Kopf; die Unterseite ist weiß mit hellbräunlichem Anflug.

Maße: Länge 305 mm, Flügel 164 mm, Schwanz 69 mm, Schnabel 55 mm, Füße 56 mm.

Feldkennzeichen Der Dunkle Wasserläufer ist etwas größer als ein Rotschenkel; der an der Basis rote, gerade Schnabel und die roten Beine sind länger als bei diesem. Er ist im Brutkleid leicht an dem schieferschwarzen Gefieder zu erkennen; das Ruhekleid ist heller und mehr einheitlich graubraun als beim Rotschenkel, und vom Grünschenkel unterscheidet er sich durch die roten Beine.

Die Balzrufe erinnern an die des Großen Brachvogels; sonst hört man noch ein kiebitzähnliches „kiewit" und wohlklingende, pfeifende „tjüt"- oder „tjoit"-Rufe.

Verbreitung Der Dunkle Wasserläufer brütet im nordöstlichen Norwegen, im nördlichen Schweden (Lappland und Norrbotten), im nördlichen Finnland und anschließend in der nördlichen Sowjetunion von der Kola-Halbinsel ostwärts bis zum Anadyr-Gebiet im nordöstlichen Sibirien; die Südgrenze dieses ausgedehnten Brutgebiets bildet der Nordrand der Taiga.

Biotop Der Dunkle Wasserläufer bevorzugt sumpfige, lichte Waldungen sowie größere oder kleinere Moore in waldreichen Gegenden. Ausnahmsweise trifft man ihn zur Brutzeit auch auf trockeneren Heiden an. Nach CARPELAN kommt der Dunkle Wasserläufer auch auf Mooren vor, die im Gebirge oder offen in der Ebene liegen. In Westsibirien finden wir diesen Wasserläufer nach JOHANSEN vor allem in der Waldtundra. Auf dem Zug und in den Überwinterungsgebieten hält sich der Dunkle Wasserläufer – nach Beobachtungen – mehr an Binnengewässern als an den Küsten auf.

Brutbiologie Im nördlichen Skandinavien brütet der Dunkle Wasserläufer vom letzten Maidrittel an und im Juni, ausnahmsweise schon von Mitte Mai an; in Westsibirien beginnt die Brutzeit erst Mitte Juni.

Das Nest steht an einer etwas trockeneren Stelle inmitten der meist sumpfigen Umgebung und ist durch die umgebende Vegetation etwas gegen Sicht geschützt; die Nestmulde ist mit einigen trockenen Halmen und Blättchen ausgelegt; bisweilen finden sich auch einige Federchen im Nest, die wahrscheinlich von dem brütenden Wasserläufer stammen.

Die vier spitzovalen bis kreiselförmigen Eier sind auf olivgelblichem bis grünlich-olivfarbigem, selten blaß seegrünem Grund kräftig und unregelmäßig schwarz- bis hellbraun gefleckt; vielfach häuft sich die Fleckung am stumpfen Pol. Die bräunlichvioletten bis aschgrauen Unterflecke treten wenig in Erscheinung. 163 aus Schweden und

Brutgebiet des Dunklen Wasserläufers

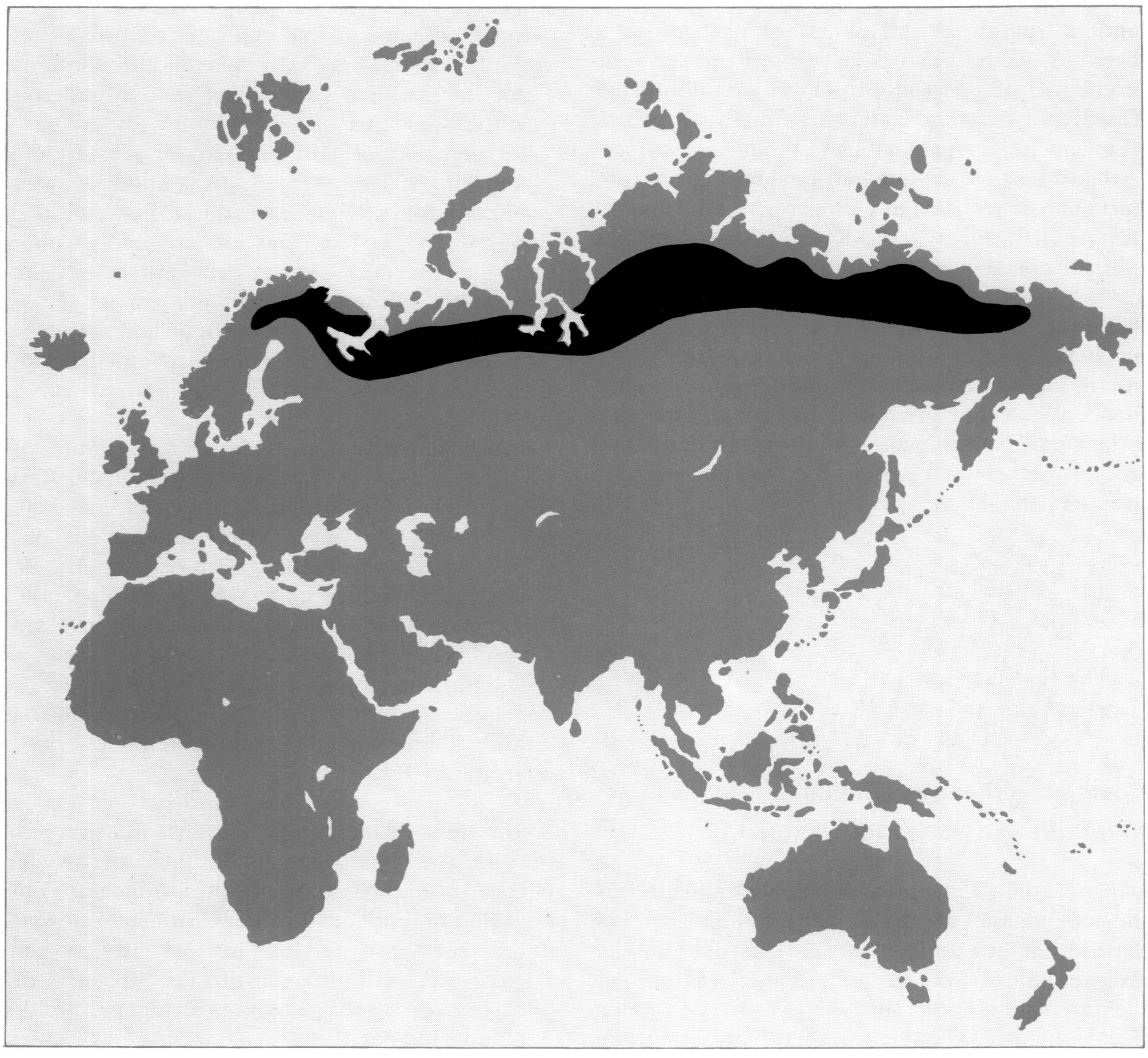

Finnland stammende Eier messen und wiegen nach ROSENIUS im Durchschnitt: 47,94 × 33,05 mm, Maxima: 52,0 × 33,3 und 48,0 × 36,0 mm; Minima: 44,0 × 32,3 und 47,1 × 31,0 mm. Die Frischvollmasse beträgt etwa 24 g und die Schalenmasse 1,23 g.

Wir wissen nicht, in welchen Abständen die Eier gelegt werden und wann die Bebrütung des Geleges beginnt. Der Dunkle Wasserläufer brütet nur einmal im Jahr; wahrscheinlich legt er nach, wenn das erste Gelege verlorengegangen ist. Auch über die Brutbeteiligung von Männchen und Weibchen sind wir noch nicht ausreichend unterrichtet. Von mancher Seite wird behauptet, daß nur das Männchen brütet. Solche Feststellungen werden dadurch erschwert, daß Männchen und Weibchen auf Grund feldornithologischer Merkmale nicht zu unterscheiden sind, allerdings fand TICEHURST bei Männchen und Weibchen Brutflecke. Möglicherweise ist auch der Brutanteil des Weibchens nur gering oder es brütet, wie JOURDAIN vermutet, nachts. Die Jungen werden nach den Beobachtungen CARPELANS von beiden Eltern geführt, das Weibchen scheint jedoch die Familie zu verlassen, ehe die Jungen flugfähig sind.

Wanderungen Der Dunkle Wasserläufer überwintert vor allem im Mittelmeerraum, gelegentlich zieht er auch weiter südlich bis in das äquatoriale Afrika. Die weiter östlich beheimateten Populationen überwintern zum Teil schon am Südrand des Kaspischen Meeres, in größerer Anzahl jedoch im Nahen Osten, in Indien südwärts bis Sri Lanka, im südlichen China und anschließend im südöstlichen Asien.

In Großbritannien ist der Dunkle Wasserläufer ein seltener Frühjahrsdurchzügler (April bis Juni); häufiger wird er auf dem Herbstzug (Juli bis Oktober) angetroffen, vor allem an den Küsten, seltener im Binnenland. In Mitteleuropa hingegen ist die Art ein zahlreicher Durchzügler – besonders im Herbst, weniger zahlreich im Frühjahr – an den Küsten und in den küstennahen Gebieten sowie im Binnenland; der Durchzug erfolgt von Mitte April bis Mai und dann wieder von Anfang August bis Oktober. Gelegentlich übersommern einige Dunkle Wasserläufer, und hin und wieder versuchen an den Küsten Mittel- und Westeuropas einige Dunkle Wasserläufer zu überwintern.

Nahrung Der Dunkle Wasserläufer ernährt sich vorzugsweise von Insekten aller Art, unter denen wieder Wasserinsekten an erster Stelle stehen, ferner von kleineren Mollusken, Crustaceen, Würmern, gelegentlich auch von Fröschen und kleinen Fischen.

Tringa totanus (Linné)
Rotschenkel (Tafel 11)

Der Rotschenkel ist zweifellos der in Europa weitverbreitetste und häufigste Wasserläufer; wir haben ihn auf den Schären vor der Südwestküste Finnlands, an der Nordseeküste, in meiner oberlausitzer Heimat, in Ungarn und im nördlichen Griechenland am Brutplatz beobachtet und ihn so in den verschiedenartigsten Biotopen kennengelernt, und es ist nicht uninteressant, diese verschiedenen Biotope miteinander zu vergleichen. Auf den finnischen Schären brütete der Rotschenkel zwischen den rundgeschliffenen Felsblöcken; Eider- und Reiherenten, Steinwälzer und Flußseeschwalben waren hier seine Nachbarn. Auf der Nordseeinsel Wangerooge brütete der Rotschenkel in erstaunlicher Dichte auf den Strandwiesen und im Adolfskoog bei Husum auf leicht morastigem Boden neben Säbelschnäblern. In der Oberlausitz fanden wir sein Nest – es war übrigens in den vielen Jahren, in denen ich hier bereits beobachte, das einzige – in der Verlandungszone eines Teiches, in der noch Kiebitze und Bekassinen brüteten. In Ungarn entdeckte ich sein Nest am Rand eines flachen Sees in der Pußta; hier waren wieder Säbelschnäbler und Kiebitze seine Brutnachbarn. Im nördlichen Griechenland schließlich brütete der Rotschenkel in ähnlicher Dichte wie auf Wangerooge zusammen mit Maskenstelzen in den dichten Salicornia-Beständen am Rand des Golfs von Saloniki.

Wie man sieht, besiedelt der Rotschenkel recht unterschiedliche Biotope, denen aber etwas gemeinsam ist, nämlich die Nähe von Wasser und ein genügend hoher Bodenbewuchs, zwischen denen die Nester angelegt werden können.

Beschreibung Männchen und Weibchen sind nicht zu unterscheiden und erscheinen insgesamt graubraun; die langen Beine sind orangerot, und der überkopflange Schnabel ist an der Wurzel ebenso gefärbt. Im Flug fallen der weiße Hinterrücken und Bürzel sowie die weißen Armschwingen auf, während die Oberschwanzdecken und der Schwanz schmal schwarzbraun und weiß gebändert sind.

Das Ruhekleid ist etwas heller als das Brutkleid, und die Fleckung auf der Unterseite ist nicht so ausgeprägt.

Das Jugendkleid ähnelt dem Ruhekleid, die Schnabelwurzel und die Beine sind dann mehr orangegelblich. Auf die Unterschiede der Jugendkleider des Rotschenkels und des Dunklen Wasserläufers wies ich bereits bei diesem hin.

Das Dunenjunge ist hellbräunlich mit dunkelbrauner Zeichnung, die Unterseite ist heller, die Beine orangegelblich.

Maße: Länge 280 mm, Flügel 153 mm, Schwanz 62 mm, Schnabel 42 mm, Füße 53 mm.

Feldkennzeichen Der Rotschenkel ist ein mittelgroßer Wasserläufer mit orangeroten Beinen und ebensolcher Schnabelwurzel, weißem Hinterrücken und Bürzel sowie im Flug auffallenden weißen Armschwingen.

Die Rufe des Rotschenkels sind etwas wehmütig klingende, flötende zweisilbige „djüü"-Rufe; zur Paarungszeit hört man vom Männchen diese langgezogenen Töne abwechselnd mit kürzeren Trillern; ängstlich rufen die Rotschenkel sehr ausdauernd „gip gip".

Verbreitung Auf Island und den Färöern brütet Tringa totanus robusta (Schiøler), auf den Britischen Inseln Tringa totanus britannica Mathews, im kontinentalen Europa und anschließend im westlichen Sibirien bis etwa zum 75.° ö. L. die Nominatform Tringa t. totanus (Linné). Im Osten und Südosten der Nominatform schließt sich die Unterart Tringa totanus eurhinus Oberholser an, deren Brutgebiet ostwärts bis zum Amur-Gebiet reicht. Auf dem Kontinent brütet der Rotschenkel in Skandinavien und Finnland – hier vor allem an den Küsten – und anschließend in der mittleren und südlichen Sowjetunion. Die Südgrenze des Brutgebiets verläuft von Belgien in südöstlicher Richtung bis nach Nordgriechenland. Außerhalb dieses geschlossenen Brutareals befinden sich mehr oder weniger große isolierte Brutgebiete in Frankreich, auf der Pyrenäen-Halbinsel, in Oberitalien und in der Türkei (Ost-Anatolien).

In der DDR brütet der Rotschenkel fast nur noch im Ostseeküstengebiet; nach KLAFS und STÜBS liegen die Brutplätze „in der Wismar-Bucht, der Barther Boddenkette, auf W-Rügen und am Greifswalder Bodden. Beständigster Binnenlandbrutplatz ist der Krakower See, alle übrigen sind in den 1960er Jahren erloschen oder bestehen nur zeitweilig". Auch in Brandenburg ist der Rotschenkel selten geworden; in der Oberlausitz brütete das letzte Rotschenkelpaar 1951. 1964 hat der Rotschenkel bei Plothen, Bezirk Gera, und 1972 bei Auleben in Thüringen gebrütet. In der BRD brütet der Rotschenkel noch zahlreich in Schleswig-Holstein und Niedersachsen, besonders auf den ostfriesischen Inseln. Die Binnenlandbrutplätze sind aber auch hier vielerorts erloschen; so brüteten 1972 in Westfalen nur noch 14 bis 17 Paare, und im nördlichen Bayern ist die Art fast verschwunden.

Biotop Auf die verschiedenen Biotope hatte ich bereits in der Einleitung verwiesen. Im allgemeinen bewohnt der Rotschenkel also zur Brutzeit feuchtes und auch trockenes Gelände in Wassernähe, sei es an der Küste oder im Binnenland, an Seen, Teichen oder fließenden Gewässern. In Island brütet der Rotschenkel nach HANTZSCH auf sumpfigen Wiesen und Mooren, in Steppengebieten auch an salzhaltigen Seen.

Brutbiologie Die Brutzeiten richten sich nach der Lage der Brutgebiete; in Island werden die ersten Gelege meist Ende Mai, nicht selten auch erst Anfang Juni gefunden. In England brütet der Rotschenkel von Mitte April an, im Norden der Britischen Inseln etwa einen Monat später. In Mitteleuropa beginnt die Brutzeit Ende April, und noch im Mai werden Gelege gefunden. Unter günstigen Bedingungen brüten mehrere Paare eng benachbart auf einem kleineren Territorium.

Das Nest steht an einer trockenen Stelle meist in etwas höherem Bodenbewuchs; es ist eine meist vom Männchen ausgedrehte Mulde, die vor oder auch noch während der Eiablage mit trockenen Gräsern ausgelegt wird. Die umstehenden Halme werden über das Nest gezogen, so daß dieses meist recht gut gegen Sicht von oben geschützt ist.

Die vier meist mehr oder weniger kreiselförmigen Eier variieren beträchtlich in Grundfarbe und Zeichnung. Meist sind die Eier auf hell lehmbraunem oder gelblichbraunem Grund lebhaft schwarzbraun gefleckt; Gestalt und Größe der Flecken ist sehr verschieden. Die grauen bis bräunlichvioletten Unterflecken treten wenig in Erscheinung.

100 in Großbritannien gesammelte Eier messen nach JOURDAIN durchschnittlich 45,18 × 31,55 mm; die Maximal- und Minimalmaße sind: 48,4 × 32,4 und 46,5 × 33,1 mm bzw. 41,5 × 28,5 mm. Die Frischvollmasse beträgt etwa 22 g, die durchschnittliche Schalenmasse 1,17 g.

Die Eier werden gewöhnlich, jedoch nicht immer, im Abstand von 24 Stunden gelegt; es kommen aber auch Legeabstände von jeweils 48 Stunden vor. Nach den Beobachtungen von GROSSKOPF beträgt der Legeabstand durchschnittlich 38 Stunden. Über den Bebrütungsbeginn gehen die Angaben auseinander, meist scheint sie nach Ablage des letzten Eies einzusetzen. Bei Verlust des Geleges wird offensichtlich stets nachgelegt, und es wurde festgestellt, daß das erste Ei des Nachgeleges bereits sechs Tage nach Verlust des ersten Geleges abgelegt wurde.

An der durchschnittlich 23 Tage lang währenden Bebrütung beteiligen sich Männchen und Weibchen. Die Jungen schlüpfen innerhalb von wenigen

Brutgebiet des Rotschenkels

Stunden und werden dann noch etwa einen Tag lang im Nest von den Eltern gehudert, ehe sie anschließend in ihr Nahrungsrevier geführt werden. Mit einem Monat sind die Jungen selbständig.

Wanderungen Das Zugverhalten der einzelnen Populationen ist recht unterschiedlich und richtet sich weitgehend nach den klimatischen Bedingungen in ihren Brutgebieten. Isländische Rotschenkel überwintern auf den Britischen Inseln und an den Küsten der Nordsee vom südlichen Norwegen bis Belgien; einige wenige verbleiben im Winter auch in ihrem Brutgebiet.

Tringa totanus britannicas überwintert zumeist im Brutgebiet; wie Beringungen ergeben haben, ziehen einige auch an die nord- und westfranzösischen Küsten.

Die auf dem europäischen Kontinent und im westlichen Sibirien beheimateten Populationen hingegen sind mehr oder weniger ausgesprochene Zugvögel, die teilweise weite Wanderungen unternehmen. Ein Teil überwintert an der Atlantikküste von Frankreich südwärts bis Nordwestafrika, ferner in den Mittelmeerländern, im Nahen Osten und gelegentlich sogar im tropischen und südwestlichen Afrika.

In Mitteleuropa ist der Rotschenkel ein häufiger Durchzügler von Mitte bzw. Ende März bis Mitte Mai und dann wieder von Mitte Juni bis Ende September.

Tringa totanus eurhinus schließlich überwintert in Süd- und Südostasien von Indien und Sri Lanka ostwärts bis zu den Philippinen und Sunda-Inseln, gelegentlich auch auf Taiwan und Sulawesi.

Nahrung Der Rotschenkel ernährt sich wie andere Wasserläufer vornehmlich von allerlei Insekten, Würmern, kleineren Mollusken und Crustaceen, gelegentlich auch von kleinen Fischen und Fröschen; pflanzliche Nahrung, wie Beeren, Moos, Algenstückchen, spielt nur eine untergeordnete Rolle bei der Ernährung.

Tringa flavipes (Gmelin)
Gelbschenkel (Tafel 14)

Der Gelbschenkel ist die kleine Ausgabe des Großen Gelbschenkels, und entsprechend dem englischen und amerikanischen Sprachgebrauch wäre es richtiger, Tringa flavipes nicht nur „Gelbschenkel", sondern „Kleiner Gelbschenkel" zu nennen. Von den englischen und amerikanischen Ornithologen werden diese beiden sich so ähnlich sehenden und nur in ihrer Größe unterschiedlichen Arten als „Greater Yellowlegs" (Tringa melanoleuca) und „Lesser Yellowlegs" (Tringa flavipes) bezeichnet.

Beschreibung Der Gelbschenkel ist ein zierlicher Wasserläufer mit langen hellgelben Beinen und einem geraden, dünnen, schwarzen Schnabel. Die Oberseite ist bei Männchen und Weibchen im Brutkleid graubraun mit hellen Flecken, die Unterseite ist weiß, an Brust und Flanken schwach dunkel gezeichnet. Im Flug fallen die aschbraunen Handschwingen, die weißen, braunschwarz gebänderten Unterflügeldecken, der weiße Bürzel und der weiße, dunkelbraun gebänderte Schwanz auf. Das Ruhekleid ist dem Brutkleid ähnlich; die Oberseite ist graubraun mit hellen Federsäumen; Kopf, Hals und Kehle sind hellgrau mit dunklen Strichen. Das Jugendkleid ähnelt dem Ruhekleid, ist jedoch dunkler braun.

Maße: Länge 255 mm, Flügel 152 mm (Männchen) bzw. 156 mm (Weibchen), Schwanz 61 mm, Schnabel 35 mm, Füße 50 mm.

Feldkennzeichen Der Gelbschenkel ist etwas kleiner als ein Rotschenkel, sein Gesamteindruck grau und weiß; von ähnlichen und etwa gleichgroßen Arten unterscheidet sich der Kleine Gelbschenkel durch seine hellgelben Füße, vom Großen Gelbschenkel durch etwas geringere Größe und einen dünneren, geraden Schnabel (dieser ist beim Großen Gelbschenkel leicht aufwärts gebogen). Im Flug heben sich der weiße Bürzel und der ebenfalls weiße, dunkel gebänderte Schwanz kontrastreich von dem dunklen Rücken und den dunklen Flügeln ab, die keinerlei weiße Abzeichen aufweisen. Allenfalls könnte der Kleine Gelbschenkel mit einem Bindenstrandläufer im Jugendkleid verwechselt werden, doch dieser ist etwas kleiner und hat olivgrünliche Füße und einen deutlichen weißen Überaugenstreif.

Die Stimme bildet ein brauchbares Unterscheidungsmerkmal zwischen beiden Gelbschenkeln (s. auch bei Tringa melanoleuca). Beim Auffliegen ruft der Kleine Gelbschenkel nur ein- oder zweimal kurz „tschu" oder „tschu tschu".

Verbreitung Der Kleine Gelbschenkel brütet in Alaska und anschließend im nordwestlichen und mittleren Kanada; die Südgrenze seines Brutgebiets verläuft hier vom mittleren Britisch-Columbia ostwärts durch das mittlere Alberta, Saskatchewan, Manitoba bis zum nördlichen Ontario.

Biotop Zur Brutzeit hält sich der Kleine Gelbschenkel in lichten, von Seen und Mooren unterbrochenen Waldbeständen auf. Zu den Zugzeiten finden wir ihn an Gewässern aller Art und auch an Meeresküsten.

Brutbiologie Der Kleine Gelbschenkel brütet je nach Lage seiner Brutgebiete in der zweiten Maihälfte und im Juni. Die Nester stehen nicht weit vom Wasser entfernt, vielfach im Schutz eines Baumes oder eines alten Stubben. Die flache Nestmulde ist mit trockenen Halmen und Blättern ausgelegt. Die vier Eier sehen wie kleine Rotschenkel-Eier aus; 51 Eier messen nach BENT durchschnittlich 42,0 × 28,9 mm; Maxima: 45,0 × 30,0 und 42,0 × 30,5 mm, Minima: 39,5 × 29,5 und 41,0 × 27,5 mm. Die Frischvollmasse beträgt etwa 17 g, die durchschnittliche Schalenmasse 0,92 g. Acht in meiner Sammlung befindliche Eier messen

Brutgebiet des Gelbschenkels

und wiegen im Durchschnitt 42,60 × 29,67 mm, 0,82 g; Maxima: 44,6 × 30,7 mm, Minima: 41,6 × 28,8 mm; 0,93 bzw. 0,77 g. Das Gelege wird vom Männchen und Weibchen bebrütet. Die Brutdauer ist nicht bekannt. Beide Eltern führen die Jungen; nach Beobachtungen amerikanischer Ornithologen das Männchen jedoch mehr als das Weibchen.

Wanderungen Tringa flavipes überwintert teilweise schon im Süden der Vereinigten Staaten von Texas bis Süd-Carolina, ferner am Golf von Mexiko, auf den Westindischen Inseln sowie in Südamerika bis Argentinien und Chile.

Als Irrgast wurde der Kleine Gelbschenkel auf Grönland und den Azoren angetroffen und auch mehrfach als solcher für Europa nachgewiesen; allein für Großbritannien lagen bis 1971 über 70 Nachweise vor. Ferner wurde der Kleine Gelbschenkel in Irland, in den Niederlanden, in Norwegen, Schweden, Dänemark, Österreich, Ungarn und auf Sizilien festgestellt. Am 26. März 1967 wurde der Gelbschenkel erstmals für die Iberische Halbinsel nachgewiesen; an diesem Tag hielt sich ein Exemplar bei Sánlucar de Barrameda, Cadiz auf. Für die BRD liegen nur zwei Beobachtungen vor: Etwa 1955 hielt sich ein Exemplar auf Amrum auf (NIETHAMMER, KRAMER, WOLTERS) und am 19. August 1978 wurde ein Gelbschenkel in Meldorf, Holstein, beobachtet.

Tringa stagnatilis (Bechstein)
Teichwasserläufer (Tafel 13)

Nahrung Befunde von Magenuntersuchungen oder unmittelbare Beobachtungen aus den Brutgebieten scheinen nicht vorzuliegen. Von auf dem Durchzug oder in ihren Überwinterungsgebieten untersuchten Gelbschenkeln wissen wir aber, daß die Nahrung rein animalisch ist und vor allem aus Würmern, Insekten aller Art, Schnecken und kleinen Crustaceen besteht.

Der Teichwasserläufer brütet in Europa heute nur noch in den Steppengebieten im Südosten der Sowjetunion; die Brutvorkommen am Neusiedler-See und in der Ungarischen Tiefebene dürften heute wohl ausnahmslos erloschen sein. Am Neusiedler-See wurde am 25. Mai 1914 das letzte Gelege gefunden; in späteren Jahren wurde der Teichwasserläufer noch mehrfach am Neusiedler-See beobachtet, Brutnachweise konnten aber nicht mehr erbracht werden. Noch zu Anfang des Jahrhunderts hat der Teichwasserläufer regelmäßig in der Ungarischen Tiefebene wie beispielsweise in der Ürbö-Pußta, bei Rüpök-Ladany und am Fehér tó bei Szeged gebrütet. KEVE vermutet, daß der Teichwasserläufer vielleicht auch heute noch hier und da in Ungarn brütet, jedoch sind mir keine Brutvorkommen aus neuerer Zeit bekannt.

Beschreibung Der Teichwasserläufer ist der zierlichste aller Wasserläufer und etwas kleiner als ein Rotschenkel. Männchen und Weibchen sind im Brutkleid oberseits graubraun mit rötlichem Anflug und schwarz gefleckt, unterseits weiß mit dunkler Zeichnung am Vorderhals, an den Brustseiten und Flanken; die Steuerfedern sind weiß mit angedeuteter schwacher aschbrauner Bänderung oder Marmorierung. Im Ruhekleid ist der Teichwasserläufer oberseits graubraun, unterseits weiß, Kopf- und Halsseiten sind gleichfalls licht graubraun. Das Jugendkleid ähnelt dem Ruhekleid der erwachsenen Vögel.

Maße: Länge 230 mm, Flügel 141 mm, Schwanz 62 mm, Schnabel 41,5 mm, Füße 56 mm; die Weibchen sind durchschnittlich etwas größer als die Männchen.

Feldkennzeichen Von verwandten Arten unterscheidet sich der Teichwasserläufer durch den sehr dünnen, schwarzen Schnabel, den weißen Hinterrücken und Bürzel und die mehr oder weniger schwarz und weiß gebänderten Oberschwanzdecken. Die gelblichgrünen Füße ragen beim Flug weit über den Schwanz hinaus; auf den Flügeln fehlen irgendwelche Abzeichen. Die Stimme erinnert an die des Grünschenkels, nur ist sie dünner und höher und klingt etwa wie „djidjidjidji“.

Verbreitung Heute dürfte der Teichwasserläufer nur noch in der Sowjetunion regelmäßig brüten. Hier erstreckt sich ein zusammenhängendes Brutgebiet durch die mittlere und südliche Sowjetunion von der Moldau bis zu den westlichen Ausläufern des Altai und zum Saissan-See; die Nordgrenze bildet etwa der 56.° n. Br., im Süden reicht das Brutgebiet bis zum Nordrand des Kaspischen Meeres, des Aral- und Balchasch-Sees. 1978, 1974 und 1975 hat der Teichwasserläufer in der Lettischen SSR und erstmals in Finnland gebrütet (HYYTIÄ in British Birds 71, 1978). Ein kleineres von diesem getrenntes Brutgebiet erstreckt sich von Transbaikalien bis zum Ussuri-Gebiet; die Nord- und Südgrenzen dieses Brutareals sind nicht ganz sicher.

Unterarten sind nicht beschrieben worden.

Biotop Den Teichwasserläufer treffen wir zur Brutzeit an den Ufern von flachen Seen und Teichen, in sumpfigem Gelände und auf kurzgrasigen,

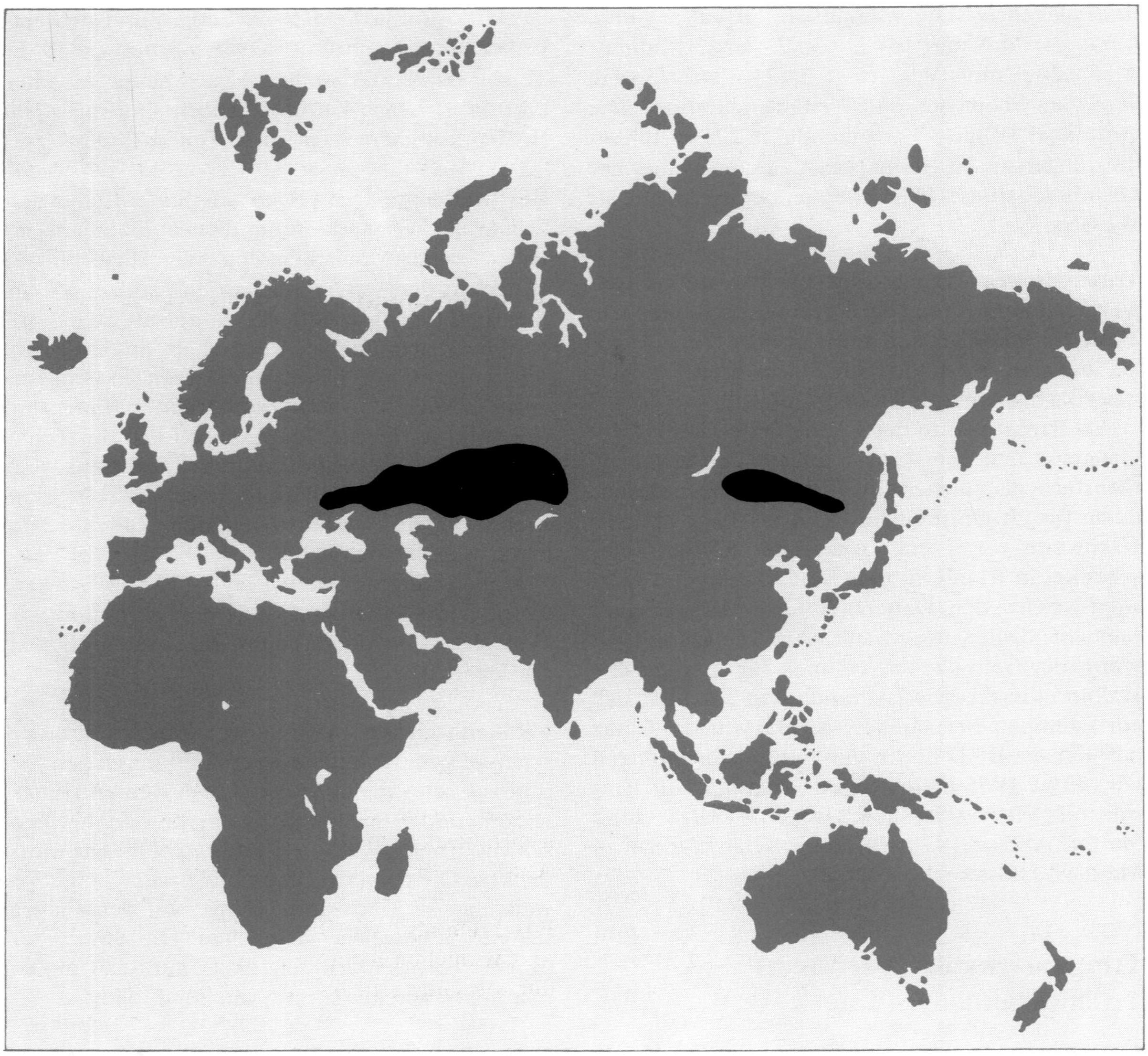

Brutgebiet des Teichwasserläufers

nassen Wiesen und in Steppengebieten an Wasserlachen an. In Westsibirien hält sich der Teichwasserläufer nach JOHANSEN zur Brutzeit „auf sumpfigen Wiesen in Niederungen und an gras- und schilfbewachsenen, feuchten und schlickigen Seeufern auf.“ In den Überwinterungsgebieten findet man den Teichwasserläufer vorzugsweise an schlammigen Ufern von Seen und Teichen; so wurde er beispielsweise häufig am Rudolf-See in Kenia angetroffen, wo er bisweilen auch übersommert.

Brutbiologie In der südlichen Sowjetunion brütet der Teichwasserläufer von Anfang Mai an und im Juni, in Westsibirien meist erst in der zweiten Maihälfte. Einzelne Brutpaare des Teichwasserläufers trifft man nur an isoliert liegenden Plätzen, häufiger brüten mehrere Paare eng benachbart, in sehr vogelreichen Gebieten nisten sogar mehrere Dutzend und unter besonders günstigen Bedingungen bisweilen Hunderte von Paaren. Die Anzahl der Brutpaare hängt von der Größe des zur Verfügung stehenden Brutgeländes ab. Diese Angaben SUSCHKINs liegen allerdings 70 Jahre zurück, und ich bezweifle, ob der Teichwasserläufer noch heute in diesen Mengen im Osten der Kasachischen SSR angetroffen wird. Oft brüten diese Wasserläufer zusammen mit Trauer- und Weißflügelseeschwalben und Rotschenkeln, bisweilen auch mit Kiebitzen und Uferschnepfen im gleichen Gelände.

Die Balz beginnt nach den Beobachtungen sowjetischer Ornithologen drei bis vier Tage nach der Ankunft im Brutgebiet. In dieser Zeit verbringt das Männchen den größten Teil des Tages in der Luft; immer wieder fliegt es auf und überfliegt rufend und mit flatternden Flügeln wie eine Lerche den Brutplatz. Nach einigen Minuten landet es mit in charakteristischer Weise vorgestreckten Füßen und mit über dem Rücken erhobenen Flügeln. Laut rufend und mit zitternden Flügeln läuft es zu seinem Weibchen. Dann läuft es zur Seite, kehrt wieder zu dem Weibchen zurück, und mit ausgestreckten Flügeln erfolgt anschließend die Kopulation. Anschließend erhebt sich das Männchen wieder rufend in die Luft. Solche Balzspiele werden bis ins zweite Junidrittel fortgesetzt, obgleich zu dieser Zeit manche Paare schon brüten.

Das Nest befindet sich auf grasbewachsenen Flächen in der Nähe von Seen oder Wasserlachen; eine flache Vertiefung am Boden wird mit einigen trockenen Halmen ausgelegt, auf der die vier Eier liegen.

Die kreisel- bis kurzkreiselförmigen Eier sind auf blaß ockergelblichem, seltener rötlich- oder grünlichgelbem Grund tiefbraun gefleckt; es sind größere und kleinere Flecke, die sich gewöhnlich am stumpfen Pol häufen. Daneben finden sich noch einige mattgraue und bräunlichviolette Unterflecke. JOURDAIN gibt für 50 Eier folgende Durchschnittsmaße an: 38,34 × 26,93 mm; Maxima: 41,0 × 26,0 und 40,6 × 28,3 mm, Minima: 35,2 × 26,5 und 38,5 × 25,7 mm. 20 in der Sowjetunion gefundene Eier in meiner Sammlung messen und wiegen im Durchschnitt: 38,58 × 26,90 mm, 0,72 g; Maxima: 42,1 × 27,4 und 40,6 × 29,1 mm, 0,95 g; Minima: 35,9 × 25,8 mm, 0,60 g. Das Frischvollgewicht beträgt etwa 14 g.

Es ist nicht bekannt, in welchen Abständen die Eier gelegt und wie lange sie bebrütet werden. Wahrscheinlich setzt die Bebrütung, an der sich Männchen und Weibchen beteiligen, nach Ablage des letzten Eies ein. Weitere Einzelheiten über den Brutablauf sind nicht bekannt.

Wanderungen Teichwasserläufer überwintern im östlichen Mittelmeergebiet, im Nahen Osten und am Südrand des Kaspischen Meeres; vielfach ziehen sie auch noch weiter bis ins östliche und südliche Afrika. Die weiter östlich beheimateten Populationen überwintern in Süd- und Südostasien, Australien und Neuseeland.

Die Ankunft an den Brutplätzen erfolgt Ende April/Anfang Mai, der Abzug setzt bereits Mitte August ein und endet Mitte September (JOHANSEN).

In Mitteleuropa ist der Teichwasserläufer ein seltener Durchzügler von Ende März bis Juni und von Ende Juli bis Oktober. Als Irrgast wurde die Art auf den Britischen Inseln, in Belgien, Luxemburg, Frankreich, Spanien, in der Schweiz sowie in Dänemark, Schweden und Finnland nachgewiesen.

Nahrung Der Teichwasserläufer ernährt sich vor allem von Wasserinsekten und deren Larven, kleinen Crustaceen sowie kleineren Mollusken. Landinsekten spielen eine untergeordnete Rolle in der Ernährung.

Tringa nebularia (Gunnerus)
Grünschenkel (Tafel 11)

Meine erste Begegnung mit einem Grünschenkel liegt schon sehr lange zurück. Im Mai 1933 befand ich mich auf einer Exkursion in der nördlichen Oberlausitz und hatte mich zu einer kurzen Rast niedergelassen. Auf einmal kam ein Sperberweibchen angeflogen, schwenkte an mir vorüber, und ich bemerkte, daß es einen Vogel in den Fängen trug. Etwa 60 Meter von mir entfernt fiel der Sperber ein, offenbar, um seine Beute zu rupfen. So schnell ich konnte lief ich auf diesen Platz zu, der Sperber flog natürlich auf und davon, ließ aber seine Beute im Stich. Als ich näherkam, lag der geschlagene Vogel bereits tot am Boden. Beim Aufheben erkannte ich, daß es ein Grünschenkel war. Grünschenkel ziehen von Mitte April an und im Mai zahlreich durch die Oberlausitzer Teichlandschaft.

Beschreibung Im Brutkleid sind bei Männchen und Weibchen Kopf und Hals auf weißem Grund dunkel längsgefleckt, die übrige Oberseite ist schwarzbraun mit weißlichen und bräunlichen Federsäumen. Die Unterseite ist weiß mit dunkler Fleckung an der Kehle, der Schwanz weiß und fein schwarzbraun gebändert. Im Ruhekleid ist der Grünschenkel oberseits wesentlich heller, unterseits fast rein weiß. Das Jugendkleid gleicht weitgehend dem Ruhekleid, Hals- und Brustseiten sind dann schwarzbraun gestrichelt. Das Dunenjunge ist oberseits rostbräunlich mit schwarzbrauner Zeichnung, die Unterseite ist trübweiß.

Maße: Länge 305 mm, Flügel 190 mm, Schwanz 79 mm, Schnabel 55 mm, Füße 60 mm.

Feldkennzeichen Der Grünschenkel ist größer und hochbeiniger als der Rotschenkel und wirkt im Gegensatz zu diesem mehr grau. Der schieferfarbene, an der Spitze schwarzbraune Schnabel ist relativ länger und leicht aufgeworfen. Von verwandten Arten unterscheidet sich der Grünschenkel außerdem durch den weißen Hinterrücken und Bürzel, die weißen Oberschwanzdecken, das Fehlen von Weiß auf den einfarbig braunen Flügeln und die in allen Kleidern olivgrünlichen Beine.

Die flötenden Rufe klingen wie „djü, djü, djü". Ängstliche und um ihre Jungen besorgte Grünschenkel rufen „kri kri kri".

Verbreitung In Europa brütet der Grünschenkel in Schottland, in Norwegen, im nördlichen Schweden, in Finnland und der anschließenden Sowjetunion; hier reicht das Brutgebiet von der Kola-Halbinsel ostwärts bis zum Anadyr-Gebiet und Kamtschatka, die Nordgrenze bildet der Nordrand der Taiga bzw. etwa der 65.° n. Br., im Süden reicht das Brutgebiet in Europa bis in die Estnische SSR, in Sibirien etwa bis zum 54.° n. Br.

Biotop In Schottland bewohnt der Grünschenkel zur Brutzeit ausgedehnte, baumlose mit Heidekraut bestandene Moore in der Umgebung der „Lochs"; im übrigen Brutgebiet hält er sich in Tundren, auf trockenen wie moorigen Blößen in Wäldern, besonders in der Nähe stehender Gewässer auf.

Brutbiologie In Schottland brütet der Grünschenkel im Mai, ausnahmsweise wurden schon Ende April Gelege gefunden. In Lappland und Finnland beginnt die Eiablage Ende Mai, die Mehrzahl der Gelege wird hier und in den weiter östlich liegenden Brutgebieten im Juni gefunden.

Das Nest ist eine vom Weibchen ausgedrehte flache Mulde, die mit einigen trockenen Halmen, Flechten und Blättchen ausgelegt wird; vielfach wird das Nest im Schutz eines größeren Steines oder umgestürzten Baumes angelegt.

Brutgebiet des Grünschenkels

Die vier lang- bis kurzkreiselförmigen Eier sind auf meist gelblichbraunem Grund unregelmäßig tief schwarzbraun, braun bis gelblichbraun gefleckt; diese Flecke häufen sich vielfach am stumpfen Pol. Die teilweise großen Unterflecke sind hellgrau, violettgrau oder bräunlichviolett.

100 in Schottland gesammelte Eier messen nach JOURDAIN durchschnittlich 51,43 × 34,80 mm; Maxima: 59,8 × 37,7 mm; Minima: 45,8 × 35,4 und 46,9 × 31,2 mm. Die Frischvollmasse beträgt etwa 30 g, die Schalenmasse im Durchschnitt 1,51 g.

Die Eier werden im Abstand von 48 Stunden, gelegentlich auch täglich und ausnahmsweise auch im Abstand von drei Tagen gelegt. Der Grünschenkel brütet nur einmal im Jahr und legt gegebenenfalls nach, wenn das erste Gelege verlorengegangen ist.

Die Bebrütung beginnt gewöhnlich nach Ablage des letzten Eies; bisweilen sitzen aber die Vögel schon vorher auf dem noch unvollständigen Gelege, brüten aber noch nicht fest. An der 24 bis 25 Tage währenden Bebrütung beteiligen sich Männchen und Weibchen, der Anteil des Männchens ist jedoch bei den einzelnen Paaren verschieden groß. Nach dem Schlüpfen werden die Jungen von ihren Eltern abwechselnd sechs bis zwölf Stunden lang, gelegentlich auch einen Tag lang gehudert, ehe sie das Nest endgültig verlassen. Die Jungen werden von beiden Eltern geführt, doch pflegt das Männchen die Familie noch vor Beginn des Wegzugs zu verlassen. Im Alter von vier Wochen sind die Jungen selbständig.

Wanderungen Eine kleine Anzahl von Grünschenkeln überwintert bereits auf den Britischen Inseln, der größte Teil der europäischen Populationen überwintert jedoch im Mittelmeergebiet, im Nahen Osten und im tropischen sowie südlichen Afrika. Die weiter östlich beheimateten Populationen verbringen die Herbst- und Wintermonate im südlichen China, auf Taiwan, den Philippinen und Südostasien, teilweise ziehen sie sogar bis Neuguinea und Australien weiter; vereinzelt wurden Grünschenkel sogar auf Neuseeland angetroffen. Als Irrgast wurde der Grünschenkel auf Madeira und den Kanarischen Inseln, ja sogar in Argentinien und Chile festgestellt.

In Mitteleuropa ist der Grünschenkel ein mehr oder weniger zahlreicher Durchzügler, den wir hier von Mitte April bis Mai und dann wieder von Anfang Juli bis September, vereinzelt auch noch im Oktober antreffen. Bisweilen übersommern einige Grünschenkel in Mitteleuropa, und ausnahmsweise versuchen auch einige hier zu überwintern wie beispielsweise im Winter 1947/1948 im Teichgebiet von Ismaning bei München.

Nahrung Auch der Grünschenkel ernährt sich hauptsächlich von Insekten aller Art und deren Larven, ferner von Würmern, kleineren Mollusken und Crustaceen, gelegentlich werden kleine Frösche und Fische aufgenommen. Nahrungsreste pflanzlicher Herkunft wurden bei Magenuntersuchungen kaum gefunden.

Tringa ochropus Linné

Waldwasserläufer (Tafel 12)

Limikolen sind im allgemeinen Bodenbrüter, und nur wenige Arten machen hiervon eine Ausnahme. Der Waldwasserläufer und der in Nordamerika beheimatete Einsame Wasserläufer brüten nicht am Boden, sondern fast ausschließlich mehr oder weniger hoch in alten oder verlassenen Nestern anderer Arten. Ausnahmsweise brütet auch einmal der Bruchwasserläufer in hochstehenden Nestern von Drosseln und anderen Vogelarten. Die Jungen bleiben nach dem Schlüpfen zunächst zwei Tage im Nest und springen dann auf den Boden hinunter, wie wir das auch von jungen Schellenten und Gänsesägern kennen. Da der Boden am Brutplatz des Waldwasserläufers meist von Moos und anderen niedrigen Pflanzen bedeckt ist, können sich die kleinen, nur wenige Gramm schweren Waldwasserläufer beim Aufsprung auch nicht verletzen.

Beschreibung Im Brutkleid sind Männchen und Weibchen oberseits schwarzbraun mit weißer Tüpfelung. Die Oberschwanzdecken und die Steuerfedern sind weiß, die mittelsten mit breiten schwarzen Querbinden (s. Abb.), die Schwanzkanten hingegen reinweiß, Kopf- und Halsseiten, Kropf und Brustseiten schwarzbraun gefleckt, die Kehle und die übrige Unterseite weiß. Das Ruhekleid ähnelt dem Brutkleid, ist jedoch insgesamt heller; oberseits dunkelbraun mit kleinen weißlichgrauen Flecken, auch die Fleckung des Vorderkörpers ist nicht so dunkel wie im Brutkleid.

Das Jugendkleid ist dem Brutkleid ähnlich, zeigt jedoch auf der Oberseite blaß rostfarbene kleine Flecken. Das Dunenjunge ist oberseits braun mit schwarzer Längszeichnung; am Kopf fällt ein schwarzer Augenstreif auf, die Unterseite ist trübweiß.

Maße: Länge 230 mm, Flügel 141 mm, Schwanz 63 mm, Schnabel 36 mm, Füße 34 mm.

Feldkennzeichen In der Größe steht der Waldwasserläufer zwischen Rotschenkel und Flußuferläufer. Mit diesem und dem Bruchwasserläufer sind Verwechslungen möglich.

Der Waldwasserläufer ist oberseits am dunkelsten, der kleinere Bruchwasserläufer ist oberseits heller, die dunkelbraunen Federn haben weiße Flecke und Säume, so daß der Vogel gescheckt erscheint und nicht weiß gepunktet wie der Waldwasserläufer. Der noch etwas kleinere Flußuferläufer hingegen ist oberseits dunkel olivbraun und hat – im Gegensatz zu Wald- und Bruchwasserläufer – auffällig weiße Flügelbinden und einen dunklen Bürzel, zwei Merkmale, die beim Wald- und Bruchwasserläufer fehlen.

Die Unterseite ist bei allen drei Arten mehr oder weniger weiß, also kein zuverlässiges Unterscheidungsmerkmal. Recht unterschiedlich ist jedoch die Schwanzzeichnung dieser drei Arten: Beim Waldwasserläufer sind die Steuerfedern nur am Ende und in der Mitte, beim Bruchwasserläufer jedoch durchgehend schwarzbraun gebändert (s. Abb. auf S. 149). Beim Flußuferläufer ist der Schwanz bräunlichgrau mit weißem Rand.

Schließlich beachte man noch die Unterflügel: sie sind beim Waldwasserläufer schwärzlich, beim Bruchwasserläufer hingegen lichtgrau.

Von auffliegenden Waldwasserläufern hört man ein angenehm klingendes „dlüi", häufig rufen sie auch „djü it it it it" oder ähnlich. Sind sie erschreckt, rufen sie „gipgipgip". Die dreisilbigen Balzrufe klingen wie „dji-dlü-die", meist wird die letzte Silbe betont.

Verbreitung Der Waldwasserläufer brütet in Norwegen, Schweden und Finnland; von hier zieht sich das Brutgebiet durch die gesamte Sowjetunion ostwärts bis zur Kolyma in Nordostsibirien; die Nordgrenze bildet etwa der Polarkreis. Die Westgrenze des Brutgebiets verläuft von Dänemark quer durch Mitteleuropa bis zur Ukraine; von hier reicht das Brutgebiet ostwärts bis zum Amur-Gebiet, wobei der 50.° n. Br. etwa die Südgrenze bildet. Außerhalb dieses geschlossenen Brutgebietes besteht noch ein isoliertes Brutvorkommen im Kaukasus und in Transkaukasien. Ausnahmsweise hat der Waldwasserläufer auch in Großbritannien gebrütet (Westmoreland 1917, Inverness 1959).

In Mitteleuropa treffen wir den Waldwasserläufer als Brutvogel vor allem im nordöstlichen Polen an; hier ist er in den ausgedehnten Waldgebieten bei Augustów und Białowieza stellenweise noch recht häufig. In den westlichen Landesteilen hingegen ist die Art selten geworden und, wie fast überall, so geht auch hier der Bestand der Brutpaare zurück. In der Tschechoslowakei hat der Waldwasserläufer nur ausnahmsweise gebrütet; 1935 wurden bei Pardubice zwei Gelege gefunden, ein weiterer Brutnachweis wurde 1938 im Bezirk Nymburk erbracht und schließlich brütete 1942 ein Paar bei Milcice im Bezirk Klatovy (HUDEC und CERNÝ).

Für die DDR liegen aus neuerer Zeit, das heißt nach 1945, einige sichere Brutnachweise für Mecklenburg (Ludwigslust, Rostocker Heide sowie für die Kreise Templin und Greifswald) vor; „brutverdächtige" Paare wurden außerdem in anderen Teilen Mecklenburgs festgestellt.

Auch in Brandenburg brüten noch einige wenige Paare; 1953 wurde eine Brut am Gräninger See bei

Tafel 13

Teichwasserläufer, Tringa stagnatilis, (S. 139)
① ♂ *und* ② ♀ *im Brutkleid;*
③ ♂ *bzw.* ♀ *im Ruhekleid;*
④ *und* ⑤ *Dunenjunge;*
Terek-Wasserläufer, Tringa terek, (S. 157)
⑥ ♂ *und* ⑦ ♀ *im Brutkleid;*
⑧ ♂ *bzw.* ♀ *im Ruhekleid;* ⑨ *Dunenjunges;*
Drosseluferläufer, Tringa macularia, (S. 163)
⑩ ♂ *und* ⑪ ♀ *im Brutkleid;*
⑫ ♂ *bzw.* ♀ *im Ruhekleid;*
Flußuferläufer, Tringa hypoleucos, (S. 160)
⑬ ♂ *und* ⑭ ♀ *im Brutkleid;*
⑮ ♂ *bzw.* ♀ *im Ruhekleid;*
⑯ *bis* ⑱ *Dunenjunge;* ⑲ *Ei*

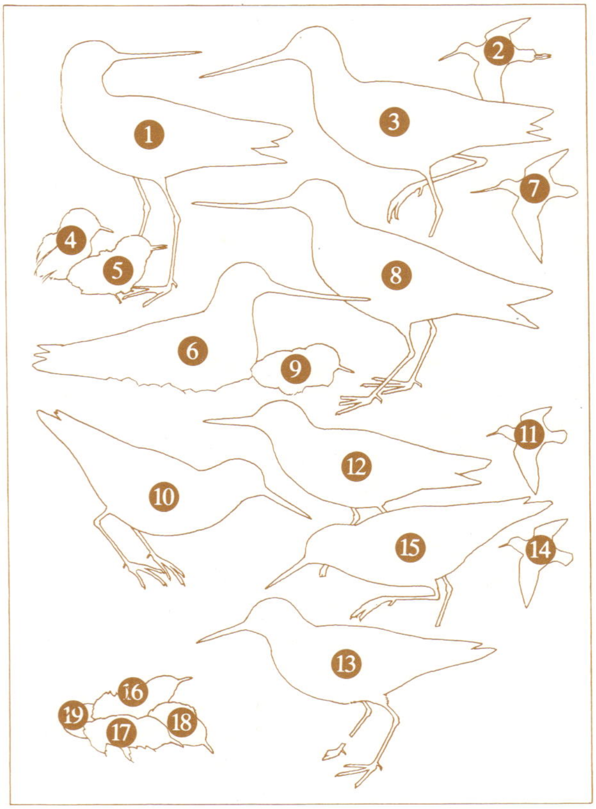

Rathenow festgestellt (SCHARNBECK, briefl. Mitteilung) und 1973 wurde im Naturschutzgebiet Stechlinsee ein Gelege gefunden (FLÖSSNER). Als weitere Brutplätze für Brandenburg werden folgende angegeben: Angermünde und Glambeck in der Uckermark, Reiherbruch bei Chorin, Plagefenn und Helenensee/Finkenheerd (1969) (Mitt. IG Avifauna DDR, 1975). Schließlich gelang es HASSE, am 31. Mai 1963 den Waldwasserläufer bei Petershain in der Oberlausitz als Brutvogel nachzuweisen. Noch seltener sind die Brutvorkommen in der BRD; für einige wenige Paare wurden in Schleswig-Holstein, im Hamburger Raum und Niedersachsen Bruten nachgewiesen. Im Frühjahr 1980 brütete ein Waldwasserläufer erfolgreich im Otternhagener Moor; weitere Brutnachweise liegen für den benachbarten Kreis Celle vor.

Tafel 14

Gelbschenkel, Tringa flavipes, (S. 138)
① ♂ *und* ② ♀ *im Brutkleid;*
③ ♂ *bzw.* ♀ *im Ruhekleid;*
Großer Gelbschenkel, Tringa melanoleuca, (S. 154)
④ ♂ *bzw.* ♀ *im Brutkleid;*
Grauer Schlammtreter,
Catoptrophorus semipalmatus, (S. 131)
⑤ *bis* ⑦ ♂ *bzw.* ♀ *im Brutkleid;*
⑧ ♂ *bzw.* ♀ *im Ruhekleid*

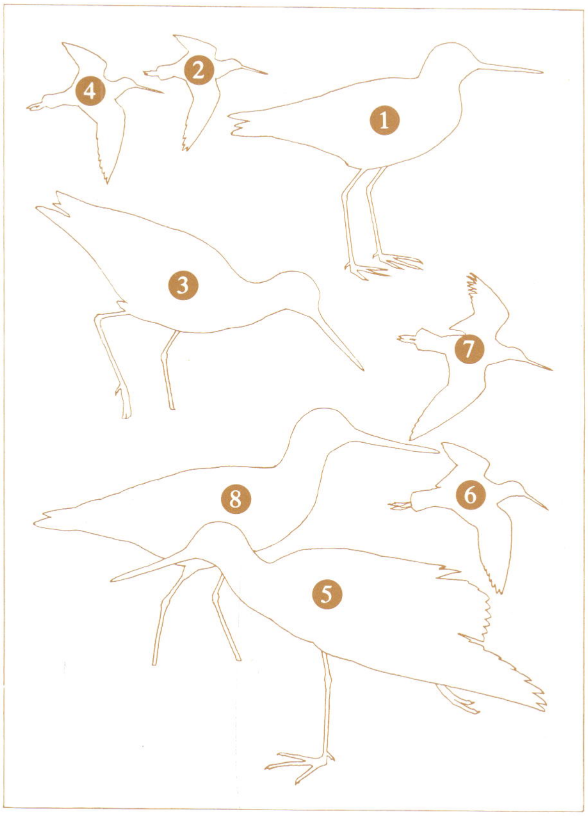

Biotop Den Waldwasserläufer finden wir zur Brutzeit in älteren Waldbeständen mit versumpften Stellen oder Mooren und an Wasserläufen, die von versumpften Ufern durchzogen sind. Auch in waldreichen Teichlandschaften brütet der Wasserläufer. In den Durchzugs- und Überwinterungsgebieten treffen wir den Waldwasserläufer auch in offenem Gelände an. Er hält sich dann auf nassen Wiesen und an den Ufern fließender und stehender Gewässer auf, selten jedoch am Meeresstrand.

Brutbiologie In Schweden wurden die zeitigsten Gelege Anfang Mai gefunden, meist legt der Waldwasserläufer aber erst von Mitte Mai an, und auch noch im Juni findet man unbebrütete Gelege. Gelegefunde in der zweiten Aprilhälfte dürften Ausnahmen sein. Wie ich bereits in der Einleitung schrieb, benutzt der Waldwasserläufer alte Nester anderer Arten zur Eiablage, die er dann gegebenenfalls noch mit trockenen Halmen, Moos und Würzelchen auslegt. Vor allem werden die Nester der verschiedenen Drosselarten, aber auch Nester von Nebelkrähen, Eichelhähern und sogar von Eichhörnchen (Sciurus vulgaris) benutzt. Ausnahmsweise legt der Waldwasserläufer seine Eier auf Koniferennadeln, die sich auf stärkeren, horizontalen Ästen angesammelt haben. Auch auf Baumstümpfen oder auf umgestürzten Bäumen wurden Gelege gefunden. Das eigentliche Nest besteht nur aus einer Unterlage von etwas Moos. JOHANSEN schreibt, daß – nach verbürgten Nachrichten – das Nest auch oft auf dem Boden im Gras oder im Wurzelwerk umgestürzter Bäume angelegt wird, manchmal auch auf Stubben und auf erhöhten Bülten im Moor. Zufälligerweise standen die vier Nester, die man bisher in der Tschechoslowakei fand, ausnahmslos am Boden.

Die vier meist kreiselförmigen Eier variieren in ihrer Grundfarbe erheblich; diese ist vielfach rötlichgelb, aber auch blaß ockerfarben, beige oder grünlich. Kleine rundliche oder unregelmäßige Flecken und Kritzel von purpur- bis schokoladenbrauner Farbe sind über die gesamte Oberfläche verstreut, häufen sich aber, wie bei den meisten Eiern, am stumpfen Pol. Die hell aschgrauen bis braunvioletten Unterflecke treten wenig hervor.

ROSENIUS gibt für 197 in Schweden gesammelte Eier folgende Durchschnittsmaße an: 39,75 × 28,45 mm; Maxima: 43,7 × 28,4 und 42,5 × 30,1 mm; Minima: 37,0 × 28,3 und 38,0 × 26,2 mm. Die Frischvollmasse beträgt etwa 16 g, die durchschnittliche Schalenmasse 0,84 g.

Die Eier werden im Abstand von 24 Stunden ge-

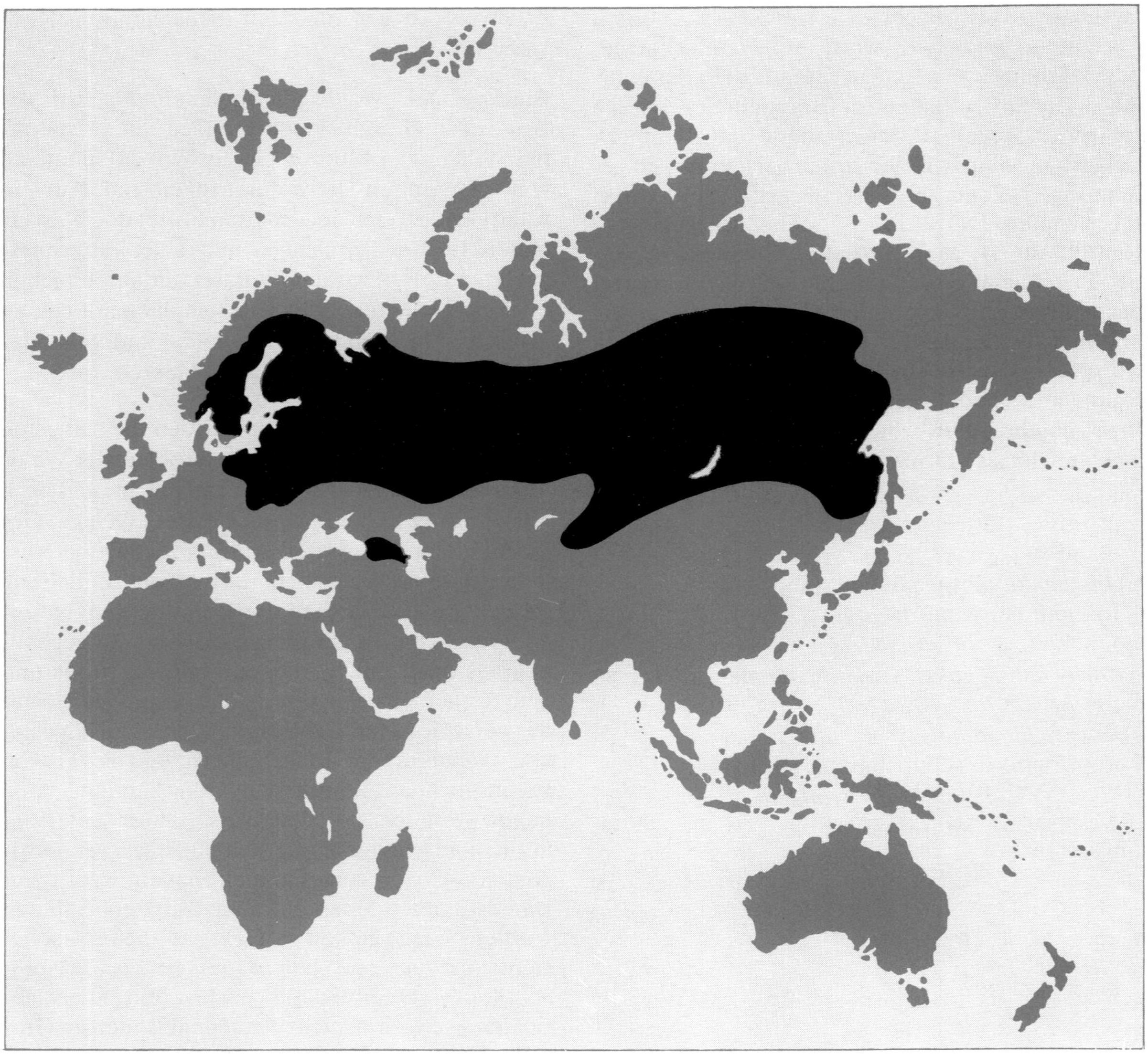

Brutgebiet des Waldwasserläufers

legt; die Angaben über den Bebrütungsbeginn gehen auseinander: JESSEN schreibt, daß nach Ablage des zweiten Eies gebrütet wird; andere Autoren geben an, daß die Bebrütung erst nach Ablage des letzten Eies beginnt. Vor allem brütet das Weibchen, der Brutanteil des Männchen ist nur gering. Der brütende Waldwasserläufer sitzt sehr fest; bei Störungen halten sich beide Partner unter klagenden Rufen auf benachbarten Bäumen auf oder umfliegen unter Warnrufen den Eindringling. Die Brutdauer beträgt 21 bis 23 Tage; der Waldwasserläufer brütet nur einmal im Jahr; geht das erste Gelege verloren, wird in kurzer Zeit nachgelegt, vielfach findet man das Nachgelege ganz in der Nähe des ersten. Die Jungen verweilen bis zu zweieinhalb Tagen im Nest und springen dann auf das Locken ihrer Eltern vom Nest herunter. Die Jungen werden zunächst von beiden Eltern geführt, später nur noch vom Männchen. HILDÉN beobachtete allerdings bei einer beringten Familie, daß die Eltern die Brut unter sich aufteilten; Männchen und Weibchen führten je zwei Junge und zogen sie groß.

Wanderungen Gelegentlich überwintert der Waldwasserläufer schon auf den Britischen Inseln und in Mitteleuropa, zumeist aber weiter südlich, im Mittelmeergebiet, im Nahen Osten, in Turkestan, in China, in Süd- und Südostasien sowie in Afrika südwärts bis Angola und Moçambique. In Mitteleuropa zieht er im April/Mai und im Juli/September durch. Am 26. Mai 1970 wurde erstmals ein Waldwasserläufer auf den Färöer festgestellt.

Nahrung Wie bei den anderen Wasserläufern besteht auch beim Waldwasserläufer der größte Teil der Nahrung aus Insekten und deren Larven, Spinnen, kleinen Mollusken, Würmern und gelegentlich auch kleineren Crustaceen. Ab und zu werden auch pflanzliche Stoffe aufgenommen.

Tringa solitaria Wilson

Einsamer Wasserläufer (Tafel 12)

Für den Feldornithologen gibt es drei Gruppen von Vögeln: Solche, die er so ungefähr bei jeder Beleuchtung und auch auf größere Entfernung sofort sicher ansprechen wird, als Beispiele seien Austernfischer, Säbelschnäbler oder Stelzenläufer genannt. Irrtümer sind hier ausgeschlossen und Verwechslungen mit anderen Vogelarten nicht möglich. Dann kommt eine zweite Gruppe, bei der auch der erfahrene Feldornithologe etwas länger hinsehen muß, um den Vogel zu bestimmen: Das können irgendwelche Wasserläufer sein, die auf einer Schlickfläche zur Nahrungssuche eingefallen sind. Erschwert wird die Bestimmung vieler Arten noch dadurch, daß die Vögel nach der Brutzeit vielfach ein unscheinbares Ruhekleid tragen, das oft dem verwandter Arten weitgehend gleicht.

Die dritte Gruppe sind die sogenannten „Zwillingsarten", daß heißt nahe verwandte Vogelarten, die sich wie Zwillinge zum Verwechseln ähnlich sehen. Auch der erfahrene Beobachter ist dann manchmal der Verzweiflung nahe, wenn er eine solche Zwillingsart vor sich hat und infolge schlechter Beleuchtungsverhältnisse oder zu großer Entfernung das Kennzeichen, auf das es nun gerade bei der Bestimmung dieser Zwillingsart ankommt, nicht erkennen kann.

Zu diesen Zwillingsarten möchte ich auch den Waldwasserläufer und den Einsamen Wasserläufer zählen. Beide Arten sehen sich sehr ähnlich, jedoch sind hier Verwechslungen weitgehend ausgeschlossen, weil Tringa ochropus in Europa und Asien brütet, Tringa solitaria hingegen in Nordamerika. Allerdings ist der Einsame Wasserläufer einige Male in Europa als Irrgast nachgewiesen worden. Wenn wir also einen kleinen Wasserläufer vor uns haben, der wie ein Waldwasserläufer aussieht, dann sollte man seine Artmerkmale genau überprüfen, um ganz sicher zu sein, daß es tatsächlich ein Waldwasserläufer ist, denn es besteht immer wieder einmal die Möglichkeit, daß ein Einsamer Wasserläufer nach Europa verschlagen wird.

Beschreibung Der Einsame Wasserläufer sieht einem Waldwasserläufer sehr ähnlich, der Größenunterschied ist nur gering. Die Oberseite einschließlich des Bürzels ist bei Männchen und Weibchen im Brutkleid schwarzbraun mit leicht grünlichem Anflug und weißer Tüpfelung. Kopf, Hals, Kehle und Brustseiten sind dunkelbraun gezeichnet, die übrige Unterseite ist reinweiß, die Unterflügel dunkel wie beim Waldwasserläufer. Die olivgrünen Füße überragen im Flug kaum das Schwanzende. Das Ruhekleid gleicht weitgehend dem Brutkleid, das Jugendkleid ähnelt dem Brutkleid, nur ist die Tüpfelung der Oberseite gelblichweiß.

Maße: Länge 195 mm, Flügel 127 mm (Männchen) bzw. 130 mm (Weibchen), Schwanz 55 mm, Schnabel 29 mm, Füße 31 mm.

Feldkennzeichen Der Einsame Wasserläufer ist so groß wie ein Bruchwasserläufer. Vom ähnlichen Waldwasserläufer unterscheidet er sich durch den dunkelbraunen Bürzel und die Zeichnung der Steuerfedern (s. Abb. auf S. 149); diese sind beim Einsamen Wasserläufer sämtlich schwarzbraun gebändert, das mittelste Paar am stärksten. Der gewöhnliche Ruf ist ein schrilles „pit wit".

Verbreitung Die Nominatform Tringa solitaria solitaria Wilson brütet in Kanada von Mackenzie und Britisch-Columbia ostwärts bis Labrador und Quebec. In Alaska und im nordwestlichen Kanada brütet die Unterart Tringa solitaria cinnamomea (BREWSTER).

Biotop Die Ähnlichkeit von Tringa solitaria mit ochropus kommt auch dadurch zum Ausdruck, daß der Einsame Wasserläufer zur Brutzeit einen entsprechenden Biotop bewohnt, nämlich Wälder mit eingestreuten Mooren und Seen. Außerhalb der

Brutgebiet des Einsamen Wasserläufers

Brutzeit treffen wir den Einsamen Wasserläufer an Gewässern aller Art in bewaldetem oder offenem Gelände mit Ausnahme der Meeresküsten an.

Brutbiologie Der Einsame Wasserläufer brütet vom letzten Maidrittel an und im Juni. Auch in seinen Brutgewohnheiten finden wir eine geradezu verblüffende Übereinstimmung mit denen des Waldwasserläufers: Tringa solitaria benutzt ebenfalls alte Nester anderer Vogelarten zur Eiablage! Seine aus vier Eiern bestehenden Gelege wurden in Nestern von Turdus migratorius, Euphagus carolinus, Perisoreus canadensis und Bombycilla cedrorum gefunden. Möglicherweise brütet der Einsame Wasserläufer auch einmal am Boden.

Die meist kreiselförmigen Eier sind entweder auf lichtgrünlichem oder lichtbräunlichem Grund dunkel- bis hellbraun gefleckt, insbesonders am stumpfen Pol; außerdem finden sich violettgraue Unterflecke. 68 Eier der Nominatform messen nach BENT im Durchschnitt 36,0 × 25,5 mm; Maxima: 38,5 × 27,0 mm, Minima: 33,7 × 23,8 und 36,1 × 23,6 mm. Die Frischvollmasse beträgt 12 g, die durchschnittliche Schalenmasse 0,60 g. Über die sonstige Brutbiologie ist so gut wie nichts bekannt.

Wanderungen Der Einsame Wasserläufer überwintert vom südlichen Nordamerika in den küstennahen Gebieten von Texas bis Florida, auf den Bahama-Inseln, den Großen und Kleinen Antillen bis Mittel- und Südamerika; hier wird er noch im nördlichen Argentinien angetroffen.

Als Irrgast wurde Tringa s. solitaria auf den Bermudas, in Grönland, Island, auf den Britischen Inseln, in Irland, Belgien, Frankreich und in der BRD (Insel Trischen) nachgewiesen. (NEUMEISTER briefl.).

Nahrung Der Einsame Wasserläufer ernährt sich von Insekten, vor allem Wasserinsekten, und deren Larven, ferner von kleinen Mollusken und Crustaceen, Spinnen, Würmern und gelegentlich auch von kleinen Fröschen und Kaulquappen.

Tringa glareola Linné

Bruchwasserläufer (Tafel 12)

Noch nie hatte ich einen Bruchwasserläufer so gut beobachten können wie am 23. Juni 1969, als ich mich an dem versumpften Rand eines in der Nähe von Harads in Lappland gelegenen Sees, des Rödingsträsk, aufhielt. Ich hatte hier schon wiederholt Prachttaucher an ihrem Brutplatz beobachtet, und als ich durch das versumpfte Gelände auf den See zuging, umflog mich auf einmal unter fortwährenden und aufgeregten „gip gip"-Rufen ein Bruchwasserläufer, dessen Nest sich sicherlich irgendwo in der Nähe befand. Er kam so nahe an mich heran und ließ sich so wenig durch meine Anwesenheit stören, daß ich noch die Objektive meiner Kamera wechseln konnte, um ihn aus allernächster Nähe photographieren zu können.

Beschreibung Der Bruchwasserläufer ist einer der kleinsten europäischen Wasserläufer (nur der Flußuferläufer ist noch etwas kleiner); Männchen und Weibchen sind im Brutkleid oberseits schwarzbraun mit weißen Säumen und Flecken, die dem Vogel ein gescheckte Aussehen verleihen. Kopf und Halsseiten, Brust und Flanken sind auf hellem Grund braun gezeichnet, die übrige Unterseite ist weiß. Die Oberschwanzdecken sind mehr oder weniger weiß, und die Steuerfedern durchgehend schwarzbraun gebändert (s. Abb. auf S. 149). Im Flug fallen die im Gegensatz zum Waldwasserläufer helleren Unterflügel auf; die Füße sind gelblich, nicht olivgrünlich wie beim Waldwasserläufer.

Maße: Länge 200 mm, Flügel 128 mm, Schwanz 53 mm, Schnabel 29 mm, Füße 39 mm.

Feldkennzeichen Der Bruchwasserläufer ist insgesamt etwas heller als der nur etwas größere Waldwasserläufer, was besonders im Flug auffällt. Auf die zur Bestimmung wichtigen Kennzeichen wies ich bereits bei der Besprechung des Waldwasserläufers hin.

Stimme: Beim Auffliegen hastig „gigig", bei Flugspielen „gif, gif, gif", am Brutplatz ängstlich „gip gibib gip gip", Balztriller des Männchen wie „witewitewite".

Verbreitung Der Bruchwasserläufer brütet im nördlichen Europa und Asien; von Norwegen, Schweden und Finnland reicht das Brutgebiet ostwärts bis nach Kamtschatka, den Kommandeur-Inseln und den Kurilen. Die Nordgrenze dieses riesigen Brutgebietes verläuft vom nördlichen Skandinavien und der Kola-Halbinsel quer durch das nördliche Sibirien, wobei der 70.° n. Br. nicht überschritten wird. Die Südgrenze verläuft von Dänemark in östlicher Richtung durch Mittel- und Osteuropa durch das westliche Sibirien bis zum Altai, weiter durch Transbaikalien und das nordöstliche China bis zum Amur-Gebiet. Bis 1853 hat der Bruchwasserläufer auch in Großbritannien gebrütet und bis 1936 auch in den Niederlanden. Nach 1959 wurde dieser Wasserläufer in Schottland als sehr seltener Brutvogel festgestellt. Im vergangenen Jahrhundert brütete der Bruchwasserläufer noch vereinzelt in Mecklenburg und Bran-

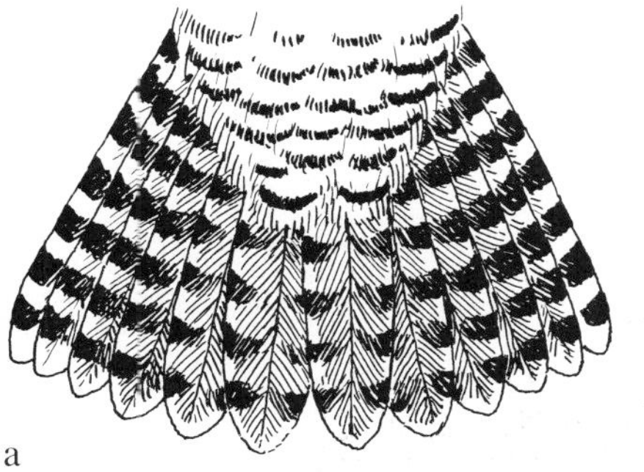

a

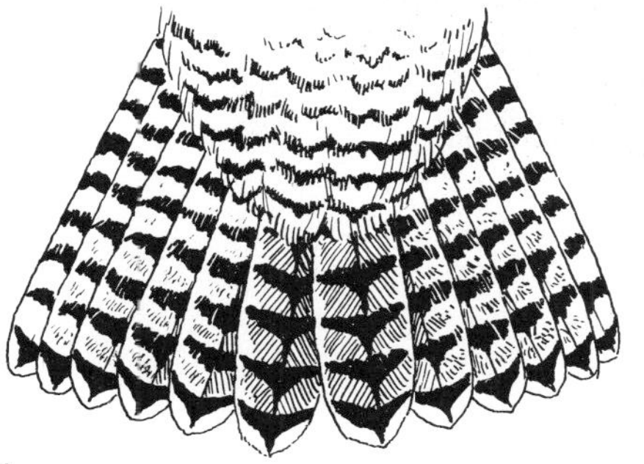

b

c

d

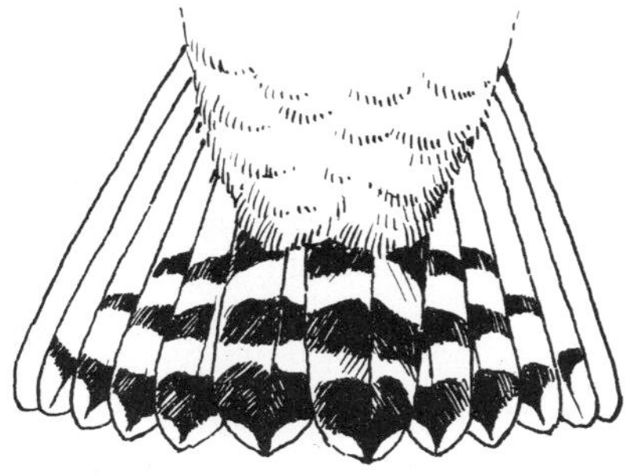

e

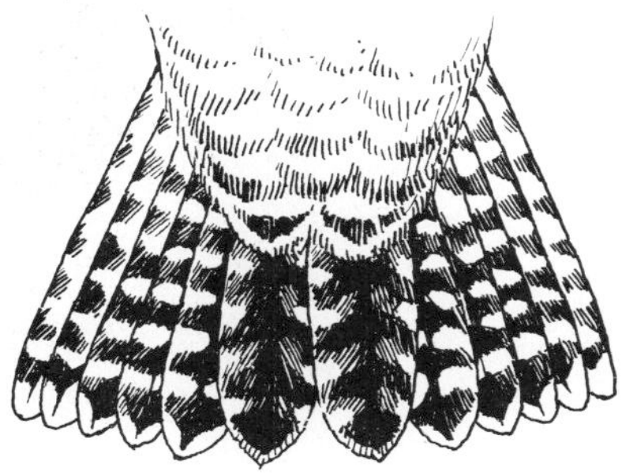

f

g

h

Steuerfedern

a *Dunkler Wasserläufer,* Tringa erythropus
b *Rotschenkel,* T. totanus
c *Teichwasserläufer,* T. stagnatilis
d *Grünschenkel,* T. nebularia

e *Waldwasserläufer,* T. ochropus
f *Bruchwasserläufer,* T. glareola
g *Terek-Wasserläufer,* T. terek
h *Flußuferläufer,* T. hypoleucos

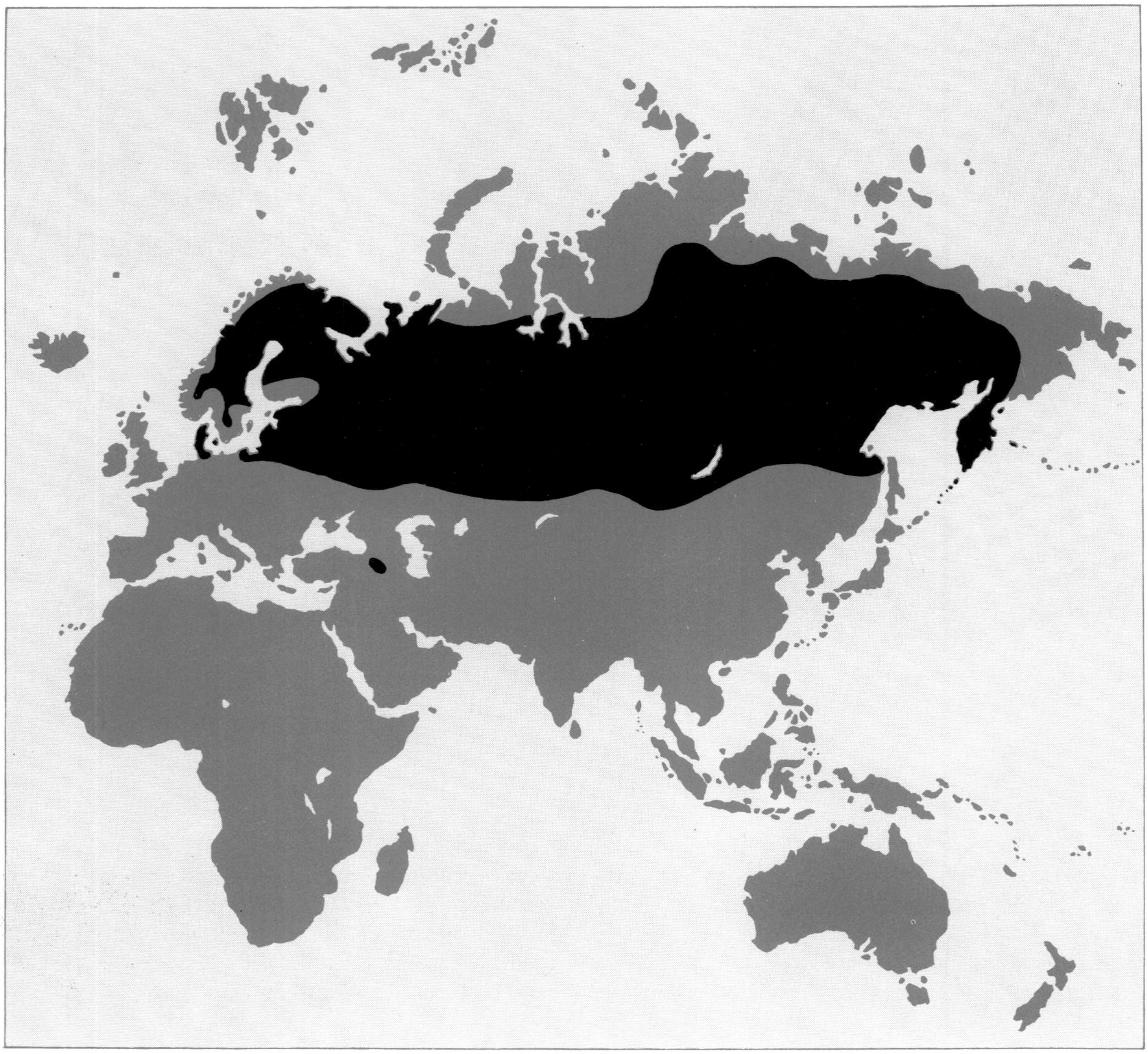

Brutgebiet des Bruchwasserläufers

denburg. In Schleswig-Holstein beschränkt sich sein heutiges Vorkommen wahrscheinlich auf vier Paare (RHEINWALD); 1934 waren hier noch elf Brutplätze bekannt.

Biotop Der Bruchwasserläufer hält sich zur Brutzeit in sumpfigem Gelände aller Art auf; er nistet an versumpften Ufern von Gewässern, in Mooren oder Sümpfen in Wäldern, teilweise also in ähnlichen Biotopen wie der Waldwasserläufer. In Nordeuropa treffen wir ihn in der mit Birken- und Weidengebüsch bestandenen Tundra an. Auch in den Durchzugs- und Überwinterungsgebieten finden wir den Bruchwasserläufer fast ausschließlich an Binnengewässern.

Brutbiologie In Schleswig-Holstein sowie im südlichen Schweden werden die ersten Gelege Anfang Mai gefunden, weitere dann im Laufe dieses Monats; in den weiter nördlich gelegenen Brutgebieten brütet der Bruchwasserläufer entsprechend später, und man findet dort seine Gelege Ende Mai und im Juni, bisweilen auch noch Anfang Juli.

Das Nest steht an einer trockeneren Stelle am Boden, bisweilen offen, vielfach aber durch die umgebende Vegetation sehr gut gegen Sicht geschützt. KIRCHNER fand Nester „auf schwappend nassem Untergrund“ zwischen Heidekraut und Wollgrasbüscheln. Die flache Nestmulde ist mit einigen trockenen Halmen und Blättchen ausgelegt. Ausnahmsweise legt auch der Bruchwasserläufer seine Eier in alte Nester anderer Arten; so wurden Gelege in den Nestern der Wacholderdrossel und des Raubwürgers gefunden. SUSCHKIN fand den Bruchwasserläufer in der Kirgisensteppe sogar in einem alten Turteltaubennest brütend.

Die vier kreiselförmigen Eier sind auf blaß seegrünem bis rötlichgelbem Grund dunkelbraun gefleckt; die unregelmäßigen, ziemlich großen Flekken und Wischer häufen sich am stumpfen Pol und bilden hier bisweilen einen Kranz. Die größeren und kleineren Unterflecke variieren von Hellgrau bis Braunviolett. ROSENIUS gibt für 214 in Schweden gesammelte Eier folgende Durchschnittsmaße an: 37,95 × 26,80 mm; Maxima: 41,0 × 27,3 und 39,3 × 28,2 mm; Minima: 36,0 × 25,0 und 38,0 × 25,0 mm. Die Frischvollmasse beträgt etwa 13 g, die durchschnittliche Schalenmasse 0,62 g.

Der Legeabstand beträgt etwas über 24 Stunden; die vier Eier werden nach den Beobachtungen von KIRCHNER in fünf Tagen gelegt. Die Eier liegen in einem Winkel von etwa 45° im Nest und nehmen infolgedessen einen kleineren Raum ein, so daß sie vom brütenden Vogel besser bedeckt werden können. Das Gelege wird von Männchen und Weibchen durchschnittlich 21 Tage lang bebrütet; die Jungen schlüpfen innerhalb eines Tages und verlassen bald das Nest. Zunächst werden sie von beiden Eltern geführt, später nur noch vom Männchen, da sich das Weibchen bald von der Familie trennt. In welchem Alter die Jungen flügge sind und zu welchem Zeitpunkt die Auflösung der Familie erfolgt, konnte bisher noch nicht festgestellt werden.

Wanderungen Dem ausgedehnten Brutgebiet des Bruchwasserläufers entspricht ein ebenso großes Überwinterungsgebiet, das vom östlichen Mittelmeerraum ostwärts bis nach Südostasien reicht; weitere Überwinterungsgebiete liegen im tropischen und südlichen Afrika, und auch in Neuguinea und Australien wurden überwinternde Bruchwasserläufer angetroffen. Als Irrgast wurde er auf den Hawaii-Inseln und in Alaska nachgewiesen.

Der Bruchwasserläufer kommt in Mitteleuropa in der zweiten Aprilhälfte an, in Nordeuropa entsprechend später, infolgedessen hält der Durchzug noch den Mai und teilweise den Juni hindurch an. Häufig sind es übersommernde, nicht brütende Bruchwasserläufer, die schon Ende Juni wieder abzuziehen beginnen. Deshalb wissen wir oft nicht, ob Bruchwasserläufer, die wir noch im Juni bei uns beobachten, noch Durchzügler oder bereits wieder wegziehende Vögel sind. Die Brutvögel ziehen mit ihren Jungen gemeinsam in Mittleuropa von Mitte Juli an ab. Ende August/Anfang September verlassen die letzten ihre mitteleuropäischen Brutgebiete. Gelegentlich werden auch noch im Oktober, ja sogar Anfang November verspätete Durchzügler festgestellt.

Nahrung Die Nahrung gleicht der verwandter Arten, sie besteht also vorwiegend aus Insekten aller Art, Spinnen, kleinen Mollusken und gelegentlich auch aus sehr kleinen Fischen.

Tringa brevipes (Vieillot)
Graubürzelwasserläufer

Auch heute noch sind wir über die Lebensweise mancher Limikolen-Art nur ungenügend unterrichtet; das betrifft auch den Graubürzelwasserläufer. Selbst in den Standardwerken von HARTERT (Die Vögel der Paläarktischen Fauna) sowie von DEMENTIEW, GLADKOW und SPANGENBERG (Birds of the Sovietunion) ist so gut wie nichts über die Brutbiologie von Tringa brevipes zu finden. Erst in neuerer Zeit beobachteten sowjetische Ornithologen – ich nenne nur KRETSCHMAR, LEONOWITSCH und WOROBJOW – den Graubürzelwasserläufer am Brutplatz und veröffentlichten Angaben über die Verbreitung, den Brutbiotop und die Brutbiologie dieses Wasserläufers; KRETSCHMAR verdanken wir ausgezeichnete Aufnahmen von Tringa brevipes am Brutplatz.

Dunenjunge wurden 1958 von WOROBJOW im Cerskij-Gebirge im nordöstlichen Sibirien gesammelt und erstmals beschrieben, weitere Dunenjunge wurden von KRETSCHMAR 1959 am Rybnaja-Fluß auf der Norilsker Seenplatte (östlich vom Unterlauf des Jenissej) gefunden. Am 19. Juli 1959 entdeckte LIFSCHITZ ebenda das erste Gelege dieses Wasserläufers, und schließlich beobachteten KRETSCHMAR und LEONOWITSCH Tringa brevipes vom 24. bis zum 29. Juni 1960 auf der westlichen Taimyr-Halbinsel an den Quellflüssen der Pjasina.

Beschreibung Nach HARTERT ist bei Männchen und Weibchen die gesamte Oberseite einschließlich des Schwanzes „düster aschgrau bis bräunlichgrau, in ganz frischem Gefieder mit einigen schmalen weißlichen Federsäumen." Die Unterseite ist weiß, nur Kehle, Kropf und Flanken sind schmal graubraun quergewellt, die Handschwingen bräunlichschwarz, die Achselfedern wie die Oberseite. Über den graubraunen Zügeln fällt eine in der Stirnmitte beginnende und sich hinter den Augen fortsetzende schmale weiße Linie auf. Der Schnabel ist schwarz und geht nach HARTERT „nach der Wurzel des Unterschnabels hin ins Gelbliche" über. Die verhältnismäßig kurzen Füße sind „ockergelblich oder schmutzig grünlichgelb." Im

Ruhekleid ist die Oberseite wie im Brutkleid; Kropf und Brustseiten sind hell aschgrau, die Flanken dunkler aschgrau.

Maße: Länge 260 mm, Flügel 162 mm, Schwanz 70 mm, Schnabel 38 mm, Füße 33,5 mm.

Der Graubürzelwasserläufer konnte nicht farbig auf einer Tafel dargestellt werden, da die Tafeln mit den Wasserläufern bereits fertiggestellt waren, als mir der Erstnachweis von Tringa brevipes für Europa bekannt wurde.

Feldkennzeichen In der Größe gleicht Tringa brevipes dem Rotschenkel. Die gesamte Oberseite einschließlich des Schwanzes ist grau, die Füße sind verhältnismäßig sehr kurz und stämmig (s. Abb.). Beunruhigt ruft der Graubürzelwasserläufer „wit-wit-wit-wit", der Balzruf ist von dem des Bruchwasserläufers kaum zu unterscheiden (KRETSCHMAR und LEONOWITSCH).

Verbreitung Nach den heute vorliegenden Unterlagen bewohnt der Graubürzelwasserläufer zur Brutzeit das Mittelsibirische Plateau ostwärts bis zum Jenissej und bis zur westlichen Taimyr-Halbinsel. Im Süden reicht das Brutgebiet bis zum östlichen Sajan-Gebirge und dem Gebiet des Baikal-Sees. Ostwärts erstreckt sich das Brutgebiet bis zum Jana-Indigirka-Tiefland, dem Anadyr-Gebiet und Kamtschatka.

Biotop Wir finden den Graubürzelwasserläufer zur Brutzeit in der subalpinen und alpinen Zone, und nur wenige Paare brüten in niedrigeren Lagen. Die Vertikalverbreitung ist je nach der geographischen Lage des Brutgebiets verschieden. In den Vorbergen des Putorana-Gebirges traf KRETSCHMAR die Art zwischen 100 und 300 m an, STEGMANN fand Tringa brevipes im Baikal-Gebirge „an Bächen, die von Firnschnee gespeist wurden, von etwa 1500 m Höhe an. Hier, an den Sohlen der Hochtäler, die mit ausgewaschenem Glacialgeschiebe bedeckt und fast jeder Vegetation bar waren, kam außer H. incanus (= T. brevipes, Verf.) kein anderer Vogel vor." Ein von STEGMANN im Baikal-Gebirge erbeuteter Graubürzelwasserläufer „hielt sich am Ausflusse eines kleinen Sees auf, der in einem Kar in etwa 1800 m Höhe gelegen und noch im August von Schnee halb verschüttet war." Auf Kamtschatka wurde Tringa brevipes von der Küste bis in Höhen von 500 bis 600 m gefunden. In den genannten Gebieten bewohnt dieser Wasserläufer zur Brutzeit Geröllbänke und Inselchen in den Gebirgsflüssen, die mit Polarweidengestrüpp, Zwergbirken und Heidelbeersträuchern bedeckt sind und mit offenen, moos- und flechtenbestandenen Stellen abwechseln. Aber gelegentlich brütet Tringa brevipes auch abseits vom Wasser in lichten Wäldern mit verkümmerten Lärchen, wo zahlreiche abgestorbene Bäume herumliegen und Dickichte von niedrigem Buschwerk mit offenen Stellen abwechseln. LEONOWITSCH und KRETSCHMAR beobachteten den Graubürzelwasserläufer im Süden der westlichen Taimyr-Halbinsel in der Waldtundra, an den Quellflüssen der Pjasina und geben vom Brutbiotop folgende anschauliche Schilderung:

„Die Endmoränen eines sich von Mittelsibirien aus erstreckenden Hochplateaugletschers bilden hier ein ganzes Hügelsystem mit kleinen Seenketten in den Senken. Die Seen, nicht selten von bedeutender Größe, liegen in verschiedenen Höhen, sie sind durch Bäche verbunden, deren Grund von abgeschliffenen Findlingen übersät ist. Die Abhänge der Moränenhügel sind von wenigen Lärchen, Larix sibirica Ledb., – oft mit vertrockneten Kronen – und Erlenbüschen, Alnus fruticosa Rupr., bestanden. Die unterste Vegetationsschicht wird von Moosen, Flechten, gemischt mit Riedgräsern, und einigen anderen Pflanzen gebildet. Einige Moränenkämme sind mit Kieseln bedeckt und fast ohne jede Pflanzendecke. An den Ufern der Gewässer trifft man Weidengebüsche, und die ebenen, meist versumpften Gebiete sind mit Sträuchern der Zwergbirke bewachsen.

Brutgebiet des Graubürzelwasserläufers

Graubürzelwasserläufer, Tringa brevipes *(nach einer Aufnahme von A. W. Kretschmar)*

Charakteristisch ist, daß nach dem Norden zu, wo die Moränenhügellandschaft verschwindet, dieser Wasserläufer von uns nirgends mehr angetroffen wurde.“

Brutbiologie Bisher war über die Brutbiologie von Tringa brevipes so gut wie nichts bekannt, und erst durch die Beobachtungen einiger sowjetischer Ornithologen sind wir über die Lebensweise dieses weitverbreiteten, doch anscheinend nicht häufigen Wasserläufers unterrichtet worden.

Alsbald nach der Ankunft an den Brutplätzen beginnt die Balz; diese und die Rufe des Graubürzelwasserläufers erinnern sehr an die des Grünschenkels, und wie dieser setzt sich auch Tringa brevipes gern auf Zweige abgestorbener Bäume. Bis etwa zum 20. Juni werden die einzelnen Paare täglich an denselben Plätzen gesehen, gewöhnlich an Flußufern. Nach diesem Zeitpunkt werden nur noch die Männchen beobachtet, da die Weibchen zum Teil auf ihren Gelegen sitzen. LEONOWITSCH weist allerdings darauf hin, daß die Eiablage unter günstigen klimatischen Bedingungen auch schon in der zweiten Junidekade erfolgen kann. KRETSCHMAR jedoch fand bis Mitte Juli weder Gelege noch Junge, und kein Paar warnte. Der Graubürzelwasserläufer brütet entweder am Boden oder in alten Nestern von Drosselarten, verhält sich also in dieser Hinsicht wie der Wald- und Bruchwasserläufer. Der Waldwasserläufer brütet fast stets in alten Nestern anderer Vogelarten, ausnahmsweise auch einmal am Boden, der Bruchwasserläufer hingegen meist am Boden und ab und zu auch einmal in einem alten Drosselnest. Am 19. Juli 1959 wurde das erste Gelege von Tringa brevipes gefunden, allerdings nicht von einem Ornithologen, sondern von dem Geologen LIFSCHITZ. Die Nestmulde befand sich zwischen Steinen und war mit trockenen Grashalmen ausgelegt; das Gelege enthielt vier Eier. Das brütende Weibchen war recht zutraulich, und der Beobachter konnte sich ihm auf Armlänge nähern. Der Biotop war eine steinige Waldtundra in 320 m Höhe und etwa 80 km westsüdwestlich von Norilsk gelegen.

Am 27. Juni 1960 fanden dann LEONOWITSCH und KRETSCHMAR ein weiteres Gelege in einem vorjährigen Nest der Naumanns Drossel, Turdus naumanni Temminck, das in 2,50 m Höhe auf einer Lärche stand. Auch hier war das Weibchen recht zutraulich und verließ das Nest erst, als es mit der Hand berührt wurde. Dieses Gelege war etwa neun bis elf Tage bebrütet und wurde gesammelt. Ich habe das Gelege in der Sammlung LEONOWITSCH in Moskau gesehen, und war genau wie der Finder von der Färbung der Eier überrascht: Auf hell blaugrünlichem Grund sind die Eier braun und dunkelbraun in verschiedenen Tönungen gefleckt. Diese Flecke konzentrieren sich zu einem lockeren Kranz um den stumpfen Pol, während die übrige Fläche nur sehr wenige und kleine Flecke aufweist. Daneben finden sich vereinzelte hellbräunliche und hellgraue Unterflecke. LEONOWITSCH gibt für diese Eier folgende Maße an: 43,5 × 30,0 mm, 43,7 × 30,0 mm, 43,6 × 30,5 mm und 44,5 × 30,0 mm.

An der Bebrütung des Geleges beteiligen sich Männchen und Weibchen, da bei beiden Brutflecke gefunden wurden.

Am 16. Juli fand KRETSCHMAR am Rybnaja-Fluß in etwa 100 m Höhe das erste Nest mit vier höchstens ein bis zwei Tage alten Dunenjungen. Diese waren recht lebhaft und rannten zwischen Seggen und Weiden auf dem morastigen Boden am Flußufer herum. Millionen von Mücken schwärmten um diese Zeit umher und wurden von den Alten und Jungen von den Grashalmen gepickt oder aus der Luft gefangen. Die Jungen wurden nur vom Weibchen betreut, das sich laut warnend auf die Spitze eines abgestorbenen Baumes setzte oder, wenn sich der Beobachter näherte, diesen durch Verleiten von den Jungen wegzulocken versuchte.

Am 18. Juli beobachtete KRETSCHMAR vier warnende Paare auf zwei Kilometer Uferstrecke und stellte hier zwei weitere Bruten mit frischgeschlüpften Jungen in Weidenbüschen fest. In beiden Fällen wurden die Jungen von beiden Eltern betreut, vom Weibchen allerdings in stärkerem Maße. Am nächsten Tag wurden in einem ähnlichen Biotop drei ältere Junge gefunden, und am 25. Juli entdeckte KRETSCHMAR eine weitere Brut, die nur vom Weibchen geführt wurde. Am 7. und 9. August sah KRETSCHMAR bereits flugfähige Junge; zwischen dem 12. und 19. August nahm die Anzahl der Graubürzelwasserläufer auffallend ab, und die Jungen sahen um diese Zeit den Altvögeln schon sehr ähnlich. Der letzte kleine Trupp wurde am 8. September gesehen.

Wanderungen Tringa brevipes überwintert in Südostasien vom südöstlichen China an bis zur Malaiischen Halbinsel, Kampuchea und Vietnam, auf Taiwan, den Philippinen, Neuguinea, in Australien, Neuseeland und auf den dazwischen liegenden Inselgruppen. Der Zug verläuft vorwiegend an der Ostküste Asiens entlang, und nur selten wurde der Graubürzelwasserläufer auf dem Zuge im Inneren Sibiriens festgestellt. Auf Kamtschatka kommen die ersten etwa am 13. bis 15. Mai an. An der Küste des Ochotskischen Meeres erfolgt der Durchzug zwischen dem 20. und 25. Mai. Bei ihrer Ankunft an den Brutplätzen sind die Flüsse bisweilen noch zugefroren, das Land ist noch mit Schnee bedeckt, doch nach wenigen Tagen sind Eis und Schnee schon so weit weggeschmolzen, daß die Vögel an eis- und schneefreien Stellen Nahrung finden.

Am Westrand des Brutgebietes, nämlich in den Vorbergen des Putorana-Gebirges, sah KRETSCHMAR die ersten Graubürzelwasserläufer am 31. Mai 1958 und am 1. Juni 1959. Zunächst kamen nur einzelne Vögel oder kleine Trupps von drei oder vier Individuen an, doch nach etwa vier Tagen wurden sie häufiger. Zuerst wurden die Flüsse aufgesucht, die eher auftauten und wieder Wasser führten.

Die letzten durchziehenden Graubürzelwasserläufer wurden an der Nordwestküste des Ochotskischen Meeres vom 17. bis 19. September gesehen, auf Kamtschatka beobachtete man den letzten sogar noch am 4. Oktober. Ausnahmsweise überwintern vereinzelte Graubürzelwasserläufer auch im Brutgebiet; in der Nähe von heißen Quellen auf Kamtschatka wurde Tringa brevipes auch im Winter festgestellt. Gelegentlich wird dieser Wasserläufer zu den Zugzeiten auch auf Inseln im Bering-Meer beobachtet. Für Europa liegt bis jetzt ein allerdings fraglicher Nachweis vor: Am 8. und 9. April 1960 hielt sich eine Tringa brevipes auf Bardsey Island (Caernarvonshire, England) auf. Hierzu teilte mir CRAMP mit, daß dieser Nachweis nicht für die „Britische Liste" anerkannt wurde.

Nahrung Auch über die Ernährung ist bis jetzt wenig bekannt. Der Magen eines von STEGMANN in etwa 1800 m Höhe im Baikal-Gebirge am 5. August 1930 erbeuteten Graubürzelwasserläufers enthielt zahlreiche Larven kleiner Stechfliegen (Simuliidae), „die einzige Nahrung, die er in dem eiskalten Wasser finden konnte." PORTENKO fand bei Frühjahrsdurchzüglern Köcherfliegen und Steinfliegen und BUTURLIN kleine Käfer. An den Brutplätzen werden Stechmücken in großer Anzahl aufgenommen. (s. „Brutbiologie").

Tringa melanoleuca (Gmelin)
Großer Gelbschenkel (Tafel 14)

Wenn viele Limikolen-Arten in Europa wie auch in Nordamerika immer seltener werden, so ist einzig und allein der Mensch daran schuld. Indirekt und vielfach auch direkt hat er dazu beigetragen, daß viele Arten in den letzten hundert Jahren in ihrem Bestand in geradezu erschreckender Weise zurückgegangen sind.

Man sollte meinen, daß in den ausgedehnten Gebieten mit einer vielfach noch weitgehend unberührten Natur und einer noch sehr geringen Bevölkerungsdichte, wie wir sie in Alaska, Kanada, im nördlichen Skandinavien und in der nördlichen Sowjetunion vorfinden, alle dort vorkommenden Limikolen-Arten noch ungestört leben und ihren Bestand zumindest auf der gleichen Höhe halten können. Das wäre auch der Fall, wenn nicht früher und leider zum Teil auch heute noch große Mengen durchziehender Limikolen auf dem Durchzug und

Wasserläufer

a *Dunkler Wasserläufer,* Tringa erythropus
b *Rotschenkel,* T. totanus
c *Teichwasserläufer,* T. stagnatilis
d *Grünschenkel.* T. nebularia
e *Terek-Wasserläufer,* T. terek

f *Gelbschenkel,* Tringa flavipes
g *Einsamer Wasserläufer,* T. solitaria
h *Graubürzelwasserläufer,* T. brevipes
i *Großer Gelbschenkel,* T. melanoleuca

in ihren Überwinterungsgebieten sinnlos abgeschossen würden. Dafür nur einige Beispiele: Der Große Gelbschenkel „is a fine game bird" lesen wir bei BENT; ein Jäger oder besser gesagt Schießer in der Nähe von Newport, Rhode Island, schoß in acht Jahren, von 1867 bis 1874, nicht weniger als 1362 Große Gelbschenkel! Die größte Abschußziffer wurde 1873 erreicht, als vom 19. August bis zum 19. Oktober 419 Große Gelbschenkel geschossen wurden. An einem einzigen Tag, am 11. Oktober 1904, wurden 463 Große Gelbschenkel in die Markthalle nach Boston geliefert, und ein alter Jäger wußte seinen 80. Geburtstag nicht besser zu feiern, als daß er an diesem Tag 40 Große Gelbschenkel schoß!

Man könnte entgegnen: Das war vor 100 Jahren so, heute hat sich das dank der strengen Naturschutzbestimmungen in allen Kulturstaaten grundlegend geändert. Leider ist das durchaus nicht der Fall. Noch vor wenigen Jahren wurden in Dänemark fast 100000 durchziehende Limikolen geschossen, die man mit dem Sammelbegriff „Schnepfen und Brachvögel" bezeichnete, und in der BRD wurden in vier Jahren (1956 bis 1960) 66765 Waldschnepfen erlegt! Das sind Verluste, die der Bestand einer Vogelart, selbst wenn zur Brutzeit in den einzelnen Ländern strenge Schutzmaßnahmen durchgeführt werden, nie wieder aufholen kann.

Beschreibung Der Große Gelbschenkel hat eine gewisse Ähnlichkeit mit dem gleichgroßen Grünschenkel und ist im übrigen die um ein Drittel größere Ausgabe des Kleinen Gelbschenkels, dem er sonst weitgehend gleicht. Der Schnabel ist länger als der des Rotschenkels und meist leicht aufgeworfen; bezeichnend sind ferner der besonders im Flug auffallende weiße Bürzel und die langen gelben Beine.

Ruhe- und Jugendkleid sind dem Brutkleid ähnlich, nur ist in diesen Kleidern das Schwarz im Gefieder durch Grau ersetzt.

Maße: Länge 305 mm, Flügel 189 mm, Schwanz 77 mm, Schnabel 56 mm, Füße 63 mm.

Feldkennzeichen Der Große Gelbschenkel ist ein grauweißer Wasserläufer von der Größe eines Grünschenkels, von dem er sich durch eine kräftigere Fleckung der Unterseite und gelbe Füße unterscheidet. Vom Kleinen Gelbschenkel unterscheidet er sich lediglich durch seine Größe und den kräftigeren, deutlich aufgeworfenen Schnabel. Hat man zufällig beide Gelbschenkel vor sich, so macht die Bestimmung keine Schwierigkeiten, sonst sind Verwechslungen durchaus möglich. Charakteristisch sind für beide Gelbschenkel nickende Kopfbewegungen, die mit einem Rückwärtswerfen des Kopfes beginnen.

Die Stimme gleicht der des Grünschenkels und ist ihr zum Verwechseln ähnlich. Von ziehenden Großen Gelbschenkeln hört man eine Reihe von drei bis vier pfeifenden Rufen in abnehmender Lautstärke; diese sind von den ein bis zwei weniger lauten Pfiffen des Kleinen Gelbschenkels sehr verschieden.

Verbreitung Das Brutgebiet des Großen Gelbschenkels reicht vom mittleren südlichen Alaska quer durch das mittlere Kanada ostwärts bis Neufundland; die Nordgrenze reicht in Kanada wahrscheinlich nicht über den 60.° n. Br. hinaus.

Biotop Der Große Gelbschenkel hält sich zur Brutzeit in sumpfigem Waldgelände und an den in den weiten kanadischen Wäldern gelegenen Seen und anderen stehenden Gewässern auf. Ferner treffen wir ihn zur Brutzeit auf sparsam bewaldeten Höhenrücken und in lichteren Waldbeständen, er ist hier nicht unbedingt an das Wassser gebunden. Zu den Zugzeiten und in den Überwinterungsgebieten finden wir den Großen Gelbschenkel an Gewässern aller Art, auch an den Küsten, sofern nur größere Schlickflächen vorhanden sind, auf denen er auf Nahrungssuche gehen kann.

Brutbiologie Gelege des Großen Gelbschenkels werden vom letzten Maidrittel an und im Juni gefunden. Das Nest befindet sich in den beschriebenen Biotopen; die flache Mulde ist mit trockenen Halmen, Moos, Flechten und trockenen Blättchen ausgelegt. Die vier langovalen bis kurz kreiselförmigen Eier sind auf hell rötlichgelbem bis

Brutgebiet des Großen Gelbschenkels

olivbräunlichem Grund kräftig braun und dunkelbraun gefleckt, besonders am stumpfen Pol; außerdem finden sich noch aschgraue Unterflecke. 51 Eier weisen nach BENT folgende Durchschnittsmaße auf: 48,9 × 33,0 mm; 53,5 × 33,8 mm und 51,8 × 35,1 mm; Minima: 43,7 × 31,5 und 44,9 × 30,8 mm.

Über die Brutbiologie liegen so gut wie keine Beobachtungen vor; das Gelege wird nur vom Weibchen bebrütet, die Brutdauer ist nicht bekannt. Die Jungen sollen das Nest am zweiten Tage verlassen und werden von beiden Eltern geführt.

Wanderungen Der Große Gelbschenkel zieht sowohl im Frühjahr wie im Herbst durch den amerikanischen Kontinent und auch an der West- und Ostküste entlang; seine Überwinterungsgebiete liegen im Süden Nordamerikas, in Mittelamerika und auf den Westindischen Inseln und reichen von hier bis in den äußersten Süden Südamerikas.

Als Irrgast wurde der Große Gelbschenkel in Grönland, Irland und wenige Male in England nachgewiesen (zwischen 1906 und 1968 17 Nachweise).

Nahrung Diese ist ähnlich wie die des Grünschenkels mit einer fast gleichen Vorliebe für ziemlich große, lebendige Wassertiere, insbesondere für Krabben und kleine Fische. Ferner ernährt sich der Große Gelbschenkel von Mollusken, Anneliden und verschiedenen Insekten.

Tringa terek (Latham)
Terek-Wasserläufer (Tafel 13)

Wir kennen einige Vogelarten, die in den letzten Jahrzehnten aus ihren Brutgebieten in Südosteuropa in nordwestlicher Richtung vorgedrungen sind. Diese Vorstöße können in einem stürmischen Tempo vor sich gehen, das bekannteste Beispiel dafür ist die Türkentaube. Andere weniger auffällige Arten wie der Balkanblutspecht und der Blaßspötter sind nicht ganz so schnell vorgedrungen und haben heute erst Ungarn und die Tschechoslowakei erreicht.

Aber auch von Osten her hat eine Art ihr Brutareal im Laufe der letzten Jahrzehnte allmählich nach Westen ausgedehnt. Der Terek-Wasserläufer, der ursprünglich als Brutvogel auf die Sowjetunion beschränkt war, brütet heute an einigen Stellen in Finnland. Die ersten Nachrichten über das Auftreten des Terek-Wasserläufers gehen bis zum Ende des vergangenen Jahrhunderts zurück; nach MERIKALLIO wurde im Juli 1884 ein Terek-Wasserläufer bei Kokkola geschossen. 1894 und 1895 wurden die ersten Gelege bei Pyhäjoki (80 km südlich von Oulu) gefunden; in den folgenden Jahren wurden in Finnland weitere Terek-Wasserläufer zur Brutzeit festgestellt und noch einige Brutnachweise durch Nest- und Gelegefunde erbracht. ERIC HOSKING verdanken wir hervorragende Aufnahmen von diesem, den meisten europäischen Ornithologen noch weitgehend unbekannten Wasserläufer.

Beschreibung Im Brutkleid sind Männchen und Weibchen dieses drosselgroßen Wasserläufers oberseits graubraun mit auffallenden, schwarzen Schulterfedern, schwarzbraunen Handschwingen und weißen Armschwingen. Die Unterseite ist weiß, nur Kehle und Halsseiten sind braun gestrichelt. Der leicht aufwärts gebogene dunkle Schnabel, der aschgraue Bürzel und die ebenso gefärbten Oberschwanzdecken kennzeichnen diesen Wasserläufer, der wie ein Flußuferläufer oft mit dem Körperende wippt, hinreichend. Das Ruhekleid ähnelt dem Brutkleid, die schwarzen Schaftstriche der Schulterfedern sind jedoch schmaler, Kehle und Halsseiten nur undeutlich dunkel gestrichelt. Im Jugendkleid sind die Federn der Oberseite rostfarben gesäumt und die Schulterfedern sind schwarz gefleckt, die Unterseite gleicht der des Ruhekleides. Das Dunenjunge ist rötlichgrau mit einer schwarzen Mittellinie auf Kopf und Rücken; die Unterseite ist weiß, und der Vorderhals zeigt einen gelbbräunlichen Anflug.

Maße: Länge 225 mm, Flügel 132 mm, Schwanz 53 mm, Schnabel 46 mm, Füße 28 mm.

Feldkennzeichen Der Terek-Wasserläufer ist etwas größer als der Flußuferläufer, dem er in seinem Verhalten ähnelt. Von anderen kleinen Wasserläufern unterscheidet er sich durch einen auffallend langgestreckten Körper, den deutlich aufgeworfenen Schnabel und die relativ kurzen orangegelben Füße. Im Flug sieht er von unten auffallend hell aus.

Die Stimme besteht aus oft wiederholten, hellen, dreisilbigen Rufen wie „kuwitrrüü“, auch sanft flötend „haiah, haiah haiah“; ängstlich – etwa beim Anblick eines Raubvogels – ruft der Terek-Wasserläufer dauernd „dick dick dick“ (HARTERT). Schließlich hat er noch eine schnell aufeinanderfolgende Rufreihe, die wie „dü dü dü...“ klingt und heller als die des Rotschenkels ist.

Verbreitung Das zusammenhängende Brutgebiet des Terek-Wasserläufers erstreckt sich von der westlichen Sowjetunion durch Osteuropa und das nördliche Asien bis nach Ostsibirien zum Unterlauf des Anadyr und zum Amur-Gebiet. Im Westen reicht das Brutgebiet bis zur Düna, zum Ladoga- und Onega-See und bis zur Küste des Weißen Meeres. Isolierte Brutplätze befinden sich in Finnland, jedenfalls hat sich das Brutgebiet in den letzten Jahrzehnten nach Westen ausgedehnt und reicht heute bereits bis zur Westküste Finnlands. 1967 wurde der Terek-Wasserläufer erstmals im nördlichen Norwegen als Brutvogel nachgewiesen: Am 24. Juli wurde am Pasvik-Fluß von SCHMIDT und seinen Begleitern ein Paar mit flüggen Jungen beobachtet. Der nördliche Polarkreis bildet im allgemeinen die Nordgrenze, der 55.° n. Br. die Südgrenze des Brutgebietes.

Biotop Der Terek-Wasserläufer hält sich zur Brutzeit an schlammigen, teilweise mit Gebüsch bestandenen Ufern von Flüssen und Bächen, an versumpften Rändern von Seen und auf nassen Wiesen innerhalb von Waldungen auf, in Sibirien ist er ein typischer Bewohner der Taiga. Vor der finnischen Küste brütet der Terek-Wasserläufer auf flachen, mit kurzem Gras bewachsenen und mit Geröll übersäten Inseln, an deren Rändern sich breite Schlickstreifen befinden. In den Überwinterungsgebieten hält sich der Terek-Wasserläufer vorwiegend an den Küsten auf, wo wir ihn auf Schlickflächen und in Mangrove-Sümpfen antreffen; er kommt zu den Zugzeiten gelegentlich meist einzeln auch im Binnenland vor und sucht hier am Rande stehender Gewässer nach Nahrung. BECKER beobachtete in Niedersachsen durchziehende Terek-Wasserläufer an stehenden Gewässern, in Kiesgruben und Teichen von Zuckerfabriken.

Brutbiologie In Finnland und der europäischen Sowjetunion brütet der Terek-Wasserläufer von Ende Mai bis Mitte Juni; an der Petschora-Mündung enthielten die von DMOHOWSKI gefundenen Nester Anfang Juli noch Gelege. Im westlichen Sibirien beginnt die Brutzeit nach JOHANSEN Anfang Juni.

Die Nester befinden sich an einer trockenen Stelle in Wassernähe und sind gewöhnlich durch den umgebenden Pflanzenwuchs gut geschützt. JOHANSEN schreibt, daß das Nest recht verschiedenartig sein kann: „Meist ist es nur eine kleine Vertiefung auf einer trockenen Stelle, gern unter Sträuchern in Wassernähe. Nicht selten, besonders in den Steppengegenden, steht es aber auch auf Bülten im Sumpf oder seichtem Wasser und ist in diesem Falle etwas sorgfältiger aus alten Stengeln und Blättern gebaut.“ Die beiden Nester, an denen ERIC HOSKING in Finnland Aufnahmen von seinen Terek-Wasserläufern machte, standen offen an einer kurzgrasigen Stelle und waren durch umgebende größere Steine geschützt.

Die vier Eier sind auf hell bräunlichgelbem bis gelblichgrauem Grund unregelmäßig dunkel- bis hellbraun gefleckt; teilweise häufen sich die Flecke am stumpfen Pol, und gelegentlich finden sich auch kleine Kritzel. Die kleineren und größeren hellgrauen, violettgrauen und bräunlichvioletten Unterflecke treten mehr oder weniger stark hervor.

80 Eier messen nach JOURDAIN durchschnittlich 38,63 × 26,64 mm; Maxima: 42,6 × 26,5 und 38,0 × 28,0 mm; Minima: 33,4 × 26,2 und 36,7 × 24,4 mm. Die Frischvollmasse beträgt etwa 13 g, die durchschnittliche Schalenmasse 0,70 g.

Es ist nicht bekannt, in welchen Abständen die Eier gelegt werden. Die Bebrütung setzt offensichtlich nach Ablage des letzten Eies ein, denn ERIC HOSKING beobachtete, daß die Jungen in den von ihm gefundenen Nestern gleichzeitig schlüpfen. Bisher nahm man an, daß beim Terek-Wasserläufer nur das Männchen brütet, denn nur bei diesem fand man Brutflecke, und alle von POPHAM am Nest geschossenen Terek-Wasserläufer erwiesen sich als Männchen. DEMENTIEW und GLADKOW sind jedoch der Meinung, daß wahrscheinlich nur das Weibchen brütet, während sich das Männchen in Nestnähe aufhält. Auch ERIC HOSKING konnte zunächst nur einen Altvogel brütend beobachten und photographieren. Eines Tages aber fand an einem Nest eine Brutablösung statt, und es scheint, daß sich in den letzten Tagen vor dem Schlüpfen der Jungen beide Altvögel beim Brüten ablösen. Am Hudern der frischgeschlüpften Jungen beteiligen sich nach den Beobachtungen von TUGARINOW beide Eltern, die um ihre Jungen sehr besorgt sind und Feinde durch alle möglichen Verstellungskünste wegzulocken versuchen.

Wanderungen Der Terek-Wasserläufer überwintert an der Küste des Roten Meeres und von da an der Ostküste Afrikas entlang bis zum Kapland und auf Madagaskar, selten hingegen im südwestlichen Afrika (BECKER), ferner am Persischen Golf und von hier ostwärts in Süd- und Südostasien, teilweise sogar auf Neuguinea sowie in Australien und Neuseeland. Als Irrgast wurde die Art, die auf ihrem Durchzug Südosteuropa berührt, wiederholt in Mittel-, West- und Südeuropa festgestellt, im Westen bis Großbritannien, die Niederlande, Frankreich und Spanien. Vom 27. August bis zum 2. September 1970 hielt sich ein Terek-Wasserläufer bei Akrotiri auf Zypern auf und wurde damit erstmalig für diese Insel nachgewiesen. Zwei weitere Terek-Wasserläufer hielten sich am 4. und 8. Mai 1971 auf Zypern auf. Für

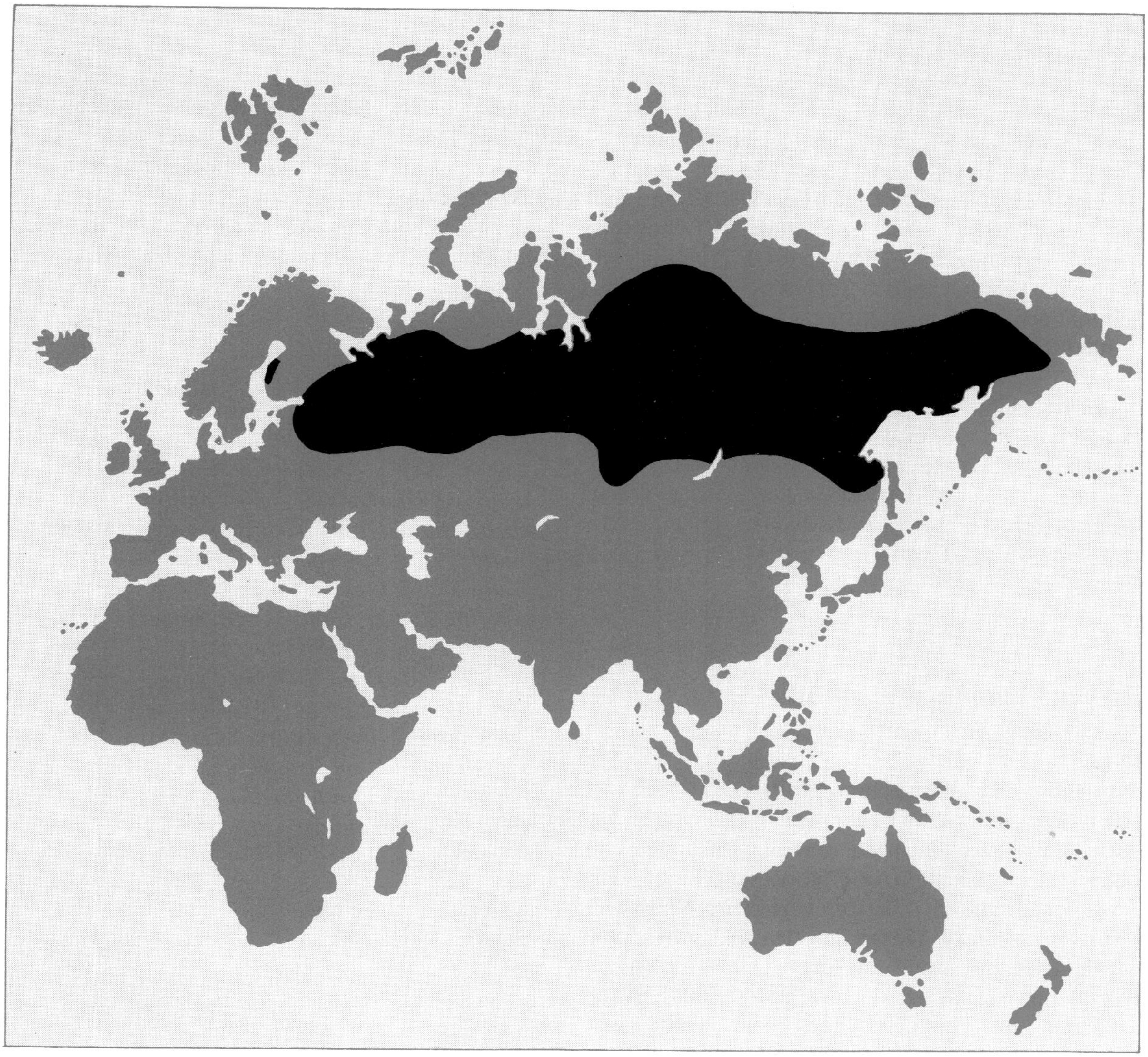

Brutgebiet des Terek-Wasserläufers

Malta liegen zwei Nachweise vor; zuletzt wurde dort am 28. August 1970 bei Delimara ein Terek-Wasserläufer beobachtet. Auch in der DDR und BRD wurde der Terek-Wasserläufer einige Male als Irrgast nachgewiesen. Für Mecklenburg liegen sechs Nachweise vor: Am 10. September 1963 wurden zwischen dem Zicker-See und dem Bodden bei Groß-Zicker auf Rügen zwei Terek-Wasserläufer beobachtet (POLAND). Am 14. August 1972 wurde ein Exemplar auf der Halbinsel Zudar auf Rügen gefangen (GRÄTZ). Am 17. August 1972 wurde bei Wampen am Greifswalder Bodden ein Terek-Wasserläufer beobachtet (HOLZ und SELLIN). JASCHOF stellte eine Tringa terek am 27. August 1973 bei Dänisch Wiek bei Ladebow, Kreis Greifswald fest (briefl. Mitt.). Am 20. August 1976 wurde auf dem großen Schwerin (Müritz) ein Terek-Wasserläufer gefangen (HUSCHGA). Am 15./16. Juli 1979 wurde ein Exemplar am Vogelhaken Zudar auf Rügen festgestellt (S. MÜLLER briefl. Mitt.). Für Brandenburg liegt nur ein Nachweis vor: Am Beetz-See bei Brandenburg/Havel wurde – wahrscheinlich zu Anfang dieses Jahrhunderts – ein Terek-Wasserläufer geschossen (SCHALOW). Am 1. Juli 1962 und vom 23. bis 27. August 1970 wurde je ein Terek-Wasserläufer am Stausee Windischleuba festgestellt (FRIELING und HÖSER). Ein weiteres Exemplar wurde am 23. Mai 1971 bei Torgau beobachtet. Schließlich wurde dieser Wasserläufer am 1. September 1968 bei Weida, Kreis Gera, festgestellt (GRÜN und HEYER).

Für die BRD liegen etwa 14 Nachweise vor, von denen vier auf das vergangene Jahrhundert entfallen. Die Terek-Wasserläufer wurden in Schleswig-Holstein, Niedersachsen, Bayern und Baden-Württemberg festgestellt, und zwar von Mai bis September, wobei eine Häufung der Nachweise im Jahre 1972 auffällt. Letztmalig wurden Terek-Wasserläufer am 8. September 1974 bei Dinklar, Kreis Hildesheim (BECKER briefl. Mitt.) und am 29. Mai 1976 bei Laatzen-Rethen im Landkreis Hannover beobachtet (BRÄUNING). Auch in der Tschechoslowakei ist der Terek-Wasserläufer ein seltener Irrgast; vom 3. bis zum 4. Juni 1962 hielt sich ein Männchen im Bezirk Trebíc auf.

Nahrung Über die Ernährung liegen nur wenige Angaben vor; an den Brutplätzen dürfte sie vorwiegend aus Wasserinsekten bestehen. Auf dem Durchzug und in den Überwinterungsgebieten ernährt sich der Terek-Wasserläufer nach JOURDAIN vorwiegend von Käfern und kleinen Crustaceen.

Tringa hypoleucos (Linné)
Flußuferläufer (Tafel 13)

Wir sind dem Flußuferläufer zur Brutzeit noch nie so oft begegnet wie im Frühjahr 1964, als wir in der östlichen Slowakei waren und die Frühjahrswochen mit Beobachten und Photographieren der dort vorkommenden Vögel verbrachten. Neben Flußregenpfeifern, Wasseramseln und Bachstelzen waren Flußuferläufer an jedem Gebirgsfluß zu finden und so häufig, daß wir auf jeweils 200 m Uferlänge mit einem Brutpaar rechnen konnten. Überall dort, wo die Flüsse kurzgrasige, mit Steinen bedeckte und mit Erlen und Weiden bestandene etwas freiere Ufer hatten, begegneten wir dem Flußuferläufer. Am 5. Mai fand ich zufällig das erste Flußuferläufer-Nest; etwa fünf Meter vor mir flog am kurzgrasigen Ufer der Ulicka ein Flußuferläufer auf, und wenige Augenblicke später standen wir vor dem Nest, das vier Eier enthielt. Die ziemlich tiefe Nestmulde, deren Durchmesser 11 cm betrug, war sorgfältig mit trockenen Blättchen ausgelegt. Tags darauf bauten wir an diesem Nest einen Ansitz, an den sich die brütenden Flußuferläufer bald gewöhnten. Wenige Tage später wurde das Gelege verlassen, weil Bauern die Wiese harkten und Steine zusammenlasen, die sie in unmittelbarer Nähe des Nestes anhäuften und außerdem ihr Pferdegespann stundenlang in die unmittelbare Nähe des Flußuferläufer-Nestes stellten. Glücklicherweise hatten wir bis zu diesem Tag die Flußuferläufer eingehend am Nest beobachtet und photographiert.

Beschreibung Der Flußuferläufer ist ein lerchengroßer Wasserläufer; die Oberseite ist bei Männchen und Weibchen im Brutkleid olivbraun einschließlich des Bürzels und der Oberschwanzdecken. Die Unterseite ist reinweiß bis auf die Vorderseite des Halses und die hell graubraunen Halsseiten, die dunkelbraun gestrichelt sind. Der Schnabel ist dunkelbraun, die Füße sind blaßgraugrün (bei T. macularia gelblich). Das Ruhekleid

Tafel 15

Alpenstrandläufer, Calidris alpina, (S. 201)
(1) *♂ und* (2) *♀ im Brutkleid;*
(3) *♂ und* (4) *♀ im Ruhekleid;*
(5) *und* (6) *Dunenjunge;*
Sichelstrandläufer, Calidris ferruginea, (S. 204)
(7) *und* (9) *♂ bzw. ♀ im Brutkleid;*
(8) *und* (10) *♂ bzw. ♀ im Ruhekleid;*
Meerstrandläufer, Calidris maritima, (S. 199)
(11) *♂ und* (12) *♀ im Brutkleid;*
(13) *♂ und* (14) *♀ im Ruhekleid;*
(15) *und* (16) *Dunenjunge;* (17) *Eier*
Küstenstrandläufer, Calidris canutus, (S. 172)
(18) *♂ und* (19) *♀ im Brutkleid;*
(20) *♂ und* (21) *♀ im Ruhekleid;*
(22) *und* (23) *Dunenjunge*

gleicht weitgehend dem Brutkleid, Hals- und Kopfseiten sind dann ungefleckt. Das Jugendkleid ähnelt dem Ruhekleid, die Federn der Oberseite haben hell rostgelbe Querbinden. Das Dunenkleid ist oberseits hellbräunlich, unterseits weiß; auffallend sind ein dunkler Streifen, der sich in der Mitte des Kopfes und Rückens hinzieht, sowie ein dunkler Zügel- und Augenstreif.

Maße: Länge 195 mm, Flügel 113 mm, Schwanz 58 mm, Schnabel 24 mm, Füße 26 mm.

Tafel 16

Zwergstrandläufer, Calidris minuta, (S. 178)
① *bis* ③ ♂ *bzw.* ♀ *im Brutkleid;*
④ *und* ⑤ ♂ *bzw.* ♀ *im Ruhekleid;*
⑥ *und* ⑦ *Dunenjunge;*
Temminck-Strandläufer, C. temminckii, (S. 183)
⑧ *und* ⑨ ♂ *bzw.* ♀ *im Brutkleid;*
⑩ *und* ⑪ ♂ *bzw.* ♀ *im Ruhekleid;*
⑫ *bis* ⑭ *Dunenjunge;*
Sanderling, Calidris alba, (S. 206)
⑮ *und* ⑯ ♂ *bzw.* ♀ *im Brutkleid;*
⑰ *und* ⑱ ♂ *bzw.* ♀ *im Ruhekleid;*
⑲ *Dunenjunges;* ⑳ *Eier;*
Sumpfläufer, Limicola falcinellus, (S. 209)
㉑ *und* ㉒ ♂ *bzw.* ♀ *im Brutkleid;*
㉓ ♂ *bzw.* ♀ *im Ruhekleid;*
㉔ *Dunenjunges;* ㉕ *Eier*

Feldkennzeichen Auf die Unterschiede zwischen Flußuferläufer und Bruchwasserläufer bzw. Waldwasserläufer hatte ich bereits hingewiesen. Beim Flug, der unter eigentümlich zuckenden Flügelbewegungen dicht über die Wasserfläche hinführt, fallen die weißen Flügelbinden und der weißumrandete Schwanz auf (s. S. 149). Aus der Nähe erkennt man noch den weißen Überaugenstreif und die schwarzbraune Fleckung des Rückens.

Beim Abfliegen hört man oft das charakteristische „hididi hididi", der Balzruf klingt trillernd „tidihidi titihidi". Von den um ihre Jungen besorgten Altvögel hörte ich „hi di di" und langgezogene „dieh"-Rufe. Oft klang das Warnen auch wie „hiit hiit hiit", dem einige „hititi hititi..." folgten. In höchster Erregung riefen die Flußuferläufer auch dreimal schnell hintereinander jeweils viersilbig „titititi, titititi..."; oft saßen sie dabei auf erhöhten Stellen, angeschwemmten Baumstämmen oder auch auf Pfählen am Ufer. Schließlich notierte ich noch von einem Flußuferläufer, der an der Ulicka entlanglief, aufgeregte und schnell sich folgende „wi wi wit, wi wi wit..."-Laute, die gleiche Strophe hatte ich schon früher beim Balzflug gehört.

Verbreitung Der Flußuferläufer brütet in fast ganz Europa mit Ausnahme von Island, des nördlichen Teils der Kola-Halbinsel und einigen Gebieten in England sowie des Südteils der Pyrenäen-Halbinsel. Das Brüten des Flußuferläufers in Griechenland hatte ich schon seit langem vermutet; am 3. Juni 1971 konnte erstmals ein sicherer Brutnachweis erbracht werden: BAUER und seine Begleiter beobachteten am Oberlauf des Acheloos in etwa 800 m Höhe ein Paar mit zwei etwa fünf bis acht Tage alten Jungvögeln. Im Anschluß an das europäische Brutgebiet findet man den Flußuferläufer im größten Teil des nördlichen und mittleren Asiens; die Nordgrenze bildet etwa der Nordrand der Baumtundra, im Osten reicht das Brutgebiet bis zum Anadyr, Kamtschatka, Kurilen und in Japan von Hokkaido bis zum mittleren Hondo. Die Südgrenze verläuft von der nördlichen Türkei über Iran, Afghanistan bis nach Pakistan und von da durch das nordöstliche China bis zum Ussuri-Gebiet. Ein isoliertes Brutgebiet befindet sich im Osten Afrikas; hier wurde der Flußuferläufer in Kenia und Uganda als Brutvogel nachgewiesen.

Biotop Zur Brutzeit begegnen wir dem Flußuferläufer an flachen, gebüschbestandenen Ufern von Strömen, Flüssen und Bächen mit sandigen, kiesigen oder schlammigen Ufern von der Ebene bis ins Gebirge sowie an Altwässern. Auch an flachen gebüschbestandenen Ufern von Seen und Teichen mit Schlamm- und Sandbänken brütet der Flußuferläufer. Nach unseren Beobachtungen ist die Brutdichte in günstigen Biotopen ziemlich groß. So kamen in der östlichen Slowakei auf je 200 m Uferstrecke der Ulicka ein Brutpaar. In den Jahren 1971 bis 1974 brüteten auf einer 7,5 km langen Strecke am unteren Hinterrhein nach MÜLLER jährlich 15 bis 20 Paare, auf einer etwa 50 km langen Strecke hingegen im Jahre 1974 nur etwa 15 Paare. Auf dem Zug und in den Überwinterungsgebieten hält sich der Flußuferläufer vorzugsweise an Binnengewässern aller Art und nur selten an den Küsten auf.

Brutbiologie Die Brutzeit ist je nach der Lage des Brutgebietes verschieden; in Mitteleuropa findet man ausnahmsweise schon Ende April Gelege, gelegentlich Anfang Mai, gewöhnlich jedoch von Mitte Mai an bis Juni. In Schweden gelegentlich schon Mitte Mai, meist aber erst Ende Mai bis Juni und auch noch im Juli. Das Nest steht gut versteckt zwischen der Ufervegetation oder zwischen angeschwemmten Ästen und Zweigen, bisweilen auch in einiger Entfernung vom Wasser zwischen Grasbüscheln oder Stauden; in Finnland fand ich ein Nest gut versteckt zwischen Preiselbeerstauden. Die rundliche und ziemlich tiefe Nestmulde ist mit trockenen Halmen und Blättchen ausgelegt.

Die vier kreiselförmigen Eier sind auf rahmfarbenem bis rötlichgelbem Grund schwarz- bis hellbraun gefleckt; die vorwiegend kleineren Flekken verteilen sich über die gesamte Oberfläche und

Brutgebiet des Flußuferläufers

häufen sich am stumpfen Pol. Die hellgrauen bis braunvioletten Unterflecke treten mehr oder weniger stark in Erscheinung.

216 in Schweden gesammelte Eier messen nach ROSENIUS durchschnittlich 36,28 × 26,17 mm; Maxima: 40,1 × 25,8 und 35,0 × 28,3 mm, Minima: 32,9 × 23,8 mm. Die Frischvollmasse beträgt etwa 12 bis 13 g, die durchschnittliche Schalenmasse 0,57 g. Die Eier werden im Abstand von 24 bis 48 Stunden gelegt; die Bebrütung setzt nach Ablage des letzten Eies ein. Die Angaben über die Brutbeteiligung von Männchen und Weibchen gehen auseinander; STEIN fand – jedenfalls tagsüber – immer nur das Männchen auf dem Gelege. Andere Beobachter geben jedoch an, daß sich Männchen und Weibchen regelmäßig ablösen; das bestätigen auch unsere eigenen Beobachtungen in der Slowakei. Die Brutdauer schwankt zwischen 20 und 22 Tagen. Der Flußuferläufer brütet nur einmal im Jahr, legt aber sehr bald nach, falls das erste Gelege verlorengeht. Meist sind die Nester so hoch über dem Wasserspiegel angelegt, daß sie nicht gefährdet sind; trotzdem werden sicherlich manche Bruten durch Frühjahrshochwasser zerstört.

Die Jungen bleiben nach dem Schlüpfen noch einige Stunden im Nest und werden anschließend von beiden Eltern geführt. Schon an ihrem ersten Lebenstag zeigen die Flußuferläufer das für ihre Art so bezeichnende Körperwippen, ihre Stimmen klingen wie die der Altvögel, nur entsprechend schwächer. STEIN nimmt auf Grund seiner Beobachtungen an, daß der Anteil des Weibchens an der Führung der Jungen recht gering ist und sehr bald gänzlich aufhört, so daß also dem Männchen der Hauptanteil zufällt. Im Alter von etwa fünf Wochen sind die Jungen der Flußuferläufer flugfähig und werden selbständig.

Wanderungen Dem riesigen Verbreitungsgebiet des Flußuferläufers zur Brutzeit entspricht ein ebenso großes Überwinterungsgebiet, das vom südlichen Europa bis zum Süden Afrikas und Madagaskar reicht; ferner überwintert der Flußuferläufer im Nahen Osten, in Süd- und Südostasien, auf den Inselgruppen im Indischen Ozean, auf Neuguinea und sogar in Australien.

In Mitteleuropa ist der Flußuferläufer im April und Mai und von Juli bis Oktober ein häufiger Durchzügler; nur ausnahmsweise wurde er einmal überwinternd angetroffen.

Nahrung Diese besteht aus Insekten aller Art und deren Larven, besonders aus Fliegen, ferner aus kleinen Fröschen und Kaulquappen, kleinen Crustaceen und Würmern.

Tringa macularia (Linné)

Drosseluferläufer (Tafel 13)

Wenn man den tiergeographischen Atlas „Die Vogelwelt Europas und ihre Verbreitung" von VOOUS aufschlägt, ist man beim Betrachten der Verbreitungskarte des Flußuferläufers überrascht, auch fast ganz Nordamerika als Brutgebiet von Tringa hypoleucos eingetragen zu finden. Zur Begründung lasse ich den Begleittext zu dieser Karte im Auszug folgen:

„Bis vor kurzem galt der Amerikanische Uferläufer (Actitis macularia) im allgemeinen als selbständige Art, weil er im Sommerkleid schwarze Flecken auf den Federn an Brust und Bauch hat. Obwohl es keinen sicheren Beweis dafür gibt, daß die paläarktischen und nearktischen Uferläufer wirklich geographische Vertreter einer Art sind, spricht doch die auffallende Ähnlichkeit im allgemeinen Verhalten, in der Stimme und im Winterkleid klar für diese Auffassung."

Mag auch im Verhalten dieser beiden früher in einer besonderen Gattung – Actitis Illiger – vereinigten Wasserläufer manches ähnlich sein, und mögen sich auch die Ruhe- und Jugendkleider beider Wasserläufer weitgehend gleichen, so daß sie feldornithologisch nicht unterschieden werden können, so ist doch der Unterschied in den Brutkleidern zwischen hypoleucos und macularia so auffallend, daß die meisten Ornithologen beide Wasserläufer als besondere Arten auffassen. Hinzu kommt, daß auch die Eier des Drosseluferläufers deutlich von denen des Flußuferläufers verschieden sind, ein Umstand, der bis jetzt allerdings kaum oder überhaupt nicht beachtet wurde.

Beschreibung Der Drosseluferläufer sieht dem Flußuferläufer ähnlich; im Brutkleid unterscheiden sich Männchen und Weibchen vom Flußuferläufer nur durch die rundlichen schwarzen Flecke auf der Unterseite. Altvögel im Ruhekleid und Jungvögel sind im Freien nicht von Flußuferläufern in entsprechenden Kleidern zu unterscheiden.

Maße: Länge 190 mm, Flügel 100 mm, Schwanz 49 mm, Schnabel 23 mm, Füße 24 mm.

Feldkennzeichen In seinem Verhalten gleicht der Drosseluferläufer weitgehend dem Flußuferläufer. Altvögel sind im Brutkleid an den rundlichen schwarzen Flecken auf der weißen Unterseite zu erkennen; Ruhe- und Jugendkleider sehen wie beim Flußuferläufer aus. Die Füße sind viel heller als beim Flußuferläufer. Meist hört man ein scharfes „pit-wit", oder auch „wit"-Rufe.

Waldwasserläufer, T. ochropus

Flußuferläufer, Tringa hypoleucos

Bruchwasserläufer, T. glareola

Drosseluferläufer, T. macularia

Verbreitung Den Drosseluferläufer treffen wir in fast ganz Nordamerika an; er fehlt lediglich im Norden von Alaska und Kanada, im Süden reicht sein Brutgebiet bis zum 30.° n. Br.

Im Juni 1975 hat ein Paar Drosseluferläufer in Schottland gebrütet; das Nest mit dem aus vier Eiern bestehenden Gelege wurde am 27. Juni gefunden. Am 3. Juli wurde noch ein Altvogel am Nest gesehen, allerdings war nach zwei Regentagen die das Nest umgebende Vegetation beträchtlich verändert, außerdem weideten Kühe in unmittelbarer Nähe des Nestes. Das mag der Grund dafür gewesen sein, daß das Gelege verlassen wurde. Am 7. Juli wurde kein Uferläufer mehr gesehen, das Gelege war aufgegeben worden.

Biotop Der Drosseluferläufer hält sich zur Brutzeit in offenem Gelände auf, seien es Prärien, trokkene Felder, Weiden, schlammige Ufer von Binnengewässern, Sumpflöchern oder Seen. Hier brütet er einzeln oder in lockeren Brutsiedlungen; man hat 244 Nester auf einer Fläche von 40,5 Hektar gefunden! In den Durchzugs- und Überwinterungsgebieten wird der Drosseluferläufer sowohl an der Küste wie an Binnengewässern angetroffen.

Brutbiologie Die Brutzeit ist je nach Lage des Brutgebietes verschieden und erstreckt sich von Mitte Mai bis Mitte Juli. Das Nest wird vom Männchen und Weibchen gebaut und befindet sich meist in Wassernähe und an ähnlichen Plätzen wie das des Flußuferläufers; die flache Nestmulde ist spärlich mit trockenen Halmen, Moos und anderem Pflanzenmaterial ausgelegt.

Die vier, meist kreiselförmigen und glanzlosen Eier, die meist im Abstand von 24 Stunden gelegt werden, unterscheiden sich deutlich von denen des Flußuferläufers, sie sind durchschnittlich kleiner und leichter. Auf isabell- bis gelblich sandfarbenem bzw. ockergelbem Grund sind die Eier mäßig stark und grob gefleckt. Neben größeren unregelmäßigen Flecken, die sich wie gewöhnlich am stumpfen Pol häufen, finden sich rundliche und vielfach hellere Fleckchen sowie Schnörkel auf der gesamten Oberfläche. Die spärlichen, teilweise großen Unterflecke sind grau bis bräunlichviolett; bisweilen fehlen sie völlig.

BENT gibt für 88 Eier folgende Maße an: 32,0 × 23,0 mm, Maxima: 34,0 × 25,0 mm; Minima: 29,0 × 23,0 und 33,0 × 20,0 mm. 24 Eier meiner Sammlung messen und wiegen im Durchschnitt 32,75 × 23,81 mm, 0,456 g; Maxima: 34,7 × 24,5 mm, 0,56 g; Minima: 31,5 × 23,7 und 31,6 × 23,1 mm, 0,43 g. Die Frischvollmasse beträgt nach SCHÖNWETTER nur 9 g, die durchschnittliche Schalenmasse 0,50 g.

Das Gelege wird vorwiegend oder auch ausschließlich vom Männchen bebrütet. Amerikanische Ornithologen haben beobachtet, daß manche Weibchen des Drosseluferläufers in Polyandrie leben. Ein Beobachter stellte fest, daß fünf Weibchen mit dem Bau von 12 Nestern begannen: Von diesen Weibchen waren zwei monogam, zwei hatten je zwei Männchen und eins sogar vier Männchen! In einem anderen Falle wurden 12 Weibchen mit 19 Gelegen und 14 Männchen beobachtet. Die verschiedenen Verhaltensweisen der Weibchen scheinen nach HARRISON dafür zu sprechen, daß sich bei dieser Art Polyandrie in einem Entwicklungsprozess zu befinden scheint. Manche Weibchen haben dann also häufig mehr als ein Gelege, und zwar mit verschiedenen Männchen. Das Weibchen beteiligt sich an der gemeinsamen Bebrütung mit einem Männchen nur bei dem letzten Gelege. In diesen Fällen wird das zuerst gelegte Gelege vom Männchen allein bebrütet, das zweite Gelege vom Weibchen und, falls dreimal je vier Eier abgelegt worden sind, dann muß sich noch ein anderes Männchen um die Bebrütung dieses Geleges kümmern. Diese kurz hintereinander folgenden Bruten dienen der Arterhaltung; in diesen hohen Breiten ist der Frühling kurz, so daß für eine normale zweite Brut die Zeit zu knapp wäre. Die Jungen schlüpfen nach einer Brutdauer von 20 bis 24, gewöhnlich 21 Tagen.

Wanderungen Der Drosseluferläufer überwintert vom südlichen Nordamerika an südwärts bis zum nördlichen Chile, Bolivien und südlichen Brasilien, gelegentlich sogar in Argentinien. Nicht selten kommt es vor, daß einzelne Uferläufer während des nördlichen Sommers in ihren Überwinterungsgebieten bleiben. Der Zug verläuft im Frühjahr wie im Herbst sowohl an den Küsten entlang wie auch durchs Binnenland; auf den Bermudas und Westindischen Inseln wird der Drosseluferläufer regelmäßig auf dem Zug angetroffen. Als Irrgast wurde der Drosseluferläufer in Grönland und wiederholt auf den Britischen Inseln, in den Niederlanden, in Belgien, in der Schweiz und sogar in der Türkei nachgewiesen. 1979 wurde der Drosseluferläufer erstmals von WESTON in Spanien festgestellt; vom 20. bis zum 23. August hielt sich ein Exemplar im Brutkleid im Ebro-Delta auf. Auch für Mitteleuropa liegen einige Nachweise vor, die allerdings alle aus dem 19. Jahrhundert stammen und die in der heutigen BRD liegen. In der DDR wurde der Drosseluferläufer nur einmal festgestellt, und zwar im Oktober/November 1966 auf der Insel Rügen (MAUERSBERGER).

Brutgebiet des Drosseluferläufers

Nahrung Der Drosseluferläufer ernährt sich vornehmlich von Insekten aller Art und deren Larven, Würmern, kleinen Schnecken und auch Fischbrut.

Gattung Bartramia Lesson

Bartramia longicauda (Bechstein)
Prärieläufer (Tafel 19)

Der Prärieläufer ist ein Vogel vom Aussehen eines Wasserläufers und dem Verhalten eines Regenpfeifers (TUCKER). Obgleich diese Art von amerikanischen und englischen Ornithologen vielfach noch „Upland Plover" genannt wird, ist dieser „interesting bird", wie GODFREY schreibt, „not a plover in all", das heißt nicht in jeder Hinsicht ein „Plover", also Regenpfeifer, sondern „er ist ein richtiger „Sandpiper", also Strandläufer, der sich von seinen Verwandten nur durch seine Vorliebe für das Hochland gegenüber Küsten und sumpfigen Ebenen unterscheidet. Es wäre genauer, wenn man ihn „Upland Sandpiper" (Hochland-Strandläufer) nennen würde."
Im Deutschen hieß Bartramia longicauda früher Bartrams Uferläufer; in der Artenliste „Die Vögel Deutschlands" von NIETHAMMER/KRAMER/WOLTERS tauchte erstmals der Name „Prärieläufer" auf, der für diese Art nicht besser gewählt werden konnte.

Beschreibung Bei Männchen und Weibchen ist im Brutkleid die Oberseite dunkelbraun mit schwarzer Zeichnung und hellen Federsäumen. Kopf und Hals sind rostbräunlich, dunkelbraun gestreift, Kinn und Kehle sind weiß, die Unterseite ist rahmweiß, an Brust und Seiten mit winkelförmigen dunkelbraunen Flecken. Bürzel und Oberschwanzdecken sind schwarzbraun, die Steuerfedern gelblichbraun mit dunkelbrauner Bänderung. Die Handschwingen sind braunschwarz, die Armschwingen weiß. Unterflügeldecken und Achselfedern sind reinweiß mit schwarzer Bänderung. Der knapp kopflange Schnabel ist schwarz mit gelber Spitze, die Füße bräunlichgelb.

Das Ruhekleid gleicht dem Brutkleid; das Jugendkleid ist oberseits einförmiger schwarzbraun, die Federn sind breiter hellbräunlich gesäumt.

Maße: Länge 265 mm, Flügel 172 mm, Schwanz 87 mm, Schnabel 29 mm, Füße 48 mm.

Feldkennzeichen Der Prärieläufer ist ein wasserläuferartiger Vogel von der Größe eines Kampfläufer-Männchens. Der Gesamteindruck ist bräunlich mit dunkler Zeichnung. Flügelbinden oder andere auffällige Merkmale fehlen, bemerkenswert ist lediglich der für einen Wasserläufer verhältnismäßig lange Schwanz. Oft nimmt der Prärieläufer auf einer erhöhten Stelle Platz und hebt die Flügel, wobei die schwarzweiße Bänderung der Flügelunterseiten und Brustseiten sichtbar wird.

Der charakteristische Ruf am Brutplatz ist ein lieblicher, weicher, rollender oder trillernder Ruf; der Alarmruf ist ein schnelles „quip-ip-ip-ip".

Verbreitung Der Prärieläufer brütet im südlichen Alaska und anschließend im südlichen Yukon. Vom nordöstlichen Britisch-Columbia reicht das Brutgebiet dann durch Alberta, Saskatchewan bis zum südlichen Manitoba und Ontario. Anschließend brütet der Prärieläufer in großen Teilen der Vereinigten Staaten, ist aber hier überall stark in seinem Bestand zurückgegangen; hier reicht das Brutgebiet von Oregon ostwärts durch Colorado, das nördliche Texas und Oklahoma bis Virginia und Maryland.

Biotop Wie schon eingangs erwähnt, ist der Prärieläufer kein „Wasser"-Läufer, sondern hält sich zur Brutzeit in offenem trockenem Gelände wie auf Wiesen, Weiden und Prärien auf. Nur im Norden seines Brutgebiets kommt er auch auf sandigen Flächen und in der Nähe von Mooren oberhalb der Baumgrenze vor, bevorzugt aber auch hier offenes Gelände.

Brutgebiet des Prärieläufers

Brutbiologie Der Prärieläufer brütet in den südlichen Teilen seines Brutgebietes von Ende April an und im Mai, in Kanada und Alaska entsprechend später von Mai bis Ende Juni. Das Nest ist eine flache, mit einigen trockenen Halmen ausgelegte Mulde am Boden, meist durch darüberhängende Grashalme oder andere niedrige Vegetation gegen Sicht geschützt.

Die vier kurzovalen, glanzlosen bis matt glänzenden Eier sind auf rötlichgelbem oder steingrauem Grund schwach braun bis dunkelbraun gefleckt, bisweilen sind auch kleine Flecken über die gesamte Fläche verstreut. Nach dem stumpfen Pol hin nehmen die Flecke an Größe und Häufigkeit zu. Größere und kleinere aschgraue Unterflecke sind über die gesamte Fläche verteilt. Nach BENT messen 66 Eier durchschnittlich 45,0 × 32,5 mm; Maxima: 51,0 × 33,0 und 48,0 × 35,0 mm, Minima: 41,5 × 32,5 und 48,0 × 29,5 mm. Die Frischvollmasse beträgt etwa 25 g. Acht Eier meiner Sammlung, die am 15. und 20. Mai in Illinois gefunden wurden, messen und wiegen im Durchschnitt 45,61 × 33,52 mm, 1,71 g. Das Gelege wird von Männchen und Weibchen 21 Tage lang bebrütet. An der Führung der Jungen, die im Alter von 30 Tagen voll befiedert sind, beteiligen sich beide Eltern.

Wanderungen Der Prärieläufer zieht auf dem Landweg durch Kanada und die Vereinigten Staaten und Mittelamerika bis nach Südamerika und überwintert hier in den Pampas Argentiniens. Auch auf den Süd-Shetland- und Falkland-Inseln wurde er angetroffen. Als Irrgast wurde die Art auf den Bermudas, in Grönland und wiederholt auch in Europa festgestellt, so zum Beispiel auf den Britischen Inseln und Irland (bis 1971 lagen 23 Nachweise vor), in den Niederlanden, Frankreich (Erstnachweis; am 18. September 1965 wurde ein Vogel im Jugendkleid bei La Rochelle gefangen), Dänemark und Schweden (Erstnachweis; am 3. September 1973 wurde ein Prärieläufer bei Falsterbo beobachtet). Für die BRD liegt nur ein Nachweis aus Hessen zu Anfang des vorigen Jahrhunderts vor. Ferner wurde der Prärieläufer für Italien und Malta als Irrgast nachgewiesen.

Nahrung Der Prärieläufer ernährt sich vor allem von Insekten aller Art, besonders von Geradflüglern (Orthopteren), außerdem werden Spinnen, Tausendfüßler, Würmer und kleine Schnecken aufgenommen.

Gattung Calidris Merrem

Diese Gattung ist unter den Limikolen die artenreichste; ihr gehören 18 Arten an, von denen für unser Gebiet allerdings nur 16 in Frage kommen. Von diesen brüten nur fünf Arten im nördlichen Europa, die übrigen sind Irrgäste bzw. Durchzügler und Wintergäste. Gleichzeitig sind die Strandläufer die Limikolen, die auch dem fortgeschrittenen Feldornithologen die größten Schwierigkeiten bei ihrer Bestimmung bereiten, da viele Arten feldornithologisch schwer, einige fast gar nicht zu unterscheiden sind und bei der Mehrzahl der Arten auffallende Kennzeichen, die ihre Bestimmung erleichtern würden, fehlen. Die größte Art ist mit einer Körperlänge von 255 mm der Küstenstrandläufer (Calidris canutus), die kleinste mit einer Körperlänge von nur 135 mm der Amerikanische Zwergstrandläufer (Calidris minutilla). Die Länge der dünnen, geraden oder auch leicht abwärts gebogenen Schnäbel ist verschieden; im allgemeinen ist der Schnabel bei den einzelnen Arten länger als der Lauf. Die Weibchen sind durchschnittlich etwas größer als die Männchen und haben längere Flügel und Schnäbel; das Ruhekleid ist vom Brutkleid mehr oder weniger verschieden.

Abweichend von der bisherigen Gepflogenheit, jeder Art eine Einleitung voranzuschicken, soll hier ein Bestimmungsschlüssel in Form einer Übersichtstabelle für alle für Europa in Frage kommenden Calidris-Arten folgen, die außer den Brutvögeln auch die Irrgäste aus Nordamerika und dem nördlichen Asien umfaßt, da wir mit deren Vorkommen jederzeit rechnen können. Meist begegnen wir den Irrgästen im Herbst, bisweilen auch im Frühjahr, entweder treffen wir sie allein oder auch in Gesellschaft mit anderen Strandläufern an. Diese Bestimmungstabelle ist für die Beobachtung im freien Felde vorgesehen. Um nun bei der Bestimmung, namentlich der kleineren Strandläufer, ganz sicher zu gehen, muß man versuchen, bei guten Beleuchtungsverhältnissen möglichst nahe an sie heranzukommen. Letzte Zweifel an der Artzugehörigkeit können allenfalls dadurch behoben werden, daß man versucht, den einen oder anderen Strandläufer zu fangen, um ihn dann zu bestimmen. Zusätzlich kann man den gefangenen Strandläufer noch photographieren oder seine wichtigsten Merkmale unter Angabe der Maße skizzieren. Auf diese Weise hat man einwandfreie Belege in der Hand, und es ist nicht nötig, den Vogel abzuschießen, wie das früher allgemein üblich war.

Feldkennzeichen der Strandläufer

Art	Größe	Brutkleid	Ruhekleid
C. canutus	Größter Strandläufer, 255 mm	Oberseite rostbraun, schwarz gefleckt, Unterseite rostrot	Oberseite aschgrau, hell gesäumt Unterseite weißlich
C. pusilla	Kleiner als C. alpina, 145 mm	Oberseite graubraun, schwarz gefleckt, Unterseite: Kehle und Brustseiten gefleckt, sonst weiß	Oberseite bräunlichgrau, dunkel gestrichelt, Unterseite weiß
C. mauri	Kleiner als C. alpina, 165 mm	Scheitel und Rücken roströtlich, Brust und Flanken V-förmig gefleckt, Unterseite weiß	Oberseite grau, Unterseite Brustseiten schwach gefleckt, sonst weiß
C. minuta	Kleiner als C. alpina, 145 mm	Oberseite überwiegend rostrot, Unterseite weiß	Oberseite graubraun, Unterseite weiß
C. ruficollis	Kleiner als C. alpina, 155 mm	Oberseite schwärzlich, rostrot gesäumt, Kehle, Hals- u. Kopfseiten rostrot, Unterseite weiß	Oberseite heller grau als bei minuta, Unterseite weiß
C. temminckii	Kleiner als C. alpina, 140 mm	Oberseite aschbraun, Kehle und Brust rötlich rahmfarben, Unterseite weiß	Oberseite bräunlich aschgrau, Brust grau, Unterseite weiß
C. minutilla	Kleinster Strandläufer, 135 mm	Oberseite schwarz mit rostbraunen Säumen, Brust röstlichbraun, Unterseite weiß	Oberseite graubraun, Brust aschgrau, dunkelbraun gestrichelt Unterseite weiß
C. subminuta	Kleiner als C. alpina, 150 mm	Ähnlich C. minuta und minutilla, Oberseite dunkel, ockerfarben, nicht rötlich – wie bei C. minuta – gesäumt. Brust rostbräunlich, Unterseite weiß.	Oberseite dunkler als im Brutkleid, schwarze Federmitten ausgedehnter; Unterseite weiß

Besondere Kennzeichen	Bürzel	Schwanz	Schnabel	Füße
Gedrungen, kurzbeinig, weiße Flügelbinde	Weiß, dunkelbraun gebändert	Aschbraun	Relativ kurz gerade, schwarz	Olivgrün
Sehr klein, schmaler weißer Flügelstreif, Schwingen dunkler als Flügeldecken	Dunkelbraun	Aschbraun	Kurz, gerade, breiter als bei anderen Calidris-Arten, schwarz	Schwärzlich, alle Zehen durch Spannhäute verbunden
Im Ruhekleid von pusilla allenfalls durch Schnabel unterschieden, bisweilen einige rostrote Federn auf dem Rücken, aber nie bei pusilla	Graubraun	Graubraun	Länger als bei pusilla, oft leicht abwärts gebogen	Schwärzlich, Zehen durch Spannhäute verbunden
Sehr klein, weiße Flügelbinde angedeutet, im Jugendkleid blasse Streifen auf dem Rücken	Braunschwarz	Aschgrau, in der Mitte dunkler	Kurz, gerade, schwarz	Schwärzlich, gelegentlich dunkelgrün
Sehr klein, im Brutkleid rostrote Kehle, im Ruhekleid kaum von minuta und mauri zu unterscheiden	Weiß	Aschgrau	Kurz, gerade, schwarz	Schwarz
Grauer als minuta, schmale weiße Flügelbinde. Rücken ohne blasse Streifen	Schwarzbraun	Schwarzbraun, an den Seiten weiß	Kurz, gerade, schwärzlich	Hell olivbräunlich
Sehr klein, schmale weiße Flügelbinde, Schnabel dünner als bei anderen Calidris-Arten mit Ausnahmevon temminckii	Schwarz	Graubraun, Mitte dunkler	Kurz, dünn, gerade und schwarz	Grünlichgelb
Oberseits schmale okkerfarbene, nicht breite rötliche Federsäume wie bei C. minuta. Auffallend lange Zehen	Schwarzbraun	Aschgrau, in der Mitte dunkler	Kurz, gerade schwarz	Grünlichgelb bis gelblichbraun

Feldkennzeichen der Strandläufer

Art	Größe	Brutkleid	Ruhekleid
C. fusciollis	So groß wie C. alpina, 170 mm	Oberseite schwarzbraun, rostrot und bräunlich gesäumt, Unterseite weiß, dunkel gefleckt	Oberseite aschbraun, mit dunklen Federmitten, Unterseite weiß, dunkel gefleckt
C. bairdii	So groß wie C. alpina, 180 mm	Oberseite schwarzbraun, rötlichrahmfarben gesäumt, Kopf und Brust längsgefleckt, Bauch weiß	Oberseite schwarzbraun, Unterseite blasser als im Brutkleid, Bauch weiß
C. melanotos	So groß wie C. alpina, 190 mm	Oberseite schwärzlich rotbraun gestreift, die gefleckte Brust scharf gegen die übrige weiße Unterseite abgesetzt	Ähnlich wie Brutkleid
C. acuminata	So groß wie C. alpina, 190 mm	Oberseite schwarzbraun, rostrot gesäumt, Brust schwächer gefleckt als bei melanotos u. nicht scharf gegen weißen Bauch abgesetzt	Oberseite rauchgrau, Unterseite fast weiß, Brustseiten u. Flanken fein gezeichnet
C. maritima	Etwas größer als C. alpina, 210 mm	Dunkel graubraun, purpurglänzend, Unterseite hellgrau, Brust und Flanken gefleckt	Oberseite schwarzgrau, Unterseite dunkelgrau, Bauch weißlich
C. alpina	C. a. alpina 190 mm, C. a. schinzii 170 mm	Oberseite schwarzbraun, rostfarben gesäumt, Unterseite gefleckt, Bauch mit schwarzem Fleck	Oberseite schwarzgrau, Brust grau, Bauch weiß
C. ferruginea	So groß wie C. alpina, 190 mm	Oberseite schwarz, breit rostrot gesäumt, Unterseite intensiv rostrot	Oberseite graubraun, hell gesäumt Unterseite heller als bei C. alpina
C. alba	Etwas größer als C. alpina, 200 mm	Oberseite rostbraun, Unterseite ebenso und schwarzbraun gefleckt, Bauch weiß	Oberseite blaßgrau, dunkel gefleckt, Unterseite weiß

Besondere Kennzeichen	Bürzel	Schwanz	Schnabel	Füße
Der einzige kleine Standläufer mit weißen Oberschwanzdecken, Flügelspitzen überragen Schwanzspitzen	Dunkelbraun	Graubraun	Etwa kopflang, gerade schwarz	Bräunlichgrau
Oberseite schuppig, Brust rötlichgelb, schwarze Füße	Aschbraun	Aschbraun	Kurz, gerade, schwarz	Schwärzlich
Rücken schnepfenartig gestreift, scharfe Trennung zwischen Brust und Bauch	Schwärzlichbraun	Graubraun, Mitte fast schwarz	Gerade oder sanft gekrümmt	Gelb- oder grünlichbraun
Sehr ähnlich C. melanotos, schwach gefleckte Brust nicht scharf gegen weißen Bauch abgesetzt	Schwarzbraun	Aschbraun, weiß gesäumt	Relativ kurz, gerade, schwarz	Grünlichgrau
Gedrungen und kurzbeinig, besonders an felsigen Küsten	Weiß	Aschbraun, Mitte schwarzbraun	Kurz, leicht gekrümmt, braunschwarz	Grünlichgelb
Häufigster Strandläufer, Schnabel sanft abwärts gebogen, im Brutkleid Bauch schwarz	Schwarzbraun	Aschbraun, seitliche Oberschwanzdecken weiß	Über kopflang, leicht gekrümmt, schwarz	Dunkel olivfarben
Schnabel abwärts gekrümmt, hochbeiniger als C. alpina	Graubraun	Aschbraun, Oberschwanzdecken weiß	Meist länger als bei C. alpina, deutlich gekrümmt, schwarz	Olivbraun
Kurzer, gerader Schnabel, dunkler Flügelbug, sehr deutliche, weiße Flügelbinde, im Ruhekleid weißliches Aussehen	Aschgrau, beiderseits weiß eingefaßt	Aschbraun	Kurz, gerade, schwarz	Schwarz

Calidris canutus (Linné)
Küstenstrandläufer (Tafel 15)

Beschreibung Der Küstenstrandläufer – vielfach auch Knutt genannt – ist der größte Strandläufer; er wirkt gedrungen und unterscheidet sich von verwandten Arten durch seine Größe und dem kurzen, geraden Schnabel. Im Brutkleid ist das Männchen oberseits rostbraun mit schwarzer Fleckung, unterseits rostrot. Das Weibchen ist dem Männchen sehr ähnlich, doch ist die Unterseite mehr oder weniger stark mit weißen Federn durchsetzt. Im Ruhekleid gleichen sich beide Geschlechter; die aschgrauen Federn der Oberseite weisen dunkle Schaftstriche und helle Säume auf, die Unterseite ist weiß mit schwacher dunkler Fleckung.

Im Jugendkleid ist die Oberseite bräunlichgrau, oft mit rostbräunlichem Anflug; die Unterseite ist weißlich, nicht selten gleichfalls rostbräunlich getönt. Das Dunenjunge ist oberseits schwarzbraun und rötlichbraun gescheckt, die Unterseite ist weiß. Auffällig sind ein unregelmäßiger schwarzbrauner Strich, der sich von der Schnabelwurzel über die rahmweiße Stirn bis zum Scheitel zieht, sowie ein gleichfalls schwarzbrauner Augenstreif.

Maße: Länge 255 mm, Flügel 167 mm, Schwanz 62 mm, Schnabel 33 mm, Füße 31 mm.

Feldkennzeichen Die Feldkennzeichen für alle Strandläufer-Arten sind in der Übersichtstabelle zusammengestellt (S. 168).

Die Stimme des Küstenstrandläufers ist nicht oft zu hören, sie klingt rauh flötend wie „tuih“ oder auch wie „twiedewät“; außerdem kann man noch ein gedämpftes „djug“ oder „dschög“ vernehmen.

Verbreitung Calidris c. canutus (Linné) brütet im arktischen Nordamerika in der Gegend von Kap Barrow sowie auf einigen Inseln, und zwar von der Prince Patrick- und Melville-Insel ostwärts bis zur Devon-Insel sowie auf Ellesmere-Land, ferner im hocharktischen Grönland, an der Westküste südwärts bis zur Melville-Bucht und an der Ostküste südwärts bis zum Scoresby-Sund, auf Spitzbergen und auf der nördlichen Taimyr-Halbinsel, auf den Neusibirischen Inseln und auf der Wrangel-Insel. Im arktischen Kanada finden wir auf Victoria-Land, der nördlichen Melville-Halbinsel sowie auf der Southampton-Insel die Unterart Calidris canutus rufa (WILSON).

Biotop Auf der Taimyr-Halbinsel brütet der Küstenstrandläufer in der in einiger Entfernung von der Küste gelegenen hocharktischen trockenen Moos- und Flechtentundra. In Grönland bevorzugt Calidris canutus nach SALOMONSEN trockene und steinige Ebenen im Inneren, die stellenweise mit Silberwurz (Dryas octopetala) bewachsen sind; er bewohnt die Hochebenen bis zu 300 m Höhe über dem Meeresspiegel und wird nur selten unter 10 m Höhe angetroffen.

Brutbiologie Die Küstenstrandläufer treffen Anfang Juni möglicherweise bereits verpaart an ihren um diese Zeit noch weithin schneebedeckten Brutplätzen im nördlichen Sibirien ein. Auf der Ellesmere-Insel im arktischen Kanada kommen die Küstenstrandläufer nach den Beobachtungen NETTLESHIPS Ende Mai oder Anfang Juni an, und zwar scheinen die Männchen und Weibchen gleichzeitig einzutreffen. Die Größe der einzelnen Flüge schwankt zwischen sechs und sechzig Individuen. Wenige Tage nach ihrer Ankunft haben sich die einzelnen Paare über die Tundra verteilt. Alsbald beginnen die Männchen mit ihren Balzflügen, wobei sie steil aufwärts fliegen und nach kurzem Fluge mit ausgebreiteten Flügeln abwärts gleiten und „kugi kugi“ rufen (USPENSKI). Diese Balzflüge finden den ganzen Tag über statt, also auch in den in diesen Breiten zu dieser Jahreszeit hellen Nächten; diese Balzflüge werden bis Ende Juni/Anfang Juli fortgesetzt.

Im arktischen Sibirien beginnt die Brutzeit etwa vom 10. Juni an, auf den Neusibirischen Inseln vielleicht noch etwas später. Auf der Taimyr-Halbinsel wurden am 22. und 30. Juni, aber auch noch später, im Juli, Gelege gefunden. In Grönland beginnt Calidris canutus etwa um die gleiche Zeit mit der Eiablage.

Das Nest wird auf steinigem Grund und in einiger Entfernung vom Wasser angelegt, und zwar mit Vorliebe dort, wo der Boden stellenweise mit Dryas und anderen niederen Pflanzen bedeckt ist.

Auf der Ellesmere-Insel wurde die Mehrzahl der Nester „auf von Dryas-Polstern übersäten Hängen und in der Tundra gefunden, sowohl an trockenen wie an feuchten Standorten; einzelne fanden sich auch auf tonigen Flächen und Erhebungen in Dryas und Salix“ (NETTLESHIP).

Die flache Mulde ist mit Flechten ausgelegt. Der brütende Vogel sitzt sehr fest und verschwimmt infolge seines der Umgebung hervorragend angepaßten Gefieders fast völlig mit seiner Umgebung, so daß er nur sehr schwer zu entdecken ist. Das Gelege besteht aus vier, bisweilen aber auch aus nur drei oder zwei Eiern. Diese sind spitzoval bis kreiselförmig und auf graugrünem bis rötlichgelbem Grund unregelmäßig und grob gefleckt, außerdem finden sich zahlreiche kleinere gleichmäßig verteilte Flecken; die Farbe variiert nach JOURDAIN zwischen Braun, Olivbraun und Rauchgrau.

Nach NETTLESHIP sind die Eier auf blaßgrünem Grund mit dunkelbraunen Flecken und Spiralen bedeckt, die sich am stumpfen Pol häufen. Die Farbe der Flecken variiert beträchtlich; manche Eier sind stärker braun gefleckt als die anderen. 23 auf der Ellesmere-Insel gemessene Eier messen durchschnittlich 43,19 × 29,63 mm; Maxima 45,0 × 30,7 mm, Minima: 41,5 × 28,9 mm.

PLESKE gibt für zwanzig in Sibirien gesammelte Eier folgende Durchschnittsmaße an: 42,86 × 29,90 mm; Maxima 44,5 × 30,6 und 42,0 × 31,7 mm; Minima: 40,0 × 29,1 und 42,0 × 29,0 mm. Die Frischvollmasse beträgt etwa 19 g, die durchschnittliche Schalenmasse 0,82 g.

Die Eier von drei Vierergelegen meiner Sammlung, die auf der der nordostsibirischen Küste vorgelagerten Wrangel-Insel gefunden wurden, messen und wiegen im Durchschnitt 42,14 × 29,01 mm, 0,86 g. Die hier brütenden Küstenstrandläufer werden übrigens von manchen Autoren als besondere Unterart, Calidris canutus rogersi (MATHEWS), abgetrennt.

Die kreiselförmigen und glanzlosen Eier sind auf licht grau-grünlichem Grund mäßig stark braun in verschiedenen Tönungen, von dunkel- bis hellbraun, gefleckt. Die unregelmäßigen größeren Flecken häufen sich am stumpfen Pol und nehmen zum spitzen Pol zu hin an Größe und Häufigkeit ab. Die grau- bis bräunlichvioletten Unterflecke verschiedener Größe treten wenig hervor.

Über Einzelheiten in der Brutbiologie sind wir durch die Untersuchungen von NETTLESHIP auf der Ellesmere-Insel eingehend unterrichtet. Männchen und Weibchen brüten, ein Partner allerdings regelmäßiger als der andere. Nach BENT und BIRULA soll die Brutdauer 20 bis 25 Tage betragen; BIRD (bei SALOMONSEN) gibt 21 bis 22 Tage an. NETTLESHIP stellte fest, daß sich die Bebrütung des letzten Eies in einem Gelege bis 22 Tage erstreckt. In vier Nestern schlüpften die Jungen zwischen dem 12. und 20. Juli, wobei die Schlupfperiode des gesamten Geleges sich auf weniger als 24 Stunden belief. Nest- (43 Prozent) wie Eiverluste (47 Prozent) waren hoch. Diese Verluste wurden, wie NETTLESHIP an anderer Stelle schreibt, vor allem durch Falkenraubmöwen (Stercorarius longicaudus) und Polarfüchse (Alopex lagopus) herbeigeführt. Die Familien verließen das Brutgebiet bald nach dem Schlüpfen ihrer Jungen und fanden sich an flachen Tümpeln zusammen, an denen reichlich Nahrung für alle vorhanden war. Beide Elternteile kümmerten sich um die Jungen vor dem Flüggewerden; die Weibchen verschwanden dann aber offensichtlich, bevor der Nachwuchs fliegen konnte. Die Männchen zogen ab, sobald die Jungen flügge waren; der Herbstzug der Altvögel war Anfang August abgeschlossen. Die meisten der diesjährigen Jungvögel verließen das Gebiet vor Mitte August. Ende August oder Anfang September war der Herbstzug beendet. (NETTLESHIP).

Wanderungen Die nordamerikanischen und eurasischen Populationen der Nominatform des Küstenstrandläufers überwintern in oft riesigen,

Brutgebiet des Küstenstrandläufers

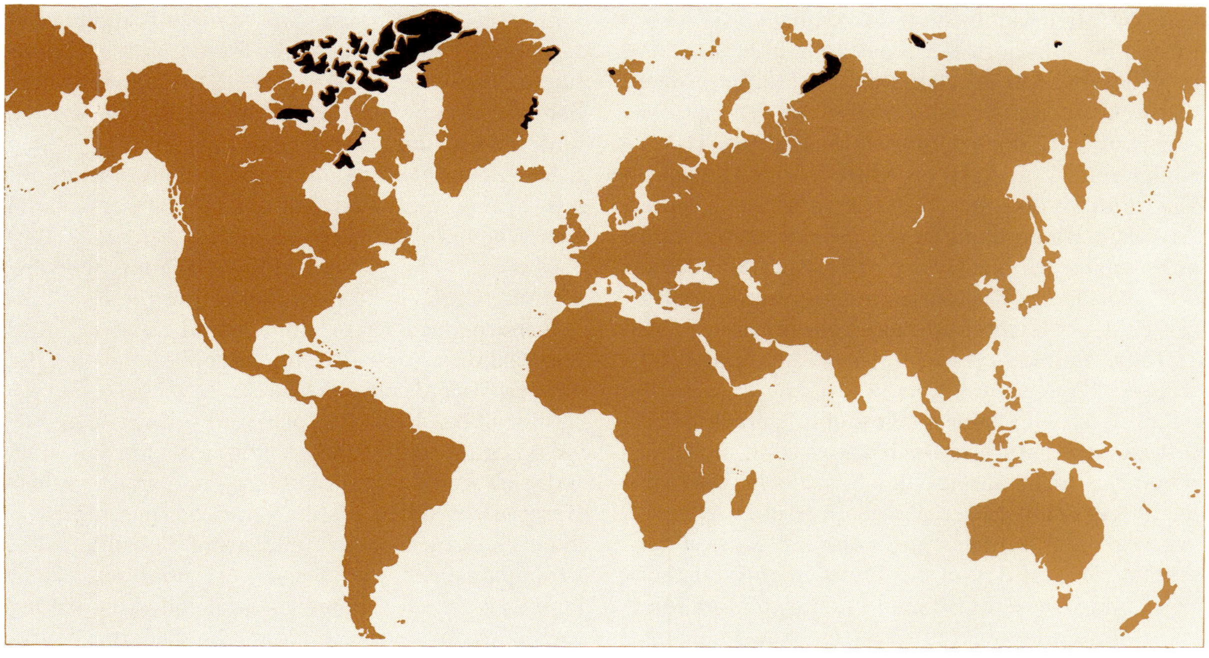

zu Tausenden zählenden Scharen an den Küsten der Britischen Inseln, der südlichen Nordsee und an der Atlantikküste vom nordwestlichen Frankreich südwärts an der westafrikanischen Küste entlang bis etwa zum Senegal. Für die bulgarische Schwarzmeerküste und Rumänien liegen Nachweise erst aus neuerer Zeit vor, und es scheint, als ob die Art hier bisher übersehen wurde. Am 2. Oktober 1966 wurde ein Küstenstrandläufer am Mures-Fluß bei Tirgu erlegt und damit erstmals für Rumänien nachgewiesen. Gelegentlich werden Küstenstrandläufer auch an den Küsten des südwestlichen Afrika beobachtet.

Verhältnismäßig selten und weit weniger häufig überwintert der Küstenstrandläufer an den Küsten Süd- und Südostasiens, der Philippinen und Australiens. An den Küsten Neuseelands hingegen überwintert Calidris canutus in großer Zahl; nach VEITCH (1977) ist dieser Strandläufer zusammen mit Limosa lapponica baueri die häufigste dort überwinternde Limikolenart; 95 Prozent der dort alljährlich überwinternden rund 160.000 Limikolen gehören diesen beiden Arten an. In geringerer Anzahl überwintern Küstenstrandläufer auch an der Westküste Südamerikas. Gelegentlich wurden Küstenstrandläufer auch auf Island, Jan Mayen, auf Sri Lanka, auf den Kapverdischen Inseln und den Azoren sowie auf Madeira angetroffen. Im Binnenland gehört der Küstenstrandläufer auf dem Zug überall zu den Ausnahmeerscheinungen.

An der Nordseeküste ziehen zahlreiche Küstenstrandläufer von Mitte April bis Mitte Juli und von Ende Juli bis Oktober durch, auf den Britischen Inseln von März bis Mai und von Ende Juli bis November. Hier wie auch an der südlichen Nordseeküste übersommern Küstenstrandläufer bisweilen in größerer Anzahl. An der mecklenburgischen Ostseeküste ist der Küstenstrandläufer ein zwar regelmäßiger, doch keineswegs häufiger Durchzügler von Mitte April bis Mitte Juli und dann von Ende Juli bis Oktober, bisweilen auch noch später. Aus dem Binnenland liegen für die letzten Jahre nur vereinzelte Nachweise vor: Am 10. Februar 1973 wurde ein Küstenstrandläufer an der mittleren Elbe beobachtet und ein weiterer am 12. Mai 1974 bei Erfurt; das war seit 1945 der erste Nachweis für Thüringen.

Die Überwinterungsgebiete der Unterart Calidris canutus rufa sind noch unbekannt, allerdings scheint es nicht ausgeschlossen zu sein, daß vielleicht ein Teil dieser Population ebenfalls den Weg zu den nordwesteuropäischen Küsten einschlägt. Darauf deutet ein Fund eines Weibchens von Calidris canutus rufa am 21. Juli 1971 im Medway-Mündungsgebiet in Kent (England) hin.

Nahrung An den Brutplätzen wurden in den Mägen von Küstenstrandläufern zunächst – bedingt durch die klimatischen Verhältnisse zu Beginn der Brutzeit – verhältnismäßig viele vegetabilische Reste (Blättchen, Samen, Würzelchen) gefunden, später außerdem Insekten und andere Wirbellose. „Pflanzliches Material war ein wichtiger Bestandteil der Nahrung der Altvögel während des Sommers; von der Ankunft bis Mitte Juni bildete es die eigentliche Nahrungsgrundlage. Ab Mitte Juni nahm zwar mit dem Erscheinen zweiflügliger Insekten (vor allem Chironomiden, Zuckmücken) der Prozentsatz animalischer Nahrung zu, doch stellte pflanzliches Material auch weiterhin einen beträchtlichen Anteil, gewöhnlich mehr als 50 Prozent. Die Nahrung der Jungvögel vor dem Ausfliegen bestand hauptsächlich aus Chironomiden" (NETTLESHIP). In den Durchzugs- und Überwinterungsgebieten hingegen überwiegt die animalische Ernährung, die dann aus Insekten, kleinen Mollusken, Crustaceen und Würmern besteht.

Calidris pusilla (Linné)
Sandstrandläufer (Tafel 17)

Beschreibung Der Sandstrandläufer ist einer der kleinsten Strandläufer. Männchen und Weibchen sind im Brutkleid oberseits graubraun mit ausgedehnten schwarzen Federmitten, einige Federn sind rotbraun gesäumt. Die Unterseite ist weiß mit Ausnahme von Kehle und Brustseiten, die dunkelbraun gefleckt sind. Im Ruhekleid ist die Oberseite bräunlichgrau mit dunklen Schaftstrichen, Kehle und Brust sind fast oder ganz ungefleckt; die Unterseite ist weiß. Die Füße sind sehr dunkel olivfarben, fast schwärzlich; die Zehen durch Spannhäute verbunden (s. Tafel 17). Der schwarze Schnabel ist kurz und gerade und breiter als bei den anderen kleinen Calidris-Arten.

Im Jugendkleid ist die Oberseite graubraun mit schwarzbraunen Federmitten, die Federn sind rostfarben und weißlich gesäumt.

Maße: Länge 145 mm, Flügel 97 mm, Schwanz 42 mm, Schnabel 19 mm, Füße 21 mm.

Calidris pusilla sehr ähnlich sind Calidris mauri und Calidris minutilla. Im folgenden sei auf die wesentlichen Unterschiede hingewiesen: Bei C. pusilla ist das Brutkleid oberseits grauer, C. mauri ist an Kopf und Rücken hell rötlichbraun. Die Brust ist weniger stark gefleckt, und weder an der Brust noch an den Flanken finden sich winkelförmige Flecken. Der Schnabel von C. pusilla ist gewöhnlich merklich kürzer als bei C. mauri und zeigt keine Tendenz zu einer leichten Abwärtsbiegung wie bei manchen Exemplaren von C. mauri.

Brutgebiet des Sandstrandläufers

Im Ruhekleid sehen sich C. pusilla und C. mauri sehr ähnlich, bei C. mauri bleiben gewöhnlich einige rötliche Federn auf der Oberseite zurück, und der kurze, gerade Schnabel von pusilla ist dann das einzige, wenn auch nicht unbedingt zuverlässige Unterscheidungsmerkmal, und nur typische Vertreter beider Arten können auch im freien Feld sicher bestimmt werden. Von Calidris minutilla unterscheidet sich C. pusilla durch schwarze, nicht grünliche oder gelbliche Füße, etwas stärkeren Schnabel und blassere, grauere, nicht rotbraune Tönung des Gefieders.

Feldkennzeichen Die Feldkennzeichen sind in der Übersichtstabelle zusammengestellt (S. 168). Über die Stimme des Sandstrandläufers liegen folgende Angaben vor:

Im Flug läßt er ein ziemlich lautes „tscherk" hören, öfters abgewandelt in ein weicheres „tscher"; kurze schnelle „tschip"-Rufe sind charakteristisch, wenn die Sandstrandläufer im Verband fliegen. Aufgescheucht rufen sie piepend „kriiit" (BENT).

Über die Unterschiede zwischen Calidris pusilla, C. minuta und C. temminckii siehe bei den zuletzt genannten Arten.

Verbreitung Der Sandstrandläufer brütet im nördlichen Alaska, südwärts bis zur Yukon-Mündung, und anschließend im arktischen Kanada von der Mackenzie-Mündung bis zum Südrand der Hudson Bai; hier setzt sich das Brutgebiet an der Ostküste fort und reicht an der Nordküste von Labrador ostwärts bis Kap Charles. Ferner brütet Calidris pusilla im Süden von Banks- und Victoria-Land, auf der Southampton-Insel und im Süden von Baffin-Land.

Biotop Zur Brutzeit hält sich der Sandstrandläufer vor allem in der nassen Gras- oder Strauchtundra auf, ferner an sandigen Ufern von Flüssen und auch in von Wasserlachen durchsetztem Dünengelände. Zu den Zugzeiten treffen wir diesen Strandläufer an Gewässern im Binnenland und auch an den Küsten an.

Brutbiologie Der Sandstrandläufer brütet von Anfang Juni bis etwa Mitte Juli. Das Nest wird an einer trockenen Stelle in der Tundra oder in der Nähe von einem Fluß oder stehendem Gewässer angelegt; es ist eine flache, mit einigen Halmen, Flechten und trockenen Blättchen ausgelegte Mulde. Die vier kurzovalen bis kurzkreiselförmigen Eier sind auf blaß olivrötlichgelbem bis olivbraunem Grund gefleckt, und zwar unterscheidet JOURDAIN zwei deutlich getrennte Typen: Die Eier des ersten Typs sind sparsam umbra- bis sepiabraun gefleckt, die Flecke sind scharf begrenzt und häufen sich am stumpfen Pol. Beim zweiten Typ sind die Flecke wesentlich kleiner und gleichmäßig verteilt; aschgraue Unterflecke kommen bei beiden Typen vor. JORDAIN gibt für 52 Eier folgende Durchschnittsmaße an: 30,29 × 21,46 mm; Maxima: 32,0 × 22,0 und 30,4 × 22,6 mm; Minima: 27,6 × 19,6 mm. Die Frischvollmasse beträgt etwa 7 g, die durchschnittliche Schalenmasse 0,32 g (SCHÖNWETTER).

Nach BENT können die Eier des Sandstrandläufers (Calidris pusilla) nicht mit Sicherheit von Eiern des Alaska-Strandläufers (Calidris mauri) und des Amerikanischen Zwergstrandläufers (Calidris munitilla) unterschieden werden; nach dem Vergleich von Gelegen dieser drei kleinen Strandläufer in meiner Sammlung stimme ich mit der Meinung BENTS überein. Farben, Zeichnungscharakter, Maße und Masse der Eier dieser drei Arten gehen ineinander über. Der Normaltyp der Eier von Calidris pusilla hat nach BENT eine trübweiße Grundfarbe; die braunen und meist rundlichen Flecken variieren individuell und zeigen eine leichte spiralige Anordnung. Die zahlreichen grauen Unterflecke fallen wenig auf.

Von den vier in meiner Sammlung befindlichen Gelegen, die zwischen dem 27. Mai und dem 18. Juni in Alaska und Labrador gefunden wurden, hat eins eine hell bräunlichgelbe, die anderen Gelege haben eine sehr hell grünlich- bis steingraue Grundfarbe. Die Flecke auf dem erstgenannten Gelege sind rötlichbraun, die auf den anderen drei Gelegen braun bis dunkelbraun. Die größeren Flecke häufen sich am stumpfen Pol und nehmen an Häufigkeit und Größe zum spitzen Pol hin ab. Hellgraue und bräunlichviolette Unterflecke finden sich nur bei den Gelegen mit grauer Grundfarbe.

Diese sechzehn Eier messen und wiegen im Durchschnitt 30,16 × 21,37 mm, 0,29 g; Maxima: 32,7 × 21,8 mm, 0,31 g; Minima: 28,7 × 21,3 und 29,2 × 20,6 mm, 0,25 g

Das Gelege wird 17 bis 19 Tage lang von Männchen und Weibchen bebrütet, und die Jungen werden von beiden Eltern geführt; im Alter von etwa einem Monat sind die Jungen selbständig.

Wanderungen Der Zug verläuft im Frühjahr wie im Herbst durch Kanada und die Vereinigten Staaten sowie entlang der Atlantikküste; die Überwinterungsgebiete erstrecken sich von der Golfküste der Vereinigten Staaten und der Küste von Süd-Carolina südwärts bis Venezuela, Peru, dem nördlichen Chile, Paraguay und zum südlichen Brasilien. Gelegentlich wurden Sandstrandläufer auch auf den Pribilof-Inseln und im südlichen Argentinien festgestellt; als Irrgast wurde er auf den Britischen Inseln, in Irland und Frankreich nachgewiesen.

Vom 15. September bis zum 10. Oktober 1970 hielt sich ein Sandstrandläufer bei Salzgitter-Heerte auf; das ist der erste Nachweis dieses Strandläufers für die BRD.

Nahrung Der Sandstrandläufer ernährt sich vor allem von Insekten aller Art, daneben auch von kleineren Mollusken, Crustaceen und Würmern.

Calidris mauri (Cabanis)
Alaska-Strandläufer (Tafel 17)

Beschreibung Der Alaska-Strandläufer ist etwas größer als der ihm sehr ähnliche Sandstrandläufer und gröber gefleckt. Im Brutkleid sind bei Männchen und Weibchen Scheitel und Rücken stärker rostfarben als beim Sandstrandläufer, an der Brust befinden sich dunkelbraune V-förmige Flecken, die sich bis zu den Flanken hinziehen; die übrige Unterseite ist weiß. Der Schnabel ist bei typischen Exemplaren merklich länger, an der Basis dicker und oft leicht abwärts gebogen (s. Abb. auf S. 181). Die Füße sind schwärzlich, die Vorderzehen durch kleine Spannhäute verbunden, wodurch sich C. mauri in allen Kleidern von C. minutilla unterscheidet. Im Ruhekleid ist die Oberseite grau, bisweilen mit einigen roströtlichen Schulterfedern.

Durch seine schwärzlichen – nicht gelblichgrünen – Füße unterscheidet sich C. mauri von C. minutilla; von C. pusilla im Brutkleid durch mehr Rostrot auf Scheitel und Rücken und die stärker gefleckte Brust. Im Ruhekleid hingegen sehen sich Alaska- und Sandstrandläufer sehr ähnlich und sind im freien Feld kaum zu unterscheiden (s. auch Calidris pusillas).

Maße: Länge 165 mm, Flügel 94 mm (Männchen) bis 97 mm (Weibchen), Schwanz 41 mm, Schnabel 23 mm, Füße 22 mm.

Feldkennzeichen Die Feldkennzeichen sind in der Übersichtstabelle zusammengestellt (S. 168). Die Stimme ist ein dünnes „jiip" oder „jii-rp".

Verbreitung Das Brutgebiet des Alaska-Strandläufers ist auf die Ostküste der Tschuktschen-Halbinsel in Nordsibirien und auf die West- und Nordküste Alaskas beschränkt; hier brütet er von

Tafel 17

Sandstrandläufer, Calidris pusilla, (S. 174)
① ♂ *und* ② ♀ *im Brutkleid;*
③ ♂ *und* ④ ♀ *im Ruhekleid;*
Amerikanischer Zwergstrandläufer,
Calidris minutilla, (S. 178)
⑤ ♂ *und* ⑥ ♀ *im Brutkleid;*
⑦ ♂ *und* ⑧ ♀ *im Ruhekleid;*
Alaska-Strandläufer, Calidris mauri, (S. 176)
⑨ ♂ *und* ⑩ ♀ *im Brutkleid;*
⑪ ♂ *und* ⑫ ♀ *im Ruhekleid;*
Weißbürzel-Strandläufer, C. fuscicollis, (S. 189)
⑬ ♂ *und* ⑭ ♀ *im Brutkleid;*
⑮ ♂ *und* ⑯ ♀ *im Ruhekleid*

der Nunivak-Insel und dem Yukon-Delta bis Point Barrow und zur Camden-Bucht.

Biotop „Auf der Tschuktschenhalbinsel brütet der Alaska-Strandläufer nach Beobachtungen von KUSJAKIN sowohl auf flachen Hängen der feuchten Seggen-Wollgras-Tundra in Küstennähe als auch trockenen, mit Geröll bedeckten Berghängen" (USPENSKI). In Alaska bewohnt dieser Strandläufer die trockene küstennahe Tundra und niedrige Berghänge. Zu den Zugzeiten und in den Überwinterungsgebieten hält sich der Alaska-Strandläufer an Gewässern aller Art auf, nach USPENSKI vorwiegend an schlickigen Meeresküsten.

Tafel 18

Baird-Strandläufer, Calidris bairdii, (S. 191)
① *♂ bzw. ♀ im Brutkleid;*
② *♂ und* ③ *♀ im Ruhekleid;*
Graubruststrandläufer, Calidris melanotos, (S. 194)
④ *♂ bzw. ♀ im Brutkleid;*
⑤ *und* ⑥ *♂ bzw. ♀ im Ruhekleid;*
Spitzschwanzstrandläufer, C. acuminata, (S. 196)
⑦ *und* ⑧ *♂ bzw. ♀ im Brutkleid;*
⑨ *und* ⑩ *♂ bzw. ♀ im Ruhekleid;*
Rotkehlstrandläufer, Calidris ruficollis, (S. 180)
⑪ *und* ⑫ *♂ bzw. ♀ im Brutkleid;*
⑬ *und* ⑭ *♂ bzw. ♀ im Ruhekleid*

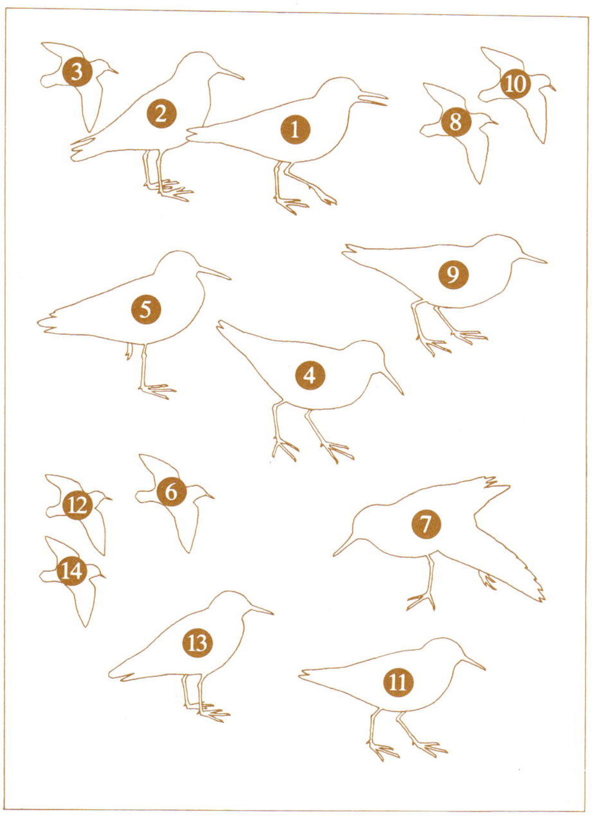

Brutbiologie Der Alaska-Strandläufer brütet vom letzten Maidrittel an bis Anfang Juli. Das Nest ist eine flache, mit trockenen Halmen, Blättchen der Zwergbirke (Betula nana) und Rentierflechte (Cladonia rangiferina) ausgelegte Mulde und durch umgebende Gräser gut gegen Sicht geschützt. Die vier kreiselförmigen Eier liegen in einem Winkel von etwa 45 ° im Nest. So nehmen sie einen möglichst kleinen Raum ein und können von dem brütenden Vogel besser bedeckt werden. Auf rahmfarbenem bis bräunlichem Grund sind die Eier besonders am stumpfen Pol lebhaft in verschiedenen braunen Tönen von Rotbraun bis Schwarzbraun gefleckt; die grauen Unterflecke treten wenig hervor. 120 von BRANDT in Alaska gesammelte Eier weisen nach BENT folgende Durchschnittsmaße auf: 30,8 × 21,9 mm; Maxima: 32,5 × 22,3 und 32,0 × 22,8 mm; Minima: 28,7 × 21,6 und 30,3 × 21,1 mm.

Vier Gelege zu je vier Eiern in meiner Sammlung, die am 1. Juni an der Hooper-Bay in Alaska sowie am 20. und 23. Juni und am 5. Juli auf der Tschuktschen-Halbinsel gefunden wurden, messen und wiegen im Durchschnitt 33,22 × 22,16 mm, 0,31 g; Maxima: 32,8 × 21,4 und 30,8 × 22,8 mm, 0,35 g; Minima: 30,7 × 22,6 und 32,8 × 21,4 mm, 0,29 g. Die Gestalt der glanzlosen Eier ist kreiselförmig. Auf isabellfarbigem bzw. ockergelblichem Grund sind sie stark braun gefleckt. Größere Flecken befinden sich am stumpfen Pol und fließen hier bisweilen zu einer Kappe zusammen. Die Zeichnung besteht entweder aus wenigen größeren oder sehr zahlreichen sehr kleinen Flecken. Die wenigen violettgrauen Unterflecke sind nur bei weniger stark gefleckten Eiern zu sehen.

Am Nest ist der Alaska-Strandläufer sehr zutraulich; Männchen und Weibchen beteiligen sich an der Bebrütung des Geleges, die bereits nach der Ablage des vorletzten Eies einsetzt. Nach drei Wochen schlüpfen die Jungen, die bald nach dem Schlüpfen ihr Nest verlassen; sie werden von beiden Eltern geführt. Im Alter von etwa 17 bis 18 Tagen sind die Jungen leidlich flugfähig und beginnen, sich selbständig zu machen. Zu dieser Zeit hat das Weibchen die Jungen bereits verlassen.

Wanderungen Schon Mitte Mai, wenn die Tundra stellenweise noch mit Schnee bedeckt ist, trifft der Alaska-Strandläufer in seinem Brutgebiet ein, um bald nach Beendigung der Brutzeit wieder abzuziehen. Der Zug verläuft im Frühjahr wie im Herbst vor allem an der Westküste Nordamerikas entlang. Aus dem Inneren Nordamerikas liegen nur vereinzelte Durchzugsdaten vor. Die Überwinterungsgebiete erstrecken sich vom südlichen Nordamerika (Kalifornien, Golfküste, Nord-

Brutgebiet des Alaska-Strandläufers

Carolina) durch Mittelamerika bis ins nördliche Südamerika; hier wird er überwinternd an den Küsten von Venezuela, Kolumbien, Ekuador und Peru angetroffen. Vereinzelte Alaska-Strandläufer wurden auch im nordöstlichen Sibirien festgestellt.

1956 wurde Calidris mauri erstmals als Irrgast für Europa nachgewiesen: Vom 28. Mai bis zum 3. Juni wurde ein Exemplar auf Fair Isle, Shetland beobachtet und gefangen. Zwei weitere Alaska-Strandläufer wurden am 14. Oktober 1960 und vom 17. bis 23. September 1961 in Irland festgestellt.

Nahrung Über die Nahrung des Alaska-Strandläufers ist wenig bekannt. Er dürfte sich, wie seine Verwandten, vornehmlich von Insekten und deren Larven, Würmern sowie von kleineren Mollusken und Crustaceen ernähren.

Calidris minuta (Leisler)
Zwergstrandläufer (Tafel 16)

Beschreibung Zwerg- und Temminck-Strandläufer sind die kleinsten europäischen Vertreter ihrer Gattung. Durch seine geringe Größe unterscheidet sich der Zwergstrandläufer von verwandten Arten (nur die nordamerikanischen Arten C. pusilla und minutilla sind etwa gleichgroß), vom Temminck-Strandläufer in allen Kleidern durch den aschgrauen Schwanz, bei dem nur die beiden mittelsten Federn braunschwarz sind, und durch die schwarzen Füße. Beim Temminck-Strandläufer sind die drei äußeren Steuerfedern weiß und die Füße olivbraun. Männchen und Weibchen sind im Brutkleid oberseits überwiegend rostrot, der Temminck-Strandläufer hingegen mehr aschbraun. Vom größeren Alpenstrandläufer unterscheidet sich C. minuta durch den kurzen, geraden Schnabel und die weißliche bzw. reinweiße und an den Seiten rotbraun eingefaßte Brust. Das Ruhekleid ist oberseits mehr grau als braun mit dunklen Schaftstrichen in den Federn, unterseits weiß und nur an den Brustseiten dunkler gestrichelt. Im Jugendkleid sind die dunklen Federn der Oberseite und der Schultern hell rahmfarben gesäumt. Die hellen Federränder laufen in der Mitte des Rükkens zusammen und bilden ein „V"; die Unterseite ist weiß. Das Dunenjunge ist nach USPENSKI „oberseits schwarz mit rötlicher Punktzeichnung, die Körperseiten, die Kehle und die Brust sind rötlichgelb, der Bauch weißlich." Der Schnabel ist schwarzbraun, die Füße schwärzlich.

Maße: Länge 145 mm, Flügel 95 mm (Männchen) bis 99 mm (Weibchen), Schwanz 42 mm, Schnabel 18 mm, Füße 21 mm; die Weibchen sind durchschnittlich etwas größer.

Feldkennzeichen Die Feldkennzeichen sind in der Übersichtstabelle zusammengestellt (S. 168).

Die Stimme des Zwergstrandläufers sind sanfte und angenehm trillernde oder schwirrende Laute, die wie „dürrr dürrrü" oder „dirrit-it-it" oder auch nur wie „tit tit tit" klingen.

Verbreitung Das Brutgebiet des Zwergstrandläufers erstreckt sich vom nördlichen Norwegen (Varanger-Halbinsel) und vom Nordteil der Kola-Halbinsel ostwärts bis zur Indigirka-Mündung im nordöstlichen Sibirien einschließlich der Insel Kolgujew, des Südteils von Nowaja Semlja und der Neusibirischen Inseln. Alle diese Gebiete, in denen wir den Zwergstrandläufer vor allem in der küstennahen Tundra antreffen, liegen nördlich des Polarkreises, der nur im Süden der Halbinsel Jamal gerade erreicht wird.

Biotop Der Zwergstrandläufer brütet im größten Teil seines Verbreitungsgebiets in den in der Tundra gelegenen Mooren, gelegentlich werden auch trockenere Biotope vorgezogen wie beispielsweise in den hocharktischen Gebieten und an der Ostgrenze des Brutgebietes in der östlichen Jakutischen ASSR (USPENSKI). Auf Nowaja Semlja treffen wir den Zwergstrandläufer vor allem in der Moos- und Flechten-Tundra an.

Brutbiologie Frühestens treffen die Zwergstrandläufer Ende Mai an ihren Brutplätzen ein, in der arktischen Tundra im ersten Junidrittel, in den hocharktischen Gebieten jedoch erst in der zweiten Junihälfte. Wenige Tage nach ihrer Ankunft verpaaren sich die Zwergstrandläufer, besetzen ihre Brutreviere, suchen einen geeigneten Nistplatz und beginnen mit der Eiablage. Bei der Balz fliegen die Männchen nach USPENSKI „fast senkrecht von der Erde auf, 'hängen' an einer Stelle in der Luft, vibrieren mit den Flügeln und lassen dabei melodische Triller hören".

Das Nest befindet sich an einer trockeneren Stelle in der Tundra; manchmal ist das „Nest" nur eine kleine Unebenheit im moos- oder grasbewachsenen Boden, die gelegentlich zusätzlich mit einigen trockenen Gräsern, Moos und Flechten oder auch trockenen Blättchen ausgelegt wird.

Der Beginn der Eiablage richtet sich nach der Lage des Brutgebiets bzw. nach den klimatischen Bedingungen. Die frühesten Gelege wurden Anfang Juni gefunden.

Die Grundfarbe der vier kreiselförmigen Eier variiert von Blaßgrünlich bis Rötlichgelb und Bräunlich. Die Zeichnung besteht aus größeren und kleineren Flecken und Spritzern in verschiedenen braunen Tönen und häuft sich meist am stumpfen Pol. Die Unterflecke sind aschgrau bis bräunlichviolett. Im allgemeinen sind die Eier von minuta stärker und gröber gefleckt als die von temminckii. JOURDAIN gibt für 100 Eier folgende Durchschnittsmaße an: 28,8 × 20,7 mm; Maxima: 31,7 × 20,3 und 30,0 × 21,4 mm; Minima: 26,7 × 20,0 und 28,7 × 19,6 mm. Die Frischvollmasse beträgt etwa 6 g, die durchschnittliche Schalenmasse 0,29 g.

Manches in der Brutbiologie von Calidris minuta ist noch ungeklärt: Wir wissen nicht, in welchen Abständen die Eier gelegt werden, wann die

Brutgebiet des Zwergstrandläufers

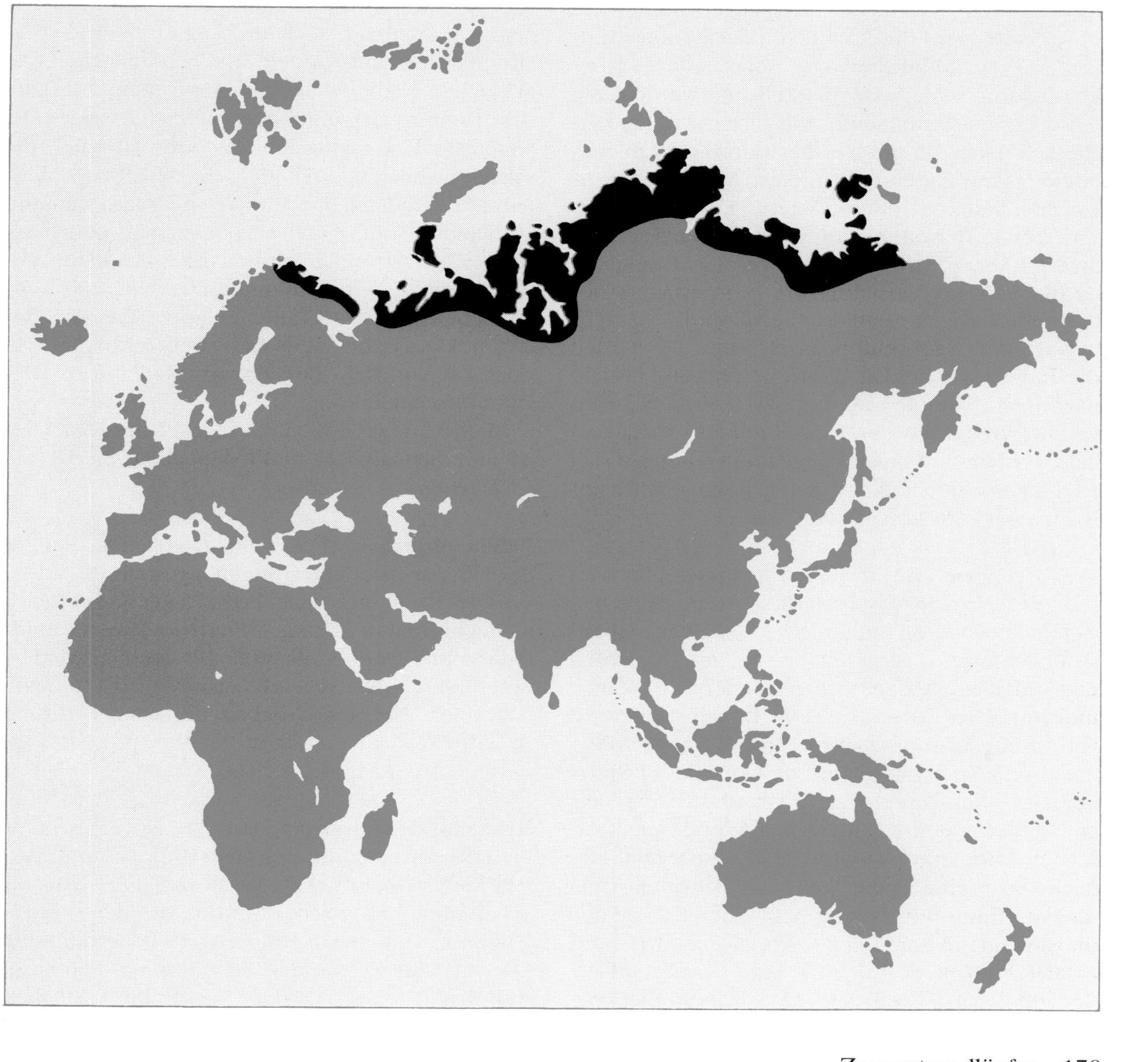

Bebrütung beginnt (wahrscheinlich nach Ablage des letzten Eies) und wie lange die Eier bebrütet werden.

Über die Brutbeteiligung von Männchen und Weibchen gehen die Ansichten auseinander: Nach BUTURLIN und TUGARINOW sollen sich die Männchen weder an der Bebrütung des Geleges noch an der Aufzucht der Jungen beteiligen. Da aber beide Partner Brutflecke haben und sowohl Männchen als auch Weibchen auf dem Nest geschossen wurden, ist es erwiesen, daß beide brüten. FLINT nimmt auf Grund seiner Beobachtungen im Indigirka-Mündungsgebiet an, daß ein Teil der Weibchen zwei Gelege zu je vier Eiern in zwei Nester legt; diese beiden Gelege werden dann vom Männchen und Weibchen bebrütet (FLINT, mündliche Mitteilung). Diese doppelten Gelege, die gleichzeitig von beiden Eltern bebrütet werden, sind allerdings eine sehr seltene Erscheinung unter den Limikolen (siehe auch Sanderling). Da aber vielfach nur ein Partner am Nest angetroffen wird, so spricht das für die Richtigkeit der Beobachtungen FLINTs. Möglicherweise sollen durch diese Doppelbruten Verluste ausgeglichen werden, die diese kleinen Strandläufer auf ihrem Zug und sicherlich auch in ihren Überwinterungsgebieten erleiden. Ein anderer Weg, diese Verluste auszugleichen, wären größere Gelege. Eine erfolgversprechende Bebrütung von mehr als vier Eiern ist diesen kleinen Strandläufern aber nicht möglich, da die Eier im Verhältnis zur Körpermasse des brütenden Vogels relativ sehr groß sind.

Nach den Beobachtungen HAVILANDS werden die Jungen von beiden Eltern betreut und alsbald nach dem Schlüpfen an die Ufer von Gewässern geführt. In der zweiten Julihälfte bis Anfang August werden die Jungen flügge und vereinigen sich zu Flügen, die in der zweiten Augusthälfte ihr Brutgebiet verlassen (USPENSKI).

Wanderungen Der Zwergstrandläufer überwintert, oft zu großen Gesellschaften vereinigt und bisweilen mit anderen Limikolen – besonders Alpenstrandläufern – vergesellschaftet, im tropischen und südlichen Afrika, in den Ländern des Nahen und Mittleren Ostens sowie in Indien, ferner auf den Inseln des Indischen Ozeans bis zu den Malediven und Sri Lanka. Verirrte wurden auf Spitzbergen, Franz-Joseph-Land, Island, den Färöern, auf Madeira, den Kanaren und Azoren angetroffen. In Mitteleuropa zieht der Zwergstrandläufer nachts in breiter Front von Mai bis Anfang Juni und von Ende Juli bis Oktober an den Küsten und im Binnenland durch und rastet hier an ihm zusagenden Plätzen. Auf den Britischen Inseln erfolgt der Durchzug in wechselnder Stärke besonders von Ende Juli bis Mitte Oktober, im Frühjahr von Mitte April bis selten Anfang Juni. An den Küsten des nördlichen Griechenland traf ich diesen Strandläufer im April/Mai und von Ende August/September als regelmäßigen und zahlreichen Durchzügler an. Gelegentlich übersommern Zwergstrandläufer in ihren Durchzugs- und Überwinterungsgebieten.

Nahrung Diese besteht vor allem aus Insekten aller Art und deren Larven (nach USPENSKI besonders aus Tipuliden-Larven), Würmern, kleinen Mollusken, Crustaceen sowie aus Sämereien.

Calidris ruficollis (Pallas)
Rotkehlstrandläufer (Tafel 18)

Beschreibung Der Rotkehlstrandläufer sieht einem Zwergstrandläufer sehr ähnlich, ist jedoch etwas größer, der Schnabel und die schwarzen Füße sind relativ kürzer, doch kräftiger als beim Zwergstrandläufer. Im Brutkleid sind bei Männchen und Weibchen Kehle, Hals- und Kopfseiten unterhalb des Auges rostrot und heben sich scharf gegen die weißliche Unterseite ab. Das Kinn ist weiß, die schwärzlichen Federn der Oberseite haben lebhafte rostrote Säume, und auch der Bürzel ist weiß. Im Ruhekleid ist die Oberseite heller und grauer als beim Zwergstrandläufer und ist dann kaum mit Sicherheit von diesem und dem ebenfalls sehr ähnlichen Sandstrandläufer zu unterscheiden. Das Jugendkleid ist oberseits meist weniger rostfarben, doch oft von dem des Zwergstrandläufers nicht zu unterscheiden.

Maße: Länge: 155 mm, Flügel 98 mm, Schwanz 45 mm, Schnabel 17 mm (Männchen) bis 18 mm (Weibchen).

Feldkennzeichen Die Feldkennzeichen sind in der Übersichtstabelle zusammengestellt (S. 168).

„Die Rufe sind nach PORTENKO und USPENSKI nicht so sanft wie das Trillern des Zwergstrandläufers und werden als zwei- bis dreimal wiederholte, dünn quietschende „tschit“, „tit“, „wit“ oder auch „tirr“ umschrieben, die sich bei Unruhe zu „tiit-tiit-tiit“ oder „krrit“ wandeln (GLUTZ VON BLOTZHEIM, BAUER & BEZZEL 6, 1975).

Brutgebiet Das Brutgebiet des Rotkehlstrandläufers ist auch heute noch nicht völlig bekannt. Soviel wir wissen, brütet dieser Strandläufer im nördlichen und nordöstlichen Sibirien von der Taimyr-Halbinsel an ostwärts, im Lena-Delta und an den Ost- und Südküsten der Tschuktschen-Halbinsel südwärts bis zum Anadyr-Gebiet. Im westlichen

Strandläufer (vgl. auch S. 197)

a *Küstenstrandläufer,* Calidris canutus
b *Sandstrandläufer,* C. pusilla
c *Alaska-Strandläufer,* C. mauri
d *Rotkehlstrandläufer,* C. ruficollis

e *Zwergstrandläufer,* C. minuta
f *Temminck-Strandläufer,* C. temminckii
g *Amerikanischer Zwergstrandläufer,* C. minutilla
h *Langzehenstrandläufer,* C. subminuta

Brutgebiet des Rotkehlstrandläufers

Alaska finden wir den Rotkehlstrandläufer auf der Seward-Halbinsel.

Biotop Der Rotkehlstrandläufer, hält sich zur Brutzeit in ähnlichen Biotopen auf wie der Zwergstrandläufer, also vor allem in der arktischen Tundra.

Brutbiologie Anfang Juni trifft Calidris ruficollis an seinen Brutplätzen ein, und alsbald beginnen die Männchen ihre eigenartigen Balzflüge auszuführen. „Das balzende Männchen", berichtet USPENSKI, „fliegt nach den Beobachtungen von GLADKOW bis zu einer Höhe von 25 m und steht dann in der Luft mit weit ausgebreiteten, in Körperhöhe gehaltenen Flügeln, die im Handgelenk nur etwas eingeknickt werden. Dabei hebt er in der Regel die Flügel nicht höher als bis in Körperhöhe, schlägt sie aber ziemlich weit nach unten durch, während der Zwergstrandläufer beim Balzflug die Flügel gewöhnlich nicht unter den Körper führt. Während des Balzfluges, bei dem das Männchen ein eigentümliches Gackern hören läßt, fliegt es gewöhnlich senkrecht auf und nieder."

Das Nest ist eine flache Mulde im Moos oder sonstigen Pflanzenwuchs, bisweilen mit etwas trockenem Pflanzenmaterial wie Halmen, Moos, Flechten und Blättchen ausgelegt. Die aus vier Eiern bestehenden Gelege werden in der zweiten Junihälfte und Anfang Juli gefunden. Die kreiselförmigen, glanzlosen bis matt glänzenden Eier sind auf ockergelblichem Grund über und über braun in verschiedenen Tönungen – rotbraun bis bräunlichviolett – gefleckt. Die größeren Flecke stehen, wie gewöhnlich, am stumpfen Pol. Die fünf Gelege meiner Sammlung, die zwischen dem 15. Juni und 1. Juli auf der Tschuktschen-Halbinsel gefunden wurden, messen und wiegen im Durchschnitt: D_{20} 31.99 × 22.40 mm, 0.31 g; Maxima: 33.8 × 22,3 und 31,9 × 23,0 mm, 0,35 g; Minima: 30,1 × 21,9 und 30,9 × 21,8 mm, 0,28 g. USPENSKI gibt folgende Maße an: 30,5 bis 34,5 × 21,0 bis 23,5 mm. Die Frischvollmasse beträgt etwa 8 g. Über die sonstige Brutbiologie wissen wir nicht viel. Nach den Beobachtungen amerikanischer Ornithologen scheint nur das Weibchen zu brüten; möglicherweise soll sich auch das Männchen an der Bebrütung des Geleges beteiligen. Andererseits schreibt USPENSKI, daß die Bebrütung wahrscheinlich nur ein Partner übernimmt, „am ehesten wohl das Männchen." Die Brutdauer ist nicht bekannt; wir wissen aber, daß die Jungen vom Weibchen allein geführt werden. Die Jungen sind von etwa Ende Juli an flügge.

Wanderungen Nach Beendigung der Brutzeit vereinigen sich die Rotkehlstrandläufer zu größeren Flügen; der Herbstzug setzt nach USPENSKI in der zweiten Julihälfte und im August ein. Calidris ruficollis überwintert im südlichen China und auf den Südostasien vorgelagerten Inseln von den Andamanen und Nikobaren an ostwärts bis zu den Philippinen, zum Bismarck-Archipel und den Salomonen, ferner auf Neuguinea, in Australien,

Neuseeland und Tasmanien. Auf dem Zug und in den Überwinterungsgebieten vergesellschaften sie sich oft mit anderen Strandläufern bzw. anderen Limikolen-Arten.

Für Europa liegen bis heute vier Nachweise vor: Am 3. Oktober 1957 wurde ein Weibchen am Ufer der Kama im Rayon Menselinsk (Tatarische ASSR) gefangen, und Anfang Oktober 1958 wurde ein weiteres Exemplar im Mündungsgebiet der Mescha im Rayon Laischewo (Tatarische ASSR) erbeutet (POPOW 1977). Am 10. August 1968 wurde ein Rotkehlstrandläufer bei Wilhelmshaven längere Zeit von RINGLEBEN beobachtet und damit erstmalig für die Bundesrepublik Deutschland nachgewiesen. E. und D. SCHWARZE beobachteten am 27. Juli 1979 auf dem Glewitzer Vogelhaken an der Südspitze des Zudar auf Rügen unter einem Trupp von etwa 25 Alpenstrandläufern außer je einem Sichel- und Zwergstrandläufer auch einen Rotkehlstrandläufer und wiesen damit diesen für Europa äußerst seltenen Irrgast erstmalig für die Deutsche Demokratische Republik nach.

Nahrung In den Brutgebieten ernährt sich der Rotkehlstrandläufer vorwiegend von Insekten und deren Larven. „Auf dem Zuge und in den Überwinterungsgebieten ernähren sich die Rotkehlstrandläufer offenbar vorwiegend von kleinen Wasserwirbellosen.“ (USPENSKI).

Calidris temminckii (Leisler)
Temminck-Strandläufer (Tafel 16)

Beschreibung Der Temminck-Strandläufer ist einer der kleinsten seiner Gattung; auf die Unterschiede zwischen ihm und dem Zwergstrandläufer hatte ich bereits bei diesem hingewiesen. Der Temminck-Strandläufer ist in allen Kleidern viel grauer als der Zwergstrandläufer, und das Gefieder ist eintöniger gefärbt. Das Brutkleid ist bei Männchen und Weibchen oberseits aschbraun mit dunklen Schaftstrichen und Flecken sowie rostbraunen Säumen; Kehle und Brustseiten sind rötlich rahmfarben, die übrige Unterseite ist weiß. Im Ruhekleid sieht der Temminck-Strandläufer dem Zwergstrandläufer ähnlich, die Oberseite ist dann jedoch fast einfarbig bräunlichaschgrau, während beim Zwergstrandläufer die Federn dunkle Schaftstriche und deutliche weiße Spitzensäume aufweisen, die Brust ist ausgedehnter grau, die übrige Unterseite weiß. Die äußeren weißen Steuerfedern erscheinen beim stehenden Vogel als weiße Schwanzkanten.

Maße: Länge 140 mm, Flügel 98 mm, Schwanz 48 mm, Schnabel 18 mm, Füße 18 mm.

Feldkennzeichen Die Feldkennzeichen sind in der Übersichtstabelle zusammengestellt.

Die Stimme des Temminck-Strandläufers klingt wie „tirrr“ oder „trrri“, ähnlich dem „trrrieh“ der Feldlerche.

Verbreitung Der Temminck-Strandläufer brütet im mittleren und nördlichen Norwegen, an der schwedischen Ostseeküste südwärts bis Angermanland und im Binnenland südwärts bis Härjedalen, im Norden Finnlands sowie an seiner Westküste und von der Kola-Halbinsel an ostwärts durch die Tundren der nördlichen Sowjetunion bis zur Tschuktschen-Halbinsel und zum Anadyr-Gebiet einschließlich der Inseln Kolgujew und Waigatsch; im Süden reicht das Brutgebiet bis an den Südrand der Waldtundra, also etwa bis zum 64.° n. Br. Vereinzelte Brutversuche in Schottland und Yorkshire (England), die zwischen 1934 und 1956 festgestellt wurden, verliefen erfolglos; erst 1971 brütete in Schottland ein Paar.

Biotop Der Temminck-Strandläufer bewohnt zur Brutzeit kurzgrasige, steinige, hier und da mit Zwergweidengestrüpp bestandene Flächen in der Tundra in der Nähe von Flüssen, Bächen oder Seen, gern, jedoch nicht unbedingt, in Meeresnähe. Nach USPENSKI siedelt sich C. temminckii auch in der Kulturlandschaft an und „ist hier eines der charakteristischsten Elemente der Vogelfauna.“ Er brütet dann in der Nähe von Siedlungen auf Müllplätzen, an Straßen und Wegen. In Lappland wurde er nach den Beobachtungen von SOUTHERN und LEWIS sogar in Höhenlagen zwischen 300 und 1000 m gefunden.

Brutbiologie In der zweiten Maihälfte, spätestens Anfang Juni, erscheinen die Temminck-Strandläufer – meist schon verpaart – an ihren Brutplätzen, und die Männchen beginnen alsbald zu balzen. Lange rütteln sie lebhaft mit den Flügeln schlagend über ihrem Brutrevier und lassen dabei „langandauernde und melodische Triller hören“ (USPENSKI). Seltener hört man den Temminck-Strandläufer am Boden oder auf einem erhöhten Platz sitzend balzen. Vorwiegend wird in den in diesen Breiten hellen Frühlingsnächten gebalzt, und zwar nach USPENSKI „auf bestimmten, alle Jahre wieder benutzten 'Balzplätzen'.“

Der Temminck-Strandläufer nistet einzeln oder in kleinen Gesellschaften auf grasigen Flächen oder in nassen Weidendickichten in der Nähe von Flüssen und Seen, gelegentlich auch auf Inseln in

Flüssen, die mit lockerem Buschwerk bestanden sind. Das Nest wird in einer natürlichen Bodenvertiefung auf trockenem Untergrund angelegt, gern zwischen großen Steinen oder im Schutz eines angeschwemmten Holzstückes; die Nestmulde wird mehr oder weniger sorgfältig mit trockenen Halmen und Blättchen ausgelegt.

Die aus vier Eiern bestehenden Gelege werden in Schweden nicht vor Anfang Juni gefunden, und auch im übrigen Gebiet brütet der Temminck-Strandläufer im Juni, gelegentlich auch noch Anfang Juli.

Die kreiselförmigen Eier sind auf grünlichem, olivgelblichem oder olivgrauem Grund mäßig stark und gleichmäßig mit kleinen leberbraunen Flecken und Kritzeln bedeckt; gewöhnlich häuft sich die Fleckung am stumpfen Pol. Die grauen Unterflecken treten wenig hervor. 164 in Schweden gesammelte Eier messen nach ROSENIUS durchschnittlich 28,36 × 20,50 mm; Maxima: 30,1 ×25,0 und 29,2 × 21,5 mm; Minima: 26,0 ×20,0 und 29,1 × 19,0 mm. Die Frischvollmasse beträgt etwa 6 g, die durchschnittliche Schalenmasse 0,27 g.

Der Temminck-Strandläufer legt mit einem Abstand von nur wenigen Tagen zweimal je vier Eier. Es scheint die Regel zu sein, daß das eine Gelege vom Weibchen bebrütet wird, während sich das Männchen des anderen Geleges annimmt. Der Legeabstand schwankt und beträgt mindestens 24 Stunden, oft aber auch mehr; die Bebrütung setzt nach Ablage des letzten Eies ein. Nach einer Brutdauer von durchschnittlich 21 Tagen schlüpfen die Jungen, die im Alter von knapp drei Wochen bereits flugfähig sind.

Brutgebiet des Temminck-Strandläufers

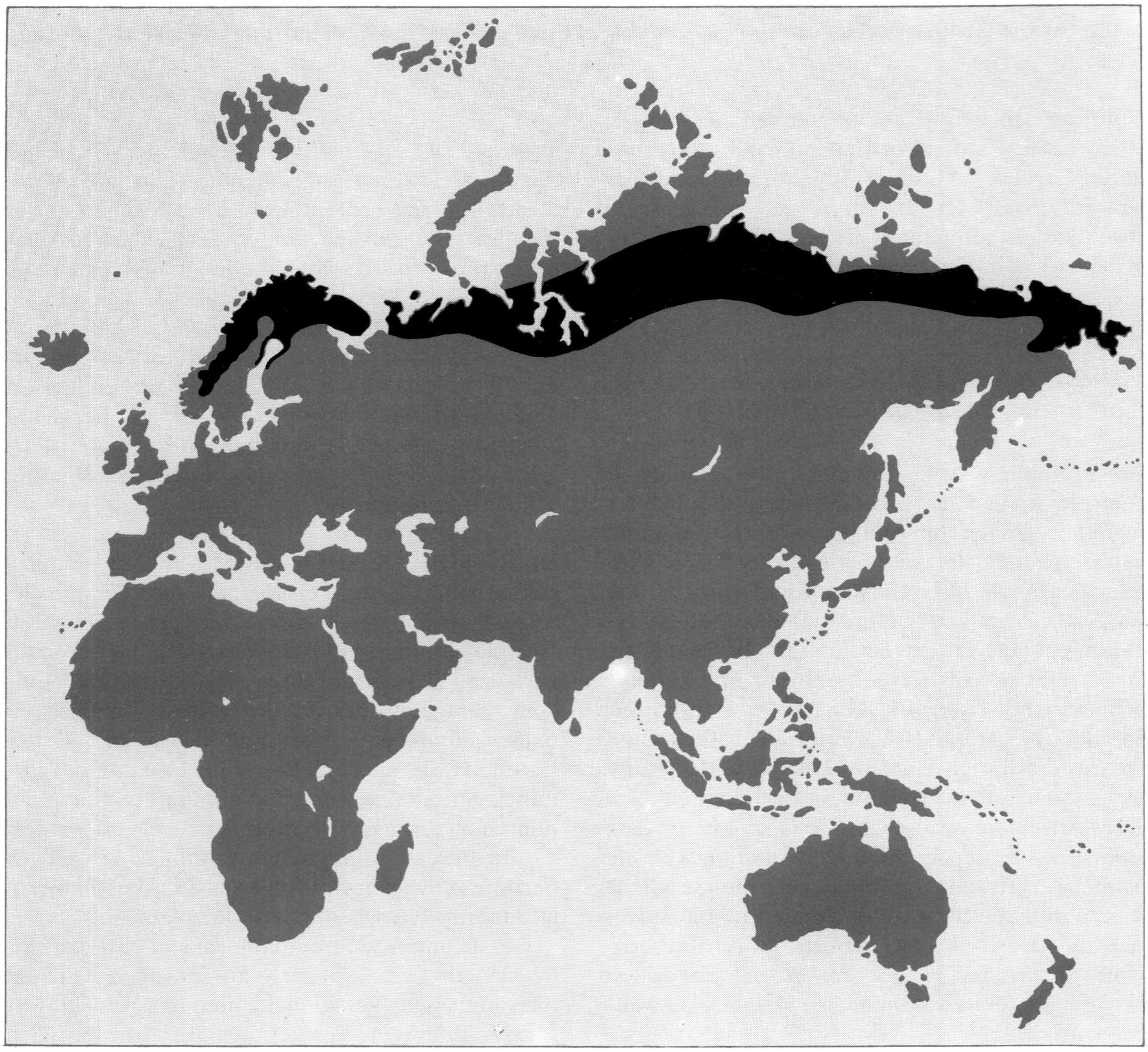

Wanderungen Ende Juli/Anfang August beginnt bereits der Wegzug aus den Brutgebieten, der von den Altvögeln eingeleitet wird, in der zweiten Augusthälfte bis Anfang September ziehen die Jungvögel ab. In Mitteleuropa zieht der Temminck-Strandläufer an den Küsten und im Binnenland im April/Mai und von Mitte Juli bis Mitte Oktober durch, in Großbritannien von Mai bis Mitte Juli und von Ende Juli bis Oktober.

Der Temminck-Strandläufer überwintert im Mittelmeergebiet und von hier südwärts bis ins tropische Afrika, selten südlich des Äquators, im Nahen und Mittleren Osten sowie im südlichen und südöstlichen Asien.

Nahrung In seiner Ernährung unterscheidet sich der Temminck-Strandläufer wenig von der anderer kleiner Calidris-Arten; er ernährt sich vorzugsweise von Insekten und deren Larven, an den Brutplätzen vor allem von Tipuliden-Larven. Bei Magenuntersuchungen wurden auch Würmer nachgewiesen.

Calidris minutilla (Vieillot)

Amerikanischer Zwergstrandläufer (T. 16)

Beschreibung Der Amerikanische Zwergstrandläufer ist der kleinste aller Strandläufer, noch etwas kleiner als der Alaska-, Sand- und Zwergstrandläufer. In der letzten Auflage des „Peterson" (1976) wird für Calidris minutilla ein neuer deutscher Name vorgeschlagen: Wiesenstrandläufer. Dieser Name hat zwar gegenüber dem bisherigen deutschen Namen den Vorzug kürzer zu sein, kann aber falsche Vorstellungen erwecken, denn Calidris minutilla brütet in der sumpfigen Moostundra, nicht aber auf Wiesen.

Der Amerikanische Zwergstrandläufer ist dem Zwergstrandläufer sehr ähnlich und schwer von diesem und auch vom Alaska- und Sandstrandläufer zu unterscheiden (siehe auch Übersichtstabelle auf S. 168).

Das Brutkleid ist bei Männchen und Weibchen oberseits etwas dunkler und weniger roströtlich als beim Zwergstrandläufer, jedoch deutlich rötlicher als beim Alaska- und Sandstrandläufer. Auch die Brust ist mehr rötlichbraun und stärker gestreift; das verwaschen gestreifte Brustband ist ausgeprägter als beim Sandstrandläufer und dunkler, nicht ganz so rötlich wie beim Alaska-Strandläufer. Die übrige Unterseite ist wie bei den anderen hier genannten Arten weiß. Der kurze schwarze Schnabel ist gerade und dünner als bei den anderen kleinen Strandläufern mit Ausnahme des Temminck-Strandläufers. Unter ganz besonders günstigen Beobachtungsbedingungen sind die gelblichen oder grünlichen Füße zu sehen (bei C. pusilla, mauri und minuta sind sie schwärzlich). Hat man diesen kleinen Strandläufer in der Hand, so sieht man, daß die Zehen nicht durch Spannhäute verbunden sind.

Das Ruhekleid ist dem Brutkleid ähnlich, die Brust ist stärker gestreift als beim Zwergstrandläufer. Die Kopfseiten sind dann mehr grau und weiß und nicht so rötlichbraun wie im Brutkleid; die Schulter- und angrenzenden Rückenfedern sowie die Oberflügeldecken sind jedoch weiß gesäumt. Die äußeren Steuerfedern sind grau und nicht weiß wie beim Temminck-Strandläufer.

Das Jugendkleid ähnelt dem Brutkleid, die Schulter- und angrenzenden Rückenfedern sowie die Oberflügeldecken haben jedoch weiße Säume.

Maße: Länge 135 mm, Flügel 87 mm (Männchen) bzw. 89 mm (Weibchen), Schwanz 39 mm, Schnabel 18 mm, Füße 19 mm.

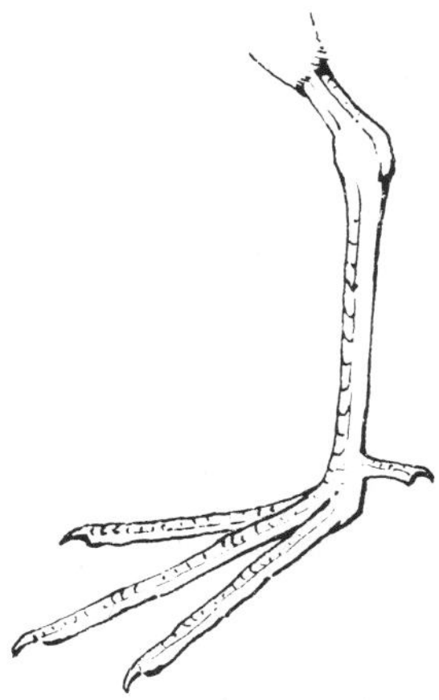

Amerikanischer Zwergstrandläufer,
Calidris minutilla

Über den Erstnachweis dieses Strandläufers siehe unter „Wanderungen". BECKER teilte mir noch Einzelheiten über den von ihm und seinen Mitarbeitern beobachteten und gefangenen Vogel mit: „C. minutilla ist deutlich kleiner als C. minuta, was auch im Fluge auffällig ist. Er ist auch insgesamt dunkler als minuta, vor allem auf Rücken, Nacken und Scheitel. Auch im Flug wirkt er deutlich dunkler als ein diesjähriger C. minuta. C. minutilla hat im Gegensatz zu einem diesjährigen C. minuta keine V-Zeichnung auf dem Rücken. Sein Kopf ist auffällig klein; eine helle Stirn erinnert an diesjährige Phalaropus lobatus und ein leicht angedeuteter zweiter Überaugenstreif an den Sumpfläufer. C. minutilla weist ferner ein schwaches, aber deutlich sichtbares Brustband auf.

Der Ruf ähnelt dem von C. alpina, ist aber kürzer. Die Farbe der Füße ist von der diesjähriger minuta nicht zu unterscheiden. Unser Vogel war stets auf Deckung bedacht, lief gern geduckt und drückte sich schnepfenähnlich."

Feldkennzeichen Die Feldkennzeichen sind in der Übersichtstabelle zusammengestellt (S. 168).

Die Stimme wird von amerikanischen Ornithologen als ein scharfes und dünnes „krii-iit" beschrieben; im Flug rufen sie gewöhnlich langgezogen „quiiiit".

Bei der Flugbalz läßt Caladris minutilla ein kurzes, liebliches Trillern, das unter lebhaften Flügelschlägen sehr schnell wiederholt wird, hören. Sonst kann man ein einfaches „wiep" oder „piep" vernehmen.

Verbreitung Der Amerikanische Zwergstrandläufer brütet im südlichen Alaska und anschließend im subarktischen Kanada ostwärts bis Labrador und Neufundland; im Süden reicht das Brutgebiet bis zum Südrand der Hudson-Bai.

Biotop Zur Brutzeit hält sich dieser Strandläufer in der sumpfigen Moostundra auf, gelegentlich auch in etwas höher gelegenem trockenem Gelände mit niedriger Vegetation.

Brutbiologie Anfang Juni trifft Calidris minutilla an seinen Brutplätzen ein, und die Männchen beginnen alsbald mit ihren Balzflügen. Mit zitternden, abwärts gehaltenen Flügeln fliegen sie bald hoch, bald niedrig über ihr Brutrevier und lassen dabei ein schnell wiederholtes liebliches Trillern hören. Das Nest ist eine flache, mit einigen Hälmchen und trockenen Blättchen ausgelegte Mulde an einer trockenen Stelle in der Moostundra in der Nähe von stehenden Gewässern, gelegentlich auch auf höher gelegenen trockenen Flächen zwischen niedrigen Sträuchern. Das aus vier Eiern bestehende Gelege wird Juni/Juli gefunden.

Die kreiselförmigen, glanzlosen Eier sind auf hell ockergelblichem oder steingrauem Grund meist ziemlich dicht dunkel- und hellbraun gefleckt. Die zahlreichen, überwiegend kleinen Flekken häufen sich am stumpfen Pol und fließen hier vielfach zu einer Kappe zusammen. Die violettgrauen Unterflecke verschwinden meist unter den Oberflecken. 65 Eier messen nach BENT durchschnittlich 29,0 × 21,0 mm; Maxima: 31,0 × 21,0 und 30,0 × 22,0 mm; Minima: 26,5 × 20,0 und 28,0 × 19,0 mm. Die Eier von zwei Vierer-Gelegen meiner Sammlung messen und wiegen im Durchschnitt 29,30 × 20,67 mm, 0,25 g; die Frischvollmasse beträgt etwa 6,5 g.

Brutgebiet des Amerikanischen Zwergstrandläufers

Das Gelege soll hauptsächlich vom Männchen bebrütet werden; die Brutdauer wird mit 19 1/2 bis 21 1/2 Tagen angegeben (GODFREY). Der brütende Vogel sitzt sehr fest und versucht Feinde durch Verleiten vom Nest wegzulocken. An der Führung der Jungen beteiligen sich beide Eltern.

Wanderungen Der Wegzug aus den Brutgebieten setzt bereits im Juli ein und zieht sich bis Mitte September hin. Die Überwinterungsgebiete liegen im Süden Nordamerikas, in Mittelamerika einschließlich der Westindischen Inseln und ziehen sich südwärts bis Peru und ins mittlere Brasilien. Gelegentlich wird C. minutilla auch auf den Galapagos-Inseln, auf den Aleuten, im westlichen Grönland und im nordöstlichen Sibirien angetroffen. Der Frühjahrs- wie der Herbstzug verlaufen sowohl entlang der Küsten als auch durch das Binnenland.

Auf dem Zug und in den Überwinterungsgebieten treffen wir C. minutilla besonders auf Schlickflächen an Küsten- und Binnengewässern an.

Als Irrgast wurde der Amerikanische Zwergstrandläufer bis 1971 15mal in Großbritannien und Irland nachgewiesen, und zwar jeweils von August bis Oktober, ferner je einmal in Frankreich und Finnland.

Für Mitteleuropa lag noch kein Nachweis vor und wurde erstmals von BECKER und seinen Mitarbeitern erbracht: Vom 19. September bis zum 3. Oktober 1978 hielt sich ein Amerikanischer Zwergstrandläufer an den Teichen einer Zuckerfabrik bei Hildesheim auf. Am 28./29. September wurde dieser Strandläufer von BECKER gefangen, beringt und wieder freigelassen; bereits am 8. Oktober wurde er aus Frankreich zurückgemeldet.

Calidris subminuta (Middendorff)
Langzehenstrandläufer

Beschreibung Der Langzehenstrandläufer ähnelt in Gestalt und Farbe des Gefieders weitgehend dem Zwergstrandläufer (Calidris minuta) und auch dem Amerikanischen Zwergstrandläufer (Calidris minutilla). Das allerdings als Feldkennzeichen kaum brauchbare Hauptunterscheidungsmerkmal sind die bei Calidris subminuta längeren Zehen. Diese sind auffallend lang, die Mittelzehe durchschnittlich 18,7 mm, während sie bei Calidris minuta nur 15,3 mm mißt. Das Brutkleid ist lebhafter gefärbt, die Oberseite weist schmale ockerfarbene Säume auf, also keine breiten rötlichen wie beim Zwergstrandläufer. Die Brust ist fein grau gestrichelt, und die Flanken sind gelbbräunlich getönt. Die übrige Unterseite ist weiß. Der Schaft der ersten Handschwinge ist weiß, die Schäfte der folgenden sind jedoch – im Gegensatz zu C. minuta – braun. Das Ruhekleid ist dem Brutkleid ähnlich, der Oberkopf ist jedoch schwärzer, der Hinterhals grauer, die Oberseite ebenfalls dunkler, die schwarzen Federmitten ausgedehnter als bei Calidris minutilla. Im Jugendkleid weisen nach USPENSKI „alle Flügeldecken blaßockerfarbene Ränder auf, die Kehle und der vordere Teil der Brust sind grau mit dunklen Schaftstrichen, ohne ockerfarbenen Anflug." Der Schnabel ist schwarz, die Füße sind grünlichgelb bis gelblichbraun.

Brutgebiet des Langzehenstrandläufers

Bei der großen Ähnlichkeit mit C. minuta und minutilla ist bei der Bestimmung größte Aufmerksamkeit geboten. Am sichersten wird man diesen Strandläufer bestimmen können, wenn man ihn fängt und dann an Hand der oben angegebenen Merkmale seine Bestimmung vornimmt. Für den auf Öland gefangenen Langzehenstrandläufer (siehe „Wanderungen") teilte mir SWANBERG nachstehend aufgeführte Einzelheiten mit:

Langzehenstrandläufer,
Calidris subminuta

„Größe wie Calidris minuta, doch erheblich dunkler und mit unproportioniert langen und lichten Beinen. Der Schnabel ist kurz und dunkel. Auf dem Rücken sind zwei deutliche weiße V-Zeichen zu sehen. Die Brust ist fein grau gestrichelt und wie die Flanken etwas gelbbräunlich getönt. Im Flug wirkt der Vogel dunkel, und eine schmale, weiße Flügelbinde wird sichtbar. Die Beine sind lang und grünlich; der Lauf mißt 24 mm, die Mittelzehe 23 mm."

Maße: Länge 150 mm, Flügel bei den Männchen 88,2 mm, bei den Weibchen 90,1 mm, Schnabel 18 mm, Schwanz bei Männchen und Weibchen 38,4 mm, Füße bei den Männchen 20,8 mm, bei den Weibchen 21,3 mm, Mittelzehe ohne Kralle bei den Männchen 17,3 mm, bei den Weibchen 18,0 mm. BERGMANN gibt für zwei Männchen von den Kurilen 23 und 24 mm (mit Kralle) an.

Feldkennzeichen Die Feldkennzeichen sind in der Übersichtstabelle zusammengestellt (S. 168).

Verbreitung Das Brutgebiet ist noch nicht hinreichend bekannt; sicher ist, daß dieser Strandläufer im nordöstlichen Sibirien von der Tschuktschen-Halbinsel südwärts bis zur Nordküste des Ochotskischen Meeres und wahrscheinlich auch auf Kamtschatka und Sachalin brütet, bestimmt aber auf der Bering-Insel, auf einigen Inseln der nördlichen Kurilen und möglicherweise auch am Oberlauf der Kolyma und am Unterlauf des Amur. Ferner wurde der Langzehenstrandläufer zur Brutzeit vereinzelt auch außerhalb Nordostsibiriens angetroffen, so zum Beispiel in Westsibirien am Oberlauf der Konda, eines Nebenflusses des Ob am Ostabhang des Ural-Gebirges, bei Minusinsk am Oberlauf des Jenissej, bei Tara am Irtysch nördlich Omsk sowie bei Surgut am Mittellauf des Ob. Brutnachweise konnten aber außer bei Surgut nirgends erbracht werden, und es ist sehr wahrscheinlich, daß es sich in der Mehrzahl der Fälle um nichtbrütende Sommergäste gehandelt hat.

Biotop Zur Brutzeit wurde der Langzehenstrandläufer auf den Kurilen, auf den Kommandeur-Inseln (zu denen auch die Bering-Insel gehört) und bei Magadan am Ochotskischen Meer nach KOZLOVA (bei USPENSKI) „in sumpfigen Biotopen zwischen höher gelegenen waldlosem Gelände gefunden, im Kolymabecken wurden Dunenjunge jedoch in der Gebirgstundra angetroffen.“ Von VAURIE werden als Brutbiotope die mehr oder wenige feuchte Moostundra sowie versumpfte Ränder von Mooren und stehenden Gewässern in der Taiga angegeben. Auf dem Zug und in den Überwinterungsgebieten „hält sich dieser Strandläufer vorwiegend in Sümpfen, auf feuchten Wiesen oder an schlammigen Seeufern auf. Wesentlich seltener ist er an der Meeresküste zu beobachten“ (KOZLOVA bei USPENSKI 1969).

Brutbiologie In der zweiten Maihälfte oder Anfang Juni trifft Calidris subminuta an seinen Brutplätzen ein. „Die Balz des Langzehenstrandläufers ist noch nicht beschrieben worden“, schreibt USPENSKI, „aber nach Beobachtungen in den Durchzugsgebieten besteht die Balzstrophe des Männchens aus abgewandelten, oft wiederholten Lockrufen.“ (USPENSKI).

Das Nest ist eine kleine flache Mulde wie bei den anderen Strandläuferarten; ein Nest, das WASKOWSKI bei Magadan sah, befand sich in einer Seggenbülte und war nicht mit Nistmaterial ausgekleidet. Am 11. Juni 1944 enthielt dieses Nest zwei noch unbebrütete Eier. Weitere Gelege wurden auf den nördlichen Kurilen in der zweiten Junihälfte und Dunenjunge in der ersten Julihälfte gefunden. Das volle Gelege besteht wie bei allen Strandläufern aus vier Eiern. Ich hatte im Zoologischen Museum der Universität Moskau Gelegenheit, ein am 13. Juni 1972 auf der Tschuktschen-Halbinsel gefundenes Gelege zu untersuchen. Die vier kreiselförmigen Eier waren auf gelblichweißem Grund mit unregelmäßigen und teilweise etwas verwaschenen hell- und dunkelbraunen Flekken bedeckt, besonders am stumpfen Pol; hier fanden sich außerdem noch einige schwarze Kritzelchen. Die wenigen Unterflecke waren violettgrau. Diese Eier messen und wiegen: 32,1 × 22,5 mm, 0,33 g; 32,7 × 22,2 mm, 0,33 g; 31,7 × 22,3 mm, 0,31 g; 32,4 × 22,2 mm, 0,33 g.
Bei BENT findet sich ein Hinweis auf ein Gelege, das am 18. Juni 1902 am Baikalsee gefunden wurde; diese vier Eier messen 28,3 × 20,0 mm, 28,0 × 19,7 mm, 28,5 × 20,7 mm und 28,3 × 20,0 mm. Abgesehen davon, daß es unwahrscheinlich ist, daß Calidris subminuta am Baikalsee gebrütet hat, sprechen auch die Maße der Eier dafür, daß es sich hier offensichtlich um einen Irrtum handelt. Die Durchschnittsmaße der beiden Gelege sind 32,22 × 22,30 mm (Zoologisches Museum Moskau) und 28,3 × 20,1 mm (BENT).

SCHÖNWETTER gibt für zwei auf den Kurilen gesammelte Gelege folgende Durchschnittsmaße an: 30,9 × 22,5 mm.

Nach USPENSKI brüten wahrscheinlich Männchen und Weibchen, da bei beiden Brutflecke festgestellt wurden. Je nach der Lage des Brutgebietes beginnt der Wegzug bereits im August wie auf den Kommandeur-Inseln, auf Kamtschatka jedoch erst im September und auch noch Anfang Oktober. Im April erfolgt der Aufbruch in den Überwinterungsgebieten.

Wanderungen Calidris subminuta überwintert in Südost- und Südasien und gelegentlich auch im nördlichen Australien; er wurde vom südöstlichen China an bis Taiwan, auf den Philippinen, auf den Großen Sunda-Inseln bis Sulawesi sowie im östlichen Indien und auf Sri Lanka angetroffen. Durchziehende Langzehenstrandläufer wurden in vielen Gebieten Sibiriens, in der Mongolei, in Korea, Japan, auf den Pribilof-Inseln und sogar in Alaska festgestellt.

Am 4. Oktober 1977 wurde ein Langzehenstrandläufer bei Ottenby an der Südspitze Ölands (Schweden) entdeckt und hier bis Anfang November fast täglich beobachtet. In der Nacht vom 27. zum 28. Oktober wurde er mit Hilfe einer Blendlaterne gefangen, sorgfältig untersucht und am Morgen des 28. Oktober wieder freigelassen. Das ist der erste Nachweis des Langzehenstrandläufers für Europa (SWANBERG, briefl. Mitt.).

Nahrung Diese besteht aus Insekten und deren Larven, kleinen Crustaceen (Amphipoden). Gastropoden, Samen und grünen Pflanzenteilen. Diese Angaben beruhen auf Magenuntersuchungen, die außerhalb der Brutzeit vorgenommen wurden (nach USPENSKI).

Calidris fuscicollis (Vieillot)

Weißbürzel-Strandläufer (Tafel 17)

Beschreibung Der Weißbürzel-Strandläufer ist so groß wie der Kleine Alpenstrandläufer; auffallend ist der meist horizontal gehaltene, langgestreckte Körper. Der Gesamteindruck dieses Strandläufers ist rötlichgelb. Die weißen Oberschwanzdecken, die sich kontrastreich gegen den dunkelbraunen Bürzel und die graubraunen Steuerfedern abheben, die längsgefleckte Brust und der etwa kopflange, schwarze, gerade Schnabel unterscheiden ihn von verwandten Arten. Im Brutkleid ist die Oberseite bei Männchen und Weibchen schwarzbraun mit rostroten und bräunlichen Säumen, im Ruhekleid aschbraun mit dunklen Federmitten. Die Unterseite ist weiß, im Brutkleid mit bräunlichschwarzen, im Ruhekleid mit bräunlichgrauen Längsflecken. Eine schmale, weiße Flügelbinde ist angedeutet.

Maße: Länge 170 mm, Flügel 120 mm, Schwanz 51 mm, Schnabel 22 mm, Füße 23 mm.

Feldkennzeichen Weiße Oberschwanzdecken, die sonst nur noch der Sichelstrandläufer besitzt, unterscheiden den Weißbürzel-Strandläufer von allen anderen Calidris-Arten. In allen Kleidern sind Kehle und Vorderbrust deutlich längsgefleckt, und die Flügelspitzen überragen den Schwanz. Der helle Überaugenstreif hebt sich gegen den dunklen Oberkopf ab. Näheres siehe Übersichtstabelle (S. 168). Die Stimme hört man verhältnismäßig selten; sie wird als ammernähnliches „zip" oder „tsip" beschrieben.

Brutgebiet des Weißbürzel-Strandläufers

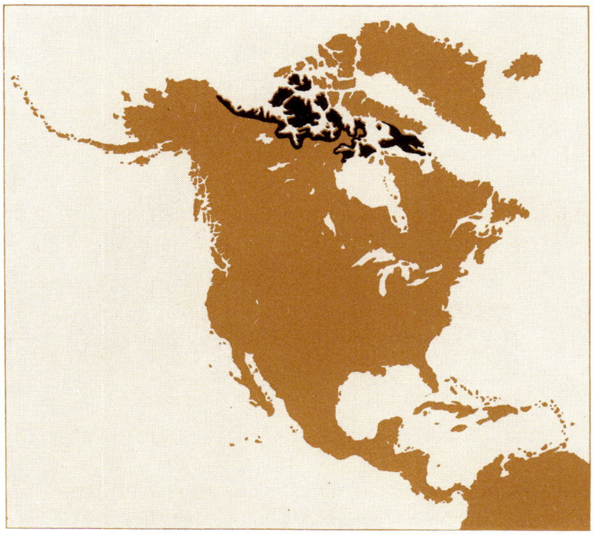

Verbreitung Das Brutgebiet des Weißbürzel-Strandläufers ist auf den hohen Norden Kanadas beschränkt; hier brütet er in den Küstengebieten von der Mackenzie-Mündung ostwärts bis etwa zum Kap Kenndall sowie auf den vorgelagerten Inseln von Banks-Land ostwärts bis zum Südteil von Baffin-Land, im Norden bis zur Melville- und Bylot-Insel und ferner auf der Southampton-Insel. Westlich der Mackenzie-Mündung wird der Weißbürzel-Strandläufer nur an einigen Stellen und unregelmäßig angetroffen.

Biotop Zur Brutzeit hält sich Calidris fuscicollis in der Gras- und Moostundra auf; auf dem Zug und in den Überwinterungsgebieten vor allem an schlammigen und auch sandigen Ufern von Gewässern im Binnenland sowie an den Küsten.

Brutbiologie Die Balz setzt teilweise schon in den Überwinterungsgebieten ein; WETMORE beobachtete sie in Argentinien und beschreibt sie folgendermaßen:

„Gelegentlich stimmten Gruppen von Männchen, durch die nahende Brutzeit angeregt, einen leisen Gesang an, und riefen und zwitscherten oft mehrere Minuten lang im Chor in tiefen Tönen, die so leise waren, daß sie bei dem starken Wind kaum zu hören waren, und es dauerte einige Zeit, bis ich die zarten individuellen Laute herausfand, die wie „zip e zip e" oder „twie twie tai tie" klangen, wobei der Kopf sehr rasch auf und ab bewegt wurde".

Das Nest steht nach den Beobachtungen von PARMELEE und seinen Mitarbeitern, denen wir eingehendere Kenntnisse über die Brutbiologie des Weißbürzel-Strandläufers zu verdanken haben, an einer trockeneren Stelle in der feuchten, hügeligen und vegatationsreichen Tundra, oft in der Nähe eines versumpften Tümpels oder am Rande eines Sees, seltener hingegen an höheren Hängen. Alle 47 Nester, die PARMELEE und seine Begleiter auf der im Südosten der Victoria-Insel vorgelagerten Jenny-Lind-Insel fanden, standen gut versteckt in Vertiefungen auf Hügelchen, und alle waren reichlich mit trockenen Weidenblättchen, Moos- und Flechtenteilchen ausgekleidet.

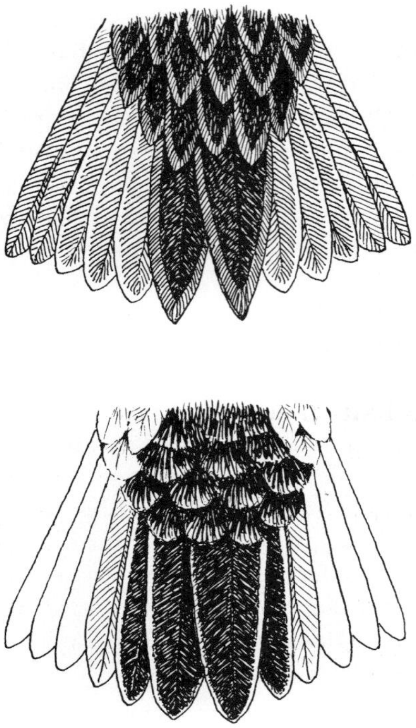

Steuerfedern vom Zwergstrandläufer, Calidris minuta *und Temminck-Strandläufer,* C. temminckii

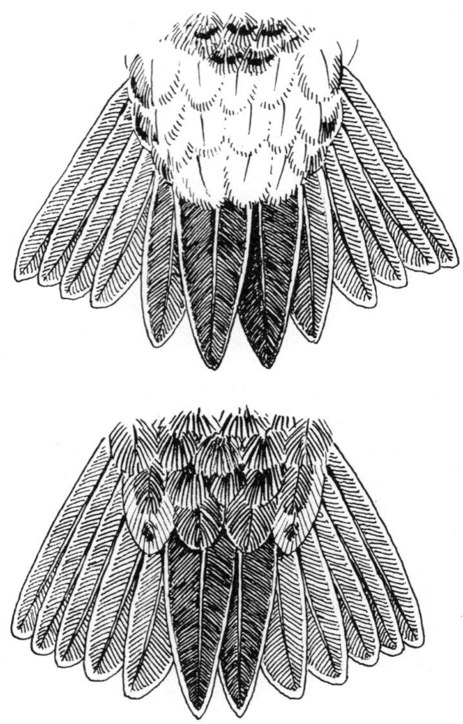

Steuerfedern vom Weißbürzel-Strandläufer, Calidris fuscicollis *und Baird-Strandläufer,* C. bairdii

Steuerfedern vom Graubrust-Strandläufer, Calidris melanotos *und Spitzschwanz-Strandläufer,* C. acuminata

Steuerfedern vom Alpenstrandläufer, Calidris alpina *und Sichelstranatäufer,* C. terruginea

PARMELEE vermutet, daß die Vögel Jahr für Jahr nicht nur dasselbe Brutgebiet, sondern auch denselben Brutplatz bzw. dieselbe Nistmulde aufsuchen. Die aus vier Eiern bestehenden Gelege wurden auf der Jenny-Lind-Insel zwischen dem 6. und 15. Juni gefunden, die Mehrzahl zwischen dem 11. und 15. Juni. In anderen Gebieten der kanadischen Arktis fand man Gelege bis Mitte Juli, gelegentlich auch noch im letzten Julidrittel.

Die kreiselförmigen Eier werden im Abstand von 24 bis 30 Stunden gelegt; sie sind auf grünlichem oder olivbräunlichem Grund in verschiedenen braunen Tönen gefleckt und erinnern an Eier von Calidris alpina. 34 Eier messen nach BENT durchschnittlich 33,7 × 24,0 mm; Maxima: 36,1 × 23,6 und 34,2 × 27,7 mm; Minima: 31,5 × 23,5 und 35,0 × 22,8 mm. Die Frischvollmasse beträgt etwa 10 g, die durchschnittliche Schalenmasse 0,45g. Die Bebrütung beginnt nach Ablage des letzten Eies, und zwar wird das Gelege nur vom Weibchen bebrütet. Nach einer Brutdauer von 22 Tagen schlüpfen die Jungen innerhalb eines Tages; die kürzeste Schlupfdauer eines Geleges betrug an einem Nest nur eine Stunde und fünf Minuten, die längste wurde mit 17 Stunden festgestellt. Die Eischalen werden vom Weibchen weggetragen und irgendwo fallen gelassen. Die Jungen halten sich nach dem Schlüpfen noch eine unbestimmte Zeit in der Nestmulde oder in der unmittelbaren Umgebung des Nestes auf, werden dann aber bald vom Weibchen weggeführt und nur von diesem betreut.

Wanderungen Der Herbstzug verläuft zu beiden Seiten der Hudson-Bai sowie an den Küsten von Labrador und Neufundland durch das Innere Nordamerikas, durch Mittelamerika und weiter bis in das südliche Südamerika; hier liegen die Überwinterungsgebiete östlich der Anden von Paraguay und dem südlichen Brasilien an bis zum südlichen Argentinien und auf den Falkland-Inseln. Im Frühjahr verläuft der Zug in umgekehrter Richtung, in Kanada aber nur westlich der Hudson-Bai bis zu den Rocky Mountains. Gelegentlich wurden Weißbürzel-Strandläufer in Grönland und auf den Bermudas angetroffen. Als Irrgast wurde dieser Strandläufer auf Franz-Joseph-Land, Spitzbergen (Erstnachweis im Juli 1970 im Ny-Alesund), auf den Azoren, an der südwestafrikanischen Küste bei Swakopmund (BECKER) und wiederholt in Europa, so in Island, Norwegen, Schweden, Großbritannien und Irland (von 1955 bis 1971 etwa 75 Nachweise von Juli bis November, meist im September und Oktober), in den Niederlanden, in Frankreich, in der Schweiz und in Österreich (am 17. Mai 1959 bei Illmitz und am 11. Oktober 1959 im Rheindelta, Vorarlberg) festgestellt. 1978 wurde der Weißbürzel-Strandläufer erstmals für Dänemark nachgewiesen. Für die BRD liegt nur ein Nachweis vor, und zwar hielt sich am Steinhuder Meer in Niedersachsen ein Weißbürzel-strandläufer vom 31. August bis zum 6. September 1959 auf (RINGLEBEN).

Nahrung Diese ist ähnlich wie die der anderen Calidris-Arten, sie besteht also aus Insekten, Würmern, kleinen Mollusken und Crustaceen, teilweise auch aus pflanzlichen Stoffen.

Calidris bairdii (Coues)

Baird-Strandläufer (Tafel 18)

Beschreibung Der Baird-Strandläufer ist knapp so groß wie ein Alpenstrandläufer, der schwarze Schnabel etwa kopflang und kaum merklich gebogen, nicht so deutlich wie bei Calidris alpina. Im Brutkleid sind Männchen und Weibchen oberseits schwarzbraun, die Federn rötlich-rahmfarben gesäumt. Kopf und Brust sind auf trüb rahmfarbenem Grund dunkelbraun längsgefleckt, Kehle und Flanken hell ockerfarben, die übrige Unterseite ist weiß. Im Ruhekleid ist die Oberseite schwarzbraun und die Kehle blasser als im Brutkleid. Das Jugendkleid ähnelt dem Brutkleid, die Federsäume der Oberseite sind jedoch schmaler und heller. Der Baird-Strandläufer sieht dem etwa gleichgroßen Weißbürzel-Strandläufer auf den ersten Blick recht ähnlich, und wie bei diesem überragen die Flügelspitzen des auffallend horizontal gehaltenen

Brutgebiet des Baird-Strandläufers

Körpers den Schwanz (dieser hat jedoch weiße Oberschwanzdecken!). Die Gesamterscheinung ist mehr rötlich-rahmfarben und nicht so rostbraun wie bei manchen anderen kleinen Strandläufern, von denen er sich außerdem durch dunklen Rücken, Bürzel und Schwanz, die gleichfalls dunklen Oberschwanzdecken sowie den reinweißen Bauch unterscheidet. Vom Graubruststrandläufer unterscheidet sich der Baird-Strandläufer durch geringere Größe, die weniger deutlich und heller gefleckte Brust und schwärzliche Füße.

Maße: Länge 180 mm, Flügel 122 mm, Schwanz 52 mm, Schnabel 22 mm, Füße 23 mm.

Feldkennzeichen Die Feldkennzeichen sind in der Übersichtstabelle zusammengestellt (S. 168).

Über die Stimme des Baird-Strandläufers heißt es: „Gewöhnlicher Ruf ein hohes, etwas schrilles krit, krip, beim Auffliegen oft auch etwas gezogen kriip, priit, aber auch vibrierend-zwitschernd tscheriip, twillink oder tschickiwick. (GLUTZ VON BLOTZHEIM, BAUER & BEZZEL, 6, 1975).

Verbreitung Der Baird-Strandläufer ist auf der Tschuktschen-Halbinsel im nordöstlichen Sibirien ein seltener Brutvogel, häufiger brütet er im nordwestlichen Alaska sowie im arktischen Kanada, und zwar im gesamten Küstengebiet westlich der Hudson-Bai und auf allen vorgelagerten Inseln nordwärts bis Ellesmere-Land. Ferner wurde Calidris bairdii im nordwestlichen Grönland als Brutvogel nachgewiesen.

Biotop Zur Brutzeit hält sich der Baird-Strandläufer in der höher gelegenen, trockenen und steinigen Tundra auf, wobei es gleichgültig ist, ob diese in der Nähe der Küste oder weiter landeinwärts liegt. Auch zu den Zugzeiten und in den Überwinterungsgebieten bevorzugt C. bairdii die trockeneren Stellen an Binnengewässern wie auch an den Küsten. Gelegentlich wird er auch auf überschwemmten und sogar auf trockenen Feldern angetroffen, da er bei der Nahrungssuche nicht so sehr wie die anderen Strandläufer auf Schlickböden angewiesen ist.

Brutbiologie Von Mitte Mai bis Anfang Juni kehrt der Baird-Strandläufer an seine Brutplätze zurück, und alsbald beginnen die Männchen zu balzen; in geringer Höhe fliegen sie im Kreise und schlagen dabei ungleichmäßig und langsam mit den Flügeln; die Rufe während dieses Balzfluges erinnern nach KOZLOVA an die des Grasfrosches.

Die Nester findet man in Nordostsibirien nach USPENSKI „sowohl in der Vegetation als auch auf dem bloßen Tundraboden."

Die flache Nestmulde ist meist mit einigen trokkenen Halmen und Blättchen ausgelegt; bisweilen liegen die vier Eier, die man von Anfang Juni an findet, auch fast ohne jedes Nistmaterial auf dem Boden und sind dann schwer zu entdecken. Mir liegen nur zwei Gelege von je vier Eiern vor, die am 15. Juni auf der Tschuktschen-Halbinsel und am 25. Juni bei Barrow in Alaska gefunden wurden. Inwieweit deren Beschreibung auch für andere Gelege dieser Art zutrifft, muß dahingestellt bleiben. Doch bei der großen Variationsbreite der Eier der Calidris-Arten ist es sehr wahrscheinlich, daß auch die Eier von Calidris bairdii stärker variieren. Ich lasse deshalb auszugsweise die Beschreibung von BENT folgen:

Die kurzovalen bis kreiselförmigen Eier sind

Tafel 19

Bindenstrandläufer, M. himantopus, (S. 211)
(1) ♂ und (2) ♀ im Brutkleid;
(3) ♂ bzw. ♀ im Ruhekleid;
Grasläufer, Tryngites subruficollis, (S. 214)
(4) bis (6) ♂ bzw. ♀ im Brutkleid (Brutkleid = Ruhekleid);
Prärieläufer, Bartramia longicauda, (S. 165)
(7) bis (9) ♂ bzw. ♀ im Brutkleid (Brutkleid = Ruhekleid)

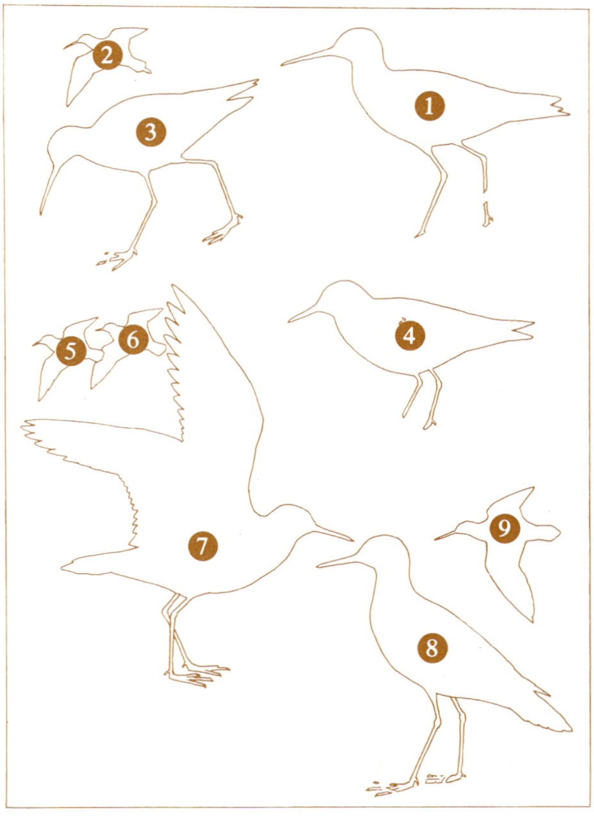

auf rötlichbraunem bis ockerfarbenem Grund lebhaft braun in verschiedenen Tönen gefleckt, oft finden sich am stumpfen Pol schwarzbraune Kritzel; die Unterflecke sind aschgrau. 54 Eier messen nach BENT durchschnittlich 33,1 × 23,8 mm; Maxima: 33,5 × 24,4 und 34,3 × 24,6 mm; Minima: 30,0 × 22,0 mm.

Die Eier meiner Gelege sind kreiselförmig und glanzlos. Auf hell isabellfarbigem Grund sind sie braun und hellbraun gefleckt, besonders im oberen Drittel. Die Fleckung läßt die Grundfarbe deutlich zutage treten. Neben unregelmäßigen Flecken finden sich zahlreiche sehr kleine Flecken und Pünktchen. Die violettbraunen und hellgrauen Unterflecke treten wenig in Erscheinung. Diese acht Eier messen und wiegen: 35,4 × 25,1 mm, 0,41 g; 35,5 × 25,0 mm, 0,41 g; 35,4 × 25,0 mm, 0,42 g und 34,9 × 25,1 mm, 0,42 g sowie 33,1 × 24,9 mm, 0,45 g; 32,7 × 24,6 mm 0,45 g; 32,4 × 24,9 mm, 0,44 g und 31,9 × 24,1 mm, 0,44 g, durchschnittlich also 33,91 × 24,84 mm, 0,43 g. Die von mir gemessenen Eier übertreffen also noch die von BENT angegebenen Maximalmaße. Die Frischvollmasse beträgt etwa 10 g. Die Eier werden im Abstand von etwa 30 Stunden gelegt; an der durchschnittlich zwanzigtägigen Bebrütung beteiligen sich Männchen und Weibchen; es scheint, als ob das Männchen einen größeren Anteil daran hat. Die Bebrütung beginnt nach Ablage des letzten Eies; der brütende Vogel sitzt sehr fest auf dem Gelege und versucht vor allem, wenn die Eier schon stärker bebrütet sind, irgendwelche Feinde durch Verleiten vom Nest wegzulocken. Zu Beginn der Bebrütung fliegt der beunruhigte Vogel einem sich nähernden Menschen entgegen, geht in dessen Nähe nieder und läuft „wit-wit-wit" rufend um ihn herum (USPENSKI).

Tafel 20

Kampfläufer, Philomachus pugnax, (S. 216)
① *bis* ⑦ ♂ *im Brutkleid;*
⑧ *und* ⑨ ♂ *im Ruhekleid;*
⑩ ♀ *im Brutkleid;* ⑪ *und* ⑫ ♀ *im Ruhekleid;*
⑬ *bis* ⑮ *Dunenjunge*

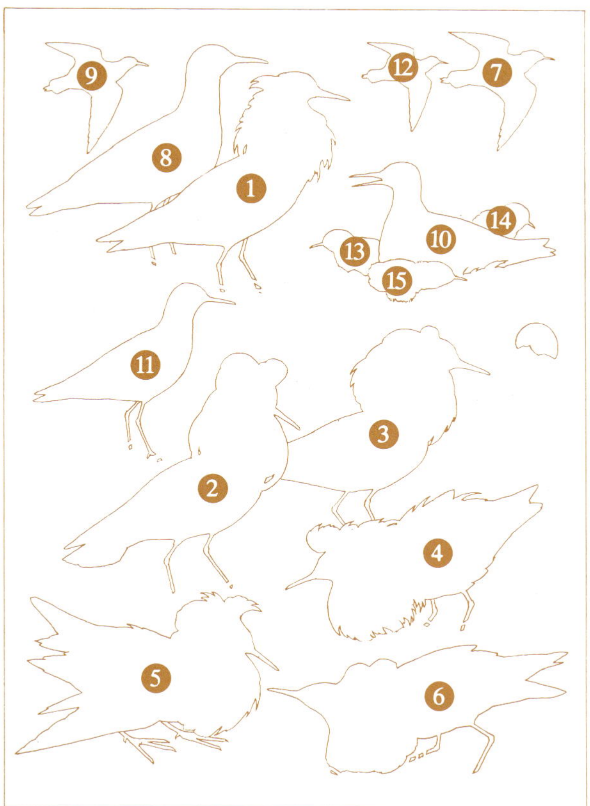

Wanderungen Bereits Ende Juli/Anfang August verlassen die Altvögel ihre Brutgebiete, in der zweiten Augusthälfte folgen die Jungvögel. Im Laufe des September erreichen die Baird-Strandläufer, die hauptsächlich durchs Binnenland und seltener an den West- und Ostküsten Amerikas entlangziehen, ihre südamerikanischen Überwinterungsgebiete; Nachzügler kommen hier auch noch bis Anfang November an. Der Baird-Strandläufer überwintert nicht wie die anderen Strandläufer an den Küsten oder in der Ebene, sondern in den Anden bis in Höhen von 3700 m von Ekuador bis ins südliche Argentinien. Der Heimzug setzt im Laufe des April ein und verläuft auf denselben Wegen wie der Herbstzug.

Gelegentlich wurde der Baird-Strandläufer auf den Kurilen, auf Sachalin, den Galapagos- und Falkland-Inseln und sogar an der Küste des südwestlichen Afrika angetroffen. Als Irrgast wurde Calidris bairdii auch wiederholt in Europa festgestellt; für Großbritannien und Irland liegen von 1903 bis 1971 30 Nachweise vor, die fast ausnahmslos in die Zeit von August bis Oktober fallen. Außer in Großbritannien wurde dieser Strandläufer in Irland, Norwegen, Schweden, Finnland und in den Niederlanden als Irrgast nachgewiesen.

Nahrung In den Brutgebieten ernährt sich der Baird-Strandläufer vor allem von kleinen Crustaceen, Würmern, Insekten und deren Larven, vor allem Mückenlarven. Daneben werden auch pflanzliche Stoffe, zum Beispiel Algen, aufgenommen; auf dem Zug und in den Überwinterungsgebieten u. a. auch Heuschrecken und Käfer.

Calidris melanotos (Vieillot)
Graubrust-Strandläufer (Tafel 18)

Beschreibung Der Graubrust-Strandläufer ist etwas größer als ein Alpenstrandläufer (C. a. alpina), die gelb- oder grünlichbraunen Füße sind etwas länger, der schwärzliche, gerade oder sanft gekrümmte Schnabel etwas kürzer als bei diesem. Im Brutkleid haben Männchen und Weibchen einen schwarzbraunen Oberkopf, der sich deutlich gegen den weißen Überaugenstreif abhebt; Nacken und Rücken sind schwärzlich und rotbraun längsgefleckt, wodurch zusammen mit weißen Streifen auf dem Rücken eine auffällige schnepfenartige Zeichnung entsteht. Kinn und Kehle sind weißlich und die auf hell rahmfarbenem Grund dunkel gefleckte Brust ist ohne Übergang scharf gegen die übrige reinweiße Unterseite abgesetzt. Im Flug fallen der schwärzlichbraune Bürzel und der graubraune, in der Mitte fast schwarze Schwanz bei den Graubrust-Strandläufern auf (s. Abb. auf S. 190); eine Flügelbinde ist nur angedeutet.

Das Ruhekleid ist dem Brutkleid ähnlich; im Jugendkleid ist die Oberseite stärker rostfarben als bei Altvögeln.

Auf die Unterschiede zwischen dem Graubrust-Strandläufer und dem ihm sehr ähnlichen Spitzschwanz-Strandläufer wird bei diesem hingewiesen.

Maße: Länge 190 mm, Flügel 139 mm, (Männchen) bzw. 126 mm (Weibchen), Schwanz 62 mm, Schnabel 29 mm, Füße 29 mm.

Feldkennzeichen Die Feldkennzeichen sind in der Übersichtstabelle zusammengestellt (S. 168).

Aufgescheucht läßt der Graubrust-Strandläufer einen rauhen Ruf hören, der wie „krrk-krrk" klingt. „Balzende Männchen rufen weit hörbar tief, langgezogen und melodisch du-du-du-du. Von fliegenden Vögeln hört man ein melodisches tiliii, tiliii" (USPENSKI).

Verbreitung Der Graubrust-Strandläufer brütet in den küstennahen Gebieten des nördlichen Sibirien; hier zieht sich das Brutgebiet von der westlichen Taimyr-Halbinsel bis zur Koljutschin-Bucht im nordöstlichen Sibirien hin; außerdem brütet er auf der Wrangel-Insel. Anschließend finden wir Calidris melanotos im westlichen und nördlichen Alaska sowie stellenweise an der Nordküste Kanadas ostwärts bis etwa zur Elliot-Bucht und auf einigen vorgelagerten Inseln (Banks-Land, Victoria-Land, Prinz von Wales-Land), ferner auf der Southampton-Insel und am Südwestrand der Hudson-Bai.

Biotop Zur Brutzeit treffen wir den Graubrust-Strandläufer in der Moos- und Flechtentundra an; zu den Zugzeiten und in den Überwinterungsgebieten hält er sich an feuchten; grasbewachsenen Rändern von Binnengewässern, auf überschwemmten Feldern und bisweilen auf trockenen, kurzgrasigen Wiesen auf.

Brutbiologie Ende Mai bis Anfang Juni treffen die Graubrust-Strandläufer an ihren Brutplätzen im Norden Sibiriens ein. „Schon wenige Tage nach der Ankunft", berichtet USPENSKI, „sondern sich die Paare ab, und die Männchen beginnen zu balzen. Sie fliegen dabei niedrig über dem Boden, blähen die Kehle auf und lassen die bereits beschriebenen tutenden Rufe hören. Die Balzflüge erfolgen vorwiegend während der Nachtstunden und sind manchmal bis Ende Juni zu beobachten. Das Männchen balzt auch am Boden. Dabei bläht es die Kehle auf, läuft mit hängenden Flügeln und aufgestelltem Schwanz um das Weibchen, knickst und tutet oder läßt wie prrrit-prrrit klingende Rufe hören."

Das Nest ist eine flache, mit einigen trockenen Gräsern und Blättchen ausgelegte Mulde, zwischen Moos oder Gras, oft gut durch die umstehenden Halme gegen Sicht geschützt. Die aus vier Eiern bestehenden Gelege werden frühestens Ende Mai, meist im Juni und auch noch Anfang Juli gefunden, in Sibirien meist in der zweiten Junihälfte.

Die Grundfarbe der meist kreiselförmigen, bisweilen auch kurz kreiselförmigen, glanzlosen Eier variiert von – meist – hell Olivgrünlich oder hell Bläulichgrün bis hell Lehmfarben.

Die Zeichnung ist sehr charakteristisch und gänzlich verschieden von der der Calidris acuminata Eier. Große, hell- bis meist dunkel schokoladenbraune Flecken bedecken den stumpfen Pol und fließen hier vielfach zu einer Kappe zusammen. Zum spitzen Pol hin nehmen die Flecke an Größe und Dichte ab, so daß die Grundfarbe stets zu sehen ist. Die braun- bis grauvioletten Unterflecke sind ganz deutlich ausgeprägt. In meiner Sammlung befinden sich zwölf Gelege zu je vier Eiern; diese messen und wiegen im Durchschnitt 37,41 × 26,52 mm, 0,58 g. Maxima: 39,6 × 27,3 und 37,0 × 27,7 mm, 0,67 g; Minima: 35,4 × 26,7 und 36,8 × 25,1 mm, 0,51 g. PORTENKO gibt für zwölf von WOROBJOW gesammelte Eier einen Durchschnitt von 38,1 × 26,8 mm an. Nach BENT messen 116 Eier durchschnittlich 36,5 × 25,0 mm; Maxima: 38,5 × 25,0 und 38,0 × 27,0 mm; Minima: 34,0 × 24,9 und 35,5 × 24,5 mm. Die Frischvollmasse beträgt etwa 13 g.

Übereinstimmend wird angegeben, daß nur das

Weibchen brütet und die Jungen führt; USPENSKI berichtet, daß das brütende Weibchen sehr zutraulich und wenig scheu ist und bei Gefahr gewöhnlich ruhig vom Nest geht. „Seltener (am ehesten am Ende der Bebrütung) ist es beunruhigt, umflattert den Feind oder versucht, sich lahm stellend und mit gesträubtem Gefieder zu verleiten." Die Jungen schlüpfen nach einer Bebrütung von 21 bis 23 Tagen (BENT). Mit etwa 30 Tagen werden die Jungen flügge, schlagen sich dann zu kleinen Flügen zusammen und ziehen bis Ende August, bisweilen auch bis Anfang September in der Tundra umher, ehe sie in ihre Überwinterungsgebiete aufbrechen.

Wanderungen Der Abzug in die Überwinterungsgebiete geht gestaffelt vor sich: Von Ende Juni an ziehen die Altvögel, vor allem die Männchen ab, denen in der zweiten Junihälfte die Weibchen folgen, die Jungvögel beschließen den Abzug. Es scheint so, als ob die sibirischen Populationen an der Ostküste Asiens südwärts ziehen und im östlichen Australien und Neuseeland überwintern, da durchziehende Graubrust-Strandläufer auf den Kurilen und auf Sachalin, in Korea und Japan nachgewiesen wurden. Die nordamerikanischen Populationen hingegen ziehen im Herbst an der West- und Ostküste Amerikas entlang bis nach Südamerika, wo sie von Peru und Bolivien an südwärts bis nach Patagonien überwintern. Der Rückzug im Frühjahr geht zunächst auf den gleichen Wegen vor sich, in Kanada doch hauptsächlich westlich der Hudson-Bai. Die Ankunft in den südamerikanischen Überwinterungsgebieten erfolgt von Ende August an und währt bis Ende Oktober; im Februar und März brechen die Graubrust-Strandläufer zu ihrer weiten Wanderung in ihre Brutgebiete auf.

Als Irrgast wurde der Graubrust-Strandläufer in Grönland, auf den Azoren und ziemlich häufig in Europa, vor allem in Westeuropa, angetroffen. In Großbritannien ist dieser Strandläufer der häufigste aller transatlantischen Irrgäste unter den Limikolen; alljährlich werden mindestens zehn und oft über zwanzig Graubrust-Strandläufer nachgewiesen. Eine Konzentration dieser Irrgäste in Irland und im Südwesten Englands deutet darauf hin, daß die große Mehrzahl, wenn nicht sogar alle dieser Graubrust-Strandläufer aus Nordamerika stammen. Auch für Schweden, die Niederlande, Belgien und die Schweiz liegen Nachweise vor. In Österreich wurde Calidris melanotos bis jetzt elfmal festgestellt; am 18. Mai 1978 wurde erstmals ein Graubrust-Strandläufer in der Steiermark beobachtet. (PROKOP in „British Birds" 71, 1978). In der BRD wurde dieser Strandläufer bis heute fast 50 mal nachgewiesen, während für die DDR bis heute nur neun Nachweise vorliegen. Schließlich wurde der Graubrust-Strandläufer noch in Polen, in der Tschechoslowakei und in Italien (Sizilien) als Irrgast festgestellt.

H. und W. DITTBERNER schreiben in ihrer Arbeit „Erstnachweis des Graubrust-Strandläufers, Calidris melanotos (Vieillot), in der Mark Brandenburg" folgendes: „Aus den bisher vorliegenden

Brutgebiet des Graubrust-Strandläufers

Daten läßt sich ersehen, daß der Graubrust-Strandläufer wohl nicht mehr als Irrgast für die DDR und die BRD geführt werden kann. Eine Vogelart, die seit etwa 20 Jahren fast alljährlich in einzelnen oder wenigen Individuen auftritt, kann schwerlich auf diesem Status belassen werden. Im gleichen Sinne äußern sich BECKER und MAY (1972).“

Wir wissen, wie der Zug der nordamerikanischen und sibirischen Populationen verläuft und wo diese überwintern. Auch wenn allein für Großbritannien und Irland bis einschließlich 1976 etwa 390 und für Mitteleuropa etwa 73 Nachweise (GLUTZ V. BLOTZHEIM et al. 1975) vorliegen, von denen 97 Prozent auf die Zeit zwischen 1955 und 1967 entfallen, so glaube ich doch nicht, daß Calidris melanotos als seltener Durchzügler zu betrachten ist. Die Häufung der Nachweise hängt wohl vor allem damit zusammen, daß es heute weit mehr Ornithologen gibt und diese besser ausgerüstet sind als vor 50 oder 100 Jahren.

Europa liegt nicht auf den Zugwegen von Calidris melanotos, weder der amerikanischen noch der asiatischen Populationen. Zudem wissen wir nicht, woher die Individuen kommen, die in Europa festgestellt werden. Kommen sie aus Nordamerika (dafür sprechen die vielen Funde in Großbritannien und im übrigen Westeuropa (Island, Norwegen, Belgien, Frankreich), dann haben diese Graubrust-Strandläufer auf jeden Fall den Atlantik überflogen und sind Irrgäste. Ich meine, man sollte jeden Vogel, der weitab von seinen üblichen Zugwegen und Überwinterungsgebieten auftaucht, als Irrgast bezeichnen, ganz gleich, ob er nun nur einmal oder mehrfach nachgewiesen wurde.

Jedenfalls ist Europa kein Überwinterungsgebiet von Calidris melanotos. Übrigens entfallen von den Nachweisen für die Jahre 1956 bis 1974 nach der Aufstellung von H. und W. DITTBERNER neun auf die Deutsche Demokratische Republik und 43 auf die Bundesrepublik Deutschland. Auch das spricht dafür, daß diese Irrgäste nicht aus Sibirien, sondern aus Nordamerika kommen.

Nahrung Die Nahrung ist ähnlich wie bei den anderen Calidris-Arten; an erster Stelle stehen wieder Insekten und deren Larven, besonders Tipuliden-Larven, Würmer und kleine Crustaceen; außerdem werden auch pflanzliche Stoffe wie Algen aufgenommen.

Brutgebiet des Spitzschwanz-Strandläufers

Calidris acuminata (Horsfield)

Spitzschwanz-Strandläufer (Tafel 18)

Beschreibung Der Spitzschwanz-Strandläufer ist dem Graubrust-Strandläufer sehr ähnlich. Im Brutkleid haben Männchen und Weibchen einen rostroten Scheitel mit schwarzer Längszeichnung, die schwarzbraunen Federn der Oberseite sind breit rostrot gesäumt. Die Brust ist nicht so gleichmäßig und durchgehend gefleckt wie bei C. melanotos, vielmehr beschränkt sich die Fleckung auf die Seiten, ist in der Brustmitte nur angedeutet und nicht so scharf gegen den weißen Bauch abgesetzt wie bei C. melanotos. Außerdem sind – im Gegensatz zu C. melanotos – auch die Flanken gefleckt. Hat man einen Spitzschwanz-Strandläufer in der Hand, so ist seine Bestimmung nicht schwierig, da die Steuerfedern bei beiden Arten verschieden und jeweils sehr charakteristisch sind (s. Abb. auf S. 190). Der schwarze Schnabel ist gerade und relativ kurz; die Füße sind im Brutkleid grünlichgrau, im Jugendkleid gelblich.

Während bei C. melanotos Brut- und Ruhekleid sehr ähnlich sind, ist bei C. acuminata im Ruhekleid die Oberseite rauchgrau und die Unterseite fast weiß, und nur die Brustseiten und Flanken sind auf fahlgelblichgrauem Grund fein braunschwarz gezeichnet. Das Jugendkleid ist dem Brutkleid ähnlich, die Oberseite ist jedoch heller.

Maße: Länge 190 mm, Flügel 133 (Männchen) bzw. 127 (Weibchen), Schwanz 51 mm, Schnabel 25 mm, Füße 29 mm.

Strandläufer (vgl. auch S. 181)

a *Weißbürzel-Strandläufer,* Calidris fuscicollis
b *Baird-Strandläufer,* C. bairdii
c *Graubrust-Strandläufer,* C. melanotos
d *Spitzschwanz-Strandläufer,* C. acuminata
e *Meerstrandläufer,* C. maritima
f *Alpenstrandläufer,* C. alpina
g *Sichelstrandläufer,* C. ferruginea
h *Sanderling,* C. alba

Feldkennzeichen Die Feldkennzeichen sind in der Übersichtstabelle zusammengestellt (S. 168).

Die Stimme ist ein kurzes, weiches „pliep, pliep“.

Verbreitung Der Spitzschwanz-Strandläufer hat im Gegensatz zu den meisten anderen Strandläufern nur ein sehr kleines Brutgebiet, das sich im nordostsibirischen Küstengebiet von der Buorchai-Bucht westlich der Lena-Mündung bis zum Unterlauf der Kolyma erstreckt; das sind in der Luftlinie 1150 km. 1905 sprach erstmalig der bekannte russische Ornithologe BUTURLIN die Vermutung aus, daß Calidris acuminata in diesem Gebiet brütet, doch erst 1957 fand WOROBJOW am Unterlauf der Kolyma die ersten Gelege.

Biotop Zur Brutzeit hält sich C. acuminata in der feuchten Moos- und Flechtentundra und in der etwas höher gelegenen Strauchtundra auf. Zu den Zugzeiten und in den Überwinterungsgebieten finden wir ihn an den versumpften Rändern von Binnengewässern und auch am Schlickstrand der Meeresküsten.

Brutbiologie Noch in der 6. Auflage des „Handbook of British Birds“ schrieb JOURDAIN (1949), daß über die Brutbiologie von C. acuminata keine Beobachtungen vorlägen und weder das Nest noch die Eier bekannt seien. Die ersten Nachrichten über die Brutbiologie dieses Strandläufers verdanken wir den sowjetischen Ornithologen. „An den Brutplätzen erscheinen die Vögel in kleinen Trupps in den letzten Maitagen oder Anfang Juni“ schreibt USPENSKI. „Bald nach der Ankunft verpaaren sie sich und beginnen mit der Balz. Nach WOROBJOW nähert sich das balzende Männchen dem Weibchen mit gesträubtem Gefieder, gelüfteten Flügeln und gesenktem Schwanz. Ab und zu fliegt es auf und läßt einen tonlosen wie „prrr“ klingenden Triller hören und geht im Gleitflug wieder neben dem Weibchen nieder. Dieser Balztriller ist auch noch zu hören, wenn die Weibchen bereits auf den Eiern sitzen, das heißt bis in die letzte Junidekade.“

„Die von WORBOBJOW gefundenen Nester befanden sich im Gras oder Moos, manchmal an feuchten Stellen. Sie waren meist durch Gras oder Weidenbüsche gut gegen Sicht geschützt. Die Nestmulde war mit Weidenlaub oder Pflanzenstengeln ausgekleidet. Die Eiablage erfolgt in der ersten Junihälfte. Das Gelege besteht aus vier Eiern. Nach der Beschreibung von WOROBJOW sind die Eier auf olivgrauem oder olivbraunem Grund dunkelbraun gefleckt und gesprenkelt, am stumpfen Pol verdichtet sich die Zeichnung zu einem dunkelbraunen Fleck. Die Eimaße betragen 35,6 – 39,5 × 26,0 – 27,8 mm. An der Bebrütung, deren Dauer nicht bekannt ist, und an der Jungenführung ist offenbar nur das Weibchen beteiligt. Bei Gefahr verläßt es entweder das Nest laufend und fliegt dann auf, oder es versucht, bei stark bebrüteten Gelegen zu verleiten, jedoch nicht sehr aktiv.“

Für meine Untersuchungen haben mir insgesamt 83 Eier von C. acuminata vorgelegen, die zum Teil im Zoologischen Museum der Universität Moskau, teilweise auch aus meiner Sammlung stammen. Die Gestalt der Eier ist kreiselförmig, die Schale glatt und glanzlos. Die Grundfarbe variiert zwischen Grünlich- bis Gelblicholiv. Die dunkel- bis hellbraunen Flecken häufen sich wie meist am stumpfen Pol, bedecken aber in Form kleiner Spritzer und Fleckchen die gesamte Oberfläche, so daß fast keine ungefleckten Stellen zu sehen sind, ganz im Gegensatz zu den Eiern von Calidris melanotos. Die hell- bis dunkelgraubraunen Unterflecke treten wenig in Erscheinung. Jedenfalls sind die Eier von Calidris acuminata recht charakteristisch und können keinesfalls mit den allerdings fast gleichgroßen Eiern von Calidris melanotos verwechselt werden. Diese 83 Eier messen und wiegen im Durchschnitt 38,45 × 26,85 mm, 0,62 g. Maxima: 39,9 × 26,5 und 38,8 × 27,9 mm, 0,74 g; Minima: 36,7 × 26,8 und 37,7 × 25,2 mm, 0,50 g.

Wanderungen Ende Juli beginnt der Abzug aus den Brutgebieten; die Altvögel eröffnen den Zug, USPENSKI vermutet, daß die Männchen als erste abziehen. Die Jungvögel folgen in der zweiten Augusthälfte, bisweilen auch erst Anfang September. Der Zug führt durch das östliche Sibirien, Sachalin, das östliche China und Japan bis zu den Philippinen, nach Neuguinea, zu den Tonga-Inseln und Neukaledonien, nach Australien und Tasmanien, seltener bis Neuseeland. Hier treffen die ersten Wintergäste im September ein; der Wegzug im Frühjahr zieht sich von März bis Mai hin. Ein Teil der Spitzschwanz-Strandläufer zieht auch an der Südküste Alaskas entlang bis Kalifornien.

Als Irrgast wurde Calidris acuminata auf den Hawaii-Inseln, im nördlichen Indien, in Mittelamerika (Guatemala) sowie in Europa nachgewiesen, allerdings weit seltener als Calidris melanotos. Einige Nachweise liegen für Großbritannien vor. In den Niederlanden wurde die Art zweimal nachgewiesen: Vom 1. bis 26. November 1969 hielt sich ein Spitzschwanz-Strandläufer in Polder, Süd-Flevoland, auf und am 4. September 1972 wurde einer bei Den Haag beringt. Am 7. Juli 1970 wurden zwei Exemplare dieses Strandläufers auf dem Dovre-Fjäll beobachtet und damit erstmalig für Norwegen festgestellt.

Nahrung Die Nahrung entspricht etwa der der anderen Calidris-Arten, besteht also vor allen aus Insekten und deren Larven (besonders Tipuliden-Larven), kleinen Mollusken und Crustaceen; Nach USPENSKI spielen auch Pflanzenteile und Sämereien eine große Rolle bei der Ernährung.

Calidris maritima (Brünnich)

Meerstrandläufer (Tafel 15)

Beschreibung Der Meerstrandläufer ist ein gedrungener und kurzbeiniger Strandläufer, der in der Größe zwischen dem Küsten- und Alpenstrandläufer steht. Die dunkle, purpurglänzende Oberseite und die grünlichgelben bis gelblichbraunen Füße unterscheiden ihn von anderen Strandläufern. Im Brutkleid ist bei Männchen und Weibchen die Oberseite einschließlich der Kopfseiten dunkelgraubraun, die Federn auf dem Rücken sind rostbraun gesäumt und purpurglänzend. Das Kinn ist weiß, die übrige Unterseite hellgrau, Brust und Flanken sind dunkel gefleckt. Der schwärzliche, an der Basis ockergelbe Schnabel ist etwas über kopflang, fast gerade oder leicht gekrümmt.

Im Ruhekleid sind Kopf und Nacken dunkelgrau, die Oberseite ist schwarzgrau und purpurglänzend. Die Kehle ist weißlich, die dunkelgrauen Brustfedern sind weiß gesäumt, die Flanken grau längsgefleckt, Bauch und Unterschwanzdekken sind wie im Brutkleid weiß. Im Jugendkleid sind die Federn des Rückens, die Oberflügeldecken, Schulterfedern und Handschwingen weißlich gesäumt; die Brust ist schwächer gefleckt als bei Altvögeln. Das Dunenjunge ist dunkelbraun und rotbraun gescheckt, die einzelnen Dunen haben wie bei allen Calidris-Arten weiße Spitzchen; die Unterseite ist überwiegend weißlichgrau.

Maße: 210 mm, Flügel 125 mm, Schwanz 60 mm, Schnabel 29 mm, Füße 23 mm.

Feldkennzeichen Die Feldkennzeichen sind in der Übersichtstabelle zusammengestellt (S. 168).

Die Stimme klingt wie „wit wiet“, am Brutplatz wie eine flötende Balzstrophe.

Verbreitung In Europa brütet der Meerstrandläufer auf Island, den Färöer, in Norwegen südwärts bis etwa zum 61.° n. Br., im nördlichen und mittleren Schweden, im nördlichen Finnland und von der Kola-Halbinsel an ostwärts bis zur Nordküste der Taimyr-Halbinsel; hier schließt das Brutgebiet einer nahe verwandten Art, des Felsenstrandläufers, Calidris ptilocnemis (Coues), an. Auch auf fast allen Inseln und Inselgruppen im Norden Europas und Westsibiriens ist der Meerstrandläufer Brutvogel, so auf der Bären-Insel, Spitzbergen, Franz-Joseph-Land, Waigatsch, Nowaja Semlja und auf der Südinsel von Sewernaja Semlja. In Grönland treffen wir den Meerstrandläufer von Kap Farvel an der Westküste bis hinauf zur Melville-Bucht und an der Ostküste nordwärts bis Angmagssalik an. In Nordamerika beschränkt sich das Brutgebiet auf einige Inseln im Norden Kanadas; bisher wurde der Meerstrandläufer nur auf einigen Inseln zwischen der Devon-Insel, Baffin-Land und der Southampton-Insel gefunden; wahrscheinlich brütet er aber auch noch auf anderen Inseln und möglicherweise an der Küste des Festlandes.

Biotop Der Meerstrandläufer ist ein typischer Bewohner der arktischen Flechtentundra und brütet ausschließlich in trockenem, geröllreichem Gelände in der Nähe von stehenden oder fließenden Gewässern sowohl in Küstennähe wie auch weit im Inneren des Landes, wie zum Beispiel in Skandinavien, wo er die hochgelegenen Fjälls bewohnt. Im Inland wird er nach HANTZSCH auf den öden und steinigen Hochebenen im Inneren der Insel angetroffen, Quellen und Tümpel müssen indessen vorhanden sein. Außerhalb der Brutzeit hält sich der Meerstrandläufer besonders an geröllbedeckten Flachküsten und auf den der Küste vorgelagerten felsigen Inseln auf, wobei Abschnitte mit einer besonders starken Brandung bevorzugt werden. Gelegentlich sieht man diesen Strandläufer auf der Nahrungssuche auch auf Schlickflächen von Meeresbuchten und Lagunen.

Brutbiologie Die Ankunft in den Brutgebieten erfolgt je nach ihrer Lage von Mitte Mai an bis Anfang Juni. „Zu Beginn der Brutzeit übt das Männchen häufig seinen Balzflug aus“, schreibt LE ROI. „Es erhebt sich eifrig singend einige Meter hoch in die Luft und senkt sich dann schräg zum Erdboden hinab.“ Dabei läßt es einen wohllautenden, etwa wie „tuit tuit wütwütwütwüt witwitwitwit trü tritrii trii“ klingenden Gesang hören. Ähnlich beschreibt USPENSKI das Balzspiel, „das von lauten, wie 'prierrr' klingenden Trillern begleitet wird. Mit vibrierenden, weit ausgebreiteten Flügeln gleitet der Vogel aufwärts, landet danach rufend und beginnt, die Flügel aufzustellen und zu senken.“

Nach HANTZSCH verhält sich der Meerstrandläufer am Brutplatz so still und vorsichtig, daß das Nest schwer zu finden ist und wahrscheinlich oft übersehen wird. Außer dem Brutnest werden vom Männchen oft noch einige Spielnester gebaut. „Das Nest findet sich wohlverborgen im moosigen Grase,“ berichtet HANTZSCH, „in einer Erdvertiefung oder zwischen Steingeröll und besteht gewöhnlich nur aus wenigen Pflanzenstoffen und einigen Federn. Es wird manchmal bloß durch Umknicken und Niederdrücken der umgebenden Halme gebildet, mitunter freilich auch dichter ausgepolstert."

Die aus vier Eiern bestehenden Gelege werden ausnahmsweise schon Mitte Mai gefunden, meist jedoch erst im Juni, in den arktischen Gebieten erst in der zweiten Hälfte des Monats, gelegentlich findet man auch noch Anfang Juli unbebrütete Gelege. Die kreiselförmigen bis kurzspitzovalen Eier sind auf seegrünem, graugrünem, olivgrünlichem oder -bräunlichem Grund von zahlreichen größeren und kleineren dunkel- bis hell gelblichbraunen Flecken und Wischern bedeckt, besonders am stumpfen Pol. Daneben finden sich noch tief schwarzbraune Kritzel und Haarzüge; die Unterflecke sind aschgrau bis bräunlichviolettgrau. 100 von Spitzbergen und den Färöern stammende Eier messen nach JOURDAIN durchschnittlich 37,3 × 26,2 mm; Maxima: 41,0 × 26,3 und 35,7 × 27,1 mm; Minima: 35,0 × 26,1 und 38,3 × 24,6 mm. Die Frischvollmasse beträgt etwa 13 g, die durchschnittliche Schalenmasse 0,65 g.

Es ist noch nicht bekannt, in welchen Abständen die Eier gelegt werden; die Bebrütung des Geleges beginnt nach Ablage des letzten Eies. Den Hauptanteil an der Bebrütung hat offenbar das Männchen; die Brutdauer beträgt 21 bis 22 Tage. Übereinstimmend wird berichtet, daß die Jungen nur vom Männchen geführt werden; bis zum Flüggewerden der Jungen – etwa drei Wochen lang – hält sich die Familie nach USPENSKI am Brutplatz auf, anschließend begeben sich die Meerstrandläufer an die Küste und vereinigen sich hier zu Flügen.

Wanderungen Von allen Strandläufern halten die Meerstrandläufer trotz der einsetzenden schlechten Wetterbedingungen am längsten in ihrem Brutgebiet aus und ziehen erst im September oder Oktober ab; soweit die Küsten im Winter eisfrei bleiben, überwintert der Meerstrandläufer teilweise auch im Brutgebiet wie im südwestlichen Grönland, in Island und Norwegen sowie an der Murmansk-Küste. Sonst überwintert Calidris maritima auf den Britischen Inseln und an der französischen Atlantikküste. An der südlichen Nordseeküste – besonders auf Helgoland – zieht der Meerstrandläufer im März/April, bisweilen auch noch im Mai und dann wieder im November durch und überwintert bisweilen auch hier. In Mecklenburg kommt der Meerstrandläufer nach KLAFS und STÜBS „als regelmäßiger Durchzügler und Wintergast in geringer Zahl von September bis Mai an der ganzen Küste vor." An der Atlantikküste der Iberischen Halbinsel wird der Meerstrandläufer selten festgestellt, gelegentlich an den Küsten des westlichen Mittelmeeres und im Nordwesten Afrikas sowie auf den Azoren.

In Nordamerika überwintern Meerstrandläufer an der Atlantikküste südwärts bis Maryland, gelegentlich auch weiter südlich bis Florida und an

Brutgebiet des Meerstrandläufers

den großen nordamerikanischen Seen. Überall bevorzugt er felsige Küsten mit vorgelagerten Felsinseln und Riffs und wird nur sehr selten einmal im Binnenland angetroffen.

Nahrung Beim Meerstrandläufer spielt – im Gegensatz zu den anderen Strandläufern – zur Brutzeit pflanzliche Nahrung eine nicht unbedeutende Rolle; vor allem werden Knospen, Blättchen, Moos und Algen aufgenommen. Daneben ernährt sich der Meerstrandläufer von Insekten, Würmern, kleinen Mollusken und Crustaceen, ab und zu wird auch einmal ein kleiner Fisch erbeutet.

Calidris alpina (Linné)
Alpenstrandläufer (Tafel 15)

Beschreibung Der etwa starengroße Alpenstrandläufer ist der überall häufigste Strandläufer. Im Brutkleid ist bei Männchen und Weibchen der Scheitel rötlichbraun, der Rücken schwarzbraun mit breiten rostfarbenen Federsäumen. Bürzel und Oberschwanzdecken sind schwarzbraun und beide sind an den Seiten weiß; die Steuerfedern blaß aschbraun. Dadurch unterscheidet sich der Alpenstrandläufer im Ruhekleid vom Sichelstrandläufer mit seinen weißen Oberschwanzdecken (s. Abb. auf S. 190). Kopf- und Halsseiten sowie die Brust sind auf trübweißem Grund dunkel gefleckt, auf dem Bauch befindet sich ein großer schwarzer Fleck, durch den sich der Alpenstrandläufer im Brutkleid leicht von anderen Arten unterscheidet. Der schwarze Schnabel ist länger als der Kopf und sanft abwärts gebogen (s. Abb. auf S. 197).

Das Ruhekleid ist oberseits bräunlichgrau mit schwarzen Federmitten, die Kehle trübweiß, die Brust weißlich mit grauen Flecken, die übrige Unterseite ist reinweiß. Das Jugendkleid ähnelt dem der Altvögel, die Federn der Oberseite sind jedoch mehr rötlichgelb als rostfarben gesäumt, Kehle und Brust sind auf trüb rötlichgelbem Grund dunkel gefleckt, die Unterseite ist weiß. Die Dunenjungen sind oberseits bräunlich gescheckt, unterseits weiß; bemerkenswert ist ein schwarzbrauner Streif, der sich von der Schnabelbasis zum Scheitel hinzieht.

Die unten aufgeführten Unterarten sind im freien Feld im Ruhekleid nicht und im Brutkleid nicht immer mit Sicherheit zu unterscheiden.

Maße: Die nachstehend aufgeführten Maße gelten für die Nominatform, die für C. alpina schinzii sind jeweils in Klammern dahinter aufgeführt. Länge 190 mm (170 mm), Flügel 113 mm (Männchen) bzw. 117 mm (Weibchen) (108 mm und 113 mm), Schwanz 50 mm (49 mm), Füße 24 mm (24 mm), Schnabel 30 mm (28 mm).

Feldkennzeichen Die Feldkennzeichen sind in der Übersichtstabelle zusammengestellt (S. 168).

Von Alpenstrandläufern vernimmt man einzelne „trü"-Rufe und außerdem leise „wiwi–wiwi".

Verbreitung Der Alpenstrandläufer ist eine der wenigen Calidris-Arten, die in ihrem riesigen zirkumarktischen Brutgebiet, das nur in Europa weiter nach Süden reicht, mehrere Unterarten ausgebildet hat.

Die Nominatform Calidris alpina alpina (Linné) brütet in Norwegen, Schweden, im nördlichen Finnland und anschließend in der nördlichen Sowjetunion von der Kola-Halbinsel bis zur Taimyr-Halbinsel; hier reicht das Brutgebiet bis etwa zum 75.° n. Br.. Westlich der Taimyr-Halbinsel brütet der Alpenstrandläufer in der arktischen Moos- und Flechtentundra sowie in der sich südlich anschließenden Waldtundra. Ostwärts reicht das Brutgebiet der Nominatform bis zum Unterlauf der Kolyma. Ferner brütet Calidris a. alpina auf den zwischen der Kola-Halbinsel und der Halbinsel Jamal gelegenen Inseln Kolgujew und Waigatsch. Schließlich wurde der Alpenstrandläufer auch im Spitzbergen-Archipel als Brutvogel nachgewiesen.

Der sogenannte Kleine Alpenstrandläufer, Calidris alpina schinzii (C. L. Brehm) brütet in Island, auf den Färöer, in Schottland einschließlich der Shetland- und Orkney-Inseln, im nördlichen England, in den Niederlanden, im Nordseeküstengebiet, vereinzelt auch im Binnenland (Unterweser, Unterelbe, Holstein, Niedersachsen) sowie im südlichen Ostseeküstengebiet, in Polen ausnahmsweise auch im Binnenland; hier ist der Alpenstrandläufer ein seltener und in ständigem Rückgang begriffener Brutvogel, dessen Gesamtbestand in der Deutschen Demokratischen Republik heute etwa 150 Brutpaare betragen dürfte. Ferner brütet C.alpina schinzii in Dänemark, im südlichen Skandinavien, in der Estnischen, Lettischen und Litauischen SSR nordwärts bis zum südwestlichen Finnland. Außerhalb Europas begegnen wir dieser Unterart noch im südöstlichen Grönland (Angmagssalik-Distrikt), wo sie sehr vereinzelt brütet. An der Westküste Grönlands wie auch an den gegenüberliegenden Küsten des nordöstlichen Kanada brüten keine Alpenstrandläufer, und die hocharktische Unterart Calidris alpina arctica (Schiøler) kommt nur an der Nordostküste Grönlands vom Scoresby-Sund an nordwärts bis zum nördlichen Germania-Land vor, und brütet hier nach Salomonsen an geeigneten Plätzen.

Ein eigenartiges Brutgebiet hat die Unterart

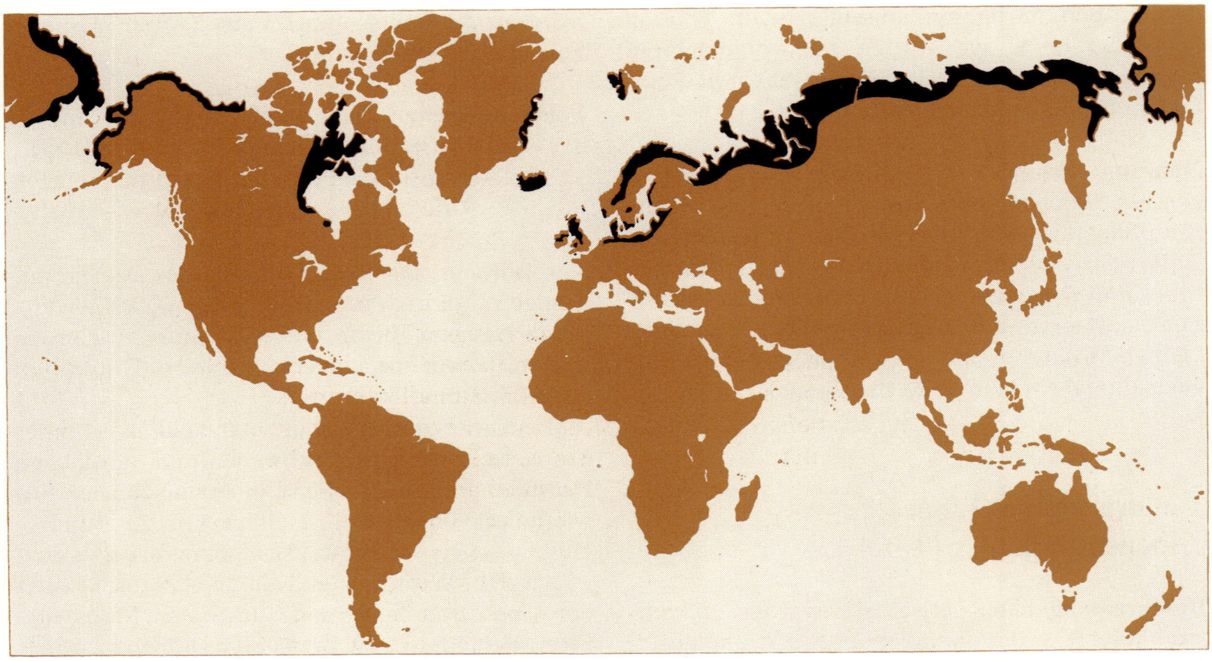

Brutgebiet des Alpenstrandläufers

Calidris alpina pacifica (Coues), das einmal an der Westküste Alaskas liegt und sich hier von der Seward- bis zur Alaska-Halbinsel erstreckt. Dazwischen schiebt sich an der Nordküste Alaskas ein Teil des Brutgebietes von C. a. sakhalina ein, und etwa 2600 km ostwärts liegt ein weiteres zusammenhängendes Brutgebiet von C. a. pacifica, das etwa vom 110.° w. L. nordwärts bis zur Somerset-Insel und ostwärts bis zur Southhampton-Insel reicht; stellenweise brütet diese Unterart noch an der West- und Südküste der Hudson-Bai.

Eine weitere Unterart, Calidris alpina sakhalina (Vieillot), brütet, wie bereits kurz erwähnt, an der Nordküste Alaskas; dieses Brutgebiet setzt sich über die Beringstraße nach Nordostsibirien fort. Hier brütet diese Unterart westwärts bis zum Unterlauf der Kolyma und im Süden bis zum Nordteil von Kamtschatka.

Biotop Der Alpenstrandläufer bewohnt je nach der Lage seiner Brutgebiete recht unterschiedliche Biotope. In Mitteleuropa und auf den Britischen Inseln sind es an den Küsten gelegene Strandwiesen, im Binnenland Niederungen an Seen und Flüssen und auch Moore. In den arktischen Gebieten treffen wir den Alpenstrandläufer in der Tundra an, und zwar nach USPENSKI in den mehr oder weniger feuchten, hügeligen Gebieten. „Eine gewöhnliche Erscheinung" schreibt er, „sind brütende Alpenstrandläufer auch in der Bültentundra, in Seggen-, Seggen-Wollgras- und Seggen-Moos-Sümpfen. In den nördlichsten Teilen des Verbreitungsgebietes, zum Beispiel auf der Wrangel-Insel, brüten die Alpenstrandläufer in trockenem, mit Flechten, Moos und Flechten oder anderen Pflanzen bewachsenem Gelände."

Brutbiologie An seinen mittel- und nordwesteuropäischen Brutplätzen trifft der Alpenstrandläufer schon zeitig ein, bisweilen schon im März, meist aber im April; in den nördlicher gelegenen Brutgebieten zieht sich die Ankunft bis Ende Mai hin, in den arktischen Tundren kommen sie in der ersten und in den noch nördlicher gelegenen Brutgebieten in der zweiten Junihälfte an, oft mit anderen Strandläufern vergesellschaftet. Schon wenige Tage nach ihrer Ankunft haben sich die Paare gebildet, und die Männchen beginnen zu balzen. Unter zitternden Flügelschlägen kreisen die Männchen über ihrem Brutplatz, wobei sie eine schwirrende, an Lautstärke abnehmende Balzstrophe hören lassen, die sich etwa mit „trütrütrütrütrü – pirrrr örr örr" wiedergeben läßt (VOIGT). Oft brüten einige Paare in engerer Nachbarschaft. Das Männchen baut mehrere Scheinnester, die dem Weibchen gezeigt werden. Meist steht das Nest in Wassernähe und wird zwischen Pflanzenbüscheln angelegt; durch darüber hängende Halme ist es gegen Sicht recht gut geschützt. Die Nestmulde wird mit Halmen, Moos und trockenen Blättchen ausgelegt. Das aus vier Eiern bestehende Gelege wird in Mitteleuropa vom letzten Aprildrittel an gefunden, in Großbritannien gewöhnlich von der zweiten oder dritten Maiwoche an, im nördlichen

Skandinavien von Anfang Juni an, in den Tundren der nördlichen Sowjetunion bei normalen Witterungsbedingungen nach USPENSKI in der ersten Junihälfte, in den nördlicher gelegenen Gebieten jedoch erst in der zweiten Hälfte des Juni.

Die kreiselförmigen, seltener kurzovalen Eier sind sehr variabel, sowohl was ihre Grundfarbe wie den Zeichnungscharakter anbelangt. Die Grundfarbe variiert von Blaßblaugrün bis Rötlichgelb, Olivgelblich und Olivbräunlich. Form, Größe und Anordnung der in den verschiedensten braunen Tönen aufgetragenen Flecken sind sehr verschieden. Sehr oft häuft sich die Fleckung am stumpfen Pol, hier finden sich auch oft noch tiefschwarzbraune Flecken und Kritzel. Die Unterflecken sind mattgrau oder bräunlichviolett.

Für 100 in Großbritannien gesammelte Eier von C. alpina schinzii gibt JOURDAIN folgende Durchschnittsmaße an: 34,77 × 24,77 mm; Maxima: 38,3 × 25,4 und 35,9 × 26,0 mm; Minima: 31,3 × 24,4 und 34,3 × 23,1 mm. Die Frischvollmasse beträgt etwa 10 g, die durchschnittliche Schalenmasse 0,47 g. Die Eier der Nominatform und der anderen Unterarten sind nicht von denen von C. alpina schinzii zu unterscheiden.

Die vier Eier eines Geleges von Calidris alpina sakhalina in meiner Sammlung, das am 1. Juli im Indigirka-Mündungsgebiet gesammelt wurde, messen und wiegen im Durchschnitt 34,67 × 25,25 mm, 0,50 g.

Die Eier werden wahrscheinlich in einem Abstand von 24 Stunden gelegt; beim Kleinen Alpenstrandläufer wurde festgestellt, daß die Vierer-Gelege in der Regel in sechs Tagen mit je einem Tag Abstand zwischen dem ersten und zweiten und zwischen dem zweiten und dritten Ei gelegt wurden. Die Bebrütung beginnt wahrscheinlich nach Ablage des letzten Eies. Das Gelege, an dessen Bebrütung sich Männchen und Weibchen beteiligen, wird in 21 bis 22 Tagen ausgebrütet. Die Jungen werden in den ersten Tagen vom Weibchen gehudert, während das Männchen in der Nähe des Nestes wacht; gelegentlich hudert auch das Männchen. Normalerweise beteiligen sich beide Eltern an der Führung der Jungen, bisweilen ist aber auch nur das Männchen oder das Weibchen bei den Jungen gesehen worden. HELDT beobachtete, daß das Weibchen bisweilen dem Männchen die Betreuung der halbwüchsigen Jungen allein überläßt und mit einem anderen Männchen ein zweites Mal brütet. Mit etwa 21 bis 25 Tagen sind die Jungen flügge; sie vereinigen sich dann zu Flügen und ziehen zunächst richtungslos innerhalb ihres engeren Brutgebietes umher, ehe sie schließlich zum endgültigen Abzug in ihre Überwinterungsgebiete aufbrechen.

Wanderungen Nach der Brutzeit verlassen die Altvögel als erste ihre Brutgebiete, die Jungen folgen später. Im Norden des Brutgebietes beginnt der Abzug schon in der zweiten Julihälfte und zieht sich bis Ende August hin. In den südlicher gelegenen Brutgebieten ziehen die Alpenstrandläufer auch schon von Juli an ab, jedoch dehnt sich hier der Wegzug bis Anfang November aus.
Auf dem Zug, der vorwiegend an den Küsten entlangführt, vereinigen sich die Alpenstrandläufer oft zu riesigen Flügen und vergesellschaften sich gern mit anderen kleineren Limikolen, besonders anderen Strandläuferarten. Der Zug durch das Binnenland ist nur unbedeutend, jedenfalls in Ost- und Mitteleuropa. Calidris a. alpina übersommert bisweilen an der Nordseeküste und auch in Großbritannien.

Den oben näher beschriebenen Brutgebieten der einzelnen Unterarten des Alpenstrandläufers entsprechen auch bestimmte Überwinterungsgebiete. Die westlichen Populationen der Nominatform überwintern hauptsächlich an der Atlantikküste Westeuropas, teilweise auch im Mittelmeergebiet und an den nordwestafrikanischen Küsten.

Von den im westlichen Sibirien beheimateten Alpenstrandläufern werden die Küsten des östlichen Mittelmeerraumes, des Roten Meeres, des nordöstlichen Afrika, des Persischen Golfs und des nördlichen Indischen Ozeans ostwärts bis etwa zum Indus-Delta zum Überwintern aufgesucht.

Der Kleine Alpenstrandläufer, Calidris alpina schinzii, überwintert in geringer Anzahl schon im mittleren und südlichen England, der größte Teil jedoch südwestlich der Überwinterungsgebiete der Nominatform, also vor allem an der nordwestafrikanischen Küste.

Die Unterart C. alpina arctica überwintert vermutlich teilweise zusammen mit alpina und schinzii an der Atlantikküste Südwesteuropas und des nordwestlichen Afrika. Die im nordöstlichen Kanada brütenden Alpenstrandläufer – C. a. pacifica – ziehen durch das östliche Nordamerika, um an den Küsten des Golfs und Floridas sowie auf den Bahamas zu überwintern. Die an der Westküste Alaskas ansässigen Populationen dieser Unterart hingegen ziehen an der Westküste Nordamerikas entlang bis an die Küsten Niederkaliforniens. Calidris alpina sakhalina schließlich überwintert an den Küsten Ostasiens von Korea und dem südlichen Japan südwärts bis Vietnam. Als seltener Irrgast wurde diese Unterart zwischen 1905 und 1970 insgesamt achtmal für Großbritannien nachgewiesen; es wird angenommen, daß diese Irrgäste aus Nordamerika und nicht aus Nordostsibirien stammen (HARRISON & HARRISON). Schließlich wurde die im Nordosten Grönlands beheimatete Unterart C. alpina arctica einige Male für Großbritannien und Irland nachgewiesen. Nur das am 8. März 1970 gesammelte Stück trug das Ruhekleid, während die anderen Exemplare von Mai bis Oktober gesammelt wurden. Die Überwinterungsgebiete dieser Unterart sind noch nicht bekannt, und es wird angenommen, daß es sich um einen überwinternden Vogel oder um einen ungewöhnlich frühen Frühjahrsdurchzügler gehandelt haben muß (HARRISON & HARRISON).

Nahrung Die Nahrung gleicht der von anderen Strandläufern. Sie besteht also vor allem aus Insekten und deren Larven, ferner aus Würmern, kleinen Mollusken und Crustaceen. Pflanzliche Stoffe werden nur gelegentlich aufgenommen.

Calidris ferruginea (Pontoppidan)
Sichelstrandläufer (Tafel 15)

Beschreibung Der etwa starengroße Sichelstrandläufer ist zur Brutzeit an seinem relativ langen, schwarzen und deutlich abwärts gekrümmten Schnabel und seinem überwiegend rostroten Gefieder leicht zu erkennen; die im Flug auffallenden deutlichen weißen Flügelbinden und die weißen Oberschwanzdecken schließen eine Verwechslung mit anderen etwa gleichgroßen Arten, beispielsweise dem Alpenstrandläufer im Ruhekleid aus. Im Brutkleid sind Scheitel und Rücken schwarz mit breiten rostroten Federsäumen, die Federn um die Schnabelwurzel sind auffallend hell, Kopf, Hals und die Unterseite lebhaft rostrot, der Bürzel ist graubraun, die Ober- und Unterschwanzdecken sind weiß. Das Weibchen ist im Brutkleid nicht ganz so lebhaft gefärbt.

Das Ruhekleid ist oberseits graubraun mit hellen Säumen; ein Überaugenstreif, Kehle, Kopfseiten und die Unterseite sind bis auf die mit dunklen Federchen untermischte Brust weiß und heller als beim Alpenstrandläufer. Im Ruhekleid sind Verwechslungen mit anderen Arten, besonders dem Alpenstrandläufer, mit dem er sich gern auf dem Zug vergesellschaftet, möglich. Hat man beide Arten nebeneinander vor sich, so wirkt der Sichelstrandläufer hochbeiniger. Der Schnabel ist jedoch kein unbedingt sicheres Unterscheidungsmerkmal, denn bisweilen gleicht er fast völlig dem des Alpenstrandläufers (s. Abb. auf S. 197).

Das Jugendkleid ist dem Ruhekleid sehr ähnlich, die dunkelbraunen Federn der Oberseite haben rostrote Säume, die Brustseiten sind hell rostbräunlich überflogen.

Maße: Länge 190 mm, Flügel 129 mm, Schwanz 45 mm, Schnabel 37 mm, Füße 29 mm.

Feldkennzeichen Die Feldkennzeichen sind in der Übersichtstabelle zusammengestellt (S. 168).

Seine Stimme ist weich, hell und schnurrend, sie klingt wie „djürri“, „drüit“, „dürritit“, „dirrit“ und ähnlich. Vom Nest abfliegende Weibchen rufen „hutj hutj“.

Verbreitung Das Brutgebiet des Sichelstrandläufers erstreckt sich in der arktischen Tundra von der westlichen Taimyr-Halbinsel (nach PORTENKO reicht es sogar noch etwas weiter westlich bis fast zum Ob bzw. zur Halbinsel Jamal) bis zum Westteil der Tschuktschen-Halbinsel; hier geht es nach PORTENKO nur wenig über die Kolyma hinaus. Im Süden reicht das Brutgebiet durchschnittlich bis etwa zum 71.° n. Br. Weitere Brutvorkommen befinden sich auf den Neusibirischen Inseln. Ein völlig isoliertes Brutvorkommen wurde 1962 im nördlichen Alaska entdeckt (HOLMES & PIETELKA); 1972 wurden dort weitere Bruten nachgewiesen und in den beiden folgenden Jahren Brutversuche festgestellt (GIBSON & BYRD).

Biotop „Die charakteristischsten Biotope des Sichelstrandläufers sind die Torfhügel- und Bültentundra unterschiedlicher Feuchtigkeit“, schreibt USPENSKI, „meist jedoch deren sumpfige Teile. An der westlichen Verbreitungsgrenze in Westtaimyr besetzt er jedoch auch relativ trockenes Gelände der genannten Tundratypen. In Nordwestjakutien brüten die Vögel häufig auch in Seggen-, Seggen-Wollgras- und Seggen-Moos-Mooren. In Nordostjakutien werden die Sichelstrandläufer nicht selten auch in Hochmooren brütend gefunden.“

Brutbiologie Zu Beginn der intensiven Schneeschmelze – Ende Mai/Anfang Juni – kommen die Sichelstrandläufer in kleinen Flügen und oft mit anderen Strandläufern vergesellschaftet an ihren Brutplätzen an. Zunächst halten die bereits verpaarten Sichelstrandläufer noch in Flügen zusammen, doch bei fortschreitender Schneeschmelze setzen die Männchen ihre Balz, die teilweise schon auf dem Frühjahrszug begonnen hat, fort. Je nach der Wetterlage balzen die Männchen mehr oder weniger lebhaft; die Balz besteht nach den Beobachtungen PORTENKOs darin, „daß die Vögel beständig in geringer Höhe von einem Ort zum anderen fliegen, wobei sie sehr feine Triller oder kreischende Töne von sich geben. Die Weibchen wurden häufig von den Männchen verfolgt.“

Der Nistplatz wird vom Weibchen ausgesucht, und zwar bevorzugt es zur Anlage des Nestes die nach Süden gelegene und demzufolge trockenere Seite der Hänge. Stellenweise brüten die einzelnen Paare eng benachbart, so daß man fast von einem kolonieweisen Brüten sprechen könnte. Auf der Taimyr-Halbinsel hat PORTENKO die Brutbiologie des Sichelstrandläufers eingehend studiert und dabei festgestellt, daß die Nester auffällig oft in der Nähe von Nestern des Kiebitzregenpfeifers standen, wodurch die Sichelstrandläufer offensichtlich einen gewissen Schutz genossen, da die Kiebitzregenpfeifer beim Herannahen einer Gefahr stets rechtzeitig warnten. Auch Steinwälzer und Spornammern brüten gelegentlich in der Nähe eines Sichelstrandläufers.

Die flache, vom Vogel mit der Brust ausgedrehte Nestmulde ist etwa 8 bis 9 cm breit und 4 bis 5 cm tief; sie ist mit trockenen Hälmchen, Flechten, Moos und Weidenblättchen ausgelegt. PORTENKO und später HOLMES und PITELKA sahen stets nur das Weibchen in der Nähe des Nestes oder brütend auf dem Gelege sitzen, während BIRULA der Ansicht war, daß Männchen und Weibchen brüten. Bei Annäherung eines Menschen verläßt der brütende Vogel rechtzeitig unauffällig das Nest, kommt aber bald – besonders gegen Ende der Bebrütung – zum Nest zurück, ohne sich durch die Anwesenheit des Beobachters stören zu lassen.

Die Eiablage beginnt bei normalen Witterungsverhältnissen in der ersten Junihälfte; die Gelege, die PORTENKO in der zweiten Julihälfte 1949 auf der Taimyr-Halbinsel fand, waren meist schon stärker bebrütet. Das aus vier Eiern bestehende Gelege wird nur vom Weibchen bebrütet; die Bebrütung setzt wahrscheinlich unmittelbar nach Ablage des letzten Eies ein. Die Brutdauer ist nicht bekannt, und wir wissen auch nicht, wie lange die Jungen geführt werden.

Brutgebiet des Sichelstrandläufers

Die kurzovalen bis kurzkreiselförmigen Eier sind auf olivrötlichgelbem bis grünlichgrauem, nach PORTENKO auch auf hellem, „in unterschiedlichen, grünlichen Farbnuancen schimmerndem Grund . . . dicht von scharf begrenzten ziemlich großen dunkelbraunen Flecken“ bedeckt; darunter befinden sich grauviolette Unterflecke. 20 auf der Taimyr-Halbinsel gesammelte Eier messen durchschnittlich 36,52 × 25,71 mm; Maxima: 39,5 × 25,6 und 37,6 × 26,3 mm; Minima: 33,4 × 25,2 und 35,8 × 25,0 mm. Die Frischvollmasse beträgt etwa 12 g, die durchschnittliche Schalenmasse nach PLESKE 0,61 g.

Im Zoologischen Museum der Universität Moskau hatte ich Gelegenheit, weitere Eier des Sichelstrandläufers, die in den Sammlungen nur selten vertreten sind, zu untersuchen. Die Gestalt der Eier ist meist kreiselförmig, selten einmal langspitzoval. Als Grundfarbe überwiegt ein helles Lehmbraun, bisweilen ist diese auch etwas dunkler, selten olivgrünlich. In ihrem Gesamtcharakter erinnern die Eier dieses Strandläufers an kleine Eier der Bekassine. Die mäßig starke und grobe Flekkung ist braun bis dunkelbraun, die vielfach großen Flecken sind meist scharf umrundet oder auch verwaschen und fließen am stumpfen Pol zu großen Flatschen zusammen; außerdem finden sich hier noch Kritzel und kleinste Flecken. Daneben gibt es Eier, die wesentlich feiner gefleckt sind; bei diesen sind die Flecken scharf begrenzt, vielfach rundlich und häufen sich am stumpfen Pol. Die wenigen grauen oder bräunlichvioletten Unterflecke treten wenig in Erscheinung. 32 Eier messen und wiegen im Durchschnitt: D_{32} : 36,75 × 26,13 mm, 0,570 g; Maxima: 39,7 × 25,1 und 36,7 × 27,1 mm, 0,63 g; Minima: 35,2 × 26,1 und 39,7 × 25,1 mm, 0,52 g. Von den etwa gleichgroßen Eiern des Alpenstrandläufers unterscheiden sich die Eier des Sichelstrandläufers durch ihre klare, meist nicht verwischte Fleckung.

Die Jungen werden nur vom Weibchen geführt, verweilen noch bis Ende August/Anfang September in ihrer Brutheimat und treten erst, nachdem die Altvögel bereits abgezogen sind, den Zug in ihre Überwinterungsgebiete an.

Während der Brutzeit werden in der Tundra kleine Flüge von nichtbrütenden Sichelstrandläufern beobachtet; ähnliche Flüge und einzelne Vögel wurden zur Brutzeit auch weit entfernt von ihren Brutplätzen wie zum Beispiel in den Steppen

Brutgebiet des Sanderlings

der Kasachischen SSR angetroffen. Das spricht dafür, daß sich dieser Strandläufer offensichtlich noch nicht am Ende seines ersten Lebensjahres fortpflanzt.

Wanderungen Die Männchen verlassen nach USPENSKI bereits Ende Juni/Anfang Juli die Brutgebiete, Ende Juli/Anfang August folgen die Weibchen, die Jungvögel beschließen den Abzug. Der Sichelstrandläufer überwintert im tropischen und südlichen Afrika und auf Madagaskar, vor allem an den Küsten, aber auch an den Seen im Inneren des Erdteils, in den Ländern des Nahen und Mittleren Ostens, auf den Inseln im Indischen Ozean, im südlichen und südöstlichen Asien sowie in Australien und Neuseeland. Auf dem Durchzug berührt der Sichelstrandläufer auch Mittel- und Westeuropa, selten im Frühjahr (April/Anfang Juni), häufiger im Sommer und Herbst (Juli/Mitte Oktober). Wir treffen ihn dann regelmäßig an den Küsten und auch im Binnenland an. REISER schreibt, daß der Sichelstrandläufer auf dem Durchzug – Mai bis Anfang Juni und im September – der häufigste Strandläufer in Griechenland sei. In der zweiten Maihälfte 1943 beobachtete ich wiederholt einige kleine Flüge Sichelstrandläufer an der Lagune beim Großen Kap in der Nähe von Saloniki und schoß dort am 29. Mai drei Vögel, deren Bälge sich heute im Museum Alexander Koenig in Bonn befinden. Vom 26. April bis zum 12. Mai 1961 beobachteten wir zahlreiche Sichelstrandläufer im Brutkleid im Aliakmon-Mündungsgebiet im nördlichen Griechenland, vom 4. bis 12. Mai 1979 am Golf von Arta und am 18. Mai 1979 an der Lagune bei Vorda an der Westküste Peleponnes. Schließlich sah ich noch vereinzelte Sichelstrandläufer an der Lagune bei Pylos; entweder waren es verspätete Durchzügler oder Sommergäste. Gelegentlich überwintert der Sichelstrandläufer auch auf den Britischen Inseln.

Nahrung Diese besteht vorzugsweise aus Insekten und deren Larven (nach USPENSKI in der Tundra besonders aus Chironomiden- und Tipuliden-Larven), auch aus Süßwasserplankton. In den Überwinterungsgebieten kommen noch kleinere Mollusken, Crustaceen und Würmer hinzu; gelegentlich werden auch pflanzliche Stoffe wie Sämereien aufgenommen.

Calidris alba (Pallas)

Sanderling (Tafel 16)

Beschreibung Der Sanderling ist etwas größer als der Alpenstrandläufer, der gerade und dünne Schnabel ist jedoch kürzer als bei diesem. Das Brutkleid erscheint überwiegend rostbraun, da die schwarzbraunen Federn der Oberseite breit rostbraun gesäumt sind. Kopfseiten, Kinn, Kehle und Vorderbrust sind rostbraun mit schwarzbrauner Fleckung, die übrige Unterseite ist weiß. Das Weibchen sieht ähnlich aus, die Unterseite ist jedoch etwas lichter. Die Füße, denen die Hinterzehe fehlt, sind schwarz.

Das Ruhekleid ist oberseits blaß grau mit dunklen Flecken, der Kopf ist fast und die Unterseite völlig weiß; auffällig ist in diesem wie im Jugendkleid der dunkle Flügelbug. Das Jugendkleid ist oberseits schwarz, die Federn sind breit rahmweißlich gesäumt; Kopf-, Halsseiten und Brust sind rostgelblich überflogen, die übrige Unterseite ist weiß. Die Dunenjungen sind oberseits auf hell gelblichgrauem Grund braun und schwarz gezeichnet und unterseits weiß.

Im Flug fallen in allen Kleidern die weißen Flügelbinden sowie der aschgraue Bürzel und die ebenso gefärbten Oberschwanzdecken – beide sind weiß eingefaßt – sowie der aschgraue Schwanz auf. Von nahestehenden Arten unterscheidet sich der Sanderling durch seine rostrote Kehle und Brust, und im Ruhe- und Jugendkleid durch die weiße Unterseite.

Maße: Länge 200 mm, Flügel 121 (Männchen) bzw. 125 mm (Weibchen), Schwanz 52 mm, Schnabel 25 mm, Füße 24 mm.

Feldkennzeichen Die Feldkennzeichen sind in der Übersichtstabelle zusammengestellt (S. 168).

Beim Balzflug am Brutplatz ruft der Sanderling kurz „trr-trr trr", außerdem vernimmt man von ihm noch sanfte „pitt pitt-Rufe.

Verbreitung Der Sanderling ist von allen Strandläufern die – wenn ich mich einmal so ausdrücken darf – „arktischste" Art, denn sowohl in Asien als auch in Amerika bewohnt der Sanderling die am nördlichsten gelegenen Gebiete. Zur Brutzeit treffen wir den Sanderling auf Spitzbergen, an der Nordwestküste der Taimyr-Halbinsel, auf Sewernaja Semlja, im Lena-Mündungsgebiet und auf den Neusibirischen Inseln an. In Nordamerika finden wir den Sanderling nur an einigen Stellen der arktischen Festlandsküste (Mackenzie-Mündungsgebiet, Melville-Halbinsel und an der Nordwestküste der Hudson-Bai), im übrigen aber als häufigen Brutvogel auf den in der Arktis gelegenen Inseln im Norden Kanadas. Hier brütet der Sanderling von Banks-Land ostwärts bis zur Southampton-Insel und nordwärts bis Ellesmere-Land, allerdings ist die Besiedlungsdichte auf den einzelnen Inseln und auch von Jahr zu Jahr verschieden. Auf der Prince of Wales-Insel schätzten MANNING und MACPHERSON zu Beginn der Brutperiode 1958 den Bestand auf 70.000 Sanderlinge! Damit war diese Art der häufigste Strandläufer, denn die Zahl der Baird-Strandläufer betrug nur 40.000 und die der Weißbürzel-Strandläufer gar nur 15.000 Vögel. Auch auf der Bathurst-Insel war der Sanderling nach den Beobachtungen von PARMELEE und seiner Mitarbeiter der häufigste Strandläufer, während die Zahl der Küstenstrandläufer nur die Hälfte oder auch nur ein Drittel der Stärke der Sanderling-Population aufwies; die anderen Strandläuferarten waren in noch geringerer Stärke vertreten. Jedenfalls ist der Sanderling in der kanadischen Arktis weit häufiger als im nördlichen Sibirien und in Grönland, wo er die nördlichen und nordöstlichen Küstengebiete bewohnt.

Während die erwachsenen Sanderlinge kaum Feinde haben und unwirtlichem Wetter und vorübergehendem Nahrungsmangel widerstehen, fallen Eier und Junge oft Raubmöwen und Füchsen zum Opfer.

Biotop Der Sanderling bewohnt zur Brutzeit die steinige und trockene Flechtentundra in Küstennähe oder auch in einiger Entfernung von der Küste, die schütter mit Salix arctica, Dryas octopetala und Saxifraga oppositifolia bestanden ist; in Grönland wird der Sanderling auch auf Hochflächen bis zu 800 m über dem Meeresspiegel angetroffen (SALOMONSEN).

In den Durchzugs- und Überwinterungsgebieten hält sich der Sanderling vor allem an Sandstränden, seltener auf Schlickbänken auf. Auch im Binnenland werden sandige Ufer stehender Gewässer bevorzugt.

Brutbiologie Einzeln oder in kleinen Flügen und teilweise bereits verpaart treffen die Sanderlinge Ende Mai/Anfang Juni an ihren Brutplätzen ein. In den ersten Tagen nach ihrer Ankunft halten sie zunächst noch in Trupps von acht bis zwölf Vögeln zusammen und suchen den Strand und andere bereits schneefreie Plätze auf. Sobald die im Inneren des Landes gelegenen Brutplätze schneefrei sind, werden sie von den einzelnen Paaren besetzt, und die Männchen beginnen zu balzen. USPENSKI beschreibt die Balz folgendermaßen:

„Von Zeit zu Zeit fliegt das Männchen auf und stößt, mit den Flügeln schwirrend, eigentümlich heisere Rufe wie „trrr-trrr" aus; danach landet es wieder. Manchmal balzt es auch am Boden. Es springt auf eine Bülte oder einen Stein, sträubt das Gefieder, läßt die halbgeöffneten Flügel hängen, spreizt fächerartig den Schwanz und wiederholt viele Male diesen heiseren Ruf. Ohne die Balzhaltung zu ändern, springt das Männchen dann von seinem erhöhten Platz herab und beginnt in der Nähe des Weibchens umherzulaufen."

Das Nest ist eine flache Mulde zwischen der niedrigen Vegetation oder auch auf völlig kahlem Boden; da der brütende Vogel das Nest schon auf große Entfernung verläßt, wenn er gestört wird, so ist das Gelege sehr schwer zu finden. Die Mulde ist mit einigen trockenen Blättchen von Salix arctica,

Flechten oder anderen in Nestnähe wachsenden Pflanzen ausgelegt und enthält in der zweiten Junihälfte, oft auch erst Anfang Juli vier Eier. Diese sind spitzoval bis kreiselförmig und auf trüb grünlicholivfarbenem, blaß bräunlichgrünem oder gelbbräunlichem Grund fein und sparsam olivbräunlich bis dunkelbraun gefleckt, besonders am stumpfen Pol; gelegentlich finden sich hier noch feine schwarzbraune Kritzel und Fleckchen. Die spärlichen Unterflecke sind bläulichgrau.

100 Eier messen nach Jourdain durchschnittlich 35,32 × 24,61 mm; Maxima: 38,2 × 24,7 und 34,1 × 26,1 mm; Minima: 33,1 × 24,4 und 33,6 × 23,5 mm. Die Frischvollmasse beträgt etwa 11 g, die durchschnittliche Schalenmasse 0,53 g.

Die Bebrütung beginnt nach Ablage des letzten Eies; möglicherweise werden die Eier aber schon vorher bedeckt, ohne daß der Vogel fest brütet. Die Angaben über die Brutbeteiligung von Männchen und Weibchen gingen auseinander; Manniche und Pedersen (der acht Sanderlinge auf dem Gelege schoß) geben an, daß nur die Weibchen brüten. Andere Beobachter stellten aber auch brütende Männchen fest, und zweifellos beteiligen sich Männchen und Weibchen an der Bebrütung.

Seit einigen Jahren wissen wir nun, daß sowohl die Männchen wie auch die Weibchen brüten, und wenn Manniche und Pedersen angeben, daß nur die Weibchen brüten, so deshalb, weil sie zufällig nur brütende Weibchen schossen. Parmelee und Payne machten vor einigen Jahren im arktischen Kanada die überraschende Feststellung, daß das Weibchen kurz hintereinander zweimal je vier Eier legt; ein Gelege wird dann vom Männchen, das andere vom Weibchen bebrütet. Auch jeder Elternteil betreut nur die von ihm erbrüteten Jungen. Möglicherweise sollen wie beim Zwerg- und Temminck-Strandläufer Verluste, die die Sanderlinge auf ihren weltweiten Wanderungen erleiden, durch diese zweifachen Bruten ausgeglichen werden.

Die Jungen schlüpfen nach 23 bis 24 Tagen und sind bereits nach etwa 14 Tagen flügge. An der Führung der Jungen beteiligen sich Männchen und Weibchen; bei nahender Gefahr versuchen die Altvögel unter ständigem Warnen den Feind durch Verleiten von den Jungen wegzulocken. Sobald die Jungen flugfähig sind, finden sie sich zu selbständigen Flügen zusammen.

Wanderungen Bereits Ende Juli/Anfang August verlassen die Sanderlinge ihre Brutgebiete, Ende August und in der ersten Septemberhälfte beschließen die Jungvögel den Abzug. Als Durchzügler und Wintergast wird der Sanderling in fast allen südlich seiner arktischen Brutgebiete liegenden Erdteilen angetroffen, vor allem an den Küsten; die Kontinente werden in breiter Front überflogen, so daß man Sanderlinge zu den Zugzeiten – wenn auch seltener – im Binnenland antreffen kann. Der Sanderling überwintert bereits auf den Britischen Inseln, selten hingegen an der südlichen Nordseeküste; hier begegnen wir ihm als mäßig zahlreichen Durchzügler im April und Mai und dann wieder von August bis Anfang November. An der Küste Mecklenburgs ist der Sanderling nach Klafs und Stübs „ein regelmäßiger, aber spärlicher Durchzügler" von Mitte April bis Mitte Juni und von Ende Juli bis Ende Oktober; vereinzelte Sanderlinge werden auch noch in den Wintermonaten angetroffen.

Im übrigen überwintert der Sanderling im Mit-

Tafel 21

Säbelschnäbler, Recurvirostra avosetta, (S. 220)
① *und* ② ♂ *im Brutkleid;*
③ *und* ④ ♀ *im Brutkleid;*
⑤ *Jungvogel;* ⑥ *und* ⑦ *Dunenjunge;*
Stelzenläufer, Himantopus himantopus, (S. 222)
⑧ ♂ *im Brutkleid;* ⑨ ♂ *bzw.* ♀ *im Ruhekleid;*
⑩ ♀ *im Brutkleid;* ⑪ ♀ *im Brutkleid;*
⑫ *Jungvogel;* ⑬ *Dunenjunges;* ⑭ *Eier*

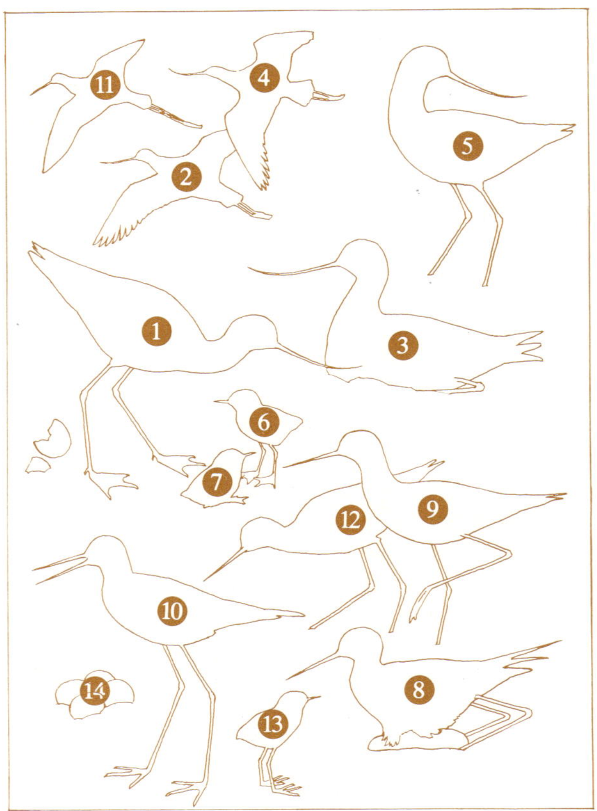

telmeerraum, an den Küsten Afrikas und auf Madagaskar, auf den Inseln des Indischen Ozeans, in Süd- und Südostasien, in Australien, Neuseeland und vom mittleren Nordamerika bis nach Südamerika. Vereinzelt wurde der Sanderling auch auf den Azoren, auf den Hawaii-Inseln sowie auf den Galapagos-Inseln angetroffen. Nicht selten kommt es vor, daß Sanderlinge in ihren Überwinterungsgebieten – auch in tropischen Ländern – übersommern. Noch am 15. Mai 1979 beobachtete ich sieben Sanderlinge am Strand bei Manolas an der Westküste der Peloponnes; möglicherweise waren es auch Durchzügler.

Tafel 22

Weißbürzel-Wassertreter, Ph. tricolor, (S. 233)
① ♂ *im Brutkleid;* ② *und* ③ ♀ *im Brutkleid;*
④ ♂ *und* ⑤ ♀ *im Ruhekleid;*
Rostroter Wassertreter, Ph. fulicarius, (S. 229)
⑥ ♂ *im Brutkleid;*
⑦ *und* ⑧ ♀ *im Brutkleid;*
⑨ ♂ *und* ⑩ ♀ *im Ruhekleid;*
⑪ *bis* ⑬ *Dunenjunge;*
Halsband-Wassertreter, Ph. lobatus, (S. 231)
⑭ ♂ *im Brutkleid;* ⑮ *und* ⑯ ♀ *im Brutkleid;*
⑰ ♂ *und* ⑱ ♀ *im Ruhekleid;* ⑲ *Dunenjunge;*
⑳ *Eier*

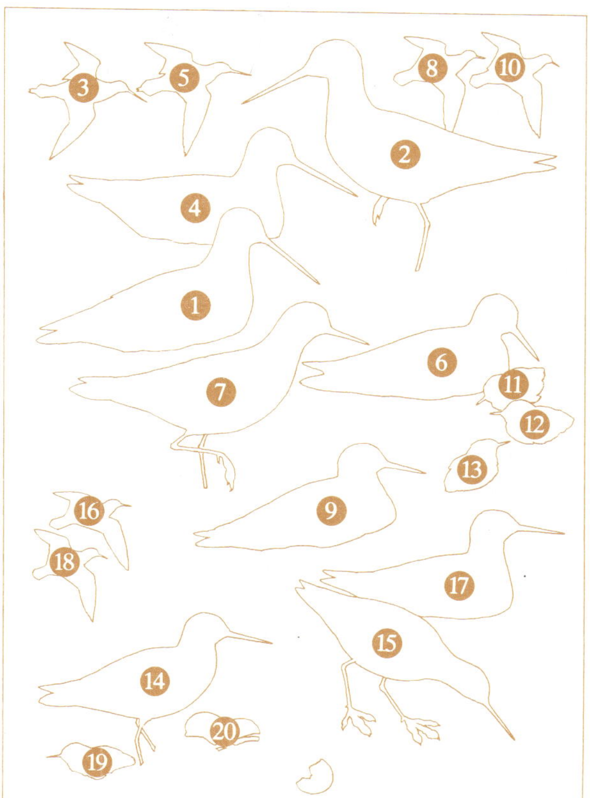

Nahrung In den Brutgebieten ernähren sich die Sanderlinge zunächst oft von Pflanzen wie Knospen von Saxifraga, Moos und Algen und gehen erst später zur tierischen Ernährung über, die vor allem aus Insekten und deren Larven besteht. Auf dem Zug und in den Überwinterungsgebieten kommen noch kleinere Mollusken und Crustaceen, Würmer u. a. hinzu.

Gattung Limicola Koch

Limicola falcinellus (Pontoppidan)
Sumpfläufer (Tafel 16)

Ganz im Gegensatz zu vielen Strandläuferarten hat der Sumpfläufer, Limicola f. falcinellus (Pontoppidan), ein sehr beschränktes Verbreitungsgebiet, und über das Brutgebiet der Unterart Limicola falcinellus sibirica sind wir auch heute noch völlig ungenügend unterrichtet; weder der Verbreitungsatlas von VOOUS noch VAURIE vermögen uns Auskunft zu geben. Es wird vermutet, daß die sibirische Unterart im nördlichen Sibirien östlich des Jenissej brütet. FLINT gibt auf einer Verbreitungskarte einige isolierte Brutgebiete an, und zwar die Halbinsel Kanin, ein größeres Gebiet in den Tundren zwischen dem Unterlauf des Jenissej und dem Südteil der Taimyr-Halbinsel und zwei weitere Gebiete, die zwischen Lena und Indigirka sowie im Mündungsgebiet der Indigirka selbst liegen; alle diese Brutvorkommen liegen nördlich des Polarkreises.

Beschreibung Der Sumpfläufer ist knapp so groß wie ein Alpenstrandläufer und sieht auf den ersten Blick einem kleinen, kurzbeinigen Strandläufer ähnlich. Männchen und Weibchen sind weder im Brut- noch im Ruhekleid zu unterscheiden.

Im Brutkleid erinnern die schwarzen, hellrostfarben gesäumten Federn des Rückens an die gleichen Federpartien einer Zwergschnepfe; dadurch und den sehr dunklen Oberkopf unterscheidet sich der Sumpfläufer von allen Strandläufern. Halsseiten, Kehle und Brust sind auf rostbräunlichem Grund dunkel längsgefleckt, die übrige Unterseite ist weiß. Bürzel und Oberschwanzdecken sind schwarzbraun mit weißen Seiten und fallen bei dem besonders im Flug sehr dunkel erscheinenden Sumpfläufer auf. Der schwärzliche, lange und verhältnismäßig breite Schnabel ist an der Spitze etwas nach unten gekrümmt. Die Füße sind grünlichbraun oder schwärzlich.

Im Ruhekleid ähnelt der Sumpfläufer einem kleinen Alpenstrandläufer, ist jedoch bedeutend heller. Die weiße Kehle und der helle Überaugenstreif sind charakteristisch; im übrigen ist die Oberseite dunkelgrau mit breiten weißen Federrändern, die Unterseite ist weißlich. Der Hals ist fein grau längsgestrichelt. Das Jugendkleid ähnelt dem Brutkleid, die Unterseite ist jedoch rostbräunlich überflogen, und ein doppelter Überaugenstreif ist sehr bezeichnend. Das Dunenjunge ist oberseits schwarz und rotbraun gezeichnet, die Unterseite ist weißlichgrau, die Kehle rostgelblich überflogen.

Maße: Länge 165 mm, Flügel 107 mm, Schwanz 39 mm, Schnabel 31 mm, Füße 32 mm.

Feldkennzeichen Die Oberseite des Sumpfläufers ist sehr dunkel und bekassinenartig gezeichnet, auffallend die kurzen Füße, die Brust ist gefleckt, der Bauch weiß. Im Ruhekleid sind die insgesamt helle Färbung und der helle Überaugenstreif sowie der dunkle Flügelbug (ähnlich wie beim Sanderling) das sicherste Kennzeichen. Die Stimme klingt ähnlich wie die des Temminck-Strandläufers, doch kürzer und weniger melodisch, etwa wie „trii trii trit", nach BECKER jedoch etwa wie „trr(e)rrt". Am Brutplatz vernahm BLAIR ein scharfes „terek, terek", ähnlich dem Ruf des Meerstrandläufers.

Verbreitung Wie schon in der Einleitung gesagt, hat der Sumpfläufer nur ein verhältnismäßig kleines Brutgebiet. Wir finden ihn im südlichen Norwegen (Hardangervidda); in Schweden brütet er

Brutgebiet des Sumpfläufers

möglicherweise schon im nördlichen Härjedalen, regelmäßig aber von Jämtland und Norrbotten an nordwärts bis Lappland, anschließend im nördlichen Finnland und auf der Kola-Halbinsel sowie an den Küsten des Weißen Meeres. Sichere Angaben über das Vorkommen im nördlichen Westsibirien fehlen. Östlich des Jenissej brütet die Unterart Limicola falcinellus sibirica Dresser; über die Ausdehnung des Brutgebietes liegen keine näheren Angaben vor.

Biotop Zur Brutzeit bewohnt der Sumpfläufer mit Wollgras bestandene, möglichst nasse Moore, in denen sich offene, schlammige Blänken befinden, wie ich sie zum Beispiel in Schwedisch-Lappland in dem hart am Polarkreis liegenden Härkmyren fand. Im südlichen Skandinavien brütet der Sumpfläufer auf den bis zu 800 m hoch im Gebirge liegenden Mooren. In den Durchzugs- und Überwinterungsgebieten halten sich die Sumpfläufer ebenfalls mit Vorliebe an flachen schlammigen Ufern auf, sei es im Binnenland oder – wie besonders in den Überwinterungsgebieten – an den Meeresküsten.

Brutbiologie Im Mai kommen die Sumpfläufer an ihren Brutplätzen an, und bei ihren Balzflügen lassen die Männchen trillernde Rufe hören. Das Nest steht meist in einer Kaupe dicht über dem sumpfigen Boden und ist sorgfältiger als das der Strandläufer gebaut; die Nestmulde ist mit trokkenen Blättchen von Betula, Ledum oder Salix ausgelegt. Die vier Eier werden in den südlicher gelegenen Brutgebieten schon Anfang Juni, in Lappland und Finnland vom zweiten Junidrittel an gefunden. Die Eier sind sehr typisch und kaum mit denen von anderen in Europa brütenden Limikolen-Arten zu verwechseln. Ihre Gestalt ist kreiselförmig, und auf hell gelblich- bis weißlichbraunem oder hell rötlichbraunem Grund sind die Eier über und über gleichmäßig fein rot- oder dunkelbraun gefleckt, so daß von der Grundfarbe meist nicht viel zu sehen ist. 153 in Schweden gesammelte Eier messen nach ROSENIUS durchschnittlich 31,45 × 23,18 mm; Maxima: 35,9 × 22,4 und 33,4 × 24,7 mm; Minima: 29,3 × 21,0 mm. Die Frischvollmasse beträgt etwa 9 g, die durchschnittliche Schalenmasse 0,36 g. Der Legeabstand, der Beginn der Bebrütung und die Brutdauer sind unbekannt, und wir wissen nur, daß Männchen und Weibchen brüten. Einzelheiten über die Aufzucht der Jungen sind nicht bekannt.

Wanderungen Der Sumpfläufer überquert den eurasiatischen Kontinent in breiter Front. Die Nominatform überwintert vor allem an den Küsten des Roten Meeres und des östlichen Afrika südwärts bis Kenia, in geringer Zahl auch im Binnenland an den ostafrikanischen Seen, ferner an den Küsten des Persischen Golfs sowie des nördlichen Indischen Ozeans südwärts bis Sri Lanka. Neuerdings wurden überwinternde Sumpfläufer auch an der Küste des südwestlichen Afrika festgestellt.

In Mitteleuropa gehört der Sumpfläufer zu den seltenen Durchzüglern, den wir hier von Mitte April bis Anfang Juni und von Anfang Juli bis Anfang Oktober antreffen können. In den westeuropäischen Ländern wird der Sumpfläufer nur selten festgestellt, so daß man ihn hier fast als Irrgast bezeichnen könnte. Die wenigen Nachweise fallen vor allem in die Zeit von August bis Oktober, während für die Zeit von April bis Juli weniger Nachweise vorliegen.

Die im nördlichen Sibirien beheimateten Sumpfläufer (Limicola falcinellus sibirica) überwintern an der Ostküste des Indischen Subkontinents, an den Küsten Südostasiens und auf den Philippinen, auf den Sunda-Inseln und an den Küsten Australiens, selten einmal auf Taiwan und im südöstlichen China.

Nahrung Im Brutgebiet ernähren sich die Sumpfläufer überwiegend von Insekten und deren Larven, in den Überwinterungsgebieten außerdem von kleineren Mollusken und Würmern.

Gattung Micropalama Baird

Micropalama himantopus (Bonaparte)
Bindenstrandläufer (Tafel 19)

Der Bindenstrandläufer hat ein verhältnismäßig kleines Brutgebiet, über dessen Ausdehnung man auch heute noch nicht hinreichend unterrichtet ist. Dieser Umstand und die Seltenheit dieser Art – selbst BENT muß zugeben, daß er niemals einen „Stilt Sandpiper" im Freien beobachtet hat – machen es erklärlich, daß wir auch in neueren Werken wie etwa in GODFREYS „The Birds of Canada" oder in REED „North American Birds Eggs" nur sehr spärliche Angaben über die Brutbiologie dieser Art finden, und auch SCHÖNWETTER schreibt, daß die Eier von Micropalama himantopus zu den größten Seltenheiten gehören. Andererseits scheint der Bindenstrandläufer doch nicht so selten zu sein, wie von manchen Autoren angenommen wurde, denn JEHL fand ihn bei Churchill, Manitoba, als einigermaßen häufigen Brutvogel, und in seinen Überwinterungsgebieten wird er stellenweise in großer Zahl angetroffen.

Von manchen Autoren wird Micropalama himantopus jetzt zur Gattung Calidris gestellt.

Beschreibung Der Bindenstrandläufer hat die Gestalt und Größe eines kleinen Wasserläufers, etwa des Teichwasserläufers. Im Brutkleid kann er mit keiner anderen Art verwechselt werden: Zunächst fallen der rostbraune Scheitel, ein heller Überaugenstreif und ein rostbrauner Augenstreif auf, der sich an den Wangen zu einem auffallenden Fleck verbreitert. Die Oberseite ist dunkel gezeichnet. Nacken, Hals und Kropf sind auf hellem Grund dunkel längsgefleckt, die übrige Unterseite ist von der Brust bis zu den Unterschwanzdecken auf hellem Grund eng dunkelbraun gebändert.

Im Ruhekleid ist der Bindenstrandläufer insgesamt heller, die Oberseite ist bräunlichgrau, die Unterseite schwächer gefleckt, Brust und Bauch sind weiß, durch den längeren Schnabel und die längeren Füße unterscheidet er sich dann von ähnlichen Arten. Allenfalls könnte er mit einem Kleinen Gelbschenkel verwechselt werden; der Bindenstrandläufer ist jedoch kleiner als der Kleine Gelbschenkel, hat einen hellen Überaugenstreif und trüb gelblichgrüne Füße (Gelbschenkel haben stets leuchtend gelbe Füße). Vom Schlammläufer unterscheidet er sich dadurch, daß nur der Bürzel weiß ist, bei einem fliegenden Schlammläufer fallen jedoch der weiße Hinterrücken und die weißen Flügelbinden auf, ganz abgesehen davon, daß ein Schlammläufer kürzere Füße hat.

Der lange schwarze Schnabel ist deutlich länger als der Kopf und an der Spitze ganz leicht abwärts gebogen.

Maße: Länge 210 mm, Flügel 124 mm (Männchen) bzw. 131 mm (Weibchen), Schwanz 52 mm, Füße 40 mm, Schnabel 40 mm.

Feldkennzeichen Der Bindenstrandläufer sieht wie ein zierlicher Wasserläufer aus (obwohl er systematisch zu den Strandläufern gezählt oder in deren unmittelbare Nähe gestellt wird). Auffällig sind der lange Schnabel und die langen, gelblichgrünen Füße, die im Flug über das Schwanzende hinausragen, ferner der weiße Bürzel und die weißen Oberschwanzdecken. Im Ruhekleid ist er außer an den bereits genannten Kennzeichen noch an dem weißen Überaugenstreif zu erkennen.

Verbreitung Der Bindenstrandläufer brütet im nordöstlichen Alaska (hier ist allerdings die westliche Grenze seiner Verbreitung noch unbekannt) und anschließend im arktischen Kanada vom Makkenzie-Mündungsgebiet ostwärts bis zur Elliot-Bucht, im Süden von Victoria-Land sowie stellenweise an der West- und Südküste der Hudson-Bai (Churchill und Kap Henrietta Maria). Möglicherweise gibt es in den dazwischen liegenden Gebieten des nordöstlichen Kanada weitere bis jetzt noch unbekannte Brutplätze.

Biotop Die Biotope des Bindenstrandläufers sind je nach der Lage seiner Brutgebiete verschieden. Auf der Victoria-Insel zum Beispiel bewohnt er zur Brutzeit sowohl die nasse, mit Weidengestrüpp bestandene Tundra in der Nähe von Seen und versumpften Stellen, wie auch höher gelegene Hänge mit Ausnahme der steinigen Bergrücken. Am Westrand der Hudson-Bai hält sich der Bindenstrandläufer vorzugsweise auf feuchten Seggenwiesen auf, die von höher gelegenen und trokkenen Stellen unterbrochen werden, auf denen sich Brutmöglichkeiten bieten. Manche dieser Brutplätze weisen auch mehr oder weniger tiefe Tümpel auf. Zu den Zugzeiten und in den Überwinterungsgebieten bevorzugt der Bindenstrandläufer seichte Binnengewässer oder ruhige Küstengewässer; so erscheint er in großer Zahl an der Golfküste von Texas wie etwa an der Lagune Atacosa.

Brutbiologie An der Westküste der Hudson-Bai trifft der Bindenstrandläufer in den letzten Maitagen bis Anfang Juni ein, und wenige Tage später sind die vorjährigen Brutplätze besetzt. Der Bindenstrandläufer nistet hier nach JEHL auf den verhältnismäßig offenen Stellen der trockenen Tundra, mehr oder weniger weit vom Wasser entfernt und oft in der Nähe anderer hier brütender Limikolen wie zum Beispiel Numenius phaeopus hudsonicus, Limosa haemasticta, Calidris minutilla und Calidris alpina.

Das Nest ist lediglich eine vom Vogel mit der Brust in den weichen Untergrund gedrehte Mulde von durchschnittlich 107 mm Breite und 30 mm Tiefe ohne jedes Genist. Die Mehrzahl der von JEHL gefundenen Nester lagen ziemlich offen, und nur etwa 15 Prozent der Nester waren durch Rhododendronbüsche oder Birken geschützt. Gewöhnlich bietet das Männchen dem Weibchen mehrere solcher Nistmulden an, von denen dann eine angenommen wird; das ist gewöhnlich bei neuen Paaren der Fall, während alte Paare meist die vorjährige Nestmulde wieder benutzen.

Die vollständigen Gelege bestehen aus vier, ausnahmsweise auch aus drei Eiern und werden in der Mehrzahl von Mitte Juni an gefunden. Zwei Gelege in meiner Sammlung wurden am 20. und

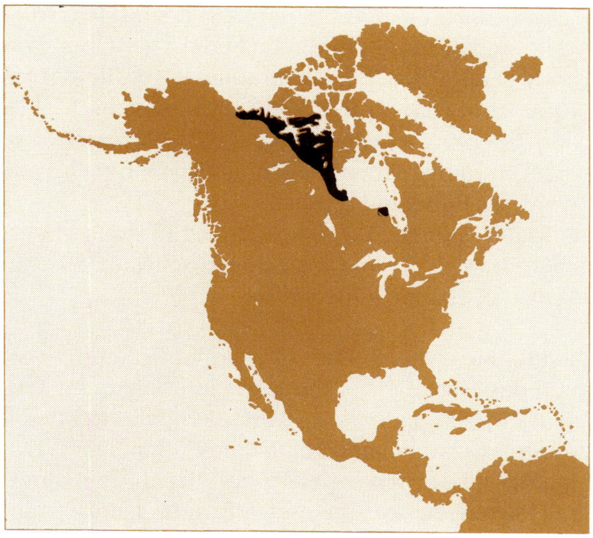

Brutgebiet des Bindenstrandläufers

23. Juni bei Fort Churchill (Manitoba) an der Westküste der Hudson-Bai gesammelt. Auf den ersten Blick haben die Eier des Bindenstrandläufers eine gewisse Ähnlichkeit mit manchen Varietäten des Alpenstrandläufers. Ihre Gestalt ist ausgesprochen kreisel- bis langkreiselförmig. Auf hell olivgrünlichem oder rötlichgelbem bis grauem, bisweilen ganz matt glänzendem Grund (der vom Bebrütungsgrad der Eier abzuhängen scheint) finden sich größere und kleinere, meist scharf umgrenzte braune und dunkelbraune Flecke, besonders am stumpfen Pol, wo sie teilweise ineinanderfließen. Manche Eier weisen außerdem kurze, schwarzbraune Haarzüge auf. Größere graue und grauviolette Unterflecke sind deutlich sichtbar. Sieben Eier messen nach BENT durchschnittlich 35,5 × 25,1 mm; Maxima: 36,0 × 25,0 × 26,0 mm; Minima: 35,0 × 25,0 und 36,0 × 24,5 mm. Nach JEHL messen 121 Eier durchschnittlich 36,5 × 25,5 mm, Maxima und Minima: 39,9 × 34,6 mm und 26,8 × 24,5 mm. Die Eier von vier Weibchen, die in zwei aufeinanderfolgenden Jahren gemessen wurden, wiesen keine Größendifferenzen auf. Sechs Eier meiner Sammlung messen und wiegen im Durchschnitt 37,13 × 24,73 mm, 0,52 g; Maxima: 39,7 × 24,6 und 35,4 × 25,2 mm, 0,58 g; Minima: 35,1 × 24,9 und 37,8 × 24,0 mm, 0,47g. Die Eier des Bindenstrandläufers sind also etwa ebenso groß und schwer wie die des Alpenstrandläufers.

Nach den Beobachtungen JEHLS, die an einer beringten Population in den Jahren 1964 bis 1967 bei Churchill, Manitoba durchgeführt wurden, beginnen erstmals brütende Paare durchschnittlich etwas später zu brüten als ältere Paare. Die Eier werden in einem Abstand von 26 bis 48 Stunden gelegt, und die Bebrütung des Geleges beginnt nach Ablage des letzten Eies. Allerdings beobachtete JEHL an einigen Nestern, daß die Weibchen das noch unvollständige Gelege nachts und ab und zu auch tagsüber bedeckten. Sobald das letzte Ei gelegt ist, beteiligen sich Männchen und Weibchen an der Bebrütung, und zwar tagsüber das Männchen und nachts das Weibchen. Die Brutablösung erfolgt höchst einfach: Der zur Ablösung kommende Partner fällt in einiger Entfernung vom Nest ein, ohne sich vorher bemerkbar zu machen.

Meist fliegt dann der abgelöste Partner zu seinem Nahrungsrevier. Die Bebrütung dauert nach den Beobachtungen JEHLS etwa 20 bis 21 Tage. Die Jungen schlüpfen innerhalb von 10 bis 14 Stunden und sehen im übrigen denen des Graubrust-Strandläufers sehr ähnlich. In drei aufeinanderfolgenden Jahren stellte JEHL fest, daß 80 Prozent der Jungen von 41 Gelegen zwischen dem 28. Juni und 5. Juli schlüpfen, das heißt also, daß der überwiegende Teil dieser Population innerhalb von acht Tagen zu brüten begann.

Sobald die Jungen trocken geworden sind, verlassen sie ihr Nest und werden von ihren Eltern an feuchtere Plätze geführt, an denen es mehr Nahrung gibt. Die Weibchen bleiben nur etwa eine Woche bei den Jungen, die Männchen hingegen zwei Wochen. Im Alter von 17 bis 18 Tagen sind die Jungen flugfähig und verlassen, kaum daß sie einen Monat alt sind, ihre Brutplätze.

Wanderungen Der Bindenstrandläufer überwintert in Südamerika; über die Ausdehnung seiner Überwinterungsgebiete sind wir indessen noch nicht restlos unterrichtet. Bis jetzt ist nur bekannt, daß er im mittleren Südamerika von Bolivien, Brasilien, Paraguay und Uruguay bis zum nördlichen Argentinien überwintert. Der Herbstzug beginnt bereits im Juli und verläuft überwiegend durch den Osten Nordamerikas und über die Westindischen Inseln, der Zug im Frühjahr hingegen durch Mittelamerika und die Gebiete westlich des Mississippi bis hinauf in die arktischen Gebiete Kanadas und Alaskas.

Als Irrgast wurde der Bindenstrandläufer für Europa erstmalig in Großbritannien festgestellt, und zwar wurde ein Exemplar vom 31. August bis zum 4. September 1954 bei Spurn, Yorkshire, beobachtet. Am 18. April 1970 wurde die Art erstmals für Schottland (Dornoch Point, Sunderland) und am 6. Oktober 1968 zum ersten Mal für Irland (Akeragh Lough, Co. Kerry) nachgewiesen. In den nachfolgenden Jahren wurde der Bindenstrandläufer noch viermal in Großbritannien und je einmal in Schweden und Österreich (am 9. August 1969 im Rheindelta in Vorarlberg) beobachtet. Am 9. und 10. August 1973 wurde der Bindenstrandläufer erstmals in der Bundesrepublik Deutschland nachgewiesen; an diesen Tagen beobachteten SEITZ und RITZEL ein Exemplar im Universitätsbaugelände in Bremen.

Nahrung Diese ist wahrscheinlich die gleiche wie die anderer im hohen Norden Amerikas vorkommender Limikolen. Sie besteht also vor allem aus Insekten und deren Larven, Würmern, kleineren Mollusken und Crustaceen. Bei Magenuntersuchungen wurden verhältnismäßig viel Sämereien gefunden.

Gattung Tryngites Cabanis

Tryngites subruficollis (Vieillot)
Grasläufer (Tafel 19)

FORBUSH gibt in seinem Werk „A Natural History of American Birds of Eastern and Central North America“ folgende Schilderung des Grasläufers, die sowohl seinen Brutbiotop wie sein Verhalten treffend charakterisiert: „Der Grasläufer ähnelt dem Prärieläufer etwas in der Erscheinung und kommt im gleichen Gelände vor, bisweilen zusammen mit Gold- oder Kiebitzregenpfeifern, gewöhnlich auf grasigen Hügeln entlang der Küste, manchmal in Wassernähe oder sogar am Strand. Früher war er vielleicht östlich des Mississippi-Tales nicht selten; jetzt ist er eine der seltensten Limikolen-Arten.

E.A. DOOLITTLE, der die Verhaltensweise eines Grasläufers bei der Nahrungssuche beobachtete, sagt, daß die Beine eingeknickt wurden und dadurch dem Vogel eine geduckte Haltung gaben. Die Füße wurden bei jedem Schritt hochgehoben, als ob er über oder durch Gras ginge. Obgleich der Vogel am Strand war, streckte er jedesmal die Füße aus als ob über Gras gespäht würde. Mit seinem ausgestreckten Hals hat er eine gewisse Ähnlichkeit mit dem Prärieläufer. Der Grasläufer ist nicht mißtrauisch, und gewöhnlich kann man sehr nahe an ihn herankommen.“

Beschreibung Weder im Brut- noch im Ruhekleid kann der Grasläufer mit einer anderen Art verwechselt werden; bis auf den Scheitel, den Nacken und die Oberseite sind Männchen und das etwas kleinere Weibchen durchgehend rostbräunlich, am dunkelsten an der Brust, während Bauch und Unterschwanzdecken etwas heller getönt sind. Im Brutkleid sind die dunkelbraunen Federn der Oberseite breit sandfarben bis rostbräunlich gesäumt. Das Ruhekleid ist dem Brutkleid sehr ähnlich, die Federn der Oberseite haben dann schmale weiße Säume. Der dünne schwarze Schnabel ist kürzer als der Kopf, die Füße sind gelblich.

Maße: Länge 200 mm, Flügel 133 mm (Männchen) bzw. 124 mm (Weibchen), Schwanz 59 mm, Schnabel 20 mm, Füße 33 mm.

Feldkennzeichen Der Grasläufer ist ein Vogel von der Größe eines Flußuferläufers und der Gestalt eines kleinen Strandläufers mit einem kurzen dünnen Schnabel und gelblichen Füßen. Der Grasläufer ist unter den etwa gleichgroßen und verwandten Arten die einzige Art, die unterseits – einschließlich der Kopfseiten – völlig rostbräunlich ist. Im Flug fallen die überwiegend weißen Unterflügel auf. Die Stimme beschreibt WETMORE (bei BENT) wie folgt: „Beim Auffliegen kann man einen leisen Ruf vernehmen, der so ähnlich wie „tschap“ klingt, im Ton ungefähr dem einer Wanderdrossel (Turdus migratorius) ähnlich; eine weitere Lautäußerung ist ein leise getrillertes „pr-r-riet“. Der Grasläufer kann mit keinem anderen Strandvogel verwechselt werden.“

Verbreitung Auch der Grasläufer hat ein sehr kleines Brutgebiet und brütet an einigen Stellen im nördlichen Alaska und im nordwestlichen Kanada; seine in der Arktis liegenden Brutplätze sind, wie GODFREY schreibt, auch heute noch sehr ungenügend bekannt. Als Brutgebiete werden von ihm das Küstengebiet östlich der Mackenzie-Mündung, Banks-Land, Victoria-Land und die King-William-

Brutgebiet des Grasläufers

Insel angegeben. Wahrscheinlich kommt der Grasläufer auch noch auf einigen anderen Inseln vor. Möglicherweise brütet er vereinzelt auch im nordöstlichen Sibirien, da am 27. Juli und am 11. August 1965 ein Weibchen mit Brutflecken und ein Jungvogel auf der Wrangel-Insel erbeutet wurden (FLINT, briefl.).

Biotop Zur Brutzeit bewohnt der Grasläufer die trockene Gras- und Moostundra wie auch die sumpfigen Tundren. Zu den Zugzeiten und in den Überwinterungsgebieten treffen wir den Grasläufer auf kurzgrasigen Wiesen, Feldern und trockenem, grasbestandenem Gelände in Wassernähe an.

Brutbiologie Auch über die Brutbiologie wissen wir noch recht wenig. Die Brutzeit erstreckt sich nach den von BENT angegebenen 56 Gelegefunden von Anfang Juni bis Mitte Juli. Während die Männchen auch an feuchten Stellen der Tundra balzen, legen die Weibchen ihre Nester nur an trockenen, mit höherem Gras bewachsenen Stellen an. Das Nest selbst ist eine flache, mit einigen Halmen und trockenen Blättchen ausgelegte Mulde. Die vier kreiselförmigen Eier sind auf weißlichem, hell rötlichgelbem bis rahmgelblichem Grund lebhaft in verschiedenen braunen Tönen gefleckt, besonders am stumpfen Pol. 62 Eier messen nach BENT durchschnittlich 37,0 × 26,0 mm; Maxima: 40,0 × 27,0 und 37,5 × 27,5 mm; Minima: 34,5 × 25,5 und 35,5 × 25,0. Die Frischvollmasse beträgt etwa 13 g, die durchschnittliche Schalenmasse 0,62 g (SCHÖNWETTER). Das Gelege wird überwiegend vom Weibchen bebrütet; die Brut- und Nestlingsdauer sind noch nicht bekannt.

Wanderungen Der Grasläufer überwintert in den Prärien des mittleren Argentinien. Der Zug verläuft durch das Innere Nordamerikas, im Frühjahr etwas weiter östlich als im Herbst, und wird dann durch Mittelamerika fortgesetzt. Zu den Zugzeiten ist er allerdings nicht mehr so häufig wie früher in den Prärien Kanadas und im Mississippi-Tal anzutreffen.

Als Irrgast wurde der Grasläufer in allen Erdteilen und verhältnismäßig oft auch in Europa nachgewiesen, so beispielsweise in Großbritannien; hier trat die Art im Herbst 1968 fast invasionsartig auf, und 19 Grasläufer wurden festgestellt. Die Nachweise fallen in die Zeit von Mai bis November mit einer Häufung im September. Insgesamt wurden bis 1978 in Großbritannien und Irland 334 Grasläufer festgestellt. Auch in Island, in den Niederlanden, in Frankreich, in der Schweiz und in Dänemark wurden Grasläufer beobachtet. Am 5. September 1971 wurde der Grasläufer erstmals für Norwegen nachgewiesen; bei Kragerö wurde ein Exemplar gefangen und beringt. Weitere vier Nachweise lagen bis zum September 1979 vor. In Schweden wurde der Grasläufer erstmals am 25. August 1968 bei Uddevalla und vom 1. bis zum 8. September bei Morups Tange, Falkenberg, beobachtet. In Österreich hielten sich am 15. September 1968 und am 11. Oktober 1978 Grasläufer im Rheindelta am Bodensee auf. Für Italien wurde die Art erstmals am 7. September 1968 bei Piana de Ardea in der Nähe von Rom nachgewiesen; hier wurde ein Grasläufer gefangen, und es ist auffällig, daß die Mehrzahl der Nachweise auf das Jahr 1968 entfällt. Die östlichsten Nachweise sind aus Finnland, Polen und Bulgarien bekannt geworden.

Auch für die DDR und die BRD liegen einige Nachweise vor: Am 2. Juni 1966 wurde ein Grasläufer auf Fehmarn beobachtet, und vom 9. bis 11. September1970 hielt sich ein Grasläufer bei Kamen, Kreis Unna in Westfalen, auf. Schließlich wurden am 23. August 1975 ein Grasläufer bei Salzgitter-Herte in Niedersachsen und am 3. August 1977 zwei weitere Exemplare auf dem Westerhever Sand an der Westküste Schleswig-Holsteins beobachtet. Nachdem sich bereits am 27. April 1968 zwei Grasläufer „im Brutkleid auf der Schlammfläche eines abgelassenen Fischteiches bei Plattenburg, Kreis Perleberg", aufgehalten hatten, verweilte vom 20. bis zum 22. Mai 1972 ein Grasläufer auf den Kooser Wiesen bei Greifswald (KLAFS & STÜBS). Ein weiteres Exemplar wurde vom 3. bis 8. September 1973 bei Friemar, Kreis Gotha, in Thüringen beobachtet und anschließend erlegt. (K. SCHMIDT, briefl.). Weitere Grasläufer verirrten sich nach Nordostsibirien, bis zu den Kurilen, nach Japan, Spitzbergen und sogar nach Spanien, Malta (Erstnachweis am 1. Oktober 1968) und Ägypten. Schließlich sei noch erwähnt, daß am 9. Mai 1847 ein Grasläufer auf Helgoland erlegt wurde.

Nahrung Die Magenuntersuchungen von 17 im Frühjahr geschossenen Grasläufern ergaben nach BENT vor allem Dipteren (50 Prozent) und Coleopteren (40 Prozent), der Rest bestand unter anderem aus Sämereien.

Gattung Philomachus Merrem

Philomachus pugnax (Linné)

Kampfläufer (Tafel 20)

Nur wenige Kilometer südlich des Polarkreises liegt in Schwedisch-Lappland das „Härkmyren". Als ich es am 24. Mai 1969 erstmals aufsuchte, waren weite Teile des Moores noch mit Eis und Schnee bedeckt, doch überall in den kleinen Fichtenbeständen am Rande des Moores sangen die Rotdrosseln und Rotstern-Blaukehlchen. Inmitten dieser Vorfrühlingslandschaft war die Balz der Kampfläufer in vollem Gange. Eine kleine grasbewachsene Erhöhung im Moor war der Platz, auf dem vom frühesten Morgen an bis spät abends die rege Balz der Kampfläufer stattfand. In diesen hohen Breitengraden pflegt es zu dieser Jahreszeit noch gegen 23 Uhr und schon wieder gegen ein Uhr hell zu sein. Die Mehrzahl der Kampfläufer-Männchen fand sich jedoch in den Vormittagsstunden auf dem Balzplatz ein. Von allen Seiten kamen sie aus dem weiten Moor herangeflogen und standen dann in Gruppen von 15 bis zu 25 Vögeln gleichzeitig auf dem Balzplatz. Im Morgensonnenschein kamen die vielfarbigen, bunten Federkragen besonders schön zur Geltung. Neben einfarbig rostbraunen, blauschwarzen, gelblichrahmfarbenen und weißen sah ich auch gescheckte und gesperberte Federkragen. In waagerechter Haltung liefen sich die Männchen entgegen, sprangen gegeneinander in die Höhe, standen dann wieder eine Weile lang unschlüssig herum, um ihr Spiel dann plötzlich wieder zu beginnen. So erbittert diese Kämpfe auch aussehen mochten, sie bedeuten in Wirklichkeit nur ein Zurschaustellen der bunten vielfarbigen Federkragen. Im übrigen besteht bei den Kampfläufern keinerlei eheliche Bindung zu ihren Weibchen, nicht einmal über eine Brutperiode hinweg. Nachdem ein Männchen abseits vom Balzplatz mit einem Weibchen „Hochzeit gefeiert" hat, kehrt es zu seinen Gefährten zurück und überläßt dem Weibchen nicht nur den Nestbau und die Bebrütung des Geleges, sondern auch die Aufzucht der Jungen.

Beschreibung Das kiebitzgroße Männchen ist durch seinen bunten Federkragen im Brutkleid unverkennbar, so daß sich eine ausführliche Beschreibung erübrigt. Das kleinere Weibchen ist nur knapp so groß wie ein Rotschenkel; das Brutkleid ist oberseits braun mit hellen Federsäumen, wodurch das Gefieder ein gescheckteS Aussehen erhält. Im Flug fallen die beiderseits weiß eingefaßten dunklen Oberschwanzdecken auf. Bauch und Unterschwanzdecken sind bei Männchen und Weibchen in allen Kleidern weiß. Der kurze, gerade, schwarzbraune Schnabel ist nicht so lang wie der des Rotschenkels; beim Männchen im Brutkleid variiert die Farbe des Schnabels von Gelb über Braun bis Rot, noch größer ist die Variation der Farbe der Füße. Es gibt Männchen mit grünen, grünlichgelben, orangegelben, gelblichbraunen und fleischfarbenen Füßen. Die Füße des Weibchens sind meist rötlichgelb. Im Ruhekleid sind bei Männchen und Weibchen Oberkopf und Hinterhals braun mit feiner schwarzer Strichelung, die übrige Oberseite ist schwarzbraun mit hellen Federsäumen, Kinn und Kehle sind weißlich, die Brust fahl aschbraun, die übrige Unterseite weiß. Das Jugendkleid ähnelt dem Ruhekleid, die Unterseite ist jedoch rostbräunlich mit verwaschener dunkler Zeichnung. Das Dunenjunge ist oberseits hell gelbbraun mit schwarzbrauner Zeichnung, die Kropfgegend ist rostgelblich, die übrige Unterseite trüb weiß.

Maße: Länge 255 mm (Männchen) bzw. 235 mm (Weibchen), Flügel 190 mm (Männchen) bzw. 161 mm (Weibchen), Schwanz 67 mm, Schnabel 36 mm (Männchen) bzw. 31 mm (Weibchen), Füße 50 mm (Männchen) bzw. 42 mm (Weibchen).

Feldkennzeichen Das Männchen ist durch seinen bunten Federkragen im Brutkleid unverkennbar, im Ruhekleid ist die Oberseite dunkelbraun mit hellen Säumen; im Flug fallen die beiderseits weiß eingefaßten dunklen Oberschwanzdeckfedern auf. Das kleinere Weibchen ist oberseits dunkler und unterseits bis zur Brust heller bräunlich. Die Federn haben helle Federsäume, Bauch und Unterschwanzdecken sind weiß. Die Schwanzzeichnung gleicht der des Männchens. Die Kampfläufer sind selten einmal zu hören, gelegentlich vernimmt man gedämpfte „wägägäg"-Laute.

Verbreitung Die westlichsten Brutplätze des Kampfläufers liegen an der Loire-Mündung und in der Vendée in Frankreich; anschließend finden wir den Kampfläufer als Brutvogel in Belgien und in den Niederlanden. In der BRD brütet der Kampfläufer noch in Schleswig-Holstein und in Niedersachsen, früher auch in Bayern; bis 1931 brüteten einige Paare im Ismaninger Teichgebiet bei München. In der DDR brütet der Kampfläufer heute nur noch in geringer Anzahl in Mecklenburg, vor allem im Küstengebiet (Oie, Kirr, Heuwiese, Kooser Wiesen). Die Brutvorkommen Fischland und Michelsdorfer Wiesen sind unterdessen infolge von

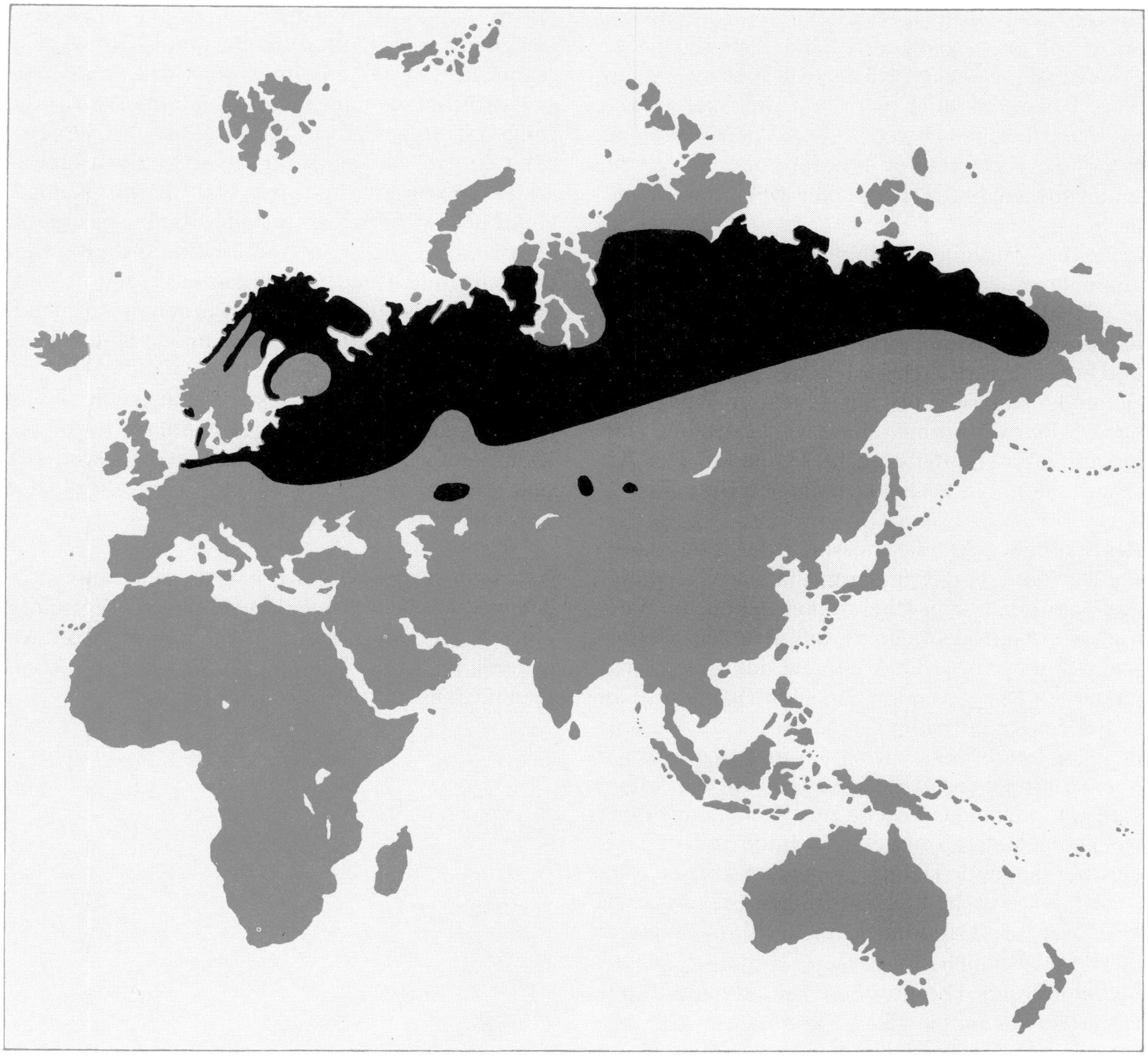

Brutgebiet des Kampfläufers

Meliorationsarbeiten erloschen. 1969 konnten zwei Bruten in der unteren Havelniederung im Kreis Rathenow nachgewiesen werden. Als weiteres Brutgebiet wird die untere Oder-Niederung im Bezirk Frankfurt/Oder angegeben. Ferner brütet der Kampfläufer in Dänemark, Norwegen und Schweden (im mittleren Schweden fehlt er teilweise völlig und ist im südlichen Schweden merklich seltener geworden), im nördlichen und südwestlichen Finnland und anschließend in der gesamten nördlichen Sowjetunion von der Ostseeküste ostwärts bis zum Anadyr-Land einschließlich der Inseln Kolgujew und Waigatsch. Lediglich im Norden der Halbinseln Jamal, Gyda und Taimyr fehlt der Kampfläufer als Brutvogel.

Die Südgrenzen lassen sich nicht so leicht angeben, da sie sich immer wieder verändern. In Polen und in der europäischen Sowjetunion liegt die Südgrenze etwa beim 55.° n. Br., im westlichen Sibirien etwa beim 60.° n. Br., im östlichen Sibirien etwa am Polarkreis. Südlich dieser Grenze gibt es noch vereinzelte Brutplätze in der Kirgisen- und Baraba-Steppe sowie weiter östlich in der Gegend von Barnaul und Minusinsk. Die Brutvorkommen in Österreich (Neusiedler-See) und in der ungarischen Tiefebene sind teilweise schon vor einem halben Jahrhundert erloschen.

In England brüteten die Kampfläufer bis 1922; dann wurden bis 1963 keine Bruten mehr festgestellt. Seitdem brüten wieder einige Paare alljährlich in den Ouse Washes (Cambridge, Norfolk). Unterdessen hat der Bestand an Brutpaaren erfreulich zugenommen, 1971 wurden 21 Nester von wahrscheinlich 40 Weibchen gefunden.

Biotop Zur Brutzeit finden wir den Kampfläufer auf mehr oder weniger feuchten Wiesen in der Ebene in der Nähe der Küsten wie auch im Binnenland, besonders dort, wo diese mit Viehweiden, Seen und Teichen abwechseln. An den Küsten bewohnt der Kampfläufer die Marschen, im Norden seines ausgedehnten Brutgebiets Moore und Tundren.

Zu den Zugzeiten treffen wir den Kampfläufer auf schlammigen Flächen am Rande stehender und auch fließender Gewässer an; in der Oberlausitz hält er sich dann auf den abgelassenen Teichen auf, und in der ungarischen Tiefebene sahen wir durchziehende Kampfläufer auf feuchten Wiesen. In den Überwinterungsgebieten bevorzugt der Kampfläufer ebenfalls feuchtes Gelände aller Art, kommt hier aber auch auf trockenen Böden vor.

Brutbiologie Auf die Balzspiele der Kampfläufer war ich bereits eingegangen und hatte auch erwähnt, daß Kampfläufer in Ehelosigkeit leben. In West- und Mitteleuropa beginnt die Brutzeit vielfach schon Ende April, die Mehrzahl der Gelege wird jedoch im Mai gefunden. Im südlichen Schweden brütet der Kampfläufer von Mitte Mai an, in Lappland im Laufe des Juni. Auch in der nördlichen Sowjetunion werden die Gelege nicht vor Anfang Juni gefunden. Das Nest ist eine flache, mit einigen trockenen Halmen ausgelegte Mulde, die oft durch darüberhängende Halme gut gegen Sicht geschützt ist. Die vier, meist kreiselförmigen Eier sind sehr variabel; ihre Grundfarbe variiert von Steingrau über Olivgrünlich, Olivbraun, Bräunlichgelb bis Hellehmbraun. Die größeren und kleineren, teilweise verwaschenen Flecke kommen in den verschiedensten braunen Tönungen von Schwarzbraun bis Hellbraun vor, daneben finden sich hellgraue bis bräunlichviolette Unterflecke. 254 in Schweden gesammelte Eier messen nach ROSENIUS durchschnittlich 44,10 × 31,11 mm; Maxima: 48,0 × 32,0 und 44,0 × 34,5 mm; Minima: 41,0 × 32,0 und 45,0 × 29,1 mm. Die Frischvollmasse beträgt etwa 21 g, die durchschnittliche Schalenmasse 0,95 g.

Die Eier werden in Abständen von 24 bis 40 Stunden gelegt, die Bebrütung beginnt nach Ablage des letzten Eies. Das Weibchen brütet 21 Tage allein, und die Jungen werden auch nur vom Weibchen betreut; im Alter von drei Wochen sind die Jungen flügge.

Wanderungen Die ersten Kampfläufer kommen schon Mitte März an ihren nordwesteuropäischen Brutplätzen an, in Niedersachsen und Mecklenburg meist im April, in den weiter nördlich und östlich gelegenen Brutgebieten entsprechend später im Mai. Noch Anfang Juni können wir durchziehende Kampfläufer beobachten. Der Abzug setzt schon Mitte Juli ein, er wird von den Altvögeln eröffnet, denen Ende Juli/Anfang August die Jungvögel folgen. Der Durchzug hält bis September/Oktober an, gelegentlich überwintern Kampfläufer sogar in Westeuropa. Die meisten Kampfläufer überwintern aber in den Mittelmeerländern, in Afrika, südwärts bis Namibia, im Nahen Osten sowie in Indien und Sri Lanka, sehr selten weiter östlich. Verirrte Kampfläufer wurden in Grönland, Nordamerika, auf den Antillen und in Südostasien (Philippinen) angetroffen.
Die Verluste auf dem Zug sind gering; von 14.000 zumeist auf dem Herbstzug in Finnland beringten Kampfläufern wurden 400 zurückgemeldet, das sind 2.8 Prozent. Die Mehrzahl der Kampfläufer fiel dem Menschen zum Opfer.

Nahrung Kampfläufer ernähren sich hauptsächlich von Insekten und deren Larven, Würmern, kleinen Mollusken sowie aus Sämereien und Algenteilen, in den Überwinterungsgebieten kommen noch kleine Crustaceen hinzu.

Familie Recurvirostridae

Gattung Recurvirostra Linné

Recurvirostra avosetta Linné

Säbelschnäbler (Tafel 21)

Säbelschnäbler haben wir an der Westküste Schleswig-Holsteins, an Natronseen in der ungarischen Pußta und an der Nordküste Griechenlands auf dem Durchzug und am Brutplatz beobachtet und photographiert. Bei diesen Beobachtungen stellte ich etwas Bemerkenswertes fest, was ich als „Umkehr der Brutzeit" bezeichnen möchte. Im allgemeinen ist es so, daß die südlicher beheimateten Populationen einer Vogelart eher brüten als die nördlicheren. Das habe ich bei vielen bereits besprochenen Limikolen-Arten erwähnt. Ich war nun sehr überrascht, als ich im Frühjahr 1961 durch Ungarn nach Griechenland fuhr und hier am 26. April noch einen Flug von etwa 350 Säbelschnäblern in der Lagune bei Nea Agathoupolis nahe der Aliakmon-Mündung stehen sah. Wie große weiße Blüten bedeckten sie die Wasserfläche, und wir hofften, daß sie hier brüten würden. Doch es kam anders: In der Nacht zum 12. Mai zog die Hauptmenge der Säbelschnäbler ab, es blieben nur wenige Paare zurück, von denen ich das erste noch unbebrütete Gelege am 25. Mai fand. Und nun das Merkwürdige und Überraschende: Während hier im Norden Griechenlands die Säbelschnäbler in der ersten Maihälfte noch durchzogen und erst im letzten Maidrittel mit der Eiablage begannen, saßen in Ungarn die Säbelschnäbler bereits am 13. April auf ihren Gelegen. Ich habe diese „Umkehr der Brutzeit" übrigens nicht nur beim Säbelschnäbler, sondern auch bei anderen Arten, wie beispielsweise beim Kiebitz und der Saatkrähe, festgestellt.

Beschreibung Durch seine Gestalt und sein schwarz-weißes Gefieder ist der Säbelschnäbler unverkennbar. Bis auf den braunschwarzen Oberkopf und Hinterhals, die schwarzen Schultern, Oberflügeldecken und Handschwingen sind Männchen und Weibchen im Brut- und Ruhekleid blendend weiß. Der lange, dünne schwarze Schnabel ist deutlich aufwärts gebogen, die langen Füße sind blaugrau. Im Jugendkleid sind die schwarzen Gefiederpartien mehr braungrau bis dunkelbraun, der Vorderrücken ist mehr weißlichgrau. Das Dunenjunge ist oberseits hell bräunlichgrau mit unregelmäßiger schwarzer Zeichnung, die Unterseite ist weiß, Hals und Bauch sind rahmfarben überflogen. Die Aufwärtsbiegung des Schnabels ist schon bei dem wenige Tage alten Säbelschnäbler deutlich zu erkennen, die stämmigen Füße sind weißlichgrau.

Maße: Länge 430 mm, Flügel 227 mm, Schwanz 88 mm, Schnabel 87 mm, Füße 87 mm.

Feldkennzeichen Der Säbelschnäbler ist ein reichlich kiebitzgroßer schwarzweißer Vogel mit langem, aufwärts gebogenem Schnabel und langen Füßen. Auch zur Brutzeit ist er gesellig. Am Brutplatz vernimmt man laut flötende „klüüt"-Rufe oder lebhafte „quik-quik"-Laute.

Verbreitung Die europäischen Brutvorkommen wirken inselartig und sind durch große Zwischenräume, in denen der Säbelschnäbler völlig fehlt, gekennzeichnet. Zunächst befinden sich Brutplätze im südlichen Schweden einschließlich der Inseln Gotland und Öland, an der südlichen Nord- und Ostseeküste von Belgien an bis etwa zur Odermündung. Hier finden wir, angefangen von den Mündungsgebieten von Schelde und Waal, auf den Westfriesischen Inseln und an der Westküste von Schleswig-Holstein, mehr oder weniger große Brutsiedlungen, die in den letzten Jahren erfreulich zugenommen haben; allein in den Niederlanden mögen etwa 4000 Paare brüten. Auch in Dänemark ist eine stetige Zunahme zu verzeichnen. Von 1920 bis 1970 ist der Bestand an Brutpaaren von 750 auf 2300 angestiegen. Ebenso erfreulich klingen die Berichte von der Küste Mecklenburgs: 1955 brütete hier ein einziges Säbelschnäbler-Paar. Dank intensiver Schutzmaßnahmen wuchs der Bestand auf etwa 130 Brutpaare im Jahre 1974 an (KLAFS und STÜBS). In England ist der Säbelschnäbler ein regelmäßiger, allerdings sehr seltener Brutvogel, vor allem im Süden des Landes. 1938 brüteten ausnahmsweise einige Paare in Irland, und neuerdings hat der Säbelschnäbler auch im südlichen Norwegen gebrütet. Ferner brütet der Säbelschnäbler stellenweise an der französischen und portugiesischen Atlantikküste, im südlichen und östlichen Spanien, in der Camargue, im Po-Mündungsgebiet, auf Sardinien, an den Küsten Albaniens und des nördlichen Griechenland sowie an den Küsten des Schwarzen Meeres. Außer diesen an den Küsten gelegenen Brutplätzen gibt es noch isolierte Brutvorkommen an salzhaltigen Steppengewässern in Österreich (Neusiedler See) und in Ungarn. Gelegentlich haben vereinzelte Paare auch in der Tschechoslowakei in den Bezirken Ceské Budejovice und Breclav gebrütet (HUDEC und CERNÝ).

Außerdem brütet der Säbelschnäbler in der südlichen Sowjetunion und in Kleinasien, an den Küsten des Kaspischen Meeres und weiter ostwärts in der Kirgisen-Steppe bis zum Jenissej, Transbaikalien und der nördlichen Mongolei. Schließlich sind Brutvorkommen des Säbelschnäblers an den Salzseen im Inneren Nordwestafrikas sowie stellenweise in Ost- und Südafrika bekannt geworden.

Biotop Wir finden den Säbelschnäbler zur Brutzeit wie zu den Zugzeiten und in den Überwinterungsgebieten an Flachküsten mit ausgedehnten Schlick- und Sandflächen, an küstennahen flachen Brackwasserseen und Lagunen mit einer spärlichen und niedrigen Halophytenvegetation, an Mündungen von Strömen und Flüssen und im Binnenland an flachen salzhaltigen Gewässern.

Brutbiologie An den in der DDR, in der BRD und in Dänemark gelegenen Brutplätzen erscheinen die Säbelschnäbler Ende April/Anfang Mai, an den belgischen und niederländischen etwas eher, bisweilen schon Ende Februar/Anfang März. Je südlicher die Brutplätze liegen, um so eher werden diese zu Beginn der Brutzeit wieder besetzt, sofern die Säbelschnäbler nicht schon im Brutgebiet überwintert haben.

Auf die recht unterschiedlichen Brutzeiten wurde bereits oben hingewiesen. In Schweden, Dänemark und den Niederlanden beginnt die Brutzeit Anfang Mai, an den Küsten der DDR und der BRD wurden Gelege vom letzten Aprildrittel an bis Juni gefunden. In Ungarn fand ich schon am 13. April volle Gelege, im nördlichen Griechenland hingegen das früheste Gelege erst am 9. Mai, aber auch noch im letzten Maidrittel fand ich hier noch unbebrütete Gelege an völlig ungestörten

Brutgebiet des Säbelschnäblers

Brutplätzen, es handelte sich also sicherlich nicht um Nachgelege.

Nur selten brütet der Säbelschnäbler einzeln, meist in kleinen oder größeren Gesellschaften, zumindest aber brüten einige Paare mehr oder weniger eng benachbart. Einzeln brütende Paare beobachtete ich wiederholt in Ungarn und Griechenland. Je nach der Lage des Brutgebietes befinden sich die Nester auf kurzgrasigen Strandwiesen, auf sandigen Schlickflächen, am Rande von Lagunen, auf mit Salicornia bestandenem Gelände in der Nähe der Küste, auf Dämmen von Salinen oder auf flachen Inselchen in salzhaltigen Seen im Binnenland.

Der Nestbautrieb ist bei den einzelnen Paaren sehr verschieden entwickelt, bisweilen fehlt er offenbar ganz, denn ich fand in Ungarn Gelege ohne jedes Nistmaterial am Boden liegend, in Griechenland und an der Nordseeküste hingegen umfangreiche, aus allem möglichen in Nestnähe herumliegendem trockenem Pflanzenmaterial erbaute Nester.

Meist besteht das Gelege aus vier Eiern, diese sind überwiegend spitzoval und auf sandfarbenem bis hell lehmbraunem, bisweilen auch leicht ins Olivgrünliche spielendem Grund braun bis schwarzbraun gefleckt; daneben finden sich einige aschgraue und grauviolette Unterflecke. 100 Eier messen nach JOURDAIN durchschnittlich 50,57 × 35,06 mm; Maxima: 55,6 × 34,5 und 50,4 × 37,5 mm; Minima: 46,8 × 34,3 und 48,3 × 31,2 mm. Die Frischvollmasse beträgt etwa 32 g, die durchschnittliche Schalenmasse 1,94 g. Da viele Gelege durch Hochwasser zerstört werden, kommen regelmäßig Nachgelege vor. Eine Brutkolonie von etwa 30 Paaren verlor durch eine Sturmflut am 6./7. Juni sämtliche Gelege, am 16. Juni waren bereits wieder etwa 25 Nester belegt; als diese Ende Juni durch eine neue Sturmflut abermals zerstört wurden, legten die Säbelschnäbler ein zweites Mal nach, und am 1. Juli waren bereits wieder einige Nester belegt (EMEIS).

Die Bebrütung des Geleges beginnt nach Ablage des letzten Eies; an ihr beteiligen sich Männchen und Weibchen. Die Jungen schlüpfen nach 22 bis 24 Tagen und verlassen bald nach dem Trockenwerden ihr Nest. Sie sind schon an ihrem ersten Lebenstage in der Lage, selbständig Futter aufzunehmen. An der Führung beteiligen sich beide Eltern, und im Alter von etwa sechs Wochen sind die Jungen selbständig.

Wanderungen Je nach Lage der Brutgebiete ist der Säbelschnäbler mehr oder weniger Standvogel oder Zugvogel. Die nördlicher brütenden Populationen schließen sich nach der Brutzeit zu größeren Verbänden zusammen; so wurden am 19. August 1978 bei Ballum Sluse im Süden Jütlands rund 8000 Säbelschnäbler festgestellt. Die Überwinterungsplätze liegen an der Atlantikküste südlich der Loire-Mündung. Auch hier werden die Säbelschnäbler in großen Scharen angetroffen; so überwinterten im Januar in Portugal 6520 Säbelschnäbler, davon allein 6080 im Tejo-Mündungsgebiet. Ein weiterer Flug von etwa 1000 Säbelschnäblern wurde im Februar in den Aveiro-Sümpfen festgestellt (OLIVIERA 1978). Ab und zu überwintern Säbelschnäbler auch schon im südlichen England, ferner im Mittelmeergebiet und in Afrika, in den Ländern des Nahen und Mittleren Ostens bis Pakistan; nur selten wurden Säbelschnäbler weiter östlich angetroffen. Die in den Mittelmeerländern brütenden Säbelschnäbler überwintern zum größten Teil schon in ihrem Brutgebiet.

Nahrung Auf die eigenartige Art der Nahrungsaufnahme beim Säbelschnäbler wurde bereits in der Einleitung hingewiesen: Die Nahrung besteht vorzugsweise aus Insekten und ihren Larven, kleinen Mollusken und Crustaceen, die sich an bzw. dicht unter der Wasseroberfläche befinden.

Gattung Himantopus Brisson

Himantopus himantopus (Linné)
Stelzenläufer (Tafel 21)

Diesen graziösen Vogel mit den überlangen Beinen haben wir an seinen Brutplätzen in Algerien und im nördlichen Griechenland eingehend beobachtet und photographiert. Als ich sah, wie sich diese langbeinigen Vögel auf ihre Gelege niederließen, dachte ich unwillkürlich an die Abbildung eines brütenden Flamingos in dem 1833 in Leipzig erschienenen Buch von RENNIE „Die Baukunst der Vögel". Man konnte sich damals einfach nicht vorstellen, wie ein brütender Flamingo seine langen Beine unterbringt und kam nicht auf den Gedanken, daß er diese in den Fersengelenken einknicken könne. „Wenn die Flamingos legen oder brüten" schreibt RENNIE auf Grund eines Berichtes von DAMPIER, „stehen sie aufrecht, nicht gerade über der Spitze aber derselben sehr nahe (the stand erect, not on the top, but very near it) mit den Füßen auf dem Boden oder im Wasser, dabei lehnen sie sich gegen den Hügel und bedecken das Nest mit ihrem Schwanze." Einige Zeilen weiter lesen wir: „Einen ähnlichen Bericht liefert CATESBY, welcher den reitlings über seinem Neste sitzenden Flamingo einem Menschen vergleicht, der mit herabhängenden Beinen auf einem Comptoirschemel sitzt.“ Nun, Flamingos brüten wie andere Vögel auf dem Nest sitzend, und auch die Stelzenläufer knicken ihre langen Beine in den Fersengelenken ein (die dann allerdings weit über den Nestrand hinausragen) und lassen sich behutsam auf ihrem Gelege nieder.

Beschreibung Der Stelzenläufer ist eine der auffallendsten Vogelgestalten und kann mit keiner anderen Art verwechselt werden. Beim Männchen sind im Brutkleid Rücken und Flügel schwarz mit grünlichem Metallglanz, Oberkopf und Nacken sind schwärzlich, das übrige Gefieder ist rein weiß. Das etwas kleinere Weibchen hat einen weißen Kopf und Hals, der Rücken ist dunkelbraun statt schwarz. Die Ruhekleider gleichen bei Männchen und Weibchen weitgehend den Brutkleidern; beim Männchen sind dann Oberkopf und Nacken meist weiß. Im Jugendkleid sind Oberkopf und Hinterhals aschgrau, und die im Alterskleid schwarzen Gefiederpartien zunächst tiefbraun. Das Dunenjunge ist oberseits gräulich-sandfarben mit dunkler Zeichnung und unterseits weiß.

Maße: Länge 380 mm, Flügel 246 mm, Schwanz 83 mm, Schnabel 64 mm, Füße 130 mm.

Feldkennzeichen Der Stelzenläufer ist ein knapp kiebitzgroßer schwarz-weißer Vogel mit einem langen, dünnen schwarzen Schnabel und überlangen roten Beinen.

Am Brutplatz hört man ein heiseres „bät, bät“.

Verbreitung Der Stelzenläufer gehört zu den wenigen Vogelarten, die fast über die ganze Erde verbreitet sind. Die Nominatform, Himantopus h. himantopus (Linné) brütet im südwestlichen Frankreich südlich der Loire, auf der Iberischen Halbinsel mit Ausnahme des Nordwestens, auf den Balearen und von Ungarn an im südöstlichen Europa. Für Jugoslawien liegen aus neuerer Zeit nur sehr wenig Brutnachweise vor; ein Paar mit Jungen wurde 1975 bei Ulcinj festgestellt, und damit konnte der Stelzenläufer erstmals für Montenegro als Brutvogel nachgewiesen werden (VASIĆ). Zum ersten Mal seit fast 60 Jahren brüteten 1969 etwa sechs Paare mit Erfolg auf Zypern.

Von der südlichen Sowjetunion und Kleinasien erstreckt sich das riesige Brutgebiet bis nach Ost- und Südostasien. Weiterhin brütet der Stelzenläufer in Afrika mit Ausnahme der Sahara und der zusammenhängenden tropischen Waldgebiete sowie auf Madagaskar.

In den letzten Jahrzehnten sind wiederholt und teilweise erfolgreiche Brutversuche in Großbritannien (1945 brüteten zwei Paare in Nottingham, England), in Belgien, in den Niederlanden sowie in Mitteleuropa unternommen worden. Von Mitte April bis September wurden Stelzenläufer wiederholt in Mecklenburg, Thüringen, im nordwestlichen Sachsen, in der Ober- und Niederlausitz sowie

Brutgebiet des Stelzenläufers

in Schleswig-Holstein, Niedersachsen, Nordrhein-Westfalen, Baden-Württemberg und Bayern beobachtet. Im Frühjahr 1957 und 1958 häuften sich die Nachweise vor allem aus dem Süden der BRD. Seit 1949 hat dann der Stelzenläufer in der DDR und in der BRD wiederholt gebrütet bzw. zu brüten versucht. DDR: Halle/Saale, 29. Mai 1958; Bärenbrück, Kreis Wilhelm-Pieck-Stadt Guben, 9. Juni 1965; Schönebeck, Bezirk Magdeburg, 12. Juni 1965. Für die BRD liegen folgende Nachweise vor: Hohwachter Bucht, 28. Mai 1949; Salzach-Mündung, Juni 1957; Ahlenmoor, 8. Juni 1958; Bremen, 22. Mai 1965; Wirthe, Kreis Braunschweig, 26. Juni 1965 sowie 1964 und 1967 in Oberschwaben. Seit 1958 hat der Stelzenläufer vereinzelt auch in der Tschechoslowakei gebrütet und 1965 am Neusiedler-See in Österreich.

In Nord-, Mittel- und Südamerika, auf den Hawaii-Inseln, in Indonesien, Australien und Neuseeland wird der Stelzenläufer durch fünf Unterarten vertreten.

Biotop In Europa, Nordafrika und im Nahen Osten treffen wir den Stelzenläufer an Lagunen und anderen flachen Gewässern mit schlammigem Grund sowie in Morästen, die locker mit Binsen, Gräsern und Tamarisken bestanden sind, sowohl in Küstennähe wie auch im Binnenland an; ein Unterschied zwischen Süßwasser, brackigem oder salzhaltigem Wasser wird offenbar nicht gemacht. In den Durchzugs- und Überwinterungsgebieten wird der Stelzenläufer in entsprechenden Biotopen angetroffen.

Brutbiologie Die Brutzeit beginnt in den Mittelmeerländern Ende April, die Mehrzahl der Gelege wird im Mai gefunden, manche auch noch Anfang Juni, wobei es sich möglicherweise um Nachgelege handelt. Der Stelzenläufer nistet meist in kleineren lockeren Brutgesellschaften. Die Mehrzahl der Nester fand ich auf kleinen Schlamminseln oder auf Kaupen von Binsen oder anderen Gräsern mitten im Morast, so daß das Nest allseitig von seichtem Wasser umgeben war. Das wenige Nistmaterial war dann meist feucht und die Eier fast stets durch Schlamm verschmutzt. Gelegentlich lagen die Eier auch in einer flachen, mit einigem Pflanzenmaterial ausgelegten Mulde im Schutz von angespülten Stengeln und Blättern auf schlammigen Sandbänken.

Die vier spitzovalen bis annähernd kreiselförmigen Eier sind auf dunkel lehmbraunen bis hell olivbräunlichem Grund lebhaft schwarzbraun gefleckt; manche Varietäten erinnern bei nur flüchtiger Betrachtung an kleinere Kiebitzeier. Die wenig hervortretenden Unterflecke sind aschgrau. 64

Tafel 23

Triel, Burhinus oedicnemus, (S. 240)
(1) *und* (2) *♂ im Brutkleid;* (3) *♀ im Brutkleid;*
(4) *und* (5) *Dunenjunge;*
Senegal-Triel, Burhinus senegalensis, (S. 243)
(6) *♂ und* (7) *♀ im Brutkleid;*
Rennvogel, Cursorius cursor, (S. 248)
(8) *bis* (10) *♂ und ♀ im Brutkleid;* (11) *Jungvogel*

Tafel 24

Rotflügel-Brachschwalbe, G. pratincola, (S. 250)
① ♂ *im Brutkleid;* ② *und* ③ ♀ *im Brutkleid;*
④ *Jungvogel;* ⑤ *Dunenjunges;* ⑥ *Eier;*
Schwarzflügel-Brachschwalbe,
Glareola nordmanni, (S. 252)
⑦ ♂ *im Brutkleid;* ⑧ *bis* ⑩ ♀ *im Brutkleid;*
⑪ *Jungvogel;*
Krokodilwächter, Pluvianus aegyptius, (S. 246)
⑫ *bis* ⑭ ♂ *und* ♀ *im Brutkleid*

aus Griechenland stammende Eier messen durchschnittlich 44,66 × 31,16 mm; Maxima: 48,1 × 31,4 und 44,6 × 33,3 mm; Minima: 41,2 × 30,1 und 45,6 ×29,2 mm. Die Frischvollmasse beträgt etwa 22 g, die durchschnittliche Schalenmasse 1,39 g.

Nach meinen Beobachtungen werden die Eier im Abstand von 48 Stunden gelegt, nach Ablage des letzten Eies setzt die Bebrütung ein, an der sich Männchen und Weibchen beteiligen. Nach einer Bebrütung von etwa 25 bis 26 Tagen schlüpfen die schon ziemlich langbeinigen Jungen; diese werden von beiden Eltern betreut und sind mit etwa vier Wochen selbständig.

Wanderungen Die im Norden des Brutgebietes beheimateten Populationen überwintern im Mittelmeergebiet und im tropischen Afrika, in den Ländern des Nahen und Mittleren Ostens und im südlichen Asien. Die südeuropäischen Brutvögel überwintern teilweise schon im Brutgebiet; das trifft jedoch nicht für die im nördlichen Griechenland brütenden Stelzenläufer zu. Der Durchzug im Frühjahr beginnt Ende März und kann bis Mai andauern; am 28. April 1979 beobachteten wir etwa 70 durchziehende Stelzenläufer an der Lagune bei Arta in Mittel-Griechenland.

Gelegentlich erscheinen im Frühjahr (April/Mai) und im Herbst (September, gelegentlich auch noch später) Stelzenläufer als Irrgäste in anderen europäischen Ländern; so wurden Stelzenläufer in Großbritannien, Irland, Dänemark und Polen schon wiederholt beobachtet.

Nahrung Der Stelzenläufer ernährt sich vor allem von Insekten und deren Larven, kleinen Mollusken, Würmern, Kaulquappen und Froschlaich.

Familie Phalaropodidae

Wassertreter sind gesellig lebende, kleine, strandläuferartige Vögel, die sich von allen anderen Limikolen durch ihre gelappten Füße unterscheiden (s. Abb.). Diese Familie umfaßt nur die Gattung Phalaropus mit drei Arten, deren Brutgebiete auf den Norden Europas, Asiens und Nordamerikas beschränkt sind. Von manchen Autoren wird allerdings der nur in Nordamerika vorkommende Weißbürzel- oder Wilsons Wassertreter (Phalaropus tricolor) zu einer besonderen Gattung, Steganopus, gestellt.

Von vielen Ornithologen und auch in neueren Veröffentlichungen wird Phalaropus fulicarius als „Thorshühnchen" und Phalaropus lobatus als „Odinshühnchen" bezeichnet. Schon 1955 hatte ich in der von Prof. Dr. STRESEMANN herausgegebenen „Exkursionsfauna von Deutschland" diese beiden Wassertreter mit seiner Zustimmung als Rostroter Wassertreter bzw. Halsbandwassertreter bezeichnet. Diese beiden Namen sagen gleichzeitig etwas über das Aussehen der Vögel in ihren Brutkleidern aus, und ich halte diese Bezeichnung für besser, denn einmal sind Wassertreter keine „Hühnchen", und zweitens kann sich unter Thor und Odin kaum jemand etwas vorstellen, und gerade der Anfänger wird immer wieder Schwierigkeiten haben, wenn er sich fragen muß, ob nun zum Beispiel Phalaropus fulicarius das „Thorshühnchen" oder das „Odinshühnchen" ist. Für völlig abwegig halte ich den Namen „Amerikanisches Odinshühnchen" für den amerikanischen Phalaropus tricolor. Meine Einwände gegen das „Odinshühnchen" hatte ich bereits genannt, und wenn man nun noch Phalaropus tricolor als „Amerikanisches Odinshühnchen" bezeichnet, so kann bei dem mit der Ornithologie nicht allzusehr vertrauten Leser leicht die Meinung aufkommen, es hier mit einer in Nordamerika vorkommenden Unterart des besagten „Odinshühnchen" zu tun zu haben. Zu begrüßen ist es andererseits, daß sich in einem der Bestimmungsbücher neben dem „Thorshühnchen" und „Odinshühnchen" auch die von mir vorgeschlagenen Namen Rostroter Wassertreter und Halsbandwassertreter finden. Auch im „Handbuch der Vögel Mitteleuropas" wird Phalaropus lobatus „Odinshühnchen" und Phalaropus fulicarius „Thorshühnchen" genannt; allerdings finden sich neben diesen Namen noch die auch früher üblichen Bezeichnungen „Schmalschnäbliger Wassertreter" und „Breitschnäbliger Wassertreter".

Mehr als alle anderen Limikolen sind die Wassertreter dem Leben am und vor allem auf dem Wasser angepaßt; während Regenpfeifer, Wasserläufer, Strandläufer und andere Limikolen nur ausnahmsweise einmal schwimmen, tun dies die Wassertreter täglich. Das auf der Unterseite besonders dichte, fast pelzartige Gefieder bildet dabei einen vorzüglichen Schutz gegen das kalte Wasser. Unter ständigem Kopfnicken schwimmen mehrere Wassertreter korkleicht auf dem Wasser liegend nahrungssuchend umher; dabei drehen sie sich kreiselnd um sich selbst herum und nehmen die von ihren Füßen aufgewirbelte Nahrung auf. Doch nicht nur in ihren Brutgebieten spielt sich ein Teil ihres Lebens auf dem Wasser ab, sondern auch in ihren fern von den Brutgebieten liegenden Überwinterungsgebieten. Hier halten sie sich überwiegend auf der offenen See auf, und nur bei stürmischem Wetter kommen sie in Küstennähe und gelegentlich einmal aufs Land.

Auch in der Brutbiologie der Wassertreter bestehen erhebliche Unterschiede zu den anderen Familien, man kann fast sagen: Bei den Wassertretern ist alles umgekehrt! Die Weibchen sind größer und lebhafter gefärbt als ihre Männchen, die Weibchen ergreifen die Initiative bei der Balz, wobei sie im Kreis um ein Männchen herumschwimmen. Die Männchen hingegen übernehmen den Nestbau, die Bebrütung des Geleges und die Führung der Jungen!

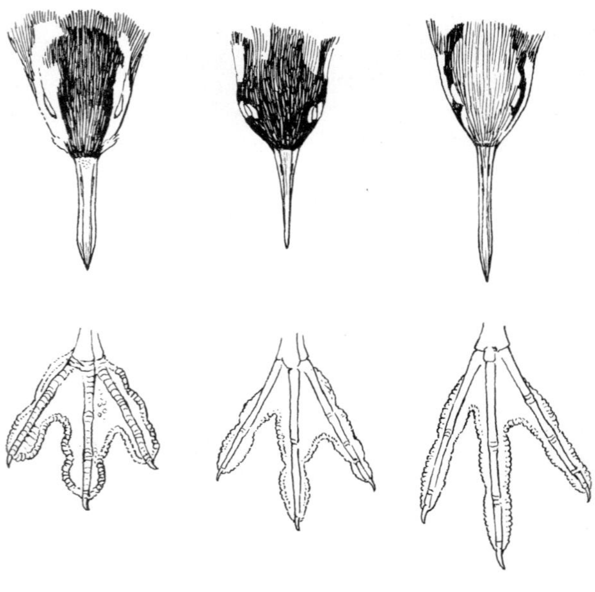

a b c

Wassertreter,
Rückenansichten von Köpfen und Füßen
a *Rostroter Wassertreter,* Phalaropus fulicarius
b *Halsbandwassertreter,* Ph. lobatus
c *Weißbürzel-Wassertreter,* Ph. tricolor
(nach Glutz v. Blotzheim, Bauer & Bezzel, Handbuch der Vögel Mitteleuropas, Bd. 7, 1977)

Gattung Phalaropus Brisson

Phalaropus fulicarius (Linné)

Rostroter Wassertreter (Tafel 22)

Beschreibung Der Rostrote Wassertreter ist etwas größer als ein Alpenstrandläufer. Das Brutkleid ist überwiegend rostrot, die Kopfseiten sind weiß, Stirn und Scheitel sind beim Männchen dunkelbraun mit schwarzen Streifen, beim Weibchen schwarz. Der Rücken ist schwarzbraun und hat breite rostgelbe Federsäume. Das Weibchen ist etwas lebhafter gefärbt als das kleinere Männchen. Der kurze, breite Schnabel ist gelb mit schwarzer Spitze. Das Ruhekleid hat eine mehr möwenartige helle Färbung; oberseits ist es blaugrau und ungestreift. Durch das Auge verläuft ein breiter schwarzer Streif, der sich gerade nach hinten erstreckt, und die Unterseite ist weiß. Das Jugendkleid ähnelt weitgehend dem Brutkleid der Altvögel, ist jedoch nicht so hell. Die Oberseite ist gleichfalls schwarzbraun mit rostgelben Federsäumen, nur die Stirn und das übrige Gefieder gleichen mehr dem eines Altvogels im Ruhekleid. Das Dunenjunge ist oberseits hell rostbraun mit schwarzer Zeichnung, die Unterseite ist bis auf die rostbräunliche Kehle trüb bräunlichweiß.

Maße: Länge 200 mm (Männchen) bzw. 220 mm (Weibchen), Flügel 125 mm (Männchen) bzw. 132 mm (Weibchen), Schwanz 63 mm, Schnabel 22 mm, Füße 22 mm.

Feldkennzeichen Im Brutkleid ist der Rostrote Wassertreter unverkennbar. Im Ruhekleid indessen sehen sich Rostroter- und Halsbandwassertreter ziemlich ähnlich; fulicarius ist jedoch etwas größer, der Schnabel kürzer und kräftiger, die Oberseite einförmiger blaugrau und wesentlich blasser als die Flügel. Die weißen Flügelbinden sind kein Unterscheidungsmerkmal, denn diese sind bei beiden Wassertretern (Phalaropus fulicarius und lobatus) im Flug deutlich sichtbar. Diese Kennzeichen sind allerdings nur brauchbar, wenn man die Vögel aus nächster Nähe beobachten kann und nach Möglichkeit beide Arten zum Vergleich vor sich hat. Auf ein weit brauchbareres und deutliches Unterscheidungsmerkmal dieser beiden Wassertreter im Ruhekleid wies mich BECKER hin: Beim Halsbandwassertreter ist der dunkle Augenfleck schon im Jugendkleid etwas am Hals heruntergezogen. Im ausgesprochenen Ruhekleid ist dieser bogenförmige, dunkle und sich am Hals herunterziehende Augenstreif bei dem sonst fast weißen Kopf noch ausgeprägter und markanter (s. Abb. auf S. 231). Nicht immer ist dieses Merkmal so deutlich ausgeprägt wie hier beschrieben, es ist aber wohl immer, wie mir BECKER auf Grund seiner eingehenden Beobachtungen beider Arten an einem gemeinsamen Überwinterungsplatz schreibt, von dem des Rostroten Wassertreters zu unterscheiden, dessen Augenstreif etwas breiter ist, sich mehr gerade nach hinten erstreckt und überdies nie so tief dunkel gefärbt ist. „Bei der Beobachtung von Wassertretern im Ruhekleid" schließt er seine Ausführungen, „scheint mir mit Hilfe dieses Merkmals bei größerer Entfernung ... eine Artdiagnose eher zu gelingen als der Versuch, Schnabel, Oberseite oder Flügelbinde zu erkennen."

Der gewöhnliche Lockruf klingt wie „twiet" oder „piep", an den nach HANTZSCH mitunter ein kurzes „ga" angehängt wird. Gelegentlich hört man nach HARTERT ein „schwätzendes Gezwitscher".

Verbreitung Der Rostrote Wassertreter brütet auf Island, Spitzbergen, auf der Südinsel von Nowaja Semlja und im arktischen Sibirien von der Taimyr-Halbinsel an ostwärts entlang der Küste der Tschuktschen-Halbinsel bis zum Anadyr-Land sowie auf den Neusibirischen Inseln. Anschließend finden wir den Rostroten Wassertreter im arktischen Nordamerika vom westlichen und nordwestlichen Alaska bis zur Westküste der Hudson-Bai und der Nordküste von Labrador, ferner auf den arktischen Inseln von Banks-Land bis Baffin-Land, im Norden bis Ellesmere-Land und schließlich an den Küsten Grönlands.

Biotop Zur Brutzeit bewohnt der Rostrote Wasserläufer die von Tümpeln und Seen durchsetzte Tundra, meist nicht allzu weit von der Küste entfernt sowie kleine küstennahe Inseln. Auf dem Zug und in den Überwinterungsgebieten hält sich der Rostrote Wassertreter auf der offenen See auf und kommt nur bei Stürmen in Küstennähe.

Brutbiologie In der zweiten Maihälfte und noch Anfang Juni erscheinen die Rostroten Wassertreter an ihren Brutplätzen. Die aus vier Eiern bestehenden Gelege werden im Juni und in der ersten Julihälfte gefunden, ausnahmsweise schon in den letzten Maitagen. Auf Island nistet der Rostrote Wassertreter nach HANTZSCH auf flachen „grasigen Inseln am Meeresstrande oder an kleinen Süßwasserteichen, nicht allzuweit von der Küste." An ähnlichen Plätzen traf LE ROI den Wassertreter auf Spitzbergen an. „An solchen Orten kommt er dann öfters in Menge vor", schreibt LE ROI, „und man findet auf einer kleinen Fläche eine ganze Anzahl seiner Nester, so daß man beinahe von kolonieweisem Nisten reden kann." Oft liegen die Eier nur in einer eben angedeuteten flachen Mulde, die mit wenigen trockenen Hälmchen ausgekleidet ist, oder auf Moos oder Flechten. Der Nestbau wird von beiden Partnern vorgenommen (GILLANDT, mdl. Mitt.).

Die ihrer Umgebung hervorragend angepaßten Eier sind kreiselförmig und auf olivgrünlichem, gelblich- oder rötlichbraunem Grund meist sehr lebhaft hell- bis dunkelbraun gefleckt; oft ist die Fleckung so dicht, daß die matt- oder violettgrauen Unterflecke kaum zu sehen sind. 124 auf Spitzbergen gesammelte Eier messen nach LE ROI durchschnittlich 30,21 × 21,79 mm; Maxima: 33,6 × 20,5 und 30,5 × 24,5 mm; Minima: 27,5 × 20,6 und 28,5 × 20,5 mm. Die Frischvollmasse beträgt etwa 7,5 g, die durchschnittliche Schalenmasse 0,36 g. Die Eier werden nach den Beobachtungen von GILLANDT auf Island im Abstand von etwa 24 Stunden gelegt (mdl. Mitt.); ihre Bebrütung beginnt wahrscheinlich nach Ablage des letzten Eies. Daß nur die Männchen brüten, war bereits eingangs gesagt worden, und zwar beträgt die Brutdauer nach PEDERSEN 23 bis 24 Tage, nach den Beobachtungen von GILLANDT etwa 18 bis 19 Tage. Nach 16 bis 20 Tagen sind die Jungen flügge und werden vom Männchen aufs Meer geführt.

Wanderungen Der Rostrote Wassertreter überwintert auf der offenen See vor den Küsten Südamerikas südwärts bis nach Patagonien und den Falkland-Inseln, ferner an den Küsten des westlichen Afrika und des südlichen Arabien. Der Zug führt zumeist an den Küsten entlang oder über das offene Meer, gelegentlich werden aber Durchzügler auch an Gewässern des Binnenlandes angetroffen. Auf ihren Wanderungen wurden Rostrote Wassertreter auch auf den Inseln des nördlichen Atlantik, an den westeuropäischen Küsten und gelegentlich auch im westlichen Mittelmeergebiet festgestellt. Auf den Britischen Inseln zieht Phalaropus fulicarius von Anfang September bis Anfang November, sehr selten jedoch im Frühjahr (März bis Juni) durch und wird dann besonders an der Südwest-, Süd- und Ostküste Englands festgestellt. An der Nordseeküste zieht der Rostrote Wassertreter von März bis Juni durch, häufiger jedoch auch hier von September bis November. Im Binnenland wird er nur selten gesehen, und für die DDR muß Phalaropus fulicarius als ausgesprochener Irrgast gelten. Für das Küstengebiet Mecklenburgs liegen nach KLAFS und STÜBS für einen Zeitraum von etwa 160 Jahren nur 14 Nachweise jeweils eines Exemplars zwischen August und Dezember vor. Einige weitere Rostrote Wassertreter wurden im Binnenland nachgewiesen, so für Brandenburg einschließlich Berlin, Thüringen und Sachsen. Auch in Polen und in der Tschechoslowakei wurde dieser Wassertreter mehrfach als Irrgast festgestellt.

Brutgebiet des Rostroten Wassertreters

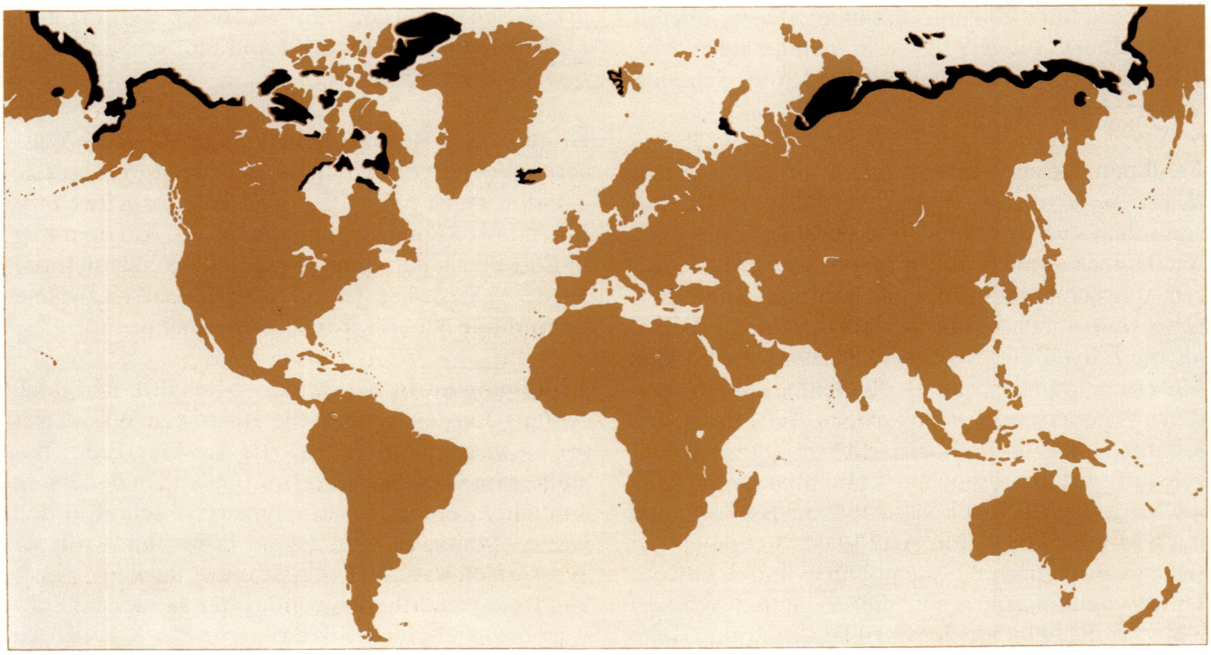

Nahrung Die Nahrung besteht, wie zahlreiche Magenuntersuchungen ergeben haben, aus kleinen Crustaceen und Mollusken, aus Insekten und deren Larven, aus Würmern, Algen- und Moosteilchen. In den Überwinterungsgebieten wird auf hoher See Plankton aufgenommen.

Phalaropus lobatus (Linné)

Halsbandwassertreter (Tafel 22)

Beschreibung Der Halsbandwassertreter ist etwas kleiner und zierlicher als der Rostrote Wassertreter. Männchen und Weibchen sind im Brutkleid durch ein auffallendes, rotbraunes Band kenntlich, das von der Kehle beiderseits an den Halsseiten zum Hinterkopf verläuft. Das Kinn und die übrige Unterseite sind weiß, Oberkopf, Nacken, Vorderrücken und Brustseiten sind schiefergrau, die üb- Säumen. Der dünne, nadelförmige, schwärzliche Säumen. Der dünne, nadelförmige schwärzliche Schnabel ist so lang wie der Kopf, die Füße sind dunkelgrau.

Im Ruhekleid sieht der Halsbandwassertreter dem Rostroten Wassertreter sehr ähnlich, aus der Nähe ist aber Ph. lobatus an dem dünneren und etwas längeren Schnabel und an der nur wenig dunkleren Oberseite von diesem zu unterscheiden. Die Federn der Oberseite sind deutlicher weiß gesäumt als bei fulicarius. Der dunkle Augenstreif, der sich im Ruhekleid am Hals hinunterzieht, ist bei dem fast weißköpfigen Vogel sehr auffällig. Im Jugendkleid ist der Scheitel bräunlichschwarz, die Oberseite dunkelbraun mit rostgelblichen Federsäumen, und die Halsseiten sind leicht bräunlich überhaucht. Die Unterseite ist sonst weiß. Auch die Stirn ist weiß, und der dunkle Augenfleck zieht sich ebenfalls leicht am Hals herunter. Das Dunenjunge ist oberseits hell rostbraun mit dunkler Zeichnung, die Unterseite jedoch weißer als bei dem Dunenjungen von Ph. fulicarius.

Maße: Länge 165 mm (Männchen) bzw. 200 mm (Weibchen), Flügel 110 mm (Männchen) bzw. 116 mm (Weibchen), Schwanz 48 mm, Schnabel 22 mm, Füße 20 mm.

Feldkennzeichen Im Brutkleid ist der Halsbandwassertreter durch die kontrastreiche Zeichnung von Kopf und Hals unverkennbar. Auf die Unterschiede im Brut- und Ruhekleid zwischen Halsbandwassertreter und Rostrotem Wassertreter wurde bereits hingewiesen. Von dem in Europa nur als Irrgast vorkommenden Weißbürzel-Wassertreter (Phalaropus tricolor) unterscheiden sich beide durch weiße Flügelbinden. Ein fliegender Halsbandwassertreter im Ruhekleid kann allenfalls mit einem Sanderling im gleichen Kleid verwechselt werden, der Halsbandwassertreter hat aber einen etwas dunkleren Rücken, einen dünneren Schnabel und einen dunklen Strich durchs Auge, der sich etwas am Hals herunterzieht.

Die Stimme ähnelt der von Ph. fulicarius. Der gewöhnliche Ruf ist nach HARTERT „ein etwas heiseres, aber verschieden moduliertes pit oder plip, häufiger pitpit oder plip plip, oft so häufig wiederholt, daß (am Brutplatze) daraus eine Art zwitschernden Gesanges entsteht."

Rostroter Wassertreter, Phalaropus fulicarius *und Halsbandwassertreter,* Ph. lobatus *im Ruhekleid*

Verbreitung Wie der Rostrote Wassertreter ist auch der Halsbandwassertreter zirkumpolar verbreitet, allerdings liegen seine Brutgebiete sowohl in Nordamerika wie auch im nördlichen Europa und Asien erheblich südlicher als die von Phalaropus fulicarius. In Europa brütet der Halsbandwassertreter auf Island, den Färöern, Orkney- und Shetland-Inseln, auf den Hebriden und im nordwestlichen Irland, in Norwegen und Schweden südlich bis etwa zum 62.° n. Br., in Finnland sowie auf Spitzbergen. In der Sowjetunion erstreckt sich das Brutgebiet von der nördlichen Kola-Halbinsel quer durch das nördliche Sibirien ostwärts bis an die Küste des Bering-Meeres. Im Norden reicht das Brutgebiet bis zur südlichen Taimyr-Halbinsel, im Süden bis etwa zum 65.° n. Br. Ferner brütet Phalaropus lobatus auf der Insel Kolgujew und auf der Südinsel von Nowaja Semlja sowie auf den Inseln im Bering-Meer und auf den Aleuten. Anschließend findet man den Halsbandwassertreter im westlichen und nordwestlichen Alaska und im nördlichen Kanada südwärts bis etwa zum 55.° n. Br.. Im Norden geht er nicht so hoch hinauf und

Brutgebiet des Halsbandwassertreters

wurde als Brutvogel nur im Süden von Victoria-Land und Baffin-Land und auf der Southampton-Insel gefunden. Außerhalb dieses geschlossenen Brutgebietes gibt es noch einige isolierte Brutvorkommen wie beispielsweise in der nördlichen Estnischen SSR und in der Umgebung von Oulu (Finnland).

Biotop Der Halsbandwassertreter hält sich in ähnlichem Gelände auf wie der Rostrote Wassertreter, also auf nassen, grasigen und von Tümpeln durchsetzten Flächen in Küstennähe, auf Mooren und auch in der Tundra möglichst in der Nähe von stehenden Gewässern.

Brutbiologie Je nach der Lage treffen die Halsbandwassertreter von Mitte Mai an bis Anfang Juni an den Brutplätzen ein. Die Weibchen besetzen die Brutreviere, führen Balzflüge aus, und bald beginnen die Männchen flache Nestmulden, die vielfach durch die umgebende Vegetation geschützt sind, mit einigen Halmen und Blättchen auszulegen; bisweilen liegen die vier Eier auch nur in niedergedrücktem Moos. Die in unmittelbarer Nestnähe stehenden Halme werden als Sichtschutz über das Nest gebogen und bilden eine regelrechte Haube. Meist brüten einige Paare in engerer Nachbarschaft, es gibt aber auch einzeln brütende Paare. Die Gelege werden in den südlicher gelegenen Brutgebieten von Ende Mai an gefunden, auf Island im Juni, häufig erst in der zweiten Hälfte des Monats; in Lappland fand BLAIR Gelege von der dritten Juniwoche an. Auf Spitzbergen beginnt die Eiablage offensichtlich erst Ende Juni. Die Eier gleichen weitgehend denen von Phalaropus fulicarius, sind aber durchschnittlich etwas kleiner und leichter; die Maße der Eier beider Arten gehen jedoch ineinander über, so daß sie keine sicheren Kriterien für die Bestimmung sind. 100 von den Britischen Inseln stammende Eier messen nach JOURDAIN durchschnittlich 29,95 × 21,0 mm; Maxima: 33,3 × 21,2 und 32,5 × 22,1 mm; Minima: 27,7 × 21,3 und 29,0 × 20,0 mm. Die Frischvollmasse beträgt etwa 6 g, die durchschnittliche Schalenmasse 0,33 g.

Die Ablage der Eier erfolgt im Abstand von 24 bis 36 Stunden; die Bebrütung setzt höchstwahrscheinlich nach Ablage des letzten Eies ein. Das Männchen brütet das Gelege allein in etwa 20 Tagen aus. „Nach 18 bis 20 Tagen sind die Jungen herangewachsen", schreibt HANTZSCH, „eine Woche später bereits ebenso geschickt im Fliegen, Schwimmen und Laufen wie ihre Eltern, aber fast noch zutraulicher als diese."

Wanderungen Auch der Halsbandwassertreter überwintert auf hoher See; seine bevorzugten Überwinterungsgebiete sind das Angola-Becken an der Westküste Afrikas (BECKER stellte die Art auch an der südwestafrikanischen Küste fest), ferner das Arabische Meer, der östliche Stille Ozean etwa von den Riu-Kiu-Inseln bis Neuguinea und die Küsten Südamerikas von Ekuador und den Galapagos-Inseln südwärts bis Chile sowie des südlichen Argentinien. Im westlichen Europa ist Phalaropus lobatus ein regelmäßiger, wenn auch seltener Durchzügler, der hier als solcher gelegentlich im Frühjahr (April/Juni), häufiger aber im Sommer und Herbst (Mitte Juli/Oktober) festgestellt wird. In der DDR und in der BRD wird der Halsbandwassertreter an den Küsten und gelegentlich auch im Binnenland von Mai bis Juli, häufiger jedoch von August bis November als Durchzügler beobachtet.

Nahrung Die Nahrung gleicht weitgehend der von Phalaropus fulicaris.

Phalaropus tricolor (Vieillot)
Weißbürzel-Wassertreter (Tafel 22)

Die systematische Einteilung der drei Wassertreter-Arten ist auch heute noch recht unterschiedlich, und bisweilen werden diese drei Arten wie etwa in der „Check-List of North American Birds" (5. Auflage, 1957) je einer besonderen Gattung zugeordnet: Phalaropus (Phalaropus fulicarius), Lobipes (Lobipes lobatus) und Steganopus (Steganopus tricolor). VAURIE vereinigt die drei Wassertreter-Arten in der Gattung Phalaropus. Britische und amerikanische Ornithologen nennen Phalaropus (= Steganopus) tricolor „Wilson's Phalarope"; diese Bezeichnung wurde auch ins Deutsche übernommen. In der deutschen Ausgabe von AUSTIN „Birds of the World" finde ich die Bezeichnung „Weißbürzel-Wassertreter", und da dieser Name gleichzeitig auf ein charakteristisches Merkmal dieses Wassertreters hinweist, halte ich es für angebracht, Phalaropus tricolor nicht mehr „Wilsons Wassertreter", sondern „Weißbürzel-Wassertreter" zu nennen.

Beschreibung Der Weißbürzel-Wassertreter ist etwas größer als die beiden vorhergehenden Arten. Im Brutkleid ist das etwas größere Weibchen an dem grauen Oberkopf und weißen Nacken, dem schwarzen Zügelstreif, der sich hinter dem Auge in ein breites und dann an den Halsseiten hinunterlaufendes schmaler werdendes Band fortsetzt und beiderseits im Halsbereich rostbraun eingefaßt ist, zu erkennen. Der Rücken und die Flügel sind dunkelgrau. Die Federn des Vorderrückens und der Schultern sind breit rostbraun gesäumt, Kinn, Wangen und Unterseite sind weiß, der Hals hell rostbraun überhaucht. Das kleinere Männchen ist insgesamt blasser, der schwarze Streifen an Kopf- und Halsseiten des Weibchens ist durch einen schmaleren grauen Streifen ersetzt, der Vorderhals ist hell rostbräunlich überflogen. Der schwarze Schnabel ist lang und dünn, die Füße sind grauschwarz (BECKER stellte jedoch bei einem bei Münster durchziehenden Exemplar grüngelbliche Füße fest). Im Ruhekleid sind Stirn und Unterseite weiß, vor dem Auge befindet sich ein dunkler Fleck, die Oberseite ist grau. Das Jugendkleid ist oberseits grau, die Federn sind breit rostbräunlich gesäumt. Der Nacken ist hellgrau, der Scheitel etwas dunkler. Vom Auge her zieht sich bis zum Hals und teilweise am Hals herunter ein blaß grauer Streifen. Kehle, Brustseiten und Flanken sind ganz licht graubräunlich überflogen, die übrige Unterseite ist weiß.

Maße: Länge 230 mm (Männchen) bzw. 240 mm (Weibchen), Flügel 121 mm (Männchen) bzw. 132 mm (Weibchen), Schwanz 51 mm, Schnabel 31 mm, Füße 32 mm.

Feldkennzeichen Der Weißbürzel-Wassertreter unterscheidet sich in allen Kleidern von den beiden anderen Wassertretern durch das Fehlen von weißen Flügelbinden auf den dunklen Flügeln und dem weißen Bürzel. Im Ruhekleid kann der Weißbürzel-Wassertreter mit einem Sanderling im gleichen Kleid verwechselt werden, unterscheidet sich aber von diesem (und auch anderen etwa gleichgroßen Limikolen) durch den verhältnismäßig langen, pfriemenförmigen Schnabel und einen schwach ausgebildeten Augenstreif.

Verbreitung Phalaropus tricolor ist auf Nordamerika beschränkt und brütet weit südlicher als die beiden anderen Wassertreter und kommt im Gegensatz zu diesen nicht an den Küsten, sondern zur Brutzeit nur im Inneren des Landes vor. Die Nord-

Brutgebiet des Weißbürzel-Wassertreters

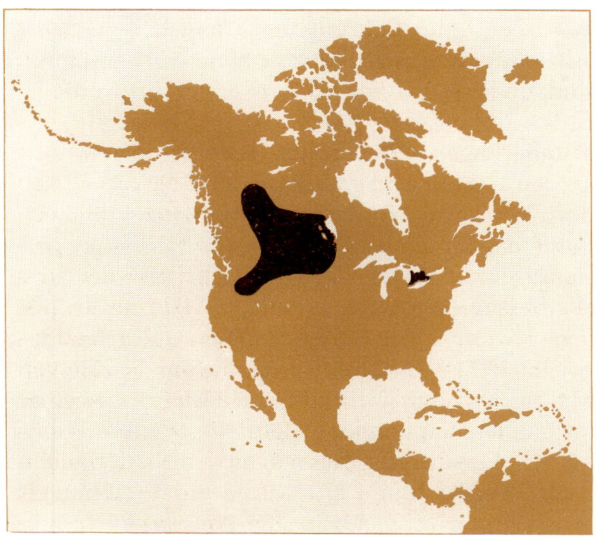

grenze seines Brutgebietes verläuft vom Inneren Britisch-Columbias durch das mittlere Alberta und Saskatchewan ostwärts bis zum nordöstlichen Manitoba. In den Vereinigten Staaten verläuft die Südgrenze des Brutgebiets vom südlichen mittleren Kalifornien durch Nevada, Indiana ostwärts bis zum südlichen Michigan.

Biotop Zur Brutzeit finden wir den Weißbürzel-Wassertreter an flachen Seen und Sümpfen im Binnenland; er hält sich mehr auf dem Land auf als die beiden anderen Wassertreter.

Brutbiologie Der Weißbürzel-Wassertreter brütet von Mitte Mai an, aber auch noch bis Ende Juni werden Gelege gefunden. Die Nester stehen vielfach in Wassernähe, die flache Nestmulde ist mit trockenen Gräsern ausgelegt und meist durch die umgebende Vegetation gut gegen Sicht geschützt. Die vier kreiselförmigen bis spitzovalen Eier sind auf meist blaß rötlichgelbem Grund gleichmäßig und dicht schwarzbraun gefleckt; manche Varietäten sehen wie Miniatur-Kiebitzeier aus. 57 Eier messen nach BENT durchschnittlich 33,0 × 23,4 mm; Maxima: 36,2 × 23,7 und 33,0 × 25,1 mm; Minima: 30,0 × 22,5 und 30,5 × 22,0 mm. 20 Eier meiner Sammlung messen und wiegen im Durchschnitt 33,43 × 23,79 mm, 0,582 g; Maxima: 34,7 × 24,4 und 34,0 × 24,5 mm, 0,66 g; Minima: 31,4 × 22,7 und 32,0 × 22,3 mm, 0,47 g. Die Frischvollmasse beträgt etwa 9 g. Diese fünf Gelege wurden zwischen dem 6. und 14. Juni in den Vereinigten Staaten und in Kanada gesammelt. Das Gelege wird auch bei diesem Wassertreter nur vom Männchen bebrütet; die Brutdauer beträgt etwa 20 bis 21 Tage. Die frischgeschlüpften Jungen werden vom Männchen gehudert, um sie gegen Regen, Hitze oder Kälte zu schützen. BENT meint, daß die Jungen bis zum Flüggewerden unter Führung des Männchen zunächst auf den Wiesen bleiben, da sie hier besser geschützt sind, und erst später zum Wasser geführt werden.

Wanderungen Phalaropus tricolor überwintert an den Küsten Südamerikas; der Zug verläuft an der Westküste Nordamerikas entlang und auch durch das Binnenland westlich des Mississippi und weiter durch Mittelamerika. In Europa wurde der Weißbürzel-Wassertreter einige Male als Irrgast nachgewiesen. Für Großbritannien und Irland lagen bis 1971 30 Nachweise vor, die auf die Zeit von Mai bis November entfallen, die Mehrzahl wurde im Juni und September festgestellt. Weitere Weißbürzel-Wassertreter wies man in den Niederlanden nach. Am 4. Juni 1979 wurde ein Weißbürzel-Wassertreter in Zandvliet bei Antwerpen festgestellt und die Art damit erstmals für Belgien nachgewiesen. In der Camargue wurde am 20. Januar 1972 ein Weibchen beringt und damit der Erstnachweis für Frankreich erbracht. Am 28. Mai 1971 wurde ein Exemplar in den Marismas südwestlich von Sevilla festgestellt und damit erstmalig in Spanien beobachtet. In Dänemark wurde dieser Wassertreter erstmals am 5. Juni 1971 in Westjütland nachgewiesen; ein weiterer Weißbürzel-Wasserläufer hielt sich im Juni/Juli 1978 bei Kongelunden in der Nähe von Kopenhagen auf (BRAAE in British Birds 71, 1978), und schließlich liegen auch für Schweden (Lappland) und Finnland Nachweise vor. Vom 7. bis zum 15. September schließlich hielten sich zwei Weißbürzel-Wassertreter auf den Heerter Schlammteichen im Salzgitter-Gebiet (Niedersachsen) auf; damit wurde Phalaropus tricolor erstmals für die Bundesrepublik Deutschland als Irrgast nachgewiesen. Weitere Weißbürzel-Wassertreter wurden am 25. Mai 1977 im Hauke-Haien-Koog in Schleswig-Holstein und am 2. Oktober 1977 an der Meldorfer Bucht – ebenfalls an der Westküste Schleswig-Holsteins gelegen – festgestellt.

Nahrung Diese dürfte etwa die gleiche wie bei den anderen Wassertreter-Arten sein.

Familie Dromadidae

Gattung Dromas Paykull

Dromas ardeola Paykull

Reiherläufer (Tafel 1)

Alle Limikolen-Arten, die wir bis jetzt kennengelernt haben, legen auf bräunlichem, sandfarbenem, steingrauem, olivfarbenem oder grünlichem Grunde mehr oder weniger stark gefleckte Eier, die – denken wir nun an die Eier des Kiebitzes oder des Sandregenpfeifers – ihrer Umgebung oft ganz hervorragend angepaßt sind.

Eine Art nun fällt vollkommen aus diesem Rahmen heraus: Es ist der Reiherläufer; er legt ein reinweißes, ungeflecktes Ei! Fast alle anderen Limikolen legen regelmäßig vier Eier, der Reiherläufer aber legt nur ein einziges, relativ jedoch sehr großes Ei; es wiegt 25 Prozent von der Körpermasse des Weibchens. Eine Schutzanpassung wird für dieses eine Ei nun nicht benötigt, denn es wird nicht etwa auf dem Boden abgelegt, sondern am erweiterten Ende eines schräg in den Ufersand vorgetriebenen, etwa einen Meter langen und einen halben Meter tiefen Ganges. Durch die extrem hohen Temperaturen in seinen Brutgebieten, die teilweise in den heißesten Zonen der Erde liegen, wird der Reiherläufer gezwungen, unter der Erdoberfläche zu brüten.

Brutgebiet des Reiherläufers

Aber noch etwas Sonderbares gibt es in der Fortpflanzungsbiologie des Reiherläufers. Die Dunenjungen aller Regenpfeifer, Wasserläufer, Strandläufer usw. sind ausgesprochene Nestflüchter, die sofort nach dem Schlüpfen und nachdem sie trokken geworden sind unter Führung ihrer Eltern das Nest verlassen, das durchaus kein gesicherter Platz für die Jungen ist, sondern vielmehr ein Ort, an dem ihnen Gefahren drohen und den es schon aus diesem Grunde recht bald zu verlassen gilt. Der frischgeschlüpfte, in ein oberseits hellgraues und unterseits weißes Dunenkleid gehüllte Reiherläufer indessen kann sich Zeit lassen, denn er ist in seiner Bruthöhle gut aufgehoben. Man sollte meinen, daß aus dem relativ großen Ei ein hochentwickelter Nestflüchter schlüpft, doch der junge Reiherläufer ist anfangs noch sehr hilflos und sogar unfähig zu laufen. Auch hier nimmt Dromas ardeola eine Sonderstellung ein: Nicht nur, daß er nur ein und dazu noch weißes Ei legt, unter allen Limikolen ist er auch der einzige ausgesprochene Nesthocker!

Beschreibung Der Reiherläufer ist knapp so groß wie ein Austernfischer; Männchen und Weibchen sind im Brut- wie im Ruhekleid weiß, Vorderrücken, Schultern und Handschwingen schwarz, die Armschwingen schwarz und weiß. Der kräftige schwarze Schnabel ist seitlich zusammengedrückt, die Füße sind gleichfalls schwarz. Im Jugendkleid sind Hinterkopf und Nacken schwarz gefleckt, die übrige Oberseite ist bräunlichgrau, die Unterseite weiß.

Maße: 380 mm, Flügel 212 mm, Schwanz 65 mm, Schnabel 59 mm, Füße 94 mm.

Feldkennzeichen Ein schwarz-weißer, sich aufrecht haltender Vogel von der Größe eines Austernfischers mit verhältnismäßig langem schwarzem Schnabel und schwarzen Füßen. Im Flug ragen die Füße über das Schwanzende hinaus.

Verbreitung Der Reiherläufer bewohnt die nördlichen und die westlichen Küsten des Indischen Ozeans, die Küsten und Inseln des Roten Meeres und des Persischen Golfs, ferner die Lakkadiven, Andamanen, die Komoren, die Insel Aldabra und schließlich Madagaskar.

Biotop Die Reiherläufer leben gesellig auf dem Sand- und Muschelstrand oder auf einsamen Koralleninseln.

Brutbiologie Auf die Besonderheiten in der Brutbiologie des Reiherläufers hatte ich bereits in der Einleitung hingewiesen. Ergänzend sei dazu noch einiges nachgetragen. Der Reiherläufer brütet stets kolonieweise; im Persischen Golf und an der Küste von Somalia wurden von britischen Ornithologen Brutkolonien von etwa 400 und mehr Paaren gefunden. Die Brutzeit dehnt sich über mehrere Monate aus; am Persischen Golf wurden Eier von Ende April bis Anfang Juni gefunden und an der ostafrikanischen Küste von Juli bis September. Die Eiablage setzt bei den in einer Brutkolonie vereinigten Paaren nicht etwa gleichzeitig ein, sondern erstreckt sich über einige Zeit, da man gleichzeitig unbebrütete und stärker bebrütete Eier fand. Die reinweißen Eier sind oval bis langoval; 36 Eier messen nach BAKER durchschnittlich 65,4 × 45,9 mm; Maxima: 67,4 × 45,0 und 67,0 × 47,5 mm, Minima: 61,0 × 46,2 und 63,5 × 44,3 mm. Ein am Persischen Golf gefundenes Ei in meiner Sammlung mißt und wiegt 67,9 × 45,7 mm, 5,48 g. Die Frischvollmasse beträgt etwa 70 g.

Weitere Einzelheiten in der Brutbiologie des Reiherläufers sind noch nicht bekannt; wir wissen nicht, ob Männchen und Weibchen oder nur ein Elternteil brütet, die Brutdauer ist nicht bekannt, und wir wissen auch nicht, ob sich an der Führung des Jungen beide Eltern beteiligen.

Wanderungen Außerhalb ihrer Brutgebiete werden Reiherläufer kaum einmal angetroffen; jedenfalls liegt bis heute noch kein Nachweis vor, daß sich einmal ein Reiherläufer nach Europa verirrt hätte. Nach ETCHÉCOPAR und HÜE wird gelegentlich einmal ein Reiherläufer in Ägypten an der Küste des Roten Meeres festgestellt.

Nahrung Reiherläufer ernähren sich von Mollusken und Crustaceen.

Familie Burhinidae

Gattung Burhinus Illiger

Burhinus oedicnemus (Linné)

Triel (Tafel 23)

Triele sind verhältnismäßig große, regenpfeiferartige, langbeinige Vögel mit einem dicken Kopf und einem kurzen kräftigen Schnabel. Ursprünglich sind Triele Bewohner von Halbwüsten, Steppen und Ödland. In seinen nördlicher gelegenen Brutgebieten wußte sich der Triel aber den Gegebenheiten anzupassen und fand ihm zusagendes Gelände dort, wo es in den Ebenen weite Flächen mit mehr oder weniger mageren, sandigen Böden gab, also Felder und Kahlschläge; außerdem wurde er zur Brutzeit im Dünengelände der Flachküsten und auch auf Schotterbänken in Flüssen gefunden. In seinen im Südosten Englands und in Mitteleuropa gelegenen Brutgebieten ist der Triel jedoch selten geworden und vielfach als Brutvogel völlig verschwunden, da die ihm zusagenden Biotope immer mehr der Kultivierung und allen ihren Nebenerscheinungen zum Opfer fielen. Im Süden Europas sind seine Brutbiotope aber weitgehend erhalten geblieben – meines Erachtens ist das die wichtigste Vorbedingung für alle Bemühungen zur Erhaltung unserer Vogelwelt –, und hier habe ich Triele sowohl in der sonnendurchglühten Crau in Südfrankreich und in Griechenland im Dünengelände an der Westküste des Golfs von Saloniki wie auch auf den spärlich mit Mäusegerste und Halophyten bestandenen Flächen an der Nordküste der Ägäis und schließlich auch im Inneren des Landes auf ödem und unbebautem Gelände eingehend beobachten und am Brutplatz photographieren können.

Beschreibung Ein Triel ist etwa so groß wie ein Austernfischer. Die Erscheinung ist regenpfeiferartig, doch ist der Triel in allen seinen Bewegungen bedächtiger. Der auf hell sandfarbenem Grund dunkel gezeichnete Triel mit seinem kurzen Schnabel, den großen schwefelgelben Augen und den verhältnismäßig hohen, gelben Füßen kann mit keiner anderen Art verwechselt werden. Im Flug fallen die beiden weißen Flügelbinden besonders auf. Das Weibchen gleicht dem Männchen, ein Unterschied zwischen Brut- und Ruhekleid besteht nicht, und das Jugendkleid gleicht weitgehend dem Alterskleid. Die Dunenjungen sind auf sandfarbenem Grund dunkel längsgezeichnet; sie drücken sich bei Gefahr und sind dann in ihrem der Umgebung hervorragend angepaßten Dunenkleid kaum zu finden.

Maße: Länge 405 mm, Flügel 247 mm, Schwanz 126 mm, Schnabel 40 mm, Füße 76 mm.

Feldkennzeichen Der Triel ist ein auf sandfarbenem Grund dunkel längsgefleckter Vogel von der Größe eines Austernfischers und der Gestalt eines Regenpfeifers; er läuft schnell in geduckter Haltung, bleibt dann plötzlich hochaufgerichtet stehen und fliegt niedrig über dem Boden ab, wobei die doppelten weißen Flügelbinden auffallen. Die großen gelben Augen, der kurze schwarze und an der Basis gelbe Schnabel und die gelben Füße charakterisieren den auch in der Dämmerung regen Triel hinreichend.

In der Morgen- und Abenddämmerung und auch nachts hört man ein laut flötendes, langgezogenes „trie-il", seltener auch ein „chrrä-i".

Verbreitung Die Nominatform, Burhinus oe. oedicnemus (Linné), brütet in Europa nordwärts bis Südost-England, in den Niederlanden, in Polen und in der südwestlichen und südlichen europäischen Sowjetunion; allerdings finden sich in diesem Verbreitungsgebiet große Lücken (s. Karte).

In Mitteleuropa ist das Vorkommen des Triels auf die DDR, die Tschechoslowakei und Österreich beschränkt. Auf dem heutigen Gebiet der BRD war der Triel von jeher selten; im vergangenen Jahrhundert brütete er noch in Holstein, Oldenburg, Braunschweig, Hessen und Bayern. Heute sind mir keine Brutplätze mehr bekannt.

Auf dem Territorium der heutigen DDR war der Triel vor einem halben Jahrhundert in geeignetem Gelände keineswegs selten. KUHK bezeichnete den Triel für die südlichen Gebiete Mecklenburgs als einen „verbreiteten, an geeigneten Örtlichkeiten nicht gerade seltenen Brutvogel". SCHALOW schreibt, daß der Triel „überall an passenden Stellen der Provinz (= Brandenburg) vorkommt. Sandigen trockenen Gegenden... dürfte er selten fehlen. Dies sind seine Lieblingsplätze." Am Ausgang des 19. Jahrhunderts brütete der Triel sogar noch in der näheren und weiteren Umgebung Berlins. BAU fand sogar am 21. August 1872 auf dem Tempelhofer Feld (heute Westberlin) ein Gelege! RÜDIGER stellte den Triel häufig in der Umgebung von Jüterbog fest.

In Sachsen beschränkte sich das Brutvorkommen des Triels auf einen schmalen Streifen, der an der ehemaligen nördlichen Landesgrenze entlangführend von der Leipziger Tieflandsbucht ostwärts bis in die nördliche Oberlausitz herüberreicht.

Allerdings gehören die Zeiten endgültig der Vergangenheit an, in denen ein Faunist berichten konnte, daß der Triel in der Oberlausitz „der erste Charaktervogel des Talsandes sei, soweit derselbe durch die Kultur wenig Veränderungen erlitten hat“ (BAER). Bis 1912 brütete der Triel sogar noch bei Örlsdorf im südlichen Thüringen (Thür. Orn. Rundbrief 22, 1974).

In den letzten Jahrzehnten ist der Bestand des Triels in den oben genannten Gebieten stark zurückgegangen, teilweise sind die einstigen Brutplätze für immer aufgegeben worden. KLAFS und STÜBS bezeichnen den Triel für Mecklenburg als ehemaligen und „gelegentlich heutigen?“ Brutvogel. Die letzten sicheren Nachrichten über Trielbruten in der DDR stammen von 1966, 1967 und 1968. In diesen Jahren stellten KRAATZ und WEGNER erfolgreiche Bruten am Nordrand der Lebuser Hochfläche im Bezirk Frankfurt/Oder fest; seitdem sind mir keine neuen Brutnachweise bekannt geworden. Das schließt allerdings nicht aus, daß hier und da doch noch ein Triel brütet.

Bis 1939 war der Triel Brutvogel bei Kleinsaubernitz im Kreis Bautzen (CREUTZ), bis 1960 wurde er an der Mulde bei Eilenburg festgestellt (WADEWITZ), noch 1963 brütete der Triel bei Taucha, wo er noch Mitte der 30er Jahre nicht selten war. Möglicherweise war der Triel noch 1976 Brutvogel im Kreis Delitzsch (GRÖSSLER und TUCHSCHERER). 1968 haben Triele noch bei Burg nordöstlich von Magdeburg gebrütet (NICOLAI).

In Polen war der Triel im 19. Jahrhundert stellenweise noch ein häufiger Brutvogel; heute gehört er zu den seltensten Vogelarten des Landes.

Brutgebiet des Triel

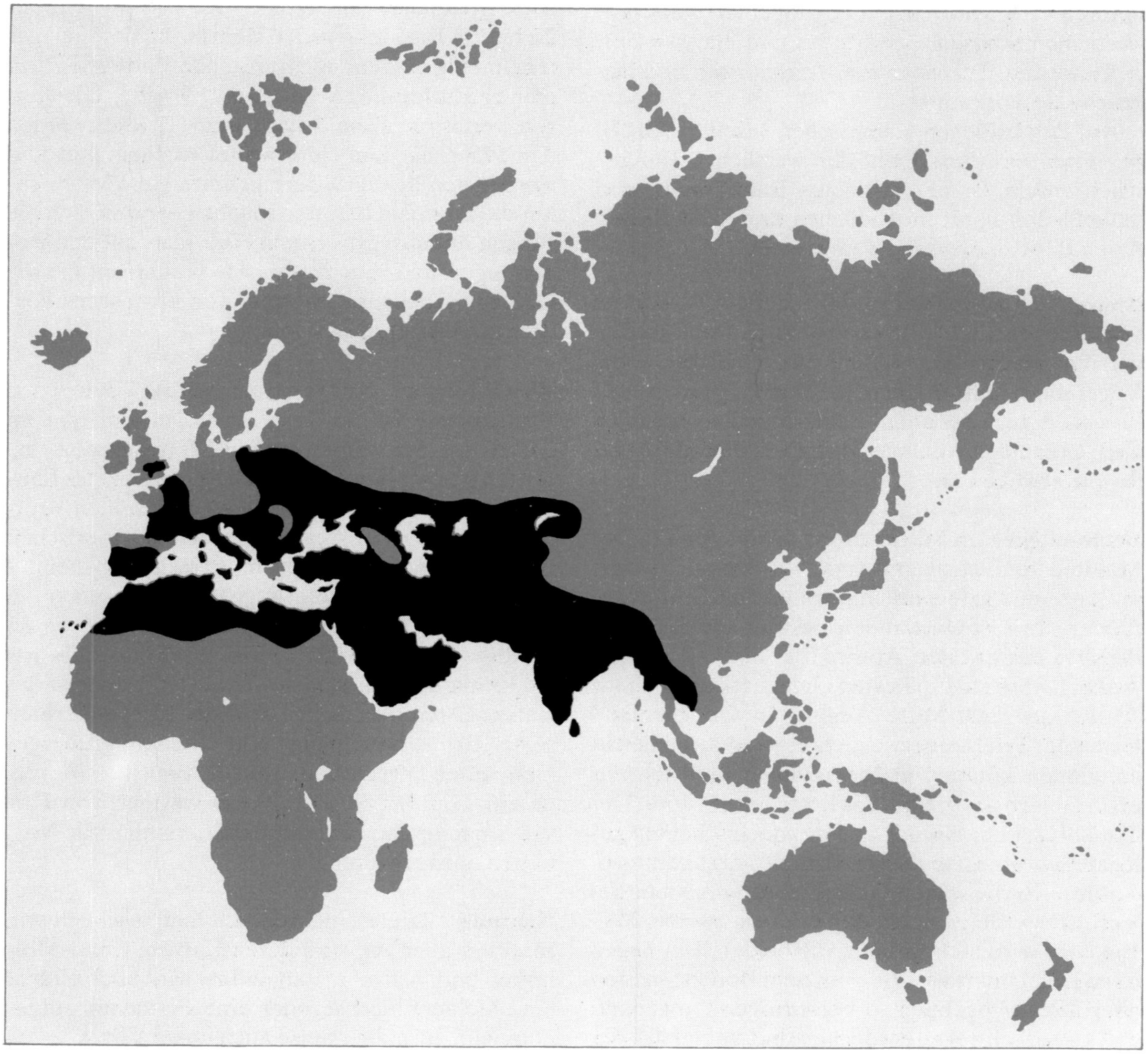

Lediglich in der Ungarischen Tiefebene scheint sich der Bestand des Triels bis heute noch einigermaßen gehalten zu haben.

Nicht viel besser steht es um den Bestand des Triels in der Tschechoslowakei und in Österreich. In der Tschechoslowakei ist der Triel ein seltener Brutvogel in den Niederungen; der Bestand geht auch hier zurück. (HUDEC und CERNÝ). Die ehemaligen Brutvorkommen in Österreich sind erloschen, möglicherweise brüten noch vereinzelte Paare im Gebiet des Neusiedler Sees.

Im Süden reicht das Brutgebiet bis zur Iberischen Halbinsel, Italien und Südosteuropa. VAURIE rechnet die auf den Mittelmeerinseln und in Griechenland brütenden Triele zu B. oe. saharae Reichenow, der außer in den vorstehend genannten Gebieten noch in den Ländern des Nahen Ostens und im nördlichen Afrika vorkommt. Im Osten schließt sich an das Brutgebiet der Nominatform das von B. oe. harterti Vaurie an, der von der unteren Wolga an in den Steppengebieten des südwestlichen Sibirien ostwärts bis zum Saissan-nor, in Turkestan, Transkaspien, Afghanistan und Belutschistan vorkommt.

Auf den östlichen Kanarischen Inseln brütet B. oe. insularum (Sassi), auf den westlichen Kanarischen Inseln B. oe. distinctus Bannerman, und schließlich kommt im südlichen und südöstlichen Asien B. oe. indicus (Salvadori) vor.

Biotop Ursprünglich ist der Triel ein Bewohner von Steppen und Halbwüsten; in Europa treffen wir ihn zumeist auf Ödland mit möglichst wenig Vegetation, auf trockenen, brachliegenden und bisweilen auch bebauten Feldern und gelegentlich auch an sandigen oder geröllreichen Flußufern und Schotterbänken an.

Brutbiologie In Mitteleuropa brütet der Triel im Mai und Juni, ausnahmsweise wurden auch schon im April und gelegentlich noch im Juli Gelege gefunden. In Großbritannien beginnt die Eiablage meist in der zweiten Aprilhälfte, bisweilen schon Anfang April; die spätesten Gelege fand man nach JOURDAIN noch Mitte August. In Griechenland brütet der Triel keineswegs eher, wie man vielleicht annehmen könnte; in Makedonien fand ich das erste Gelege am 9. Mai, das letzte am 18. Juni. Der Triel brütet nur einmal im Jahr, doch scheinen gelegentlich normale zweite Bruten vorzukommen, wofür auch die späten Gelegefunde sprechen. Bei Verlust des Geleges legt der Triel ein zweites Mal. Ein Nest wird nicht gebaut, die beiden Eier liegen ohne jede Unterlage offen auf dem Boden; sie sind aber ihrer Umgebung so hervorragend angepaßt, daß sie nur schwer zu entdecken sind, zumal sich der brütende Triel bei einer Störung schon sehr zeitig vom Gelege erhebt und zunächst davonläuft und erst später auffliegt. Die ovalen bis kurzovalen Eier sind sehr typisch und kaum mit den Eiern anderer in Europa brütender Limikolen-Arten zu verwechseln. Die Grundfarbe variiert von hell Lehmbraun bis Sandfarben und Steingrau; die braune Zeichnung kommt in den verschiedensten Tönen von Schwarzbraun bis Gelblichbraun vor und ist in Form von Flecken, Schnörkeln, Wurmlinien und Kritzeln unregelmäßig über das Ei verteilt, dazu kommen noch aschgraue Unterflecke.

100 in England gesammelte Eier messen nach JOURDAIN durchschnittlich 53,79 × 38,43 mm; Maxima: 61,7 × 38,5 und 49,0 × 41,5 mm; Minima: 47,8 × 38,7 und 53,5 × 35,6 mm. Die Frischvollmasse beträgt etwa 42 g und die durchschnittliche Schalenmasse 3,24 g. Die Eier werden gewöhnlich im Abstand von 48 Stunden abgelegt, die Bebrütung beginnt nach der Ablage des zweiten Eies. Männchen und Weibchen lösen sich bei der 25 bis 27 Tage dauernden Bebrütung des Geleges regelmäßig ab; der nichtbrütende Partner hält in einiger Entfernung vom „Nest“ Wache. Die Jungen verlassen alsbald nach dem Trockenwerden den Platz, an dem sie erbrütet worden sind und werden von beiden Eltern geführt. Bei Gefahr rufen die Altvögel laut und kläglich, worauf sich die Jungen mit ausgestrecktem Hals platt auf den Boden legen und hier regungslos verharren, bis die Gefahr vorüber ist. Im Alter von etwa sechs Wochen sind die Jungen flugfähig.

Wanderungen Nur in seinen nördlich gelegenen Brutgebieten ist der Triel Zugvogel, der hier im Laufe des Spätsommers und Herbstes abzieht; Mitte Oktober werden die letzten gesehen. Im Laufe des April trifft der Triel wieder an seinen Brutplätzen ein. Die in Westeuropa, auf der Iberischen Halbinsel und in den Mittelmeerländern beheimateten Triele überwintern größtenteils schon im Brutgebiet. Die Überwinterungsgebiete liegen im nordwestlichen Afrika, im Osten Afrikas südwärts bis Kenia und Uganda sowie in den Ländern des Nahen Osten. Als Irrgast wird der Triel außerhalb seiner Brut-, Durchzugs- und Überwinterungsgebiete selten angetroffen; am 24. August 1970 wurde ein Triel bei Sögne, 20 km westlich von Kristiansand geschossen und damit erstmals für Norwegen nachgewiesen.

Nahrung Triele ernähren sich hauptsächlich von Insekten aller Art und deren Larven, Land-Mollusken und Würmern; ab und zu wird auch einmal eine kleine Eidechse oder eine Feldmaus aufgenommen, ausnahmsweise auch junge Vögel.

Burhinus senegalensis (Swainson)

Senegal-Triel (Tafel 23)

Es ist eigenartig, daß zwei sich sehr ähnliche Vogelarten, die sich auch verwandtschaftlich sehr nahe stehen und in einem – allerdings eng begrenztem – Gebiet (Unter-Ägypten) sogar nebeneinander vorkommen wie unser Triel und der Senegal-Triel, so verschiedene Ansprüche an ihre Biotope stellen und sich dem Menschen gegenüber so völlig anders verhalten. Der Triel bewohnt zur Brutzeit paarweise ödes, möglichst vegetationsloses sowie trockenes Gelände und ist ausgesprochen scheu. Der Senegal-Triel, jedenfalls die hier näher zu besprechende Unterart Burhinus senegalensis inornatus, kommt nach MEINERTZHAGEN nie in der Wüste vor, sondern – wenigstens in Ägypten – nur in kultiviertem Gelände, er entfernt sich niemals weit vom Wasser und kommt, auch zur Brutzeit, in kleinen Gesellschaften vor und hat sich stellenweise dem Menschen eng angeschlossen; so wurde er zur Brutzeit in Gärten gefunden und brütet sogar auf den flachen Dächern der Eingeborenenhäuser!

Beschreibung Der Senegal-Triel sieht unserem Triel sehr ähnlich, ist aber etwas kleiner. Die Oberseite ist bei Männchen und Weibchen im Brut- und Ruhekleid auf gräulichbraunem Grund eng dunkel längsgestreift, besonders auf Scheitel und Nacken. Die obere weiße Flügelbinde fehlt, und nur auf den Handschwingen befindet sich ein weißlicher Fleck. Die Unterseite ist weißlich, Brust und Flanken sind dunkel längsgefleckt. Der Schnabel ist gelb mit schwarzer Spitze, die Füße sind gelblich.

Im Jugendkleid ist die Oberseite mehr rötlichbraun statt gräulichbraun; das Dunenjunge ist rötlichgelb und oberseits schwarz gezeichnet, die Kehle und die übrige Unterseite sind weiß.

Maße: Länge 370 mm, Flügel 223 mm.

Feldkennzeichen Der Senegal-Triel unterscheidet sich von unserem Triel vor allem durch das Fehlen der auffälligen doppelten weißen Flügelbinden; im übrigen ist diese Art noch nie in Europa festgestellt worden. Im Gegensatz zum Triel ist der Senegal-Triel geselliger, zutraulicher und hat sich stellenweise dem Menschen angeschlossen.

Verbreitung Der Senegal-Triel brütet im tropischen Afrika vom Senegal ostwärts bis Uganda und Kenia und von hier nordwärts bis Ägypten. Die Nominatform, Burhinus s. senegalensis (Swainson), kommt im Senegal ostwärts bis zum Tschad-See und dem nördlichen Kongo vor, die Unterart Burhinus senegalensis inornatus (Salvadori) in Ägypten vom Nildelta an südwärts bis Ostafrika.

Biotop Der Senegal-Triel brütet in wüsten- und steppenartigem Gelände, aber auch in der Nähe stehender Gewässer und auf Sandbänken in Flüssen. Im Nildelta bewohnt er auch kultiviertes Gelände (s. oben).

Brutbiologie In Ägypten brütet der Senegal-Triel von April bis Juni. Ein Nest wird wie bei unserem Triel nicht gebaut; die beiden Eier werden ohne jede Unterlage auf den Boden abgelegt, wobei Sandbänke in oder an Flüssen bevorzugt werden. Im Gegensatz zum Triel brütet B. senegalensis inornatus auch in kleinen Gesellschaften und außer am Boden auch auf flachen Dächern; das wird übereinstimmend von verschiedenen Autoren berichtet, und MEINERTZHAGEN fand einmal eine Brutkolonie von 21 Paaren auf dem flachen Dach eines Hauses im Nildelta! Die Dunenjungen sollen

Brutgebiet des Senegal-Triels

dann von ihren Eltern zwischen den Füßen zum Boden herabgetragen werden.

Die Eier sind denen unseres Triels sehr ähnlich, nur entsprechend kleiner und leichter; 20 Eier messen und wiegen nach SCHÖNWETTER durchschnittlich 50,2 × 36,3 mm, 2,80 g; die durchschnittliche Frischvollmasse beträgt 35,5 g.

Weitere Einzelheiten (Legeabstand, Brutbeginn, Brutdauer, Beteiligung von Männchen und Weibchen an der Bebrütung des Geleges und an der Führung der Jungen) sind nicht bekannt.

Wanderungen Die paläarktische Unterart des Senegal-Triels ist Standvogel.

Nahrung Der Senegal-Triel ernährt sich von Insekten aller Art, Mollusken, Crustaceen und zweifellos auch von kleineren Wirbeltieren.

Familie Glareolidae

Gattung Pluvianus Vieillot

Pluvianus aegyptius (Linné)
Krokodilwächter (Tafel 24)

Der Krokodilwächter ist offensichtlich die Limikolen-Art, mit der sich die Naturforscher des Altertums zuerst beschäftigten; ARISTOTELES, HERODOT und PLINIUS wissen Interessantes über diesen Vogel zu berichten. Von ihnen wird übereinstimmend berichtet, daß der „trochilos" in den weit aufgesperrten Rachen des Krokodils hineinläuft und Nahrungsreste entfernt, die zwischen seinen Zähnen hängen geblieben sind. HERODOT schreibt darüber folgendes:

„Weil sich das Krokodil im Wasser aufhält, ist sein Rachen inwendig ganz voller Blutegel. Alle Tiere und Vögel fliehen vor ihm, nur der Vogel Trochilus lebt friedlich mit ihm, weil er Nutzen von ihm hat, denn wenn das Krokodil aus dem Wasser herausgeht und den Rachen aufsperrt, welches es allezeit gegen den Westwind zu tun pflegt, so hüpft das Vögelchen in denselben hinein und schnappt die Blutegel weg; das Krokodil, dem das dienlich ist, läßt sich das wohlgefallen und tut dem Vogel keinen Schaden." Auch ARISTOTELES berichtet über dieses oft bezweifelte Verhalten des Krokodilwächters; „Die Krokodilwächter fliegen den Krokodilen in den offenen Rachen und reinigen ihnen die Zähne", heißt es in der Übersetzung, „und während sie selbst dabei ihre Nahrung finden, fühlt auch das Krokodil dem ihm geleisteten Nutzen; daher beschädigt es den Krokodilwächter nicht, sondern wenn es will, daß er wieder hinausgehe, so bewegt es seinen Hals, um ihn nicht mit den Zähnen zu verletzen." Bei PLINIUS finden wir eine ähnliche Schilderung.

Zweifellos besteht eine enge Bindung zwischen diesen großen Reptilien und den Krokodilwächtern, und man sollte diese Berichte nicht mit einem überlegenen Lächeln abtun, denn ganz Ähnliches können wir bei anderen Vogelarten beobachten, die sich eng an größere Säugetiere angeschlossen haben und auf diesen sitzend Ungeziefer ablesen, wie beispielsweise die Kuhreiher. Sicherlich laufen Krokodilwächter nahrungssuchend auf den träge am Ufer liegenden Krokodilen herum, und hin und wieder mag es auch vorkommen, daß sie für Augenblicke in den weit geöffneten Rachen eines Krokodils hineinhuschen, um schnell ein zwischen den Zähnen hängengebliebenes Nahrungsteilchen wegzupicken. Nur soweit geht der Krokodilwächter nicht, daß er sich in dem geschlossenen Rachen eines Krokodils aufhält; solche Berichte kann man in das Reich der Fabeln verweisen.

Beschreibung Der Krokodilwächter ist etwa so groß wie ein Sandregenpfeifer. Männchen und Weibchen sind im Brut- und Ruhekleid unverkennbar. Der Oberkopf, ein breiter Streifen an den Kopfseiten, ein Streifen auf der Mitte des Vorderrückens und ein um die Brust herumlaufendes Band sind glänzend grünlichschwarz. Ein bis zum Hinterkopf ziehender Überaugenstreif, Kehle und Brust sind weiß, die übrige Unterseite ist isabellfarben. Die Oberseite ist zart blaugrau; die Hand- und Armschwingen sind weiß mit einer breiten schwarzen nach innen schmaler werdenden Binde. Der Schnabel ist schwarz, die kurzen Füße hell blaugrau.

Im Jugendkleid fehlt der grünliche Glanz auf den schwarzen Federn, und die Federn der Oberseite

Brutgebiet des Krokodilwächters

sind hellbraun gesäumt, besonders an den Schultern. Das Dunenjunge ist oberseits sandfarben mit schwarzer Zeichnung, unterseits weiß; von den Augen an läuft ein breites weißes Band um den Nacken.

Maße: Länge 210 mm, Flügel 132 mm, Schwanz 60 mm, Schnabel 20 mm, Füße 34 mm.

Feldkennzeichen Der Krokodilwächter ist ein kleiner, gedrungen wirkender Vogel von der Größe eines Sandregenpfeifers, der durch die Schwarzweiß-Zeichnung des Kopfes, die zart graublaue Oberseite und das schwarze Brustband auffällt. Im Flug heben sich die schwarzen Binden von den weißen, am Ende schwarz gesäumten Schwingen kontrastreich ab.

Die Rufe klingen etwa wie „tschi-tschi-tschitschui". KOENIG sah ein Männchen auf einer Sandbank im Nil „mit laut zwitscherndem Warnruf" von der Stelle abstreichen, an der das Weibchen die Eier in den Sand verscharrt hatte.

Verbreitung Das Verbreitungsgebiet des Krokodilwächters erstreckt sich vom tropischen Westen Afrikas – hier bilden Senegal und Niger etwa die Nordgrenze – bis zum Osten Afrikas, wo er bis zum Blauen Nil in Äthiopien und in Uganda brütet. Von hier reicht das Brutgebiet nordwärts durch den Sudan nach Ägypten bis etwa in die Gegend von Kairo und südwestwärts bis in das nördliche Angola. Innerhalb dieses Gebiets fehlt der Krokodilwächter nur in den geschlossenen tropischen Waldgebieten.

Biotop Der Krokodilwächter bewohnt zur Brutzeit sandige Ufer und Sandbänke in größeren Flüssen, Strömen und Seen.

Brutbiologie Über die Brutbiologie sind wir heute durch die eingehenden Beobachtungen von ALFRED BREHM, BUTLER, HEUGLIN und KOENIG sowie neuerdings durch die ausgezeichnete Arbeit von HOWELL hinreichend unterrichtet. In Ägypten brütet der Krokodilwächter im April auf Sandbänken im Nil, und zwar wird das erste Ei des aus vier Eiern bestehenden Geleges auf den bloßen Sand abgelegt, nach Ablage des zweiten Eies aber vergräbt das Weibchen die Eier etwa 10 cm tief in den lockeren Sand. Die Eier werden nicht etwa bei drohender Gefahr verscharrt oder mit Sand zugedeckt, sondern regelmäßig, und zwar höchstwahrscheinlich, um sie gegen die sengenden Sonnenstrahlen zu schützen. Kommt der Krokodilwächter nach einer Störung zum Nest zurück, so räumt er vor dem Niedersetzen den Sand etwas beiseite und setzt sich dann unter drehenden Bewegungen über dem Gelege zum Brüten nieder. Bei Störungen läuft das Brutpaar vom Nistplatz weg und versucht den Feind dadurch abzulenken, indem sich beide Partner niederlegen „und mit Schnabel, Füßen und Flügeln arbeiteten, daß der Sand nur so aufstob." (KOENIG).

Die eindrucksvollen Beobachtungen HOWELLS über das Verhalten und die Brutbiologie des Krokodilwächters haben unser Wissen über diese hochinteressante Art bedeutend erweitert. Der nachfolgende Auszug aus einer Besprechung des „Journals für Ornithologie" faßt die Ergebnisse zusammen:

„Im Beobachtungsgebiet, Gambeila, Ilubabor-Provinz in SW-Äthiopien, brütet Pluvianus aegyptius ausschließlich auf Sandinseln im Baro-Fluß, der zum Weißen Nil hin entwässert. Die äußerlich nicht unterscheidbaren Partner eines Paares besetzen eine Sandinsel als Revier und sind gegen nahezu alle Mitlebewesen in oft rabiater Weise aggressiv, seien es Artgenossen, potentielle andersartige Nahrungskonkurrenten (wie Senegaltriel, Grünschenkel, Bruchwasserläufer, Senegalkiebitz u.a.), potentielle Räuber der Eier oder Jungvögel (wie Störche, Reiher, Ibisse, Schwarzmilane, Schildraben u.a.) oder nur Kleinvögel (z.B. Stelzen).

Die Brutzeit setzt etwa ab der zweiten Januarhälfte ein, gekoppelt mit stetig fallendem Wasserspiegel des Brutflusses, so daß die auftauchenden Flächen zusätzlichen Nahrungsraum bieten. Mindestens 4 Wochen vor der Ablage der beiden Eier (seltener 1 oder 3) scharren ♂ und ♀ mit den Füßen kleine Mulden in den Sand. Die Brutinsel kann dann mit dem Beginn der Eiablage von unzähligen dieser Scheinnestmulden pockennarbig übersät sein. Das Gelege wird vom ersten Ei an gewartet. Tagsüber ist es stets mit einer mehrere mm messenden Sandschicht überdeckt. Der Sand wird durch von vorne nach hinten geführte Schnabelhiebe darüber geschleudert. Wenn die Temperaturen im Nestsand bei etwa 36–38 °C angelangt sind (meist zwischen 10.30 und 16.00 Uhr), wechseln sich beide Elternteile in 1 1/2 – 5minütigen Perioden damit ab, den Sand überm Gelege in unermüdlichem Eifer mit Wasser zu befeuchten! Hierzu rennen sie ans Inselufer, laufen bis in bauchtiefes Wasser und nässen das abgestellte Bauchgefieder durch stoßendes Wippen völlig ein, kehren dann zurück und setzen sich sofort auf den Sand über den Eiern. Dieser bleibt ununterbrochen feucht. In den Eiern, die nur wenige min nicht mit feuchtem Sand bedeckt sind (bei Schattentemperaturen bis über 50 °C), sterben die Embryonen ab (Tagestemperaturtoleranzen an erfolgreichen Eiern 36 bis 41 °C).

Etwa während der ersten drei Vormittags- und den letzten Nachmittagsstunden decken die ad. ihren eigenen Nahrungsbedarf. Dann hat der die Eier bedeckende Sand etwa Bruttemperatur und das Gelege wird nur sporadisch besucht, wobei ein Eintauchen des Schnabels in den Sand der Nestumgebung auffällt (möglicherweise ein Temperaturmessen?). Nachts wird das Gelege aktiv bebrütet, der Sand ist mindestens teilweise entfernt, so daß die Eioberseite frei und am Brutfleck des Altvogels anliegt. Die Lufttemperatur sinkt bis 20 °C.

Erst nach mindestens 28–31 (!) Tagen schlüpfen die Jungen. Dies spottet allen Regeln, die für einen völlig deckungslos und bodenbrütenden Nestflüchter eine möglichst kurze Brutdauer voraussagen. So schlüpfen Regenpfeiferjunge von Arten mit vergleichbarem Schlüpfentwicklungsstand und Eigröße oder etwa die Küken der Wachtel um 8 bis 14 Tage (!) früher. Die heranwachsenden juv. begleiten die Eltern während der Nahrungssuche und nehmen vorgelegtes Insektenfutter auf, das die ad. gelegentlich auch vom Festland herbeifliegen. Bei Gefahr werden die Jungen bis zu 4 Wochen alt weiterhin mit Sand zugedeckt oder bei hohen Tagestemperaturen ebenfalls sandbedeckt naßgekühlt durch den sich mit feuchtem Bauchgefieder darübersetzenden Elter. . . . . . Mit etwa 35 Tagen werden die Jungen flugfähig und beenden damit ihr Eingesperrtsein auf der Brutinsel; mindestens bis zu diesem Zeitpunkt werden sie von den Eltern geführt."

Die kurzovalen Eier erinnern an die des Rennvogels. „Die Grundfarbe ist meistens ein dunkles oder auch ockerfarbenes Lehmbraun, zuweilen aber auch zart rahmfarben mit einem Schimmer von Rosarot überhaucht. Darauf stehen rötlich oder stumpf leberbraune Flatschen, Flecken, Tupfen und Schnörkel, die sich häufig am stumpfen Pol kranzartig anlagern. Dazwischen stehen die violettaschgrauen Schalenflecken, die sich wolkenartig ausbreiten." (KOENIG).

40 von KOENIG in Ägypten gesammelte Eier messen und wiegen durchschnittlich 24,0 mm, 0,82 g. Die Frischvollmasse beträgt etwa 10 g. HOWELL gibt für 19 in Äthiopien gefundene Eier folgende Durchschnittswerte an: Maße 30,9 × 23,7 mm, 9,48 g.

Von den 15 teilweise noch unvollständigen Gelegen, die sich im Museum Koenig befinden, enthalten vier Gelege je vier Eier und vier Gelege je drei Eier; zu diesen Gelegen bemerkt aber KOENIG ausdrücklich, daß sie noch unvollständig seien. In Ägypten bestehen die Gelege wohl zumeist aus vier Eiern, während sie in Äthiopien zwei bis drei Eier enthalten.

Wenn das Gelege am Anfang der Bebrütung verloren geht, wird alsbald nachgelegt. HOWELL berichtet, daß am 23. oder 24. Februar ein Zweiergelege von einer Krähe ausgeraubt wurde. In nur zwei bis drei Meter Entfernung wurde ein neues Zweiergelege dieses Paares gefunden; die Eier mußten um den 5. März herum gelegt worden sein.

Wanderungen Der Krokodilwächter hält sich das ganze Jahr hindurch in seinen Brutgebieten auf; als Irrgast wurde er auf den Kanarischen Inseln und in Israel, nicht aber in Europa festgestellt.

Nahrung Die Nahrung besteht aus Insekten aller Art, namentlich Sandkäfern, Fliegen und Wasserspinnen, ferner aus Würmern sowie kleinen Mollusken und Fischen.

Gattung Cursorius Latham

Cursorius cursor (Latham)
Rennvogel (Tafel 23)

Die Limikolen, die wir bis jetzt kennengelernt haben, waren mit Ausnahme des Triels im wahrsten Sinne des Wortes ausnahmslos tatsächlich „Limikolen", das heißt Bewohner sumpfiger, zumindest aber feuchter oder in Wassernähe gelegener Biotope. Die Rennvögel haben sich nun dem anderen Extrem angepaßt, und wir finden die drei Arten der Gattung Cursorius in den trockenen und heißen Steppen und Wüsten Afrikas sowie im südwestlichen und südlichen Asien.

Die anderen beiden Arten, der indische Cursorius coromandelicus (Gmelin) und der afrikanische Cursorius temminckii Swainson, sehen dem Cursorius cursor ähnlich, und auch ihr Gefieder ist der Umgebung hervorragend angepaßt. Alle Arten können ausgezeichnet fliegen und unglaublich schnell laufen.

Beschreibung Ein schlanker, rötlich-isabellfarbener, hochbeiniger Vogel mit einem verhältnismäßig langen, schwärzlichen, leicht abwärts gebogenen Schnabel. Im Brutkleid sind bei Männchen und Weibchen Stirn und Scheitel hell rostfarben, der Hinterkopf ist aschgrau und schwarz; ein weißer Überaugenstreif und ein schwarzer Augenstreif laufen bis zum Hinterkopf. Die Oberseite ist rötlich sandfarben, die Unterseite isabell-rahm-

Brutgebiet des Rennvogels

farben, Kehle und Bauch sind weiß. Die Füße sind schmutzigweiß.

Das Ruhekleid gleicht dem Brutkleid. Im Jugendkleid ist die Oberseite dunkelbraun gezeichnet, Kropf und Brust sind braun gefleckt. Das Dunenjunge ist oberseits auf rötlich sandfarbenem Grund schwarzbraun gezeichnet, die Unterseite ist weißlich.

Maße: Länge 255 mm, Flügel 160 mm, Schnabel 31 mm, Schwanz 63 mm, Füße 58 mm.

Feldkennzeichen Ein Rennvogel ist etwas größer als ein Sandregenpfeifer. Durch sein überwiegend rötlich-isabellfarbenes Gefieder und die besonders im Flug auffallenden schwarzen Handschwingen und Unterflügeldecken ist er sofort kenntlich.

Der Rennvogel ist selten zu hören, seine Stimme klingt etwa wie „kwit kwit", oft wird noch ein knarrendes „nhark, nhark" angehängt.

Verbreitung Die Nominatform, Cursorius cursor cursor (Latham) brütet auf den Kanarischen Inseln (Lanzarote, Fuertaventura, Gran Canaria, Teneriffa), im nördlichen Afrika vom südlichen Marokko ostwärts bis Ägypten und in den Ländern des Nahen Ostens; im Süden reicht das Brutgebiet bis zum Tschad-See und bis zu dem nördlichen Sudan.

Auf den Kapverdischen Inseln brütet Cursorius c. exsul Hartert und vom südlichen Transkaspien südwärts bis zum östlichen Iran, in Afghanistan und Belutschistan Cursorius c. bogolubovi Zarudny. Im östlichen Äthopien und im nördlichen Somalia brütet Cursorius c. somalensio Shelly, vom südlichen Somalia bis Kenia finden wir Cursorius c. littoralis Erlanger.

Biotop Der Rennvogel bewohnt sandige und steinige Wüsten und Halbwüsten sowie trockene Steppen mit spärlicher Vegetation. Im Norden Afrikas findet man ihn in der Sahara und auf den Hochebenen Algeriens.

Brutbiologie Im nördlichen Afrika werden die Gelege von Mitte April bis Juni, gelegentlich schon Anfang März und bisweilen noch im Juli, auf den Kanaren bereits im Februar und März, aber auch noch im Juli gefunden. Die beiden Eier werden ohne jede Unterlage auf den Boden abgelegt; sie sind sehr typisch, und man kann sie mit keinem Ei einer anderen hier besprochenen Art verwechseln. Die Grundfarbe und vor allem die Zeichnung variieren stark, und selbst in einer größeren Serie lassen sich kaum zwei gleiche Gelege finden.

Die kurzovalen Eier sind auf rahmfarbenem, blaß rötlichgelbem bis hellbräunlichem Grund über und über fein braun gefleckt, die Unterflecke sind aschgrau. 30 in Nordafrika gesammelte Eier messen nach JOURDAIN 34,67 × 27,10 mm; Maxima: 36,9 × 28,0 mm; Minima: 31,9 × 26,0 und 34,2 × 25,9 mm.

58 Eier meiner Sammlung, die zwischen dem 5. März und 29. Juni im nördlichen Afrika und zwischen dem 4. Februar und 18. Juli auf Fueraventura gesammelt wurden, messen und wiegen im Durchschnitt 35,09 × 26,82 mm, 0,91 g; Maxima: 38,8 × 26,4 und 36,6 × 28,3 mm, 1,10 g; Minima: 31,9 × 26,5 und 32,7 × 25,1 mm, 0,75 g. Die Frischvollmasse beträgt 13 g.

Einzelheiten in der Brutbiologie sind kaum bekannt; wir wissen nicht, in welchen Abständen die Eier gelegt und wie lange sie bebrütet werden. Männchen und Weibchen lösen sich bei der Bebrütung des Geleges ab. Möglicherweise brütet der Rennvogel zweimal im Jahr, wofür die Gelegefunde von Ende März bis Anfang Juli sprechen. Die Jungen werden von beiden Eltern geführt; in welchem Alter sie selbständig werden, ist nicht bekannt.

Wanderungen Der Rennvogel verläßt sein Brutgebiet nach der Brutzeit; auf der Sinaihalbinsel zum Beispiel setzt nach MEINERTZHAGEN der Wegzug etwa am 21. September ein, zu einer Zeit, in der es fast keine Insekten mehr gibt und sich die Eidechsen zur Überwinterung in Erdhöhlen oder unter Steinhaufen zurückgezogen haben. Die Nominatform überwintert dann südwärts bis zum südlichen Sudan und Somalia, die Unterart C. cursor bogolubovi vom südlichen Iran ostwärts bis zum nordwestlichen Indien.

In Europa ist der Rennvogel ziemlich oft als Irrgast nachgewiesen worden, besonders in den Mittelmeerländern (Spanien, Südfrankreich, Italien, Malta, Sizilien, Karpathos), aber auch in Mitteleuropa (Tschechoslowakei, Österreich, Ungarn) und noch weiter nördlich bis nach Skandinavien und Finnland und in der südlichen europäischen Sowjetunion.

In Großbritannien wurde der Rennvogel mindestens 30mal als Irrgast festgestellt, meist in der Zeit von September bis Dezember. Etwa ebensooft wurde die Art in der DDR und in der BRD als Irrgast nachgewiesen, letztmalig vom 1. bis 5. Juni 1957 bei Karstädt, Kreis Perleberg, 1961 bei Stemwerde, Kreis Stormarn und am 3. Oktober 1966 auf der Insel Scharhörn.

Nahrung Der Rennvogel ernährt sich von Insekten aller Art, besonders Orthopteren und Coleopteren, von Landmollusken und kleinen Eidechsen.

Gattung Glareola Brisson

Glareola pratincola (Linné)
Rotflügel-Brachschwalbe (Tafel 24)

Die ersten Brachschwalben sah ich im Frühjahr 1938 in Griechenland; seitdem bin ich ihnen oft begegnet, und zwar nicht nur in Makedonien und Thrakien, sondern auch in Spanien, in Südfrankreich und in Algerien. Im Aliakmon-Mündungsgebiet haben wir diese anmutigen Vögel eingehend am Brutplatz beobachtet, und hier wurden wir auch Zeuge, wie ohne Zutun des Menschen Verluste eintreten können. Auf einer völlig ebenen, spärlich mit Salicornia bestandenen und von Trokkenrissen durchzogenen Fläche fanden wir am 15. Mai 1967 etwa 50 Brutpaare; die Mehrzahl der Gelege war bereits vollständig. Doch dann setzte

Flügelunterseiten

von der Rotflügel-Brachschwalbe,
Glareola pratincola
und der Schwarzflügel-Brachschwalbe,
G. nordmanni
(nach Hüe & Etchécopar)

ein für diese Jahreszeit ungewöhnlich starker Regen ein, der immer heftiger wurde und 35 Stunden, vom 20. Mai abends bis zum Morgen des 22. Mai, ununterbrochen anhielt. Das Wasser war auf diesem lehmigen Boden nicht versickert, sondern es hatten sich kleine Gießbäche gebildet, die alles mit sich wegschwemmten. Als ich am 22. Mai mittags den Brutplatz abging, fand ich auch nicht ein einziges Gelege, alle Eier waren weggeschwemmt worden und lagen einzeln oder zu mehreren hinter einem gleichfalls vom Wasser zusammengeschwemmten Wust von Pflanzenteilen. Hier wurden die Brachschwalben-Eier eine leichte Beute der Nebelkrähen. Die Brachschwalben verließen zum größten Teil diesen Brutplatz und siedelten sich an einer anderen Stelle im Aliakmon-Mündungsgebiet an.

Beschreibung In ihrer Größe und Gestalt entspricht die Brachschwalbe einer kleineren Seeschwalbe (sie steht größenmäßig zwischen Fluß- und Trauerseeschwalbe). Im Brutkleid ist die hell sandfarbene Kehle beim Männchen von einem schmalen schwarzen, beim Weibchen von einem dunkelbraunen Band eingefaßt. Die Oberseite ist bis auf die weißen Oberschwanzdecken olivbraun, der Schwanz tief gegabelt. Die Brust ist hell graubraun, Bau und Unterschwanzdecken sind weiß. Der kurze breite Schnabel ist schwarz, an der Basis rot, die Füße sind schwarzbraun.

Im Ruhekleid fehlt das Kehlband, an seiner Stelle befinden sich dunkelbraune Flecke, die Brust ist fahlbraun. Im Jugendkleid haben die braunen Federn der Oberseite schwarze Säume mit weißen

Spitzen, die Kehle ist graubräunlich, die Brust dunkel gefleckt, die übrige Unterseite weiß. Das Dunenjunge ist rötlichsandfarben und oberseits dunkelbraun gezeichnet.

Maße: Länge 250 mm, Flügel 198 mm (Männchen) bzw. 192 mm (Weibchen), Schwanz 115 mm, Schnabel 12 mm, Füße 32 mm.

Feldkennzeichen An ihrer seeschwalbenartigen Gestalt, der überwiegend braunen Färbung, den weißen Oberschwanzdecken und dem tief gegabelten Schwanz ist die stets gesellig lebende Brachschwalbe leicht zu erkennen. Von der ihr sehr ähnlichen Schwarzflügel-Brachschwalbe unterscheidet sie sich durch die rotbraunen (nicht schwarzen) Unterflügeldecken.

Besonders von den über ihrem Brutplatz herumfliegenden Brachschwalben hört man häufig kurze „tri" und „tirrä"- Rufe.

Verbreitung Das Brutgebiet der Brachschwalbe ist lückenhaft, da sie nicht überall die ihr zusagenden Lebensbedingungen findet. In Europa brütet sie im südlichen Portugal, im südlichen und östlichen Spanien, im südlichen Frankreich (Camargue und Crau), vereinzelt in der Ungarischen Tiefebene, in Jugoslawien (hier wurde in der Nähe von Ulcinj 1975 ein neuer Brutplatz gefunden, bei dem es sich offensichtlich um das einzige Brutvorkommen in ganz Jugoslawien handelt (VASIĆ)), in Albanien und im nördlichen Griechenland, im südlichen Bulgarien und von der Dobrudscha bis zum Mündungsgebiet des Dnjepr, und anschließend in den Steppengebieten der südlichen europäischen Sowjetunion und des südwestlichen Sibiriens. Die Nordgrenze verläuft von den Steppen zwischen Wolga und Ural nördlich des Kaspischen Meeres und des Aral-Sees ostwärts bis zum Balchasch-See; im Süden reicht das Brutgebiet bis nach Kleinasien, Transkaukasien, den Irak und die Ebenen Turkestans. Ferner findet man die Brachschwalbe als Brutvogel in Nordafrika von Marokko bis nach Ägypten.

Brutgebiet der Rotflügel-Brachschwalbe

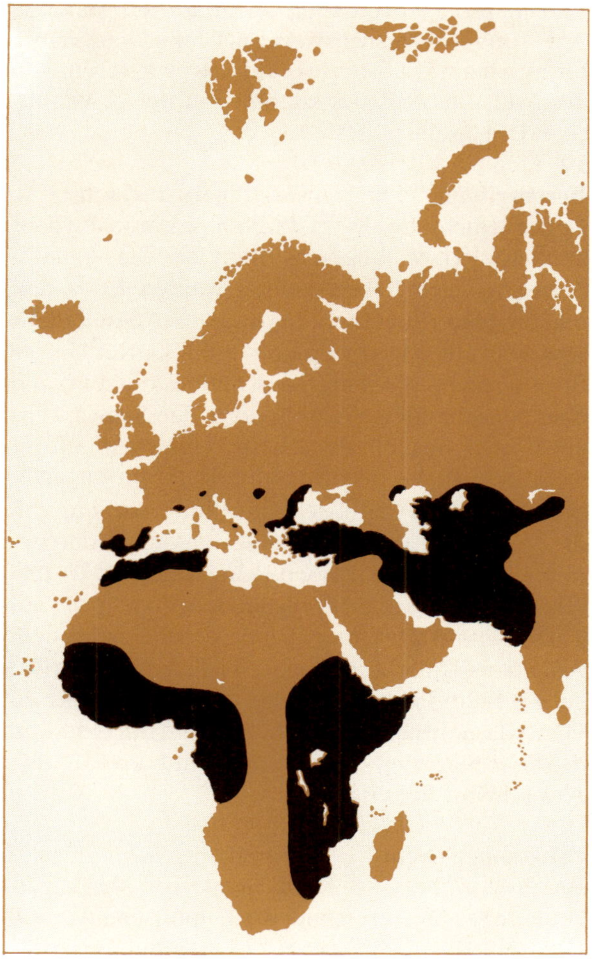

In den obengenannten Gebieten brütet die Nominatform, Glareola p. pratincola (Linné); zwei Unterarten, Glareola p. limbata Rüppell und Glareola p. fülleborni Neumann brüten in Afrika südlich der Sahara vom Senegal bis zum Sudan und Somalia, südwärts bis Angola, Botswana und dem südöstlichen Südafrika.

Biotop Die Brachschwalbe brütet in offenem, trockenem, ebenem und möglichst vegetationsarmem Gelände in Küstennähe wie auch im Inneren des Landes. Wir finden sie also in Steppen bzw. in steppenartigen Gebieten, wie in den Marismas in Spanien, in der Crau in Südfrankreich und in der ungarischen Pußta. In Griechenland fand ich die Brachschwalbe auf sandig-lehmigen Flächen in der Nähe von Lagunen, auf größeren trockenen Schlammbänken von Strömen und in deren Mündungsgebieten.

Brutbiologie Die Brachschwalbe brütet fast ausnahmslos in mehr oder weniger großen Gesellschaften, oft mit Seeregenpfeifern und Zwergseeschwalben vergesellschaftet in völlig ebenem, von möglichst wenig und nur niedriger Vegetation bedecktem Gelände. Die drei Eier liegen vielfach ohne jedes Nistmaterial auf dem bloßen Boden, bisweilen finden sich einige kurze dürre Stengelchen als Andeutung eines Nestes neben den Eiern. Manchmal liegen die Eier auch auf halbverrotteten Fladen von Wasserbüffeln oder auf einem niedrigen Salicornia-Büschchen.

Die meist kurzovalen Eier sind auf hell lehmfarbenem bis sandfarbenem, gelegentlich ins Olivgrünliche spielendem Grund lebhaft und unregelmäßig tief schwarzbraun gefleckt; dazu kommen noch große graue Unterflecke, so daß die Eier vielfach wie marmoriert erscheinen und sich kaum von ihrer Umgebung abheben. 192 aus Griechenland und Spanien stammende Eier messen durchschnittlich 31,40 × 23,99 mm; Maxima: 35,3 × 23,3 und 30,9 × 25,8 mm; Minima: 27,8 × 21,5 mm. Die Frischvollmasse beträgt etwa 10 g, die durchschnittliche Schalenmasse 0,63 g.

Die Brachschwalbe brütet im südlichen Spanien und im nordwestlichen Afrika ausnahmsweise schon Ende April, meist aber erst von Anfang Mai an bis Juni. In Griechenland fand ich Gelege vom 9. Mai bis zum 23. Juni, die Mehrzahl jedoch im zweiten und dritten Maidrittel.

Die Eier werden im Abstand von 24 Stunden gelegt, die Bebrütung, an der sich Männchen und Weibchen beteiligen, beginnt nach Ablage des letzten Eies. Nach einer Brutdauer von 17 bis 18 Tagen schlüpfen die Jungen. Die offensichtlich recht hitzeempfindlichen Jungen werden in ihren ersten Lebenstagen abwechselnd vom Männchen und Weibchen gehudert und zunächst in unmittelbarer Nähe des Nestes gefüttert; sie laufen einzeln dem mit Futter ankommenden Altvogel ein paar Schrittchen entgegen. Damit das fütternde Männchen (oder Weibchen) dem Jungen das Insekt möglichst „schnabelgerecht" übergeben kann, läßt sich der Altvogel auf die Fersengelenke nieder. Im Alter von 10 bis 12 Tagen beginnen die Jungen selbständig Nahrung vom Boden aufzunehmen, mit etwa 22 Tagen beginnen sie zu fliegen und sind im Alter von vier Wochen flugfähig. Bei Gefahr verkriechen sich die Dunenjungen gern unter die flachen Erdschollen, die sich infolge der intensiven Sonneneinstrahlung auf dem von Trockenrissen durchzogenen Boden nach oben gewölbt haben.

Wanderungen Die nördlichen Populationen der Brachschwalbe sind ausnahmslos Zugvögel, die zum geringen Teil schon im nördlichen Afrika, zumeist aber im tropischen Afrika vom Senegal bis zum Sudan und Äthopien überwintern. Die im Süden brütenden Brachschwalben überwintern teilweise schon in ihrem Brutgebiet.

Als Irrgast wurde die Brachschwalbe nicht selten außerhalb ihrer Brutgebiete nachgewiesen, nordwärts bis zu den Britischen Inseln, Dänemark und Polen, erstmals in diesem Jahrhundert wurde am 6. Mai 1968 bei Zator (Oświecim Distrikt, Krakow Wojew.) eine Brachschwalbe festgestellt. Für die Tschechoslowakei liegen bis heute sieben Nachweise vor. In Großbritannien wurde die Brachschwalbe mit Ausnahme von Dezember und Januar in allen Monaten beobachtet, die Mehrzahl im Mai. Für die beiden deutschen Staaten liegen seit 1958 mindestens neun Nachweise vor, die nördlichsten stammen von den Inseln Fehmarn und Rügen.

Nahrung Den größten Teil ihrer Nahrung erbeutet die Brachschwalbe im Flug, zum kleineren Teil auch am Boden. Gesellig und unter häufigen Rufen jagen die Brachschwalben über ihrem Brutplatz nach größeren Insekten, vor allem nach Käfern, Heuschrecken und anderen Orthopteren, Libellen und Dipteren.

Glareola nordmanni Nordmann
Schwarzflügel-Brachschwalbe (Tafel 24)

Die Auffassungen, ob man die Schwarzflügel-Brachschwalbe als selbständige Art betrachten soll, wie es HARTERT, VAURIE u. a. tun, oder nur als eine Unterart von Glareola pratincola sind heute noch geteilt. Von manchen wird die Schwarzflügel-Brachschwalbe nur als eine Unterart von glareola angesehen; VOOUS schreibt dazu folgendes: „Wegen des Vorkommens intermediärer Stücke faßt man die sogenannte Schwarzflügelige Brachschwalbe (Glareola nordmanni) nicht als selbständige Art, sondern versuchsweise als lokal dominante Farbvariante (Subspezies) auf, und wir vereinigen mit MEINERTZHAGEN sie hier mit der gewöhnlichen Brachschwalbe."

Beschreibung Die Schwarzflügel-Brachschwalbe ist der Brachschwalbe (Glareola pratinocola) sehr ähnlich, jedoch oberseits dunkler, die inneren Armschwingen haben keinen weißen Endsaum, und die Unterflügeldecken sowie die Achselfedern sind schwarz. Meist werden die dunkleren Unterflügeldecken, die unteren Randdecken und die ebenfalls dunklen Achselfedern der Schwarzflügel-Brachschwalbe als sicheres Unterscheidungsmerkmal für die beiden Glareola-Arten angegeben. Nun hat HAYMAN darauf hingewiesen, daß die Verteilung von hellen und dunklen Federpartien auf der Flügeloberseite ein sichereres Unterscheidungsmerkmal bei fliegenden Vögeln ist; auf Tafel 24 sind die Unterschiede deutlich zu sehen. Auch bei Glareola pratincola wirken die Unterflügel im Flug dunkel, während – im Gegensatz zu Glareola nordmanni – auf den Oberflügeldecken der helle Saum auf den inneren Hand- und auf den Armschwingen auffällt.

Feldkennzeichen Von der „gewöhnlichen" Brachschwalbe, die heute meist als Rotflügel-Brachschwalbe bezeichnet wird, unterscheidet sich Glareola nordmanni durch die dunklen Unterflü-

Brutgebiet der Schwarzflügel-Brachschwalbe

gel, die allerdings nur dann zu sehen sind, wenn der Vogel fliegt oder im Stehen die Flügel anhebt. Intermediäre Exemplare kommen vor, und da sich die Verbreitungsgebiete beider Arten in den Grenzgebieten überdecken, so ist bei der Bestimmung besonders sorgfältig auf die Färbung der Unterflügel zu achten.

Die Rufe der Schwarzflügel-Brachschwalbe lassen sich am besten mit „kirlik, kirlik" wiedergeben. Der Warnruf am Brutplatz klingt wie ein helles zweisilbriges „ketteck" (BECKER, briefl.).

Verbreitung Das Brutgebiet der Schwarzflügel-Brachschwalbe erstreckt sich von der Dobrudscha an durch die südliche Sowjetunion ostwärts bis nach Südwestsibirien; hier bilden die westlichen Ausläufer des Altai und des Saissan-nor die Ostgrenze. Die Nordgrenze bildet etwa der 55.° n. Br., die Südgrenze verläuft in den zwischen dem Schwarzen und Kaspischen Meer gelegenen Ebenen, und vom Ostrand des Kaspischen Meeres bis zum Aral-See und dem Unterlauf des Syrdarja.

Vereinzelt hat die Schwarzflügel-Brachschwalbe im vergangenen und in diesem Jahrhundert auch in der Ungarischen Tiefebene zwischen Donau und Theiß unter den dort häufigeren Brachschwalben gebrütet. Letztmalig brütete Glareola nordmanni 1973 in der Nähe von Nagyiván in der Pußta Hortobágy (SZABÓ).
1966 hat ein Paar Schwarzflügel-Brachschwalben bei Hildesheim (Niedersachsen) zu brüten versucht. Im Frühjahr 1970 brütete erstmals ein Paar in der Camargue (Südfrankreich): am 27. Mai wurde ein Männchen beobachtet, das dazugehörige Weibchen war aber wahrscheinlich ein solches von Glareola pratincola. Am 15. Juni sah man dann die drei Jungen dieses Paares.

Biotop Die Schwarzflügel-Brachschwalbe lebt in offenen Steppen mit lehmigen und salzhaltigen Böden, die mit einer spärlichen Vegetation bedeckt sind. Gern hält sie sich in der Nähe salzhaltiger Steppenseen und in Mündungsgebieten von Flüssen, in denen sich weite, vegetationsarme Flächen befinden, auf. Nach GROTE brütet diese Brachschwalbe „gelegentlich auch auf Hirse-, Flachs-, Mais- und Melonenfeldern."

Brutbiologie Die Schwarzflügel-Brachschwalbe brütet etwa zur gleichen Zeit wie Glareola pratincola. In der Umgebung von Poltawa (Ukrainische SSR) wurden bereits im letzten Aprildrittel Gelege gefunden, sonst brütet Glareola nordmanni kaum vor Anfang Mai, meist erst in der zweiten Maihälfte bis Mitte Juni. Die Nistgewohnheiten sind die gleichen wie bei Glareola pratincola, und auch die Eier beider Arten sind nicht zu unterscheiden. 35 Eier messen nach JOURDAIN im Durchschnitt 32,4 × 24,8 mm; Maxima: 35,3 × 25,2 und 35,0 × 26,0 mm; Minima: 28,0 × 24,8 und 33,1 × 23,3 mm. Die Frischvollmasse beträgt etwa 11 g, die durchschnittliche Schalenmasse 0,64 g. Ein bemerkenswerter Unterschied besteht in der Gelegegröße dieser beiden Brachschwalben-Arten: Während Glareola pratincola regelmäßig drei Eier legt, besteht das Gelege bei Glareola nordmanni nach den übereinstimmenden Angaben sowjetischer Ornithologen normalerweise aus vier, gelegentlich sogar aus fünf Eiern. Das Gelege wird abwechselnd vom Männchen und Weibchen bebrütet; tagsüber werden die unmittelbar auf dem warmen Erdboden liegenden Eier oft stundenlang unbedeckt gelassen. Da die Bebrütung nach Ablage des letzten Eies beginnt, schlüpfen die Jungen fast gleichzeitig und werden von beiden Eltern betreut. Das von BECKER bei Hildesheim beobachtete Paar brütete jedoch schon nach Ablage des zweiten Eies fest und verleitete intensiv.

Wanderungen „Nachdem die Jungen flügge geworden sind" berichtet GROTE, „– zwischen Ende Juni und Mitte Juli – scharen sich die Steppenbrachschwalben zu gewaltigen Flügen zusammen." In der zweiten Augusthälfte, überwiegend jedoch im September, verlassen die Schwarzflügel-Brachschwalben ihre Brutgebiete, um im Osten Afrikas von Somalia bis Südafrika und im Westen Afrikas vom Golf von Guinea südwärts bis Damara-Land zu überwintern. Zwischen Mitte April und Mitte Mai trifft die Schwarzflügel-Brachschwalbe wieder an ihren Brutplätzen ein; nach GROTE „am frühesten in den westlichen Teilen des Verbreitungsgebiets, am spätesten in den nordöstlichen."

Als Irrgast wurde die Schwarzflügel-Brachschwalbe wiederholt in Europa nachgewiesen; westwärts bis zu den Britischen Inseln, im Norden bis Dänemark, Norwegen, Schweden und Finnland.

Nahrung Die Schwarzflügel-Brachschwalbe ernährt sich auf die gleiche Weise wie Glareola pratincola; sie erbeutet größere Insekten, meist im Flug, teilweise auch am Boden, wie zum Beispiel Mistkäfer, Grillen, Wanderheuschrecken und anderes.

Anhang

Literaturverzeichnis

Adam, G. (1969): Grasläufer (Tryngites subruficollis) im Rheindelta am Bodensee. – Orn. Mitt. 21, p. 15 – 16.

Allouse, B. E. (1953): The avifauna of Iraq. – Baghdad.

– (1957): On a recent ornithological excursion in Iraq made by Dr. Makatsch. – Iraq Nat. Hist. Mus. Publ. No. 13, p. 17 – 21.

Anderson, K. R. und C. D. T. Minton (1978): Origins and movements of Oystercatcher on the Wash. – Brit. Birds 71, p. 439–447.

Andersson, G. (1971): Dvärgspov, Numenius minutus, in Finnmark.-Sterna 10, p. 63 – 64.

A. O. U. (1957): Check-list of North American birds.–Baltimore, Maryland, USA.

Bainbridge, I. P. und C. D. T. Minton (1978) f: The migration and mortality of the Curlew in Britain and Ireland. – Bird Study 25, p. 39 – 50.

Baker, E. C. S. (1935): The nidification of birds of the Indian Empire, Bd. 4. – London.

Bannerman, D. A. (1953): The birds of West and Equatorial Africa, Bd. 1. – Edinburgh und London.

– (1963): Birds of the Atlantic Islands, Bd. 1.– Edinburgh und London.

Barthel, P. (1976): Ein Grasläufer (Tryngites subruficollis) in Niedersachsen. – Vogelkdl. Ber. Niedersachsen. 8, p. 39 – 40.

Barthel, P. H. (1977): Ein zehnjähriger Flußuferläufer in Bockenem. – Mitt. Orn. Verein Hildesheim 1, p. 59.

Banzhaf, W. (1932): Charadrius leschenaultii Less. erstmalig für Deutschland nachgewiesen. – Orn. Monatsber. 40, p. 151.

Basso, R. und G. Boano (1977): Nidificazione in Italia della Pitima reale, Limosa l. limosa (L.). – Riv. Ital. Orn. 47, p. 239 – 243.

Bates, R. S. P. und E. H. N. Lowther (1952): Breeding birds of Kashmir. – London.

Bauer, G. (1975): Seltene Beobachtungen am Alpenstrandläufer. – Falke 22, p. 169 – 171.

Bauer, W., O. v. Helversen, M. Hodge und J. Martens (1969): Catalogus Faunae Graeciae. – Saloniki.

– (1969): Bemerkenswerte Brutnachweise aus Griechenland. – J. Orn. 110, p. 79 – 83.

Bauer, W., H.-J. Böhr, U. Mattern und G. Müller (1973): 2. Nachtrag zum „Catalogus Faunae Graeciae; Pars Aves“. – Vogelwelt 94, p. 1 – 21.

Becker, P. und H. Ritter (1967): Erstnachweis des Amerikanischen Odinshühnchens (Phalaropus tricolor) für Deutschland. – J. Orn. 108, p. 82.

– und A. May (1973): Zum Durchzug des Graubruststrandläufers, Calidris melanotos (Vieill.), in Südniedersachsen.– Beitr. Naturk. Niedersachs. 26, p. 12.

– (1974): Beobachtungen an paläarktischen Zugvögeln in ihrem Winterquartier Südwestafrika. – Wiss. Forschung in Südwestafrika, 12. Folge, p. 1–86. – Windhoek.

–, R. A.C. Jensen und H.H. Berry (1974): Broad-billed Sandpiper Limicola falcinellus in South West Africa.– Madoqua, Ser. I, No. 8, p. 67 – 71.

– (1975): Paläarktische Vögel im Binnenland Südwestafrikas. – Mitt. Ornith. Arbeitsgruppe d. SWA Wiss. Ges. 11, Nr. 6, p. 3 – 4 und Nr. 7, p. 1 – 4.

– und N. Krott (1975): Ein weiterer Graubruststrandläufer Calidris melanotos (Vieill.) in Südniedersachsen.– Beitr. Naturk. Niedersachs. 28, p. 64.

– und F.-J. Kollibay (1976): Erster Brutnachweis der Schwarzflügel-Brachschwalbe (Glareola nordmanni Fischer) für Deutschland. – Beitr. Naturk. Niedersachs. 29, p. 14 – 18.

– (1977): Ornithologische Notizen von der Küste Südwestafrikas. – J. d. Wiss. Ges. S. W. A. 31, p. 65 – 82.

– (1980): Vom Vorkommen des Odinswassertreters (Phalaropus lobatus) an der Küste Südwestafrikas und zur feldornithologischen Unterscheidung der Wassertreter. – Orn. Mitt. 32, p. 40–44.

Bent, A. C. (1927): Life histories of North American Shore birds - Order Limicolae (Part 1). – Washington.

– (1929): Life histories of North American Shore birds–Order Limicolae (Part 2). – Washington.

Bergman, S. (1935): Zur Kenntnis nordostasiatischer Vögel. – Stockholm.

Beser, H. J. und Sigrid v. Helden-Sarnowski (1974): Zur Ökologie und Biologie des Austernfischers (Haematopus ostralegus L.) am südlichsten Punkt seiner Verbreitung in Deutschland. – Charadrius 10, p. 37 – 54.

Beven, G. und M.D. England (1977): Studies of less familiar birds – 181 Turnstone.– Brit. Birds 70, p. 23 – 32.

Bezzel, E. und W. Wüst (1965/1966): Vergleichende Planbeobachtungen zum Durchzug der Watvögel (Limicolae) im Ismaninger Teichgebiet bei München. – Anz. orn. Ges. Bayern 7, p. 429 – 474 und 771 – 822.

-, W. Krauß und A. Vidal (1970): Der Kiebitz (Vanellus vanellus) als Brutvogel in Bayern.- Anz. orn. Ges. Bayern 9, p. 27 – 46.

Blidberg, G. (1979): Langnäbbad beckasinsnäppa. – Halmstads Orn. Klubb Arsrapport 1978, p. 24 – 25.

Böhme, R., D. Kronbach und W. Weise (1981): Beobachtung von Mornellregenpfeifern, Eudromias morinellus, bei Burgstädt/Sa. – Beitr. Vogelkd. Jena 27, p. 127.

Boere, G. C. (1976): The significance of the Dutch Wadenzee in the annual life cycle of arctic, subarctic and boreal waders. – Part. 1. The function as a moulting area. – Ardea 64, p. 210 – 291.

Bologna, G. und F. Petretti (1978): Sul cavaliere d'Italia (Himantopus himantopus). – Riv. Ital. Orn. 48, p. 179 – 180.

Bräuning, Ch. (1973): Wieder ein Steppenkiebitz (Chettusia gregaria) in Niedersachsen.- Vogelk. Ber. Niedersachs. 5, p. 26.

– (1977): Ein Terekwasserläufer (Xenus cinereus) im Landkreis Hannover. – Vogelk. Ber. Niedersachs. 9, p. 11.

Brandel, M. (1976): Sumpvipa Vanellus leucurus anträffad i Sverige. – Vår Fågelvärld 35, p. 298 – 300.

Branson, N. J. B. A. und C. D. T. Minton (1976): Moult, measurement and migrations of the Grey Plover. – Bird Study 23, p. 257 – 266.

-, E. D. Ponting und C. D. T. Minton (1978): Turnstone migrations in Britain and Europe. – Bird Study 25, p. 181 – 187.

- (1979): Turnstone populations and the Wash. – Bird Study 26, p. 47 – 54.

Braun, H.-G. (1977): Auftreten und Durchzug der Bekassine (Gallinago gallinago), Doppelschnepfe (Gallinago media) und Zwergschnepfe (Lymnocryptes minimus) auf Helgoland. – Orn. Mitt. 29, p. 205 – 208.

Bruch, A. und M. Löschau (1970, 1971, 1973): Zum Vorkommen der Limikolen im Berliner Raum (I bis III). – Orn. Mitt. 22, p. 157 – 163; 23, p. 185 – 200; 25, p. 39 – 54.

Bub, H. (1980): Zum Nestbau beim Kiebitz (Vanellus vanellus). – Beitr. Naturk. Niedersachs. 33, p. 133 – 139.

Burton, P. J. K. (1974): Feeding and the feeding apparatus in waders – a study of anatomy and adaption in the Charadrii. – London.

Busse, R. (1967): Steppenkiebitz (Chettusia gregaria) beim Dümmer. – Vogelwelt 88, p. 156 – 157.
Byrkjedal, I. (1978): Altitudinal differences in breeding schedules of Golden Plover Pluvialis apricaria (L.) in South Norway. – Sterna 17, p. 1 – 20.

Carlo, E. A. di und J. Heinze (1975): Il Piviere tortolino (Eudromias morinellus) nidifica ancora sulla Majella (Abruzzo). – Riv. Ital. Orn. 45, p. 72 – 73.
– (1975): Ancora sul Piviere tortolino (Eudromias morinellus) sulla Majella (Abruzzo). – Riv. Ital. Orn. 45, p. 290.
– (1978): La nidificazione del Piviere tortolino (Eudromias morinellus) sugli Apennini. – Riv. Ital. Orn. 48, p. 149 – 156.
Cave, F. O. und J. D. Macdonald (1955): Birds of the Sudan. – Edinburgh und London.
Chekmenew, D. I. (1961): On the biology of the Sociable Plover (russ.). – Trudy ISAN Kasachstan SSR Alma Ata 15, p. 143 – 146.
Christoleit, E. (1936): Zur Balz des Zwergstrandläufers (Calidris minuta). – Beitr. Fortpfl. Vögel 12, p. 179– 187 und 239 – 251.
Clavier, J.-L. (1976): Un Becasseau rousset Tryngites subruficollis près du confluent Loire – Allier. – L'Oiseau et R. F. O. 46, p. 291 – 292.
Creutz, G. (1971): Die Zwergschnepfe als Durchzügler in der Oberlausitz. – Falke 18, p. 168.
Cunningham, G. R. und van Someren (1973): Tringa hypoleucos Linnaeus breeding in East Africa. – Bull. Brit. Orn. Club 93, p. 39 – 40.
Czikeli, H. (1976): Beobachtung eines Dünnschnabelbrachvogels (Numenius tenuirostris) im steirischen Ennstal. – Egretta 19, p. 61 – 62.

Dahms, G. (1977): Untersuchungen zur Siedlungsdichte der Limikolen auf dem Asseler Sand (Niederelbe) und zum Einfluß der Wind- und Sturmfluten auf die Brutvögel. – Hamb. avifaun. Beitr. 15, p. 1 – 12.
Dathe, H. und H. J. Müller (1932): Zur Brutbiologie des Flußregenpfeifers, Charadrius dubius curonicus Gm. – Beitr. Fortpfl. Vögel 8, p. 60 – 65.
– (1938): Über Zug und Oekologie von Calidris temminckii (Leisl.) in Sachsen. – J. Orn. 84, p. 363 – 377.
– (1949): Der Kiebitzregenpfeifer, Squatarola squatarola (L.) in Sachsen. – Beitr. Vogelkd. 1, p. 54 – 97.
– (1953): Der Flußregenpfeifer. – Neue Brehm-Bücherei Heft 93. – Wittenberg-Lutherstadt.
Dean, A. R., J. E. Fortey und E. G. Phillips (1977): White-tailed Plover: new to Britain and Ireland. – Brit. Birds 70, p. 465 – 471.
Delvin, T. R. E., A. R. Jenkins und L. Lloyd-Evans (1962): Sociable Plover in Hertfordshire. – Brit. Birds 55, p. 236.
Dementiew, G. N., N. A. Gladkow und E. P. Spangenberg (1951): Die Vögel der Sowjetunion (russ.). – Bd. 3. – Moskau.
Deppe, H.-J. (1975): Angaben zum Durchzug, Brutvorkommen und Brutbeginn der Waldschnepfe (Scolopax rusticola) in Norddeutschland. – Vogelwelt 96, p. 201 – 213.
Dick, W. J. A., M. W. Pienkowski, M. Waltner und C. D. T. Minton (1976): Distribution and geographical origins of Knot Calidris canutus wintering in Europe and Africa. – Ardea 64, p. 22 – 47.
Dieth, W. (1975): Meerstrandläufer bei Thun. – Orn. Beob. 72, p. 284.
Dircksen, R. (1932): Die Biologie des Austernfischers und der Küstenseeschwalbe nach Beobachtungen und Untersuchungen auf Norderoog. – J. Orn. 80, p. 427 – 521.
Dittberner, H. und W. (1969): Der Brutbestand des Kiebitzes (Vanellus vanellus L.) in Berlin. – Milu 2, p. 433 – 453.
– (1969): Die Vogelwelt des Rüdersdorfer Rieselfeldes am Ostrand Berlins. – Milu 2, p. 495 – 618.
– (1975): Fang einer Doppelschnepfe (Gallinago media) auf dem Berliner Rieselfeldgürtel. – Orn. Mitt. 27, p. 90 – 91.
– (1975): Brutvorkommen und Massendurchzug des Kampfläufers im unteren Odertal. – Falke 22, p. 82 – 87 u. 124 – 129.
– (1976): Der Durchzug des Sichelstrandläufers (Calidris ferruginea Pont.) in Brandenburg. – Orn. Jber. Mus. Heineanum 1, p. 5 – 22.
– (1977): Erstnachweis des Graubruststrandläufers, Calidris melanotos (Vieillot), in der Mark Brandenburg. – Beitr. Vogelkd., Leipzig 23, p. 65 – 71.
– (1978): Bemerkungen zum Frühjahrsdurchzug des Steinwälzers (Arenaria interpres) im binnenländischen Teil der DDR. – Beitr. Vogelkd., Leipzig 24, p. 94 – 96.
– (1979): Erfahrungen und Ergebnisse der Limikolenberingung auf den Berliner Rieselfeldern. – Falke 26, p. 194 – 203.
– (1980): Herbstbalz und Revierverhalten des Kiebitzregenpfeifers auf Hiddensee. – Orn. Mitt. 32, p. 231 – 233.
Du Pont, J. E. (1971): Phillipine Birds. – Greenville, Delaware.
Dymond, J. N. und The Rarities Committee (1976): Report on rare birds in Great Britain in 1975. – Brit. Birds 69, p. 321 – 368.

Elliott, C. C. H. et al. (1976): The migration system of the Curlew Sandpiper Calidris ferruginea in Africa. – Ostrich 47, p. 191 – 213.
Endes, M. (1973): Lilebibic (Chettusia gregaria Pall.) a Hortobagyon. – Allattani Közl. 60, p. 172.
Etchécopar, R. D. und F. Hüe (1964): Les Oiseaux du Nord de l' Afrique. – Paris.
– (1967): The Birds of North Africa from the Canary Islands to the Red Sea. – Edinburgh und London.
– (1970): Les Oiseaux du Proche et du Moyen Orient. – Paris.
Eberhardt, D. (1977): Gefährdete Vogelarten im Rheinland. 13. Austernfischer (Haematopus ostralegus). – Rhein. Heimatpflege NF 14, p. 260.
– (1977): Gefährdete Vogelarten im Rheinland. 15. Kampfläufer (Philomachus pugnax). – Rhein. Heimatpflege NF 14, p. 262.
– (1977): Gefährdete Vogelarten im Rheinland. 16. Säbelschnäbler (Recurvirostra avosetta). Rhein. Heimatpflege NF 14, p. 263.

Fenske, R. (1973): Terekwasserläufer (Tringa terek) an den Ahlhorner Fischteichen. – Vogelk. Ber. Niedersachs. 5, p. 27.
Ferguson-Lees, I. J. (1959): Photographic studies of some less familiar birds 95. Terek Sandpiper. – Brit. Birds 52, p. 85 – 90.
– und K. Williamson (1960): Recent reports and news. – Brit. Birds 53, p. 316 – 320.
Fjeldså, J. (1977): Guide to the Young of European Precocial Birds. – Tisvildeleje.
Flegg, J. J. M. (1971): Birds in Ireland during 1966 – 69. – Brit. Birds 64, p. 4 – 19.
Flinks, H., M. Harengerd, W. Prünte und M. Speckmann (1972): Gesicherter Nachweis der Doppelschnepfe in Westfalen. – Anthus 9, p. 1 – 4.
Flint, W. E., R. L. Beme, J. W. Kostin und A. A. Kusnezow (1968): Die Vögel der Sowjetunion (russ.). – Moskau.
– und A. J. Kondratjew (1977): Materialien zur Biologie des Kiebitzregenpfeifers (Pluvialis squatarola L.). – Beitr. Vogelkd., Leipzig 23, p. 265 – 277.
Flössner, D. (1974): Die Vogelwelt des Naturschutzgebietes Stechlin. – Naturschutzarbeit in Berlin und Brandenburg, Jg. 10 Heft 2, 59 – 61.
Forges, G. des (1977): Behaviour of incubating Woodcock. – Brit. Birds 70, p. 121.

Franke, H. (1953): Zur Biologie des Mornellregenpfeifers. – Photographie u. Forschung 5, p. 2 – 8.
Frieling, F. und R. Steinbach (1977): Besonderheiten am Windischleubaer Stausee 1974. – Beitr. Vogelkd., Leipzig 23, p. 79 – 82.
Frisch, O. v. (1964): Der Große Brachvogel. – Neue Brehm-Bücherei Heft 335. – Wittenberg-Lutherstadt.
Fuller, R. J. (1978): Breeding population of Ringed Plovers and Dunlins in the Uists and Benbecula, Outer Hebrids. – Bird Study 26, p. 97 – 102.
– und R. E. Youngman (1979): The utilization of farmland by Golden Plovers wintering in southern England. – Bird Study 26, p. 37 – 46.

Galland, B. (1967): Dünnschnabel-Brachvogel in der Lüneburger Heide. – J. Orn. 108, p. 84.
Gauckler, A., M. Kraus und W. Krauß (1970): Verbreitung und Brutbestände von Brachvogel (Numenius arquata), Rotschenkel (Tringa totanus) und Uferschnepfe (Limosa limosa) in Nordbayern. – Anz. orn. Ges. Bayern 9, p. 13 – 26.
Gerdes, K. (1978): Mornellregenpfeifer in Ostfriesland. – Vogelk. Ber. Niedersachs. 10, p. 75 – 76.
Ginn, P. J. G. und R. K. Brooke (1971): The American Pectoral Sandpiper in Africa. – Bull. Brit. Orn. Club 91, p. 125 – 126.
Gloe, P. (1973): Vom Zug des Rotschenkels (Tringa totanus) in Dithmarschen. – Orn. Mitt. 25, p. 240 – 241.
– (1977): Beobachtungen ziehender Grünschenkel (Tringa nebularia). – Orn. Mitt. 29, p. 199.
– (1978): Wilson-Wassertreter (Phalaropus tricolor) an der Meldorfer Bucht. – Orn. Mitt. 30, p. 14 – 15.
Glutz v. Blotzheim, U. N., K. M. Bauer und E. Bezzel (1975, 1977): Handbuch der Vögel Mitteleuropas, Bd. 6 und 7, Charadriiformes 1. und 2. Teil. – Wiesbaden.
Godfrey, W. A. (1966): The Birds of Canada. – Ottawa.
Godfrey, W. E. (1972): North American Ruddy Turnstone in Britain. – Bull. Brit. Orn. Club 92, p. 148.
Godin, J. und M. Loison (1978): Nidification de la Barge à queue noir (Limosa limosa) en Hainaut occidental. – Le Gerfaut 68, p. 115 – 116.
Grätz, H.-P. (1975): Ein Terek-Wasserläufer 1972 auf Rügen. – Falke 22, p. 426 – 427.
– (1979): Beitrag zum Wintervorkommen des Waldwasserläufers in der DDR. – Falke 26, p. 191 – 193.
Granberg, B. (1978): Spetsstjärtad snäppa Calidris acuminata anträffad i Sverige. – Vår Fågelvarld 37, p. 63 – 66.
Graumann, G., M. Grothmann und S. Müller (1975): Limikolen – Zählungen im September und Oktober 1973 am Warnemünder Strand. – Orn. Rundbrief Mecklenburg N. F. 16, p. 36 – 44.
Greve, K. und G. Pannach (1968): Der Limikolenzug im Braunschweiger Rieselfeld (Südost-Niedersachsen). – Orn. Mitt. 20, p. 225 – 232.
– (1967): Terekwasserläufer (Tringa terek) im Braunschweiger Rieselfeld. – J. Orn. 108, p. 502.
Grobe, D. W. (1977): Dunkelwasserläufer (Tringa erythropus) „adoptiert" junge Kampfläufer (Philomachus pugnax). – Orn. Mitt. 29, p. 200.
Größler, K. (1977): Der Durchzug des Flußregenpfeifers, Charadrius dubius curonicus, im Flut- und Klärbeckengebiet von Leipzig. – Beitr. Vogelkd., Leipzig 23, p. 107 – 116.
Grote, H. (1926): Zur Fortpflanzungsbiologie einiger wenig bekannter paläarktischer Vögel. – Beitr. Fortpfl. Vögel 2, p. 136 – 139.
– (1939): Beiträge zur Biologie einiger Limicolen. – Beitr. Fortpfl. Vögel 15, p. 106 – 115.

Haataja, K. und A. Hämäläinen (1976): Suochyypa Vanellus leucurus ensi kerran Suomessa. – Lintumies 11, p. 95.
Hable, E. (1973): Der Mornellregenpfeifer (Eudromias morinellus) in Kärnten. – Carinthia II, 163./83., p. 603 – 608.
Häggblom, R. und J. Liesma (1974): The Oystercatcher breeding inland. – Lintumies 9, p. 64.
Hajek, V. (1970): Elf Jahre Limikolenbeobachtung im Naturschutzgebiet Lednice. – Sylvia 18, p. 18 – 55.
Hale, W. G. (1973): The distribution of the Redshank Tringa totanus in the winter range. – Zool. J. of the Linnean Soc. 53, p. 177.
Hantzsch, B. (1905): Ein Beitrag zur Kenntnis der Vogelwelt Islands. – Berlin.
Harengerd, M. (1972): Der gegenwärtige Stand der Brutverbreitung einiger Laro-Limikolen in Westfalen. – Anthus 9, p. 25 – 36.
Harrison, C. (1978): A Field Guide to the Nests, Eggs and Nestlings of North American Birds. – London.
Harrison, H. H. (1975): A Field Guide to Birds' Nests. – Boston.
Harrison, J. M. und J. G. Harrison (1971): The occurence of Calidris alpina sakhalina (Vieillot) in Britain. – Bull. Brit. Orn. Club 91, p. 39 – 40.
– (1971): Further notes on the north-eastern Greenland race of the Dunlin from Eire and Kent. – Bull. Brit. Orn. Club 91, p. 41.
– (1971): North American Knot and North American Ruddy Turnstone in Britain. – Bull. Brit. Orn. Club 91, p. 167 – 171.
Hartert, E. (1910-1922): Die Vögel der paläarktischen Fauna, Bd. 2. – Berlin.
– und F. Steinbacher (1932-1938): Die Vögel der paläarktischen Fauna – Ergänzungsband. – Berlin.
Haverschmidt, F. (1963): The Black-tailed Godwit. – Leiden.
Haymann, P. J. (1956): A note on field-idendification of Praticoles. – Brit. Birds 49, p. 312 – 313.
Heim, P. J. (1974): Eiablage, Gelegegröße und Brutdauer beim Kiebitz Vanellus vanellus. – Orn. Beob. 71, p. 283 – 288.
Heinroth, O. und Magdalena Heinroth (1924-1933): Die Vögel Mitteleuropas. – Berlin.
Heinze, J. (1976): Zum Brutvorkommen des Mornellregenpfeifers (Eudromias morinellus) in Italien. – Beitr. Naturk. Niedersachs. 29, p. 11 – 13.
Hennings, H. (1961): Steppenkiebitz (Chettusia gregaria) in der Pfalz. – Orn. Mitt. 13, p. 77.
Heppleston, P. B. (1972): The comparative breeding ecology of Oystercatchers (Haematopus ostralegus L.) in inland and coastal habitats. – J. Animal. Ecol. 41, p. 23 – 51.
Heyder, R. (1952): Die Vögel des Landes Sachsen. – Leipzig.
– (1970): Ergänzende Anmerkungen: Der Mornellregenpfeifer im Butschetschgebirge. – J. Orn. 111, p. 76.
Hildén, Ø. und S. Vuolanto (1972): Breeding biology of the Rednecked Phalarope Phalaropus lobatus in Finland. – Orn. Fenn. 49, p. 57 – 85.
– (1974): Parental care in the Green Sandpiper. – Lintumies 9, p. 116 – 117.
– (1978): Population dynamics in Temminck's Stint Calidris temminckii. – Oikos 30, p. 17 – 28.
Hille, H. und L. Ritzel (1981): Wochenlanger Aufenthalt eines Steppenkiebitzes (Chettusia gregaria) bei Bremen 1979. – Vogelk. Ber. Niedersachs. 13, p. 16.
Hobson, W. (1972): The breeding biology of the Knot. – Western Found. Vertebrate Zool. 2, p. 5 – 26.
Höhn, E. O. (1965): Die Wassertreter. – Neue Brehm-Bücherei Heft 349. – Wittenberg-Lutherstadt.
Hölzinger, J. (1974): Zur Frage der nächtlichen Brutablösung beim Flußregenpfeifer Charadrius dubius. – J. Orn. 115, p. 465.
Hofmann, K., G. Hofmann und D. Spittler (1978): Beobachtung eines Weißschwanzsteppenkiebitz' (Chettusia leucura Lichtenstein). – Beitr. Vogelkd., Leipzig 24, p. 101.

Holgersen, H. (1970): Langnebbet Bekkasinsnipe, en ny art for Norge. – Sterna 9, p. 106.
Hollom, P. A. D. (1960): The popular Handbook of rarer British Birds. – London.
Holmes, R. T. und F. A. Pitelka (1964): Breeding behaviour and taxonomic relationsships of the Curlew Sandpiper. – Auk 81, p. 362 – 379.
Howell, T. R. (1979): Breeding Biology of the Egyptian Plover Pluvianus aegyptius. – Univ. Calif. Publ. Zool. Vol. 113, p. 1 – 76.
Hüe, F. und R. D. Etchécopar (1970): Les Oiseaux du Proche et du Moyen Orient. – Paris.
Huschga, K.-H. (1978): Neuer Nachweis eines Terek-Wasserläufers für Mecklenburg. – Falke 25, p. 167.

Impe, J. van (1977): Overzomering van Kleine Strandlopers, Calidris minuta, in het Belgisch-Nederlandse grensgebied. – Gerfaut 67, p. 461 – 462.

Jackson, R. und J. (1975): A Study of Breeding Lapwings in the New Forest, Hampshire 1971 – 1974. – Ringing and Migration 1, p. 18 – 27.
Jakobs, B. (1978): Erster Brutnachweis des Flußuferläufers (Tringa hypoleucos) im Saarland. – Abh. Arb. Gem.tier- u. pfl. geogr. Heimatforsch. Saarl. 8, p. 155 – 161.
Jehl, J. R. (1973): Breeding biology and systematic relationsships of the Stilt Sandpiper. – Wilson Bull. 85, p. 115 – 147.
Johansen, H. (1960): Die Vogelfauna Westsibiriens. – J. Orn. 101, p. 472 – 495.
Jonas, R. (1979): Brutbiologische Untersuchungen an einer Population der Uferschnepfe (Limosa limosa). – Vogelwelt 100, p. 125 – 136.
Jordans, A. v. und J. Steinbacher (1948): Zur Avifauna Kleinasiens. – Senckenbergiana 28, p. 159 – 186.

Kalbe, L. und J.-J. Seeger (1972): Das Vorkommen der Uferschnepfe, Limosa limosa, in Brandenburg. – Veröff. Bez. – Mus. Potsdam, H. 25/26 (Beitr. Tierwelt Mark IX), p. 95 – 117.
Kalchreuter, H. (1979): Die Waldschnepfe. – Mainz.
Kelm, H.-J. (1979): Beobachtung eines Wilson-Wassertreters (Phalaropus tricolor) im Hauke-Haien-Koog. – Corax 7, p. 40.
Kirchner, H. (1963): Der Bruchwasserläufer. – Neue Brehm-Bücherei Heft 309. – Wittenberg-Lutherstadt.
– (1969): Die Uferschnepfe. – Neue Brehm-Bücherei Heft 413. – Wittenberg-Lutherstadt.
Kirsch, K.-W. (1966): Der Spornkiebitz (Hoplopterus spinosus) in Westfalen. – Orn. Mitt. 18, p. 80.
Kirsch, L. M. und K. F. Higgins (1976): Upland Sandpiper Nesting and Management in North Dakota. – Wildl. Soc. Bull. 4, p. 16 – 20.
Kiyosu, Y. (1952): The Birds of Japan. – Tokio.
Klemm, W. (1970): Der Mornellregenpfeifer, Euromias morinellus, in Siebenbürgen. – J. Orn. 111, p. 68 – 76.
Kneis, P. (1974): Nachweis des Grasläufers (Tryngites subruficollis) für Bulgarien. – Falke 21, p. 87 – 89.
Koenig, A. (1911): Avifauna Spitzbergensis. – Bonn.
– (1928): Ein weiterer Teilbeitrag zur Avifauna Aegyptiaca. – J. Orn. 76 (Sonderheft).
Königstedt, D. und H. E. J. Müller (1981): Wurde der Große Schlammläufer (Limnodromus scolopaceus) in Mecklenburg nachgewiesen? – Beitr. Vogelkd., Jena 27, p. 1 – 11.
Kohl, S. und A. Gombos (1969): Erstes Belegstück vom Küstenstrandläufer für Rumänien. – Falke 16, p. 242 – 243.
Koske, F. (1919): Die Sammlung pommerscher Vögel in Greifswald. – J. Orn. 67, p. 159 – 195.
Kraatz, S. und W. Wegner (1969): Zwei erfolgreiche Trielbruten im Bezirk Frankfurt/O. . – Falke 16, p. 304 – 309.
Kooiker, G. (1979): Beobachtungen über das Feindverhalten beim Kiebitz (Vanellus vanellus). – Orn. Mitt. 31, p. 229 – 232.
Krüger, S., E. Mahling, M. Melde, F. Menzel und K.-H. Schulze (1973): Die Limikolen in der Oberlausitz – Teil 2. – Abh. Ber. Naturkdemus. Görlitz 48, p. 1 – 48.
Kühnapfel, K.-H. (1970): Grasläufer (Tryngites subruficollis) in Westfalen. – Orn. Mitt. 22, p. 256 – 257.
Kurth, H. und D. (1968): Ornithologische Beobachtungen am Neusiedler See. – Orn. Mitt. 20, p. 13 – 14.

Lambert, K. (1971): Seevogelbeobachtungen auf zwei Reisen im östlichen Atlantik mit besonderer Berücksichtigung des Seegebietes vor Südwestafrika. – Beitr. Vogelkd., Leipzig 17, p. 1 – 32.
– (1978): Terekwasserläufer, Tringa terek (Latham 1790), zum zweitenmal in Rumänien nachgewiesen. – Beitr. Vogelkd., Leipzig 24, S. 303.
Laven, H. (1940): Beiträge zur Biologie des Sandregenpfeifers (Charadrius hiaticula L.). – J. Orn. 88, p. 183 – 287.
Lehmann, H. (1969): The Greater Sand Plover (Charadrius leschenaultii Lesson) in Asia minor. – Ool. Record 43, p. 30 – 54.
Leonowitsch, W. W. und A. W. Kretzschmar (1966): Zur Biologie des Graubürzelwasserläufers. – Falke 13, p. 154 – 156.
Liedel, K. (1975): Bemerkungen zu: Dünnschnabel-Brachvogel in Thüringen. – Falke 22, p. 280 – 282.
Lifield, J. und F. Gravklev (1975): Calandra Lark and Killdeer recorded at Jomfruland, Co. Telemark, SE-Norway. – Sterna 14, p. 177 – 180.
Løvenskiold, H. L. (1963): Avifauna Svalbardensis. – Oslo.
Luce, J. und K. Trellinger (1977): Erneuter Nachweis des Terekwasserläufers (Tringa terek) in Bayern. – Orn. Mitt. 29, p. 140.

Mackworth-Praed, C. W. und C. H. B. Grant (1952): Birds of Eastern and North Eastern Africa. – London, New York und Toronto.
– (1962): Birds of the Southern Third of Africa. – London.
Maclean, G. L. (1972): Clutch size and evolution in the Charadrii. – Auk 89, p. 299 – 324.
Madge, S. C. (1977): Field identification of Pintail Snipe. – Brit. Birds 70, p. 146 – 152.
– (1977): Field identification of Spotted Sandpipers. – Brit. Birds 70, p. 346 – 348.
Makatsch, W. (1935): Kiebitznest auf einem Kartoffelfeld. – Beitr. Fortpfl. Vögel 11, p. 73.
– (1950): Die Vogelwelt Macedoniens. – Leipzig.
– (1951): Sanderling und Weißflügelseeschwalbe als seltene Durchzügler in der Oberlausitz. – Vogelwelt 72, p. 130 – 131.
– (1952): Prilog biologiji cicavca, Glareola p. pratincola (L.). – Larus IV/V, p. 89 – 98.
– (1957): Beobachtungen auf einer Frühjahrsreise durch Algerien. – Vogelwelt 78, p. 19 – 31.
– (1958): Ornithologische Beobachtungen zwischen Euphrat und Tigris. – Vogelwelt 79, p. 1 – 9.
– (1958): Some birds of Southern Iraq. – Ool. Record 32, p. 54 – 57.
– (1962): Einige Beobachtungen am Brutplatz des Spornkiebitzes, Hoplopterus spinosus. – J. Orn. 103, p. 219 – 228.
– (1963): Ornithologische Beobachtungen in Griechenland. – Zool. Abh. Ber. Mus. Tierk. Dresden 26, p. 135 – 186.
– (1964): Ornithologische Beobachtungen in Ungarn. – Zool. Abh. Mus. Tierk. Dresden 27, p. 129 – 172.
– (1966): Ornithologische Beobachtungen in der Slowakei. – Zool. Abh. Mus. Tierk. Dresden 28, p. 239 – 271.

– (1968): Verzeichnis der Vögel Deutschlands, 3. Aufl. – Radebeul.
– (1969): Ornithologische Beobachtungen in Griechenland – 2. Teil. – Zool. Abh. Ber. Mus. Tierk. Dresden 30, p. 1-56.
– (1970): Die Limicolen Griechenlands. – Natur und Museum, 100 (4), p. 185 – 194.
– (1971): Ornithologische Beobachtungen in Schwedisch-Lappland. – Zool. Abh. Mus. Tierk. Dresden 32, p. 17 – 41.
– (1974): Über einige wenig bekannte Vogeleier. – Bonn. Zool. Beitr. 25, p. 148 – 164.
– (1974): Die Eier der Vögel Europas, Bd. 1 – Radebeul.
– (1976): Kiebitz-Eiersuche in Holland. – Vögel d. Heimat 46, p. 236 – 237.
– (1978): Ornithologische Beobachtungen in Griechenland – 3. Teil. – Faun. Abh. Mus. Tierk. Dresden 7, p. 29 – 53.
– (1978): Zur augenblicklichen Situation der Vogelwelt Griechenlands. – Nature – Bulletin – Hellenic Society for the Protection of Nature No. 13, p. 29 – 33.
– (1979): Über einige wenig bekannte Vogeleier – 2. Teil. – Bonn. Zool. Beitr. 30, p. 39 – 51.
– (1980): Ornithologische Beobachtungen in Griechenland. – Nature – Bulletin – Hellenic Society for the Protection of Nature Bd. 5, p. 9 – 28 und 55 – 76.
– (1980): Wir bestimmen die Vögel Europas, 4. Aufl. – Leipzig und Radebeul.
– (1981): Verzeichnis der Vögel der Deutschen Demokratischen Republik. – Leipzig und Radebeul.
Marra, N., J. M. Marra und N. Marra jr. (1970): De Siberische gestreepte Strandloper nieuw voor Nederland. – Limosa 43, p. 132 – 135.
Mason, C. F. und S. M. Macdonald (1976): Aspects of the breeding biology of the Snipe. – Bird Study 23, p. 33 – 38.
Massa, B., S. Baglieri und G. Cangialosi (1976): Contributo allo studio delle migrazioni in Sicilia. – Riv. Ital. Orn. 46, p. 4 – 6.
Mauersberger, G. (1967): Actitis macularia auf Rügen. – J. Orn. 108, p. 493.
Meinertzhagen, R. (1954): Birds of Arabia. – Edinburgh und London.
Melchior, E. (1975): Neuer Nachweis des Teichwasserläufers (Tringa stagnatilis) für Luxemburg. – Regulus 11, p. 390.
Miller, E. H. (1979): Functions of display flights by males of the Least Sandpiper, Calidris minutilla (Vieill.), an Sable Island, Nova Scotia. – Can. J. Zool. 57, p. 876 – 893.
Misonne, X. (1953): Les grandes quartiers d'hiver du sud-est de la mer caspienne. – Gerfaut 43, p. 103 – 127.
– (1954): Note complementaire sur les oiseaux de la côte caspienne. – Gerfaut 44, p. 88 – 91.
Mödlinger, P. (1978): Vorkommen und Ökologie des Triels in Ungarn. – Aquila 85, p. 59 – 75.
Mohr, R. und F. Spitzenberger (1974): Ein weiterer burgenländischer Graubruststrandläufer-Nachweis (Calidris melanotos). – Egretta 17, p. 35 – 36.
Moore, H. J. und C. Boswell (1956): Field observations on the birds of Iraq. – Iraq Nat. Hist. Mus. Publ. No. 9.
Morling, K. (1975): Steppenkiebitz in der Niederlausitz. – Falke 22, p. 210.
Müller, K. und E. Dobler (1975): Beobachtung eines Bindenstrandläufers (Calidris himantopus) im Vorarlberger Rheindelta – ein österreichischer Ernstnachweis. – Egretta 18, p. 29 – 30.
Müller, S. (1974): Bemerkenswerte avifaunistische Beobachtungen aus Mecklenburg – Jahresbericht für 1972. – Ornith. Rundbrief Mecklenburgs, Neue Folge 15, p. 60 – 82.
– (1974): Ergänzungen zu den Jahresberichten für 1967 – 1971. – Ornith. Rundbrief Mecklenburgs, Neue Folge 15, p. 83 – 90.
Müller, W. (1975): Bestandsaufnahme des Flußuferläufers Tringa hypoleucos am unteren Hinterrhein. – Orn. Beob. 72, p. 44 – 52.
Münch, H. (1978): Vertikale Areal-Erweiterung beim Kiebitz im Thüringer Wald. – Falke 25, p. 257 – 266.

Nemetschek, G. (1975): Beitrag zu den Balz- und Brutbiotopen der Waldschnepfe (Scolopax rusticola L.) in Niedersachsen. – Beitr. Naturk. Niedersachs. 28, p. 1 – 9.
– (1977): Beobachtungen zur Flugbalz der Waldschnepfe (Scolopax rusticola). – J. Orn. 118, p. 68 – 86.
Nethersole-Thompson, D. (1951): The Greenshank. – London.
– (1973): The Dotterel. – London.
–, D.&M. (1979): Greenshanks. – Berhamsted.
Nettleship, D. N. (1974): The Breeding of the Knot Calidris canutus at Hazen Camp, Ellesmere Island, N. W. T. .– Polarforschung 44, p. 8 – 26.
Niermann, H.-G. (1967): Beobachtung eines Steppenkiebitzes (Chettusia gregaria) in Westfalen. – Vogelwelt 88, p. 157.
Niethammer, G. (1942): Handbuch der deutschen Vogelkunde, Bd. 3. – Leipzig.
Nisbet, I. C. T. (1961): Dowitchers in Great Britain and Ireland. – Brit. Birds 54, p. 343 – 357.
Norderhaug, M. (1971): Ornitologisk Feltarbeid på Svalbard 1970. – Sterna 10, p. 243 – 246.
Nordmand, N. und P. Medard (1977): Note sur les limicoles nord-americains en région parisienne. – Alauda 45, p. 126.
Norris, A. (1958): Observations at Habbaniya (Iraq). – Iraq Nat. Hist. Mus. Publ. No. 14, p. 7 – 19.

Ohlendorf, A. (1932): Einige brutbiologische Beobachtungen am Nest des Flußregenpfeifers (Charadrius dubius curonicus). – Beitr. Fortpfl. Vögel 8, p. 96 – 100.
Oosterwyk, H. und G. Ellwanger (1971): Erstnachweis des Sandstrandläufers (Calidris pusilla) für Deutschland. – Vogelk. Ber. Niedersachs. 3, p. 49 – 50.

Page, D. (1978): Female Dotterel tending chick. – Brit. Birds 71, p. 38.
– (1978): Distinctive feeding action of Baird's Sandpiper. – Brit. Birds 71, p. 78.
Paludan, K. (1938): Zur Ornis des Zagrossgebietes, W.-Iran. – J. Orn. 86, p. 562 – 638.
– (1959): On the birds of Afghanistan. – Vidensk. Medd. dansk. Naturh. Foren., Vol. 122, p. 1 – 332.
Parmelee, D. F., D. W. Greiner und W. D. Graul (1968): Summer Schedule and Breeding of the White-rumped Sandpiper in the Central Canadian Arctic. – Wilson Bull. Vol. 80, p. 5 – 29.
– (1970): Breeding behavior of the Sanderling in the Canadian High Arctic. – Living Bird 9, p. 97 – 146.
– und R. B. Payne (1973): On multiple broods and the breeding strategy of arctic Sanderlings. – Ibis 115, p. 218 – 226.
Parr, R. (1979): Sequential breeding by Golden Plovers. – Brit. Birds 72, p. 499 – 503.
Parrinder, E. R. und E. D. (1975): Little Ringed Plovers in Britain in 1968-73. – Brit. Birds 68, p. 359 – 368.
Peitzmeier, J. (1969): Avifauna von Westfalen. – Münster.
Peters, J. L. (1934): Check-list of birds of the world, Bd. 2. – Cambridge, Mass., USA.
Peterson, R., G. Mountfort und P. A. D. Hollom (1976): Die Vögel Europas. – Hamburg und Berlin.
Pfriem, U. (1976): Zur Bestimmung des Graubruststrandläufers (Calidris melanotos). – Orn. Mitt. 28, p. 212 – 214.
Pienkowski, M. W. und G. H. Green (1976): Breeding biology of Sanderlings in northeast Greenland. – Brit. Birds 69, p. 165 – 177.
Plath, L. (1978): Wintervorkommen von Limikolen im Unterwarnowgebiet. – Falke 25, p. 12 – 15.

Popow, W. A. (Herausgeber) (1977): Die Vögel des Wolga-Kama-Gebietes, Nonpasseres (russisch). – Moskau.
Portenko, L. A. (1959): Studien an einigen seltenen Limicolen aus dem nördlichen und östlichen Sibirien II – Der Sichelstrandläufer – Erolia ferruginea (Pontopp.). – J. Orn. 100, p. 141 – 172.
– (1968): Der Graubruststrandläufer, Heteropygia melanotos (Vieill.). – J. Orn. 109, p. 96 – 115.
Prange, H. (1972): Limikolenbeobachtungen auf dem „Bock" nordwestlich von Stralsund. – Beitr. Vogelkd., Leipzig 18, p. 367 – 387.
Prater, A. J. (1973): The wintering population of Ruffs in Britain and Ireland. – Bird Study 20, p. 245 – 250.
– (1975): The wintering population of the Black-tailed Godwit. – Bird Study 22, p. 169 – 176.
J. H. Marchant und J. Vuorinen (1977): Guide to the identification and ageing of Holarctic Waders. – Tring.
Preuss, N. O. (1976): Stor Kobbersneppes traek. – Feltorn. 18, p. 188 – 189.
– (1977): Om Enkeltbekassinens traerforhold i Danmark. – Feltorn. 19, p. 37 – 39.
Pyman, G. A. (1961): Report on rare birds in Great Britain in 1960 (with 1958 und 1959 additions). – Brit. Birds 54, p. 173 – 200.

Raner, L. (1972): Förekommer polyandri hos smalnäbbad simsnäppa (Phalaropus lobatus) och svartsnäppa (Tringa erythropus)?. – Fauna och Flora 67, p. 135 – 138.
Ratcliffe, D. A. (1976): Observations on the breeding of the Golden Plover in Great Britain. – Bird Study 23, p. 63 – 116.

Reddig, E. (1979): Beitrag zur Brutbiologie der Bekassine (Capella gallinago gallinago L.). – Orn. Mitt. 31, p. 61.
Reichholf, J. (1979): Der Durchzug des Flußuferläufers (Actitis hypoleucos) am unteren Inn. – Orn. Mitt. 31, p. 55 – 57.
Reiner, H. (1981): Eine Dachbrut des Austernfischers (Haematopus ostralegus) in Bremerhaven. – Vogelk. Ber. Niedersachs. 13, p. 17.
Reißland, L. und S. Göhring (1975): Dünnschnabel-Brachvogel in Thüringen. – Falke 22, p. 65.
Rettig, K. (1977): Zum Brutvorkommen des Sandregenpfeifers (Charadrius hiaticula) und Seeregenpfeifers (Charadrius alexandrinus) in der Leybucht. – Orn. Mitt. 29, p. 172 – 173.
Riley, J. W. und K. B. Rooke (1962): Sociable Plover in Dorset. – Brit. Birds 55, p. 233 – 235.
Ringleben, H. (1969): Ein Rotkehlstrandläufer, Calidris ruficollis, in Deutschland. – J. Orn. 110, p. 108 – 109.
Rinnhofer, G. (1977): Strandläufer auf dem Herbstzug. – Falke 24, p. 414 – 419.
Rittinghaus, H. (1961): Der Seeregenpfeifer. – Neue Brehm-Bücherei Heft 282. – Wittenberg-Lutherstadt.
Ritzel, L. (1979): Ungewöhnlich starkes Auftreten des Zwergstrandläufers (Calidris minuta) in Bremen. – Beitr. Natk. Niedersachs. 32, p. 43.
Roberts, A. (1958): Birds of South Africa. – Cape Town.
Robiller, F. und K. Borrmann (1979): Nestreviergrenzen und Verhaltensweisen der Säbelschnäbler am Salzsee „Büdösszék" in Ungarn. – Falke 26, p. 262 – 269.
–, L. Molnár und K. Borrmann (1979): Das Reservat „Büdösszék" im LSG Fehértó – Pusztaszer. – Vögel der Heimat 50, p. 36 – 41.
–, K. Borrmann und L. Molnár (1979): Zur Bestandsentwicklung einiger Limikolenarten am Natronsee „Büdösszék-tó" in der ungarischen Pußta. – Faun. Abh. Mus. Tierk. Dresden 7, p. 285 – 290.
– und K. Borrmann (1980): Nestreviergrenzen vom Rotschenkel (Tringa totanus) am „Büdösszék-Tó" im Süden Ungarns. – Beitr. Vogelkd., Jena Bd. 26, p. 276 – 282.
– und K. Borrmann (1980): Ergänzende Beobachtungen über Nestabstände von Säbelschnäbler und Seeregenpfeifer am Büdösszék-tó in Ungarn. – Falke 27, p. 152 – 155.
– und K. Borrmann (1981): Beobachtungen am Nest des Seeregenpfeifers (Charadrius alexandrinus L.) in Südungarn. – (im Druck)
Roos, G. (1975): De arktiska vadarnas flyttning över Falsterbo sommaren 1974 enligt tre olika registreringsmetoder. – Anser 14, p. 79 – 92.
Rosenius, P. (1937): Sveriges Fåglar och Fagelbon, Bd. 4 – Lund.

Salomonsen, F. (1950): Grønlands Fugle. – København.
Såtvedt, O. (1971): Hekkende Svarthalespover i Lofoten. – Sterna 10, p. 90 – 96.
Saurola, P. (1977): On the migration of the Ruff in the light of Finnish recoveries. – Lintumies 12, p. 14 – 22.
Schiemann, H. (1973): Über das Vorkommen der Wassertreter in den Bezirken Rostock, Schwerin und Neubrandenburg. – Falke 20, p. 88 – 91.
Schmidt, G. (1967): Jahresbericht aus der Region Ost der O. A. G. für 1966. – Referat auf der Tagung am 29. 1. 1967 in Neumünster. – Corax 2, Beiheft I, p. 2 – 9.
– (1968): Emberiza aureola und Xenus cinereus am Pasvik-Fluß, Nord-Norwegen. – J. Orn. 109, p. 512 – 514.
Schmidt, K. und H. U. Schütze (1974): Erstnachweis eines Grasläufers, Tryngites subruficollis (Vieill., 1819) für die DDR. – Falke 21, p. 85 – 86.
Schmidt, R. (1975): Brutversuch des Seeregenpfeifers auf Hiddensee 1975. – Falke 22, p. 424 – 425.
Schmidt, Th. (1972): Brushanens adfaerd. – Naturens Verden 1972, p. 205 – 212.
Schönwetter, M. (1967): Handbuch der Oologie, Bd. 1. – Berl.
Schoos, F. (1976): Einwöchiger Aufenthalt eines Regenbrachvogels bei Bartringen. – Regulus 12, p. 121 – 122.
Schüz, E. (1959): Die Vogelwelt des Südkaspischen Tieflandes. – Stuttgart.
Schwarze, E. (1975): Der Durchzug des Kiebitzregenpfeifers, Pluvialis squatarola (L.) im mittleren Mittelelbegebiet. – Beitr. Vogelkd., Leipzig 21, p. 120 – 126.
– und D. (1981): Zum Vorkommen des Rotkehlstrandläufers (Calidris ruficollis) in Europa. – Beitr. Vogelkd., Jena 27, p. 46 – 48.
Seeger, J.-J. (1972): Seltene Limikolenarten am Gülper See und dessen Umgebung 1965-1970. – Falke 19, p. 27 – 28.
– (1974): Untersuchungen zum Brutbestand von Limikolen im Bereich der unteren Havel. – Beitr. Vogelkd., Leipzig 20, p. 421 – 426.
Seitz, J. (1980): Bindenstrandläufer (Micropalama himantopus) in Bremen. – Vogelk. Ber. Niedersachs. 12, p. 55.
Sellin, D. (1975): Das Brutvorkommen der Limicolen im Bereich des Peenestromes im Zeitraum von 1970-1975. – Mitt. IG Avifauna DDR 8, p. 61 – 78.
– (1979): Zum Vorkommen der Waldschnepfe bei Greifswald auf Grundlage der Erfassung der Balzreviere. – Falke 26, p. 150 – 153.
Semmler, W. und A. Weber (1976): Weißschwanzsteppenkiebitz Chettusia leucura in Ungarn. – Beitr. Vogelkd., Leipzig 22, p. 259 – 260.
Sendler, A. (1969): Steppenkiebitz (Chettusia gregaria) am Niederrhein. – J. Orn. 110, p. 327 – 328.
Siefke, A. (1980): Bemerkenswerte Nachweise für Winterortstreue beim Sandregenpfeifer. – Falke 27, p. 56 – 58.
Sharrock, J. T. R. (1971): Scarce migrants in Britain and Ireland. – Brit. Birds 64, p. 93 – 113.
– (1980): Frontiers of Bird Identification. – London.
Sinclair, J. C. und G. H. Nicholls (1980): Winter identification of Greater and Lesser Sand Plovers. – Brit. Birds 73, p. 206 – 213.

Smith, F. R. and the Rarities Committee (1970): Report on rare birds in Great Britain in 1969. – Brit. Birds 63, p. 267 – 293.
– (1972): Report on rare birds in Great Britain in 1971. – Brit. Birds 65, p. 322 – 354.
Smythies, B. E. (1953): The Birds of Burma. – Edinburgh und London.
Spangenberg, E. (1958): Über das Ei des Zwergbrachvogels, Numenius minutus Gould. – J. Orn. 99, p. 102 – 103.
Stahlbaum, C. (1964): Beobachtungen an einem Austernfischergelege. – Beitr. Vogelkde 9, p. 378 – 379.
Stead, P. J. (1977): Weißbürzelstrandläufer (Calidris fuscicollis) im Seewinkel. – Egretta 20, p. 59 – 60.
Stegmann, B. (1936): Die Vögel des nördlichen Baikal. – J. Orn. 84, p. 58 – 139.
Steinfatt, O. (1938): Das Brutleben der Waldschnepfe. – J. Orn. 86, p. 379 – 424.
Steiniger, F. (1959): Die Großen Regenpfeifer – Neue Brehm-Bücherei Heft 240. – Wittenberg-Lutherstadt.
Sterbetz, I. (1976): Terekwasserläufer (Xenus cinereus) in Kardoskut. – Aquila 82, p. 233.
Stelzer, M. (1973): Über das Vorkommen der Wassertreter (Phalaropodidae) in der Schweiz und ihren Randgebieten. – Orn. Beob. 70, p. 157 – 170.
Stopper, H. (1972): Steppenkiebitz (Chettusia gregaria) in Baden-Württemberg. – Orn. Mitt. 24, p. 219 – 220.
Stresemann, E. (1941): Die Vögel von Celebes. – J. Orn. 89, p. 1 – 102.
Strunk, P. (1975): Erstnachweis des Großen Schlammläufers für die DDR. – Falke 22, p. 425.
Summers, R. W., J. Cooper & J. S. Pringle (1977): Distribution and numbers of coastal waders (Charadrii) in the southwestern Cape, South Africa, summer 1975 – 76. – Ostrich 48, p. 85 – 97.
Sveriges Ornithologiska Förening (1951): Förteckning över Sveriges Fåglar. – Stockholm.
Syvertsen, R. (1970): Liten Gulbeinsnipe i Vestfold. – Sterna 9, p. 20 – 21.

Taylor, D. W. (1975): Gelbschenkel (Tringa flavipes) im Seewinkel – ein österreichischer Erstnachweis. – Egretta 18, p. 32 – 33.
Teichmann, A. (1975): Das Vorkommen des Kiebitzes – Vanellus vanellus (L.) im Kreis Merseburg. – Apus 3, p. 253 – 261.
Theye, W. (1976): Ungewöhnlicher Brutplatz des Flußregenpfeifers (Charadrius dubius). – Vogelkdl. Ber. Niedersachs. 8, p. 50.
Thiede, W. und H. Bruns (1966): Die Verbreitung des Rotschenkels, Tringa totanus (L.), in Niedersachsen. – Biol. Abh. Heft 31.
Thönen, W. (1975): Ein Grasläufer am Untersee. – Orn. Beob. 72, p. 120 – 121.
Tillmanns, W. (1979): Brutnachweis des Säbelschnäblers (Recurvirostra avosetta) im Rheinland. – Charadrius 15, p. 131.
Tree, A. J. (1979): Biology of the Greenshank in southern Africa. – Ostrich 50, p. 240 – 251.
Triebl, R. (1975): Ein zweiter Nachweis für den Weißschwanzkiebitz (Chettusia leucurus Licht.) in Österreich. – Egretta 18, p. 1 – 2.
Tubbs, C. R. (1977): Wildfowl and waders in Langstone Harbour. – Brit. Birds 70, p. 177 – 199.
Tyne, J. van und A. J. Berger (1959): Fundamentals of Ornithology. – New York.
Tysse, T. und V. Ree (1977): Bonapartesnipe, Calidris fuscicollis, observert for første gang i Norge. – Sterna 16, p. 87 – 91.

Uspenski, S. M. (1969): Die Strandläufer Eurasiens – Neue Brehm-Bücherei Heft 420. – Wittenberg-Lutherstadt

Väisänen, R. A. (1977): Geographic variation in timing of breeding and egg size in eight European species of waders. – Zool. Fenn. 14, p. 1 – 25.
Vasić, V., J. Soti und I. Pelle (1977): Novi podaci o gnezdenju nekih vrasta ptica iz reda Charadriiformes u okolini Ulcinja, Crna Gora, Jugoslavija. – Bull. Museum d'Hist. Nat., Beograd, Serie B, Livre 32, p. 113 – 130.
Vaughan, R. (1952): Accertata nidificazione nel Massiccio della Majella (Abruzzo) del Piviere tortolino, Charadrius morinellus. – Riv. Ital. ornith. 23, p. 137 – 138.
– (1979): Arctic Summer – Birds in North Norway. – Shropshire.
– (1980): Plovers. – Lavenham, Suffolk.
Vauk, G. (1972): Die Vögel Helgolands. – Hamburg und Berlin.
– (1978): Brut des Waldwasserläufers (Tringa ochropus) im Kreis Celle. – Beitr. Natkde Niedersachs. 31, p. 51.
Vaurie, Ch. (1965): The birds of the palearctic fauna, Bd. 1. – London.
Veitch, C. R. (1977): Arctic waders wintering in New Zealand. – Proc. N. Z. Ecol. Soc. 24, p. 110 – 112.
Veling, E. J. M. (1977): Waarnemingen van een Sibirische Gestreepte Strandlooper Calidris acuminata en een Amerikaanse Gestreepte Strandlooper Calidris melanotos – een vergelijking. – Limosa 50, p. 22 – 26.
Verrall, K. (1977): Oystercatchers' nest of goose droppings. – Brit. Birds 70, p. 164 – 165.
Vinogradow, V. V. (1963): The nidification of the White-tailed Plover in Transcaucasia. – Ornithologia 6, p. 303 – 305 (russ.).
Volkmann, G. (1977): Ungewöhnlicher Brutplatz des Flußregenpfeifers. – Vogel und Heimat 26, p. 114.
Voous, K. H. (1962): Die Vogelwelt Europas und ihre Verbreitung. – Hamburg und Berlin.

Wadewitz, O. (1977): Einiges über die Waldschnepfe, Scolopax rusticola. – Beitr. Vogelkde Leipzig 23, p. 101 – 106.
Wallace, D. I. M. (1974): Field identification of small species in the genus Calidris. – Brit. Birds 67, p. 1 – 17.
– (1977): Further definition of Great Snipe characters. – Brit. Birds 70, p. 283 – 289.
– (1979): Review of British records of Semipalmated Sandpipers and claimed Red-necked Stints. – Brit. Birds 72, p. 264 – 274.
Weißköppel, P. (1981): Der Waldwasserläufer (Tringa ochropus) als Brutvogel bei Hannover. – Vogelk. Ber. Niedersachs. 13, p. 13 – 14.
Westernhagen, W. v. (1968): Limicolen-Vorkommen an der westafrikanischen Küste auf der Banc d' Arguin (Mauretanien). – J. Orn. 109, p. 185 – 205.
Weston, M. R. (1980): Drosseluferläufer in Spanien. – Orn. Mitt. 32, p. 193.
Whistler, H. (1949): Popular handbook of Indian birds. – Edinburgh und London.
Wilson, G. E. (1976): Spotted Sandpipers nesting in Scotland. – Brit. Birds 69, p. 288 – 292.
Williamson, K. und V. M. Thom (1955): Hudsonian Whimbrel at Fair Isle. – Brit. Birds 48, p. 379 – 381.
Witherby, H. F., F. C. R. Jourdain, N. F. Ticehurst und B. W. Tucker (1949): The Handbook of British Birds – Bd. 4. – London.

Yamashina, Y. (1961): Birds in Japan. – Tokyo.

Zingel, G. (1963): Steppenkiebitz (Chettusia gregaria) an der Ruhr. – Orn. Mitt. 15, p. 253.

Index der deutschen Vogelnamen

Die normal gedruckten Seitenzahlen verweisen auf die Artbeschreibungen; die kursiven Seitenangaben beziehen sich auf die Farbtafeln.

Index der wissenschaftlichen Vogelnamen